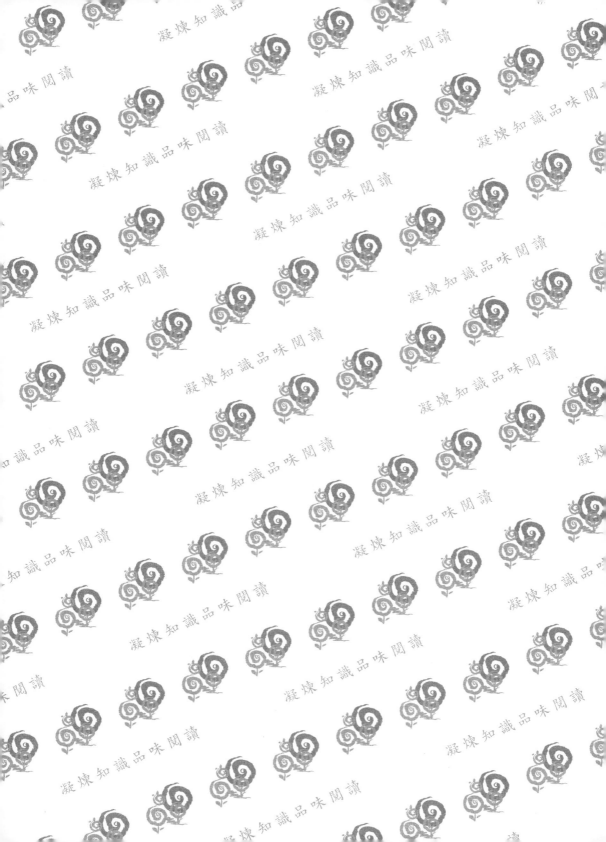

Taiwan

臺灣水利史

五南圖書出版公司 印行

陳鴻圖————著

叢書主編序

奠定臺灣研究基礎　認識本土文化內涵

　　臺灣歷史的發展，並不算很長，有文字紀錄可考者僅數百年而已。但數百年以來，以漢人族群與原住民族群為主體的臺灣，由於歷史發展的特殊，曾歷經不同政權的統治，與中國大陸的關係時分時合；再加上臺灣四面臨海，地理位置優越，自古以來歷史的發展便兼具海洋與國際雙重性格。因此，臺灣本土文化發展多元，與中國文化、日本文化，乃至美國文化相較，均有相當程度的差異性，值得重視與認識。

　　臺灣歷史與文化的研究，以往由於特殊的政治環境，並未受到應有的關注與鼓勵。解嚴以來，隨著國內政治情勢的變化、社會日趨多元與開放，以及本土文化的蓬勃發展，臺灣研究備受海內外人士的重視。臺海對岸的中國學術教育機關亦先後成立臺灣研究所或臺灣研究中心等單位，以研究臺灣政治、經濟、社會、文化各方面的發展。塵封的臺灣史料大量出土，專書、論叢的出版有如雨後春筍；學術研討會的舉辦、學者的參與研究，以及各地文史工作室的相繼成立，積極投入臺灣各角落文史資料的發掘與蒐集工作，終使臺灣研究形成一股熱潮，蔚為「顯學」，與過去的情況相較實不可同日而語。

　　為了回應臺灣歷史與文化研究的熱潮，五南圖書公司特於數年前邀請張勝彥教授、吳文星教授與本人，各就學術專長領域，分工合作，共同完成《臺灣史》一書，以臺灣通史形式刊行問世，藉以幫助讀者對臺灣歷史發展獲得進一步認識。同時，並邀請本人主持《臺灣史研究叢書》出版計畫，預定出版一系列的臺灣專史。各部專史均各就臺灣歷史與文化的專門領域分別加以論述，以加強臺灣研究的廣度與深度，為臺灣研究奠定堅實的基礎；並透過各部專史精采生動的論述，以幫助讀者認識本土文化的內涵，豐富臺灣住民的精神食糧。

　　本研究叢書共十六部，目前規畫有臺灣政治史、臺灣經濟史、臺灣社會史、臺灣水利史、臺灣婦女史、臺灣佛教史、臺灣道教史、臺灣教會史、臺灣體育史、臺灣教育史、臺灣新聞史、臺灣文學史、臺灣建築史、臺灣音樂史、臺灣美術史、臺灣環境史。各部專史的撰稿人俱為海內外臺灣研究各個領域的知名學者。各部專史的時間斷限，上起開闢，下迄西元二○○九年為原則。

　　本研究叢書採語體文撰述，引用資料均於各頁附加註釋（隨頁註），說明資料來源，藉以徵信查考。朝代先後依臺灣歷史發展之實況，分別稱史前時代、荷西時代（或荷據時期）、鄭氏時代（或明鄭時期）、清領時期（或清代、清治等）、日治時期（或日據時期）、戰後（或光復後、中華民國在臺灣等）。年號以使用西元為原則，並於第一次出現時附註當時紀元，以便參照。

　　本研究叢書之撰述，使用當時地名，並附註現今地名，以便閱讀；所附圖表盡量以隨文方式編排，俾便讀者參閱。

　　本研究叢書各個作者，分別任職於中央研究院及海內外著名大學。他們均在本身繁忙的教學與研究工作之餘，抽空撰寫。由於撰稿時間匆促，或有部分論述因引用資料未能及時取得，以致出現若干錯誤與疏失；或因史事取材與史觀解釋所限，而未臻周延。這些都有賴學界先進與所有讀者的不吝指教，以為再版修訂之參考。是為序。

國立中興大學歷史學系教授
黃秀政　謹識

作者序

　　本書因作者的怠惰，延宕了一年餘才完稿，在此先向黃秀政老師及出版社致歉！二○○五年接到黃秀政老師的信，希望藉由我的水利史專長撰寫一本關於臺灣水利史的專書，讓讀者更進一步認識不同面向的臺灣歷史，當時的我可能還年輕氣盛吧！竟雄心壯志的答應了。但從擬綱目開始，就對我自己的輕率答應後悔不已。

　　「臺灣水利史」牽涉到的範圍非常廣泛，從自然環境、土木技術、經濟效益、政府政策、市場需求，到環境保護等，無所不包。除此之外，究竟「水利」的定義為何？是單純的農業灌溉而已，還是依〈水利法〉中「水利事業」所指涉的防洪、禦潮、灌溉、排水、洗鹹、保土、蓄水、放淤、給水、築港、便利水運，及發展水力等十二項？單單水利的定義及範圍就讓作者產生很大的挫折。

　　本書經不斷地思考及修正後，決定以農田水利為主軸，將水利的定義聚焦在「農業灌溉」，如有涉及和農業有關的排水或土地改良等事項，則設法一併論述，但書名仍維持《臺灣水利史》。本書的撰寫擬採「詳古略今」、「時空兼具」原則，多著墨於清領時期和日治時期的水利發展，戰後的水利發展則以政策和個案介紹為主；並對臺灣各區域間自然環境和水利發展的差異，多所留意比較，希望能釐出各區域的時空差異及小區域的水利發展特點。

　　本書在撰寫初期原仍保留註釋，說明資料來源及補充解釋，後為避免煩瑣的註釋影響讀者閱讀的流暢，最後決定將所有註釋刪除，必要的補充移至正文論述，將所徵引的資料詳列於參考書目，作者期許本書能兼具工具書的功能，因此在書末附有「臺灣水利史年表」、「重要法條」等，希冀對有心水利史研究者能有所助益。由於參考非常多《臺灣の水利》、

《農田水利》及《臺灣水利》等三種雜誌，如篇章全列在參考書目中又略顯雜亂，幸好這三種雜誌都已有全文影像數位化了，因此只列出檢索網站，在此還請讀者見諒。

本書最終能完成要感謝許多人的協助，首先，是黃秀政老師提供這個寫作機會給我，讓我原本只專注在水利個案的研究，轉能而以較寬廣的視野來看臺灣水利發展歷程；另外，沒有出版社編輯宜穗、姿穎等人的耐心等待，細心的排版及校對，本書或許無法付梓。

其次，在本書撰寫過程中得到許多水利工作資深前輩的協助，如嘉南農田水利會的徐金錫會長和已退休的陳正美組長，正美組長對水利資料的蒐集，及對水利史的熱忱，國內無人能和他相比，更難能可貴的是他對有志於水利史研究者，從不吝惜幫忙。還有臥病在床乃接受我口訪的吳建成先生，一九五〇年代他以私人的資本，在農復會人員的慫恿下，申請美援經費投資興建鹿港同安抽水站，最後弄的血本無歸，此慘痛的親身經歷，讓我對水利事業有一些新的思考。

再者，本書的最末兩章及附錄是在日本廣島大學進行短期研究時完成，廣大社會科學研究科提供我很好的研究資源，期間不但蒐集了明治、大正年間的農村資料，也和森邊成一、勝部眞人、前田直樹等教授，交換許多水利史和農村史的心得，並親自走訪廣島的農村及水利設施，讓我對終戰前的日本農村社會有更深刻地認識。

最後，要感謝助理筱瑩，及學生上哲、哲安、姵穎、靜芳、榮盛及黃岐等人，如沒有他們協助資料蒐集及表格打製等工作，本書的完稿可能又要晚許多時候。

本書完稿之際，臺灣剛好面臨前未有的天災：八八水災。曾文水庫的「越域引水」成為眾矢之的，水災的原因如何，有待進一步調查。回顧臺灣的水利發展，水利變成水害的消息時有所聞，脆弱的臺灣土地該如何避免一再重複的災害，作者非地質或水利工程專家，也無法給答案，但從原

住民早期的經濟型態及先民水利開發的歷程中，隱約可以看到他們對土地的謙卑，這或許是永續臺灣的希望所在吧！

陳鴻圖

二〇〇九年八月三十日於廣島大學

目錄

第一章　緒論

　　臺灣地屬稻作文化區，水稻為主要的糧食和作物，因此水利開發的成功與否，攸關稻米收成的豐欠程度，不僅影響民食，甚至會誤國力。因此，從鄭氏以來的漢人移民就視水利開發為土地拓墾的必然過程。清代大量漢人移入臺灣，農業高度發展，水利開發亦呈現空前的高潮，此時期文獻中所記載的水利設施高達九百六十六處，論者甚至將此時期的水利開發視為臺灣農業史上的第一次革命。到日治時期，臺灣總督府確立了「農業臺灣」的產業方針，「水利支配」無疑是發展農業最重要的基準，為有效掌握水資源，「公共埤圳」、「官設埤圳」及「水利組合」等與水利相關的法令及政策陸續施行，桃園大圳及嘉南大圳亦相繼興建，近代臺灣水利事業體系建立。戰後，臺灣人口增加快速，以一九五○年的人口來估算，如只為養活新增的人口，每年就必須增加五萬噸稻米；而為增加糧食生產，提高單位面積生產，大量興修水利以擴大灌溉面積，成為戰後農業發展的重要政策。

　　水利和臺灣的歷史發展息息相關，對臺灣社會經濟影響甚鉅，因而本書擬以臺灣水利史為題，依時間序列探討各時期臺灣水利發展的過程，期盼讀者在閱讀本書之後，對於歷史上臺灣的農業及水利發展有更完整及深度的認識。

第一節　史料介紹

一、清領時期水利開發史料

　　關於清領時期的水利史料大概可從二方面的文獻得到線索：一為官方所發的圳照，所立的碑文及水契、地契等私人文書，這方面的史料是研究臺灣水利史最基本的史料，但也是最難蒐集的史料。將官方所發的圳照和私人契約相比對，則可以清楚地看到當時水利開發的最原貌；如能再配合眾立的碑文，則水利與社會間的關係，會有清晰的輪廓呈現。茲以收錄在《臺灣私法物權編》中一八八二年（光緒八）彰化縣西螺堡武生林國清、林合恰開築水圳的文書來說明：

　　儘先補同知直隸州、署彰化縣正堂朱，為諭飭事。案據西螺堡莿桐巷莊武生林國清、林合恰等稟稱：保內鹿場圳，自溪頭答口至三塊厝路三十餘里，水道不能儘通，農田需水灌溉，請自鹿場莊、東和厝莊西中道開築水溝至浦仔莊、三塊厝莊、田尾莊、七塊厝莊、抬高寮莊等處，毗連十餘里，其田約有五十餘甲可以通流灌溉，約須工本銀一千五百餘元。公議每甲配水圳租六石，以抵先需工本，並為逐年僱請五、六人巡埠之資，懇請示諭等情，計粘圖說一紙。據此，查開通圳溝為農田之利，自應准如所稟辦理，除出示曉諭外，合行諭飭。為此，諭仰武生林國清、林合恰等即便遵照，修須將圳路開通，其水足以灌田，始得抽收水租，以資工本，毋得有名無實，藉以肥己。該生等仍將開竣日期稟候本縣親臨詣勘，毋違，切切，特諭。

光緒八年正月　日諭。[1]

除此飭諭外，另亦布告曉諭：「……為此，示仰鹿場莊、東和厝莊、湳仔莊……等處業佃知悉：爾等凡有該處田業需用圳水引灌者，均須查照所議租數完納，其各凜遵，毋違，特示。」從這紙官方的諭告中，我們可以看到水圳開鑿的背景、水圳開鑿的模式、水租繳納的方式、民間自治規範，及官方所扮演的角色，故官方對於水利設施管理的文件及私人水契的蒐集，是了解明清水利史最基本的史料。

目前保存水契、地契等水利開發文書被彙編者約有六百餘件，主要收錄在：《宜蘭廳管內埤圳調查書》上、下卷三百二十八件；《臺灣私法物權編》第七冊有一百三十四件；《臺灣公私藏古文書影本》收編有七十八件；《臺灣中部地方文獻》及《中縣文獻》收編有二十五件；其他如《臺北縣下農家經濟調查書》、《臺灣舊慣制度調查一斑》、《臺灣社會經濟史全集》、《淡新檔案》等計有三十件。上述這些古文書主要典藏在中央圖書館臺灣分館、臺灣大學總圖書館和中央研究院人文社會研究中心圖書室、臺灣史研究所古文書室等機構。另外，近年來，中央研究院臺灣史研究所、國史館，及各縣市文化局蒐錄出版的契字、古文書資料，及文建會和遠流出版社出版的《臺灣總督府檔案抄錄契約文書》，也都可以找到一些和水利有關的契字可供參考。

從這些古契文書呈現的地區來看，蘭陽平原及北部地區最豐富，中部和高屏地區有一些，嘉南平原及東臺灣最少。至於水利碑文，依據王世慶的調查有十三件，其中以中部最多有八件，南部四件，北部一件。另外，碑文的「示禁碑」也可以找到一些水利紛爭的線索，地方官為息訟端，同

---

[1] 臺灣銀行經濟研究室編，《臺灣私法物權編》（臺北：臺灣銀行經濟研究室，1963），第7冊，頁1137。

時確保埤圳順暢，多勒石示禁，豎立碑所，想由籍石碑之堅，永爲憑據，這是清代官府處理水利糾紛的特殊方式，臺灣目前發現五十五件和拓墾有關的示禁碑中，和水利有關者就將近十件。

　　由於清代蘭陽平原的埤圳密度爲全之冠，從田園面積比三：一可知其梗概，因而蘭陽地區的水利古文書亦保存最多。蘭陽地區的水利古文書有諭告、執照、契尾、丈單，及稟發戮記等五種。民間常見的水利埤圳古契有二十種，分別是：1.開築合約；2.修築合約；3.合夥招夥合約；4.退股約字；5.掌管歸契字；6.借圳、借水源合約；7.買圳地租圳地出圳地合約；8.圳水分配合約；9.鬮分字合約；10.灌溉水租合約；11.陂圳長合約；12.巡圳傭工合約；13.收圖記約字；14.業佃協約；15.贌圳退圳合約；16.埤圳買賣合約；17.找洗契；18.埤圳胎借銀字；19.失訟合約；20.紛爭開費合約。

　　研究清領時期臺灣水利史的另一種重要史料即爲地方志，從前述的官方諭告、私人水契中，可以見到單一水利設施的詳細面貌，但如果要了解整個清領時期臺灣水利設施的數量、分布、地理位置、興築模式等，則一定得從清代的地方志著手。茲舉二例說明：一是陳夢林纂修的《諸羅縣志》記載：

　　諸羅山大陂，即柴頭港陂。源由八掌溪，長二十里許；灌本莊水窟
　　頭、巷口厝、竹仔腳、無影厝等莊。康熙五十四年，知縣周鍾瑄捐穀
　　一百石，另發倉粟借莊民合築。

二是周璽在《彰化縣志》中記載的今臺中縣大肚鄉的王田圳：

　　在大肚堡，業戶董顯謨築，水源從貓霧捒劉厝莊築溪築陂引入，循大
　　肚山麓而西，灌溉七莊之田。

　　從地方志的記載中，可以看到較全貌的水利狀況，但缺點是個別的水利設施記載過於簡略。當然，研究明清時期的水利史，使用地方志必須配合私人契約的運用，再加上一些社會史史料，如碑文、水契，如此清領時期的水利史文獻大致完備。

　　關於清代臺灣地方志的蒐集，目前大致完備，臺灣銀行經濟研究室所編的「臺灣文獻叢刊」幾乎都有收入；另外，臺北成文出版社亦有影印本，臺灣省文獻委員會、文建會和遠流出版社近年亦陸續重印各地地方志，這些出版對研究者應有很大的幫助。一般在做水利史研究時，地方志中的〈規制〉、〈水利〉、〈賦役〉、〈物產〉、〈祥災〉、〈藝文〉、〈古蹟〉等，都可以找到水利史相關材料。

　　使用清代地方志的缺點如前述，即記載過於簡略，除此之外，有些地區沒有地方志或地方志修得太早，之後就沒有出現過，這些地區在做水利史的研究時就會有所局限，此時，日治時期的調查整理報告可彌補清代地方志的不足。

二、日治時期的檔案及調查報告

　　一八九八年（明治三十一）臨時臺灣土地調查局設立，調查土地情形，進而了解水利設施概況。一九〇一年（明治三十四），臺灣總督府頒布「公共埤圳規則」，賦予埤圳公有性質，凡有關公眾利益的埤圳皆指定為公共埤圳，須受行政官廳的指導及監督。所有公共埤圳必記錄水源起迄、經過地點、新設或變更路線的年月日、投資方式、埤圳長度及闊度、受益地區、埤圳認定月日、權利關係、管理方法、管理人姓名、修繕方法及水租等，並將調查工作推及一般認定外的埤圳。一九〇八年（明治四十一），總督府公布「官設埤圳施行規則」，以總預算三千萬日元為特

別事業費，就全省十四處埤圳進行修改工程，制定十六年的發展計畫。臺灣總督府爲著手臺灣水利設施的整理，在此時期進行水利文獻的登錄和比對，這些文獻成爲日後研究清代及日治前期臺灣水利史的重要史料，其較重要的有：

1.臺灣總督府土木局編的《臺灣埤圳統計》、《公共埤圳歲出入出決算》，這兩部統計文書主要記載一九〇七年（明治四十）至一九一四年（大正三）間全臺的水利設施狀況。

2.臨時臺灣土地調查局編的《宜蘭廳管內埤圳調查書》及宜蘭廳第一公共埤圳組合編的《改修工事報告書》，這二部調查報告書是保存明治年間蘭陽地區水利文獻最完整的史料，及研究清代蘭陽平原水利開發最完備的史料。

一九二一年（大正十），臺灣總督府頒布「水利組合令」，全島的公共埤圳在十年間合併成一百〇八個水利組合。一九四一年（昭和十六）再公布「農業水利調整令」，全島再併爲四十九個水利組合；一九四四年（昭和十九）水利組合再減併爲三十八個單位。故此時期關於臺灣水利史的文獻主要以各水利組合的事業報告爲主要型態，茲分區域舉例說明：

1.關於水利法令者，有臺北廳公共埤圳聯合會編的《臺北廳公共埤圳例規》；臺灣水利協會編的《臺灣水利法規集》、《全島水利事務協議會要錄》；高雄州編的《水利關係例規集》；臺灣總督府內務局編的《臺灣河川關係法規類集》、《臺灣水利關係法令類纂》等；另外，還有大久保源吾所編的《全島水利組合職員錄》，及岩崎敬太郎所著的《埤圳用語》等。

2.關於北部地區者，有新竹州編的《桃園大圳》、臺北州編的《臺北州水利梗概》、桃園水利組合編的《桃園水利組合事業概要》等。

3.關於中部地區者，有臺中州編的《臺中州水利梗概》、臺中州水利協會編的《臺中州水利梗概》、八堡圳水利組合編的《八堡圳水利

組合概要》；其他如大甲水利組合、豐原水利組合、彰化水利組合
等，都有事業概況的報告。

4.關於南部地區者，以嘉南大圳水利組合相關最多，有《嘉南大
圳》、《嘉南大圳組合事業概要》、《嘉南大圳新設事業概要》、
《嘉南大圳工事寫眞帖》、《嘉南大圳事業概要等》等；其他如高
雄州編的《高雄州水利梗概》，及高雄州水利協會編的《屛東潮州
水利組合會設置經過に就て》等。

綜觀日治時期對於水利設施的調查整理報告及相關水利設施的出版
品，可以發現幾個線索：日治初期關於水利設施的資料，主要內容是以清
代時期的埤圳整理爲主，其中以對宜蘭廳的調查最爲詳盡。日治中期以
後，臺灣總督府致力於大型水利建設，其中南部以嘉南大圳爲代表，北部
以桃園大圳爲主。故本時期所刊印的水利文獻，亦以嘉南大圳及桃園大圳
最豐富及詳盡。

雖然日治時期關於水利的專門記載不少，但總是有所缺失，如位於東
臺灣的卑南大圳、吉野圳等相關的史料就較少，此時地方志及臺灣拓植株
式會社的資料運用，可彌補地區史料的不足。日治時期的地方志數量相當
可觀，範圍含括全臺各地區，就以東臺灣來說，關於卑南大圳、吉野圳的
記載，可以在《臺東廳要覽》、《東部臺灣案內》等地方志中找到；其他
如《臺灣總督府移民事業報告書》、《三移民村》，及臺灣拓植株式會社
的檔案，都有一些當初規劃東部移民村及水利興建資料可運用。

日治時期所留下的水利文獻，除前述的水利專門文獻及地方志外，另
有四種文獻相當重要：一爲國史館臺灣省文獻館所藏的《臺灣總督府公文
類纂》，本公文中的「土木局公文類纂」、「臨時臺灣土地調查局公文類
纂」及「臺灣總督府舊縣公文類纂」，都有水利史資料可查。《臺灣總督
府公文類纂》目前全都已數位化，可從國史館臺灣省文獻館、中研院臺灣
史研究所的資料庫網頁中先行搜尋目錄再利用。另外，日治時期各級單位

的統計書,如《臺北州統計書》、《臺南州統計書》等,其他如《臺灣土地慣行一斑》、《臺灣史料稿本》等史料,都可獲得不少資料。

第二爲日治時期所留下的地圖,包括《臺灣堡圖》、《臺灣全圖》等全臺地圖,及各地區的地圖,如《臺東管內圖》、《臺東廳管內里程圖》等;其他如各水利組合所印製的水利設施圖,如《嘉南大圳平面圖》、《曹公圳圳路圖》等,都是研究水利史必備的材料。

三是期刊及報紙,以臺灣水利協會編的《臺灣の水利》最重要,其發行從一九三一年(昭和六)至一九四二年(昭和十七),日治時期有關水利資訊及水利法規的報導,各水利設施的經營情況,專家學者對於水利的看法,甚至日本內地及朝鮮的水利概況,在本刊物中都可以找到些許線索,目前本刊物中央圖書館臺灣分館已完成數位化。報紙則以《臺灣日日新報》及《臺灣民報》、《臺灣新民報》最重要,尤其是地區性的報導,字裡行間都有不少線索可尋,但兩者的立場截然不同,《臺灣日日新報》顯然在執行臺灣總督府的政策,但《臺灣民報》和《臺灣新民報》則對總督府的「德政」充滿批判,嘉南大圳的興建即是如此。

最後,近年來陸續公開的民間史料中,有豐富的水利文獻可運用,如豐原望族張麗俊的《水竹居主人日記》、霧峰林獻堂的《灌園先生日記》等,其內容對臺灣中部地區的水利發展有深刻及生活化的紀錄。《水竹居主人日記》中,對於豐原地區八寶圳公共埤圳的認定過程、水利組合組合員的權利與義務、水利組合評議會的實際運作情形、水租繳納、水利糾紛、水利祭祀等的紀錄都相當豐富。《灌園先生日記》中不但對於烏溪的水患及治水工程有詳盡的記載,更可以看到林獻堂及霧峰林家在治水事業中的角色,及總督府如何利用治水事業來約束林獻堂在非武裝抗日中的力量,這些新刊行的日記文獻提供水利史研究更活潑的材料。

三、戰後的檔案及水利會資料

　　由於戰後臺灣的水利管理單位趨於複雜，中央有經濟部水資源局，省政府有水利處，各地有農田水利會，故水利史的文獻較為繁雜、瑣碎。目前關於臺灣水利史的檔案文獻，國史館有二批臺灣省政府移交的檔案可資利用：一為水利局及所屬單位檔案，計有九百二十五卷，收藏年限從一九一七至一九七六年；另一批為嘉南農田水利會檔案，有七十八卷，收藏年限從一九二五至一九五三年。水利局的檔案有一些較特殊的檔案，如戰後初期關於美援臺灣的事情，一般在研究對臺美援時，都偏重在農業本身的發展方面，而較少提及與農業發展相關事項，這些檔案可以彌補早期研究的不足；另外，有二件檔案是有關水利會與地方政治的關係，即余登發被控案，這些檔案有助於釐清半自治性組織，如農會、水利會與地方政治的關係。另外，關於嘉南農田水利會的檔案，較特殊的有〈水利組合會據書〉、〈受拂憑證書〉，及一些土地改良臺帳等，受拂憑證書即日治時期為興建水利設施所發予的土地補償金証明，這批檔案可以了解當時公共建設時，私人利益與公權力之間的關係。國史館藏這兩批水利檔案是研究日治至戰後初期水利史很珍貴的檔案。

　　經濟部水資局與臺灣省水利處所藏的水利史料，主要有三類：一為統計報表資料，如府頒第一、二級報表，水利局公務報表、工程處公務統計報表等。二為統計出版物資料，有法規、基本國勢調查、工作計畫與報告、經濟調查報告、研究報告、主計與電腦論著、國民所得、統計要覽與報告、水利工程與其他等十項。三為水利局祕書室第一課的檔案室有公文函件可供查閱，內容以水利糾紛的處理文件最多，可以了解官方介入水利運作的情形。

　　經濟部水資局雖然是水利管理的最高單位，但事實上，實際負責地方水利事務的單位是各地農田水利會，故要研究日治以後臺灣水利史，就

必須運用各地農田水利會的檔案文獻。以嘉南農田水利會所存的檔案來說明，嘉南農田水利會的名稱歷經改變，先是「公共埤圳官田溪埤圳組合」，一九二〇年改為「公共埤圳嘉南大圳組合」，一九四三年改成「嘉南大圳組合」，戰後改為「嘉南農田水利協會」、「嘉南農田水利委員會」，一九五六年再改為「嘉南農田水利委員會」至今。八十餘年的嘉南農田水利會保存了不少檔案，如人事檔案、財務檔案、各水利工作站資料、嘉南大圳工程資料、嘉南平原灌溉圖等，都是研究日治以後嘉南大圳重要的文獻。

　　整體而言，各地農田水利會的文獻保存狀況並不理想，很多當時的《統計要覽》、《事業概況》、《簡報》都缺佚。目前各農田水利會都開始在進行「會史」的編纂，如《臺灣省桃園農田水利會會誌》、《嘉南農田水利會七十年史》、《臺灣省臺東農田水利會會誌》、《重修南投農田水利會誌》、《臺灣水利聯合會會誌》等，這些「會史」對於該會在成立之後至今的會務發展會有很詳細的敘述，可供參考。

　　口述訪談紀錄的資料，應是目前研究日治後期及戰後時期水利發展最好的文獻，然過去對水利從業人員的口述訪談闕如。日前國史館出版嘉南農田水利會徐金錫會長的口述訪談紀錄；作者亦曾訪談桃園農田水利會會長李總集、私人水利投資者吳建成，及嘉南農田水利會十四位員工，人員資歷含會長、總幹事、主任工程師、管理師、管理處主任、小組長等，課題涵蓋戰後初期水利會的接收與復員、水利組織的運作、灌溉排水的管理、水利會的轉型、水利與環境、水利投資等，這些口述訪談資料可以彌補官方史料的局限，讓水利史的面貌更生動活潑。

　　戰後臺灣水利的相關期刊，主要有三種：《土木水利》、《臺灣水利》和《農田水利》。《土木水利》偏重在工程理論、技術研究。《臺灣水利》創刊於一九五三年，由臺灣大學農業工程學系負責編輯，主要內容為水利的相關學術論著、臺灣水利問題的研究、灌溉工程的規劃設計、用

水的實驗調查統計等。一九五○年代的《臺灣水利》保存了當時臺灣省各地水利委員會的會費賦課率、決算表、職員統計數等資料。而這種有關全省各地水利團體的業務統計文獻，水利局遲至一九六○年代方才有系統地進行整理的工作。是以，《臺灣水利》是了解戰後臺灣農田水利的實際發展情況相當重要的一份刊物。相對於《臺灣水利》濃厚的學術性、專業性，一九五四年出版的《水利通訊》，則是一份較通俗的刊物，一九八五年以後刊物改名爲《農田水利》，其編輯群是由農田水利聯合會以及各地水利會的員工所組成，主要內容爲各水利會和水利小組的業務與活動簡介、有關農田水利的專題報導、重要的農業新聞，以及時事評論等。各期的《農田水利》都闢有「臺灣省水利局大事紀要」、「各水利會會務報導」、「農民水利信箱欄」，因此，這是一份觀察水利局、水利會和農民三者關係的重要刊物。《臺灣水利》及《農田水利》歷年雜誌，臺灣水利聯合會已完成全文掃描並可供查尋，在利用上方便許多。

　　戰後臺灣地方志的編纂相當興盛，對於水利史的整理亦相當詳細。就以省志來說，臺灣省文獻委員會前後編纂《臺灣省通志稿》（一九五五）、《臺灣省通誌》（一九六一）、《重修臺灣省通志》（一九九二），其中水利部分是編纂在〈經濟志水利篇〉。《臺灣省通志稿》、《臺灣省通誌》編纂者都爲徐世大，但後者內容明顯較前者詳細。就《臺灣省通誌》來說，其目次是依時間順序，分概述、水文觀測、農田水利、防洪工程、多目標工程等記述；從本志的內容及所使用的文獻來看，本志的特點是略古詳今，優點是文獻非常詳細完整，缺點是偏重在文獻堆積排比，缺乏論述。張勤所編纂的《重修臺灣省通志》，其內容比《臺灣省通誌》更可觀，雖論述部分仍有限，但本志增補不少人事文獻及自來水項目，是過去所沒有。徐世大及張勤，一爲水資會技術委員，一爲水利局專門委員，都是工程技術專家，故對水利志的編纂較偏重在技術層面，而非水利史的論述。

　　除了省志有水利史的記敘外，縣志及鄉鎮志亦有相關的水利史論述，各志書都將水利史放在經濟篇或開發篇中，伴隨著土地開發而發展農田水利，當然有些地方志沒有水利的記載。各地區地方志中的水利文獻，是研究水利開發與區域發展基本必須了解的文獻。

　　二○○○年臺灣省文獻會出版《臺灣地區水資源史》，本書內容共有六篇：分別為總述、臺灣之地理環境及水文特性、明清時期臺灣水資源之開發利用、日據時期之水資源開發利用、光復後至一九七六年水資源開發利用、一九七六年迄今水資源開發利用，本書的完成應可視為傳統臺灣水利史研究及文獻整理的總結。

第二節　研究回顧

　　過去臺灣水利史的研究成果基本上可歸納成五個脈絡：一爲水利開發的過程及歷史；二爲水利組織的形成及演變；三是水利支配的問題；四爲水利開發對區域發展及社會經濟的影響；五是水利與環境互動的歷程。

一、水利開發的過程及歷史

　　關於臺灣水利開發的過程及歷史，其研究論著可以區分成早期的整理、水利開發通論、區域或個別的水利開發探討三方面。首先，較早的論著有牧隆泰的《半世紀間臺灣農業水利大觀》，本書是爲了紀念臺灣改隸日本統治五十年，故從制度史的角度將臺灣水利分爲領臺前、一九〇七年前後公共埤圳時期、一九三七年水利組合時期，和戰爭時水利政策緊縮時期四個分期來論述；論述內容基本上與總督府的土木事業報告書的內容相同，可說是將日本在臺統治所施行的水利事業做一回顧及總結。與牧隆泰的書相呼應的是，國民政府中央設計局臺灣調查委員會在一九四五年所編的《日本統治下的臺灣水利》。本書是節譯自日人武內貞義的《臺灣》，內容是介紹日治五十年臺灣的水利事業，爲中央訓練團臺灣行政幹部訓練班的參考資料，作爲戰爭結束接收臺灣水利設施的準備。

　　其次，水利開發通論的研究有惜遺的《臺灣之水利問題》、蔡志展的《清代臺灣水利開發研究》、《明清臺灣水利開發研究》、王世慶的〈從清代臺灣農田水利開發看農村社會關係〉，及劉育嘉的〈清代臺灣水利開發研究〉等論著。《臺灣之水利問題》是翻譯日人芝田三男、磯田謙雄著的《臺灣農業土木誌》，並加上當時臺灣的水利問題，其內容包括〈臺灣

之水利問題〉、〈臺灣之河川〉、〈臺灣水利事業年譜〉、〈臺灣水利組織之沿革〉、〈臺灣水利關係文獻抄〉等，書後並附有研究臺灣水利史的重要資料及各項統計數據。本書的性質雖與前述牧隆泰的論述相類似，但所附資料相當可貴，值得參考。

　　蔡志展的兩本論著是運用清代臺灣的地方志，從時間、空間及人爲三方面來看明清時期臺灣水利的發展，對整個臺灣水利設施有較全面的論述。其書詳細比對地方志及契約的資料，整理出荷蘭及明鄭時期臺灣的水利設施有三十五處，清代共有九百六十六處，書後附錄以表格形式將全臺所有埤圳的基本資料列出，是很有價值的參考資料。王世慶探討水利開發的模式、水利組織的功能、水利與農村風俗，認爲田莊隨埤圳之開發而擴大，人口之收容量增加，村落擴大，村莊快速增加，米穀之增產，成爲農村社會繁榮，維護治安安定社會之原動力。本文運用不少契約文書，是一篇嚴謹的水利開發史論述。劉育嘉則以清代臺灣南部、中部、北部及噶瑪蘭地區的大型水利設施開發爲中心，探討土地拓墾者與水利開發者間的關係，研究發現清代臺灣水利開發造成移墾社會的階層化及埤圳私有化等特色。另外，《臺灣省通誌稿》、《臺灣省通志》及《重修臺灣省通志》中的〈經濟志水利篇〉亦都有水利史的論述，惟偏重在戰後技術方面及自來水的探討，水利史的部分大多用條列式的陳述來表示，較缺乏論述。

　　最後，關於區域或個別的水利開發，有黃雯娟的《宜蘭縣水利發展史》，本書是描述一個完整區域的水利發展輪廓，並提出宜蘭縣水利開發是在既有開墾經驗的條件下，拓墾採取開圳、墾地並進的方式進行。作者的《水利開發與清代嘉南平原的發展》則發現清代嘉南平原的水利開發經驗與臺灣北部明顯不同，墾戶在南部區域所扮演的角色不若北部重要及明顯。洪英聖的〈草屯「龍泉圳」的開發〉，分析龍泉圳能夠興建的原因在於適當的時機成立事業組合、有科學的技術及正確的評估、多種勞力技術的分工合作，及銀行合理的貸款方式。蔡泰榮的〈曹公圳及相關水利設施

對鳳山平原社會、經濟之影響〉認為鳳山平原加速開發的關鍵，在於道光十七年曹公圳舊、新圳的整合。近年來，隨著地方史料的發掘，地方水利開發的研究成果日漸豐碩，如陳哲三對草屯、烏溪下游的探討，黃繁光研究霧峰地區的水圳，都是其例。

二、水利組織的形成及演變

關於水利組織的研究方面，早在日治時期總督府為將埤圳公共化，即著手清代水利組織的研究。如喜多末吉的〈領臺前の水利取締に就て〉及〈領臺後の水利取締〉兩篇文章，論述清代及日治時期水利組織的監督及管理問題，認為清代對於水利組織的管理只有消極地靠著諭告、圳照、戳記等來監督，而日本政府則有制度地成立水利行政部門，頒布公共埤圳規則、官設埤圳規則、官設埤圳組合規則、水利組合令等法令，來規範水利組織，其所收效果較大亦較成功。喜氏的研究多少帶有宣傳臺灣總督府的水利政策較清朝管理政策成功的意味。

森田明的〈臺灣における水利組織の歷史考察〉中，以八堡圳為例，研究八堡圳的成立過程及經營管理、水利業主權的變化過程等，其中最值得注意的是水利業主權的變化。森田明認為，水利業主權的變化與臺灣土地所有權的變化一樣，是經歷所謂「大租戶—小租戶—現耕人」的過程，而這權利分化的過程，日本殖民後對水權的介入迫使施氏的水權公有化。王崧興的〈八堡圳：十八世紀中部臺灣之水利組織與現代構造〉（Pa Pao Chun: An 18th Century Irrigation System in Central Taiwan）認為，類似八堡圳等大規模的水利設施，非國家之類的政治組織或與之銜接的富豪不能興築，而八堡圳是施氏父子以「墾戶」之力所開築及經營，其觀點與森田明的看法一致。廖風德的〈清代臺灣農村埤圳制度〉中認為，清代臺灣埤圳

的管理，重點在於埤圳管理人的舉充、分水輪灌制度和水租的徵收等，文中詳細分析埤圳所有權的變更過程，得知其變更方式有杜賣埤圳、出租埤圳、杜賣埤長甲首、退頂辦及胎借等。

至於水利組織的人事問題，以古偉瀛的〈嘉南大圳在光復初期的人事變遷：臺灣史關鍵性時期的農田水利管理〉為代表。本文利用計量方式建立嘉南農田水利會的人事檔案，並分析該會戰後初期的人事變遷，認為嘉南農田水利會對戰後初期糧食生產的穩定有正面貢獻，然人事問題在不同時空下有不同的價值。

再者，關於水權的探討，有林益發的〈臺灣地區水權制度與管理現狀之探討〉及蔡登南的〈我國水利法中之水權研究〉兩篇。前者採深度報導的方式探討目前臺灣水資源分配的問題；後者從法律的觀點對水權問題提出一些觀念的修正，如「水權為公法上的使用權」、「取水許可」等。

對於戰後水利組織的架構研究，在社會科學領域中有不少論著。林禮恭的〈臺灣農田水利會的組織與職權研究〉，本文為最早研究水利會組織架構的學位論文，內容除了將七○年代水利會的組織、任務及職權做清楚的論述外，在結論部分還提出未來展望，這些展望所提及的問題很多至今猶在爭議，如改制為政府機構、精簡組織，及健全財務結構等。張添福的〈嘉南水利會組織與營運分析〉一文，從「公經濟」及「私經濟」兩方面來探討水利會的角色。所謂「公經濟」，指的是從公共部門的角色來看水利會的發展過程；所謂「私經濟」，即從企業的角色來看水利會的發展。事實上，水利會本身即存在著公私模糊地帶，此一問題至今亦模稜兩可。李源泉的〈臺灣農田水利會基層灌排體系之研究〉強調水利會運作的維繫是靠基層灌排體系中的水利小組來維持，文中並以問卷的方式針對基層灌排體系的營運水作分析，結論中提出合理徵收各項費用等十項建議。由於李源泉曾任嘉南農田水利會的幹部及會長，故文中的許多見解應是長期觀察而來的心得，兼具理論與實務。

　　而研究臺灣水利組織的演變歷程，主要有吳進錩的〈臺灣農田水利事業演化之研究〉，是將臺灣農田水利事業放進歷史的時間面來看，時間從荷蘭時期到一九八○年左右；全文偏重在水利事業的演變事實，缺乏較深度的論述，且引用資料偏重現今的資料，特色是略古詳今，對近況的詳實論述是其優點。邱淑娟的〈戰後臺灣農田水利組織變遷歷程之研究（一九四五～一九九五）〉是從政治學上的「統合主義」及「依持主義」的觀點來剖析戰後水利會組織的變遷，特別是水利會與國民黨政權的關係，兩者互為利用，相得益彰。嚴啓龍的〈組織生命週期之研究——以桃園農田水利會為例〉，認為戰後水利會歷經六次的變革，主因是受臺灣政治、經濟環境變遷的影響。作者的〈日治時期臺灣水利事業的建立與運作——以嘉南大圳為例〉，認為總督府順勢運用臺灣舊有埤圳慣習，及引入日本內地的水權觀念，逐漸將水權公有化和法制化，並賦予水利組織更大的權力和任務。

　　另外，關於水費及成本效益的探討，有張熙蕙的〈合理水利會費——嘉南農田會個案研究〉、何鎮宇的〈嘉南大圳的成本收益分析〉，及陳佳貞的〈嘉南大圳之經濟效益分析〉。張的研究發現，嘉南地區農民的水費負擔並不重且區域內有差別；何則提出為何嘉南大圳是由總督府出面投資，而不是由私人投資興建的理由，乃是因為技術、借貸市場及成本效益等因素的限制；陳則透過推估說明嘉南大圳及三年輪作並未圖利糖廠，農民不但未受害，反而因作物選擇空間大而受利。林素純的〈以經濟史觀點探討農田水利會之演變〉一文，試著以諾斯（North）古典經濟之相對價格方向，來解釋因農業產值下降而導致水利會必須改變，再加上決策者或代理人的瓜分水利會資源，終致水利會停滯不前。

三、水利支配

　　水利支配的問題可從國家權利與水利設施、地方社會與水利設施兩方面來理解。關於國家權利與水利設施的研究，前述牧隆泰的論著，強調總督府在日治時期水利運作的角色；郭雲萍在〈國家與社會之間的嘉南大圳──以日據時期爲中心〉中認爲，日治時期嘉南大圳的興築及水利會的成立，除了展現統治者的權力之外，統治者欲透過水利會來擔任與下層農民交流的中介組織，此時的水利組織和清代的埤圳經營其意義已相差甚遠。劉素芬的〈清代臺灣農田水利研究──政府介入的契機〉一文，利用民間契約文書，從分水糾紛所引起的水權之爭與政府介入的契機切入，認爲清政府是用最方便、最便宜的代價來管理，透過管理者、開發者來確保水利權力。江信成的〈臺灣省高雄農田水利會組織與功能變遷之分析：水的政治學〉，強調水利會的性格是「似官非官，似民非民」，但大部分的角色是國家的代理人，國家支配水利會可以達到經濟政治的功能，特別是在選舉中的功能。

　　早期水利開發是以民間的力量爲主，因此，地方社會和水利設施間的關係特別值得注意。平山勳的〈水租の實證的考察──主として經濟史の領域に關して〉，利用地契及當時的舊慣調查報告，從法學的觀點切入經濟史的領域，理論配合實證說明水利與臺灣經濟史發展的關係。文中並舉十個例子配合土地契約、合同立約字、執照、口述資料做比對，從文中可了解水利合約的形成及簽訂過程、水租的種類，及繳納水租的方式等相關水利組織的經營狀況，全文中清楚見到民間自主的力量，官府並沒有介入水租。王世慶〈從清代臺灣農田水利的開發看農村社會關係〉中，對清代臺灣地方社會和水利設施間的關係有清楚的詮釋：

清代臺灣各埤圳之合約組織，可說是無組織團體之名，而有組織之實。為清代臺灣農村最大、最普遍之農村的唯一經濟性組織，可與商界之行郊組織比擬。在道光年間設總理莊約之制度以前，已成為農村之經濟性及自治性組織，為維護農田公平有效之灌溉及農村之秩序繁榮發揮其功用。對於基層行政組織薄弱之清代臺灣地方行政亦有極大之幫助。而埤圳之合約組織，也是清代臺灣村莊之擴展，聯莊並促進其繁榮之原動力。**²**

四、水利開發對社會經濟的影響

　　水利開發對區域及社會經濟的影響，此課題的研究成果較多，茲舉其犖犖大者來評析。帕斯特耐克（Burton Pasternak）在臺灣南部的研究算是比較早的開端，他研究屏東平原的打鐵及臺南的中社兩個村莊，發現這兩個村子有不同的宗族發展；究其原因，他認為現代化、族群關係、日本人的統治都不是主要的原因，一種處於水田競爭的邊疆情境，才是主要原因。本文的研究反駁了費德曼（Maurice Freedman）在福建及廣東的研究，他的研究將水利系統與社會組織連結起來，但只局限在與宗族組織的簡單關係上。

　　一九七一年「臺灣省濁水、大肚兩溪流域自然與文化史科際研究計畫」的推行，水利與區域間的關係研究逐漸為人所重視。謝繼昌在〈水利和社會文化之適應〉中，以南投縣埔里鎮籃城村當例子，運用適應架構（adaptational framework）來探究水資源在籃城村的生態環境中所扮演的

---

² 王世慶，《清代臺灣社會經濟》（臺北：聯經出版事業公司，1994），頁189-190。

角色。陳其南在〈清代臺灣漢人社會的建立及其結構〉中認為，水利開發
促使土地的租稅改變，在從旱田墾成水田的過程中，大租的繳納方式也跟
著由活租（即「抽的租」）轉變成死租（即「結定租」）。

　另外，森田明的〈清代臺灣中部の水利開發──八堡圳を中心とし
て〉承續八堡圳的研究，指出清康熙年間以蔗園為主的旱田先於稻米水田
的開發過程，旱田的增加速度遠比水田為快；但自康熙末年以後，水田漸
漸取代蔗園，最主要原因即此時期水利灌溉設施大量修築之故。溫振華的
〈清代臺北盆地經濟社會的演變〉從土地的拓墾、水利的開發來看臺北盆
地聚落的形成及人口的增加，並以樹林濟安宮為例，說明由於水圳的灌
溉，同一水圳的居民漸漸形成水源地緣的關係；這種水源地緣可強化祖籍
地緣，亦可打破祖籍地緣意識，把不同祖籍的居民連結起來。溫的研究應
證了帕斯特耐克的看法，並說明了臺灣的宗族發展常存有很多的變數，而
與內地的宗族發展不盡相同。

　廖風德的《清代之噶瑪蘭》中發現，蘭地埤圳修築與土地的開拓齊頭
並進，所以在嘉慶年間，噶瑪蘭地區埤圳灌溉系統已大致完成，灌溉系統
的完成使稻作面積擴大，農產品的生產量穩定且豐饒，吸引更多的移民，
這即是嘉慶年間蘭地漢人口急遽增加的原因之一。本文另提出水利開發所
引起的社會糾紛，是分類械鬥的導因之一。同樣以蘭陽平原為研究區域的
是黃雯娟的〈清代蘭陽平原的水利開發與聚落發展〉，本文認為蘭陽平原
的地理環境利於水利開發，故區域內的水利開發較其他區域發達，且聚落
發展亦受水利設施分布的影響，而呈現較規則的空間分布。另一篇論文亦
是研究水利與空間聚落的關係，即楊淑玲的〈桃園台地之水利社會空間組
織的演化〉，以桃園台地為對象，分析「水利社會網絡」，發現雖然水利
空間結構提供了人群互動的空間架構，但在此基本框架下，社會網絡的連
結仍深受當地水利生態環境及既有社會組織的影響。

　松田吉郎的〈明末清代臺灣南部の水利事業〉、〈清代臺灣中北部の

水利事業と一田兩主制の成立過程〉及〈臺灣の水利事業と一田二主制：埔地銀、磧地銀の意義〉等三篇文章，提出爲何臺灣中北部有一田兩主制的形成，而臺灣南部比較少見；其原因是由於「墾戶」的關係，不論在土地的拓墾或水利的開發上，墾戶在中北部的影響遠比南部明顯，而中北部的水利開發模式有很多是業佃合築，佃戶投下工本而獲得田底權，促使一田兩主制的形成。劉素芬對松田吉郎的研究提出不同的看法，她以岸裡社文書爲例，強調地權結構的改變與水利開發有密切的關係，且認爲水利公有化的發展趨勢與地權私有化的方向相反，且由於水利系統具有無法分割的完整性，所以留下日後水圳權公有化的基礎。劉俊龍的〈水圳建設與彰化平原的開發〉提出灌溉系統的建立是促成彰化平原發展達至高峰的主因。

　　另外，松田吉郎在近年有二篇關於嘉南大圳的相關論述：一爲〈嘉南大圳事業について〉，對嘉南大圳的興築到影響做簡單的論述；另一爲〈嘉南大圳事業をめぐつて——中島力男さんよりの聞き取り資料をもとに—〉，本文是以早期曾在嘉南大圳組合中擔任技師的中島力男的口述紀錄爲資料，對嘉南大圳的種種問題，如鹽分地改良、三年輪作等問題做論述，由於中島技師在戰後被國民黨政府留用，本文更可補充戰後初期水利接收史料的不足之處。作者的〈嘉南大圳對土地改良及農作方式之影響（一九二四～一九四五）〉，發現嘉南大圳完工後，因土地改良使土地的價值提高，農作方式受水制約而改變。

　　水利開發過程相當艱辛，甚有開圳者因此而喪命，因此在水利開發時或水利完成後，常爲感念神明保佑或開圳者的奉獻，而有宗教行爲的產生，水利與民間信仰的關係密切。王世慶整理清代臺灣水利之廟神與禮祭內容有五類：1.禮祭在埤圳者；2.特設之埤圳土地公；3.原爲埤圳特設之廟神禮祭而後與地緣團體祭祀融合者；4.初設即與原來地緣團體之廟神融合者；5.祭祀開圳有功先賢者。

　　近年來，成功大學歷史研究所在黃耀能教授的指導下，一系列地完成三篇水利開發對區域社會經濟的影響碩士論文，分別是蘇容立的〈水利開發對臺灣中部經濟發展之影響〉、李軒志的〈臺灣北部水利開發與經濟發展關係之研究〉、鄭雅芳的〈臺灣南部農田水利事業經營之研究〉。三篇論文分別闡述水利開發對臺灣北、中、南三個區域的自然環境、經濟及社會發展的影響，李文特別將水利的功能延伸至日治時期發電及自來水的功能。

五、水利與環境的互動歷程

　　前述臺灣水利史相關的研究成果相當豐碩，但以環境史的觀點來研究臺灣水利，則是近十年的事，目前仍屬於起步的階段，研究成果相當有限。劉翠溶將水利與土地拓墾視為十七至十九世紀臺灣環境變化的重要因子，並以聚落型態的變化來說明環境變遷的結果。顧雅文的〈八堡圳與彰化平原人文、自然環境變遷之互動歷程〉一文，則希望藉由八堡圳的個案研究，重新思考水圳在環境史研究上所代表的新義涵，研究結果認為，水圳是人類利用和改造自然環境中創造的產物，但反過來，它們又成了影響自然環境和人類活動的重要因素和約束條件。丘逸民在〈大臺北地區水利開發的歷程與河岸地利用問題的研究〉中，提及人與水的關係有逐漸背離的趨勢，在後工業時期，淡水河多元功能不能再以「功能主義」來規劃，應接納地方需求及讓居民參與，提供將來水利觀念及功能新的思考方向。作者的〈嘉南大圳研究（一九〇一～一九九三）——水利、組織與環境的互動歷程〉試著從環境史的角度來看嘉南大圳近百年發展歷程，發現嘉南大圳完工後嘉南平原的地景地貌產生很大的變化，包括既有埤圳的消失、曾文溪等河川的變遷、植物生態的演替等。李彥霖的〈陂塘到大圳——桃

園台地水利變遷（一六三五～一九四五）〉則提出石門水庫的興建促使桃園台地一百九十公尺以下高台地的水田化，但受工業化及都市化的衝擊，台地上的人對土地及水的感情愈來愈疏離。

第三節　研究特色、局限與趨勢

綜觀臺灣水利史研究豐富的成果，可以發現不同領域對水利史的詮釋面向不盡相同，在各領域中，以歷史學及人類學、地理學、政治經濟三學門的取向最具特色。

一、歷史學、人類學的研究特色及局限

在傳統稻作文化及漢人農業經濟體系下，土地拓墾的成功與否取決於水利開發是否完成，水利開發常伴隨著土地拓墾，此即旱園變水田的過程。此過程為傳統歷史學和人類學所關注，因此，兩者對於水利史的研究範疇著重於水利開發的過程及歷史、水利開發對區域及社會經濟的影響兩大課題，其中關注的焦點為：

（一）水利開發的模式，如王世慶認為，清代臺灣埤圳的開發模式有獨立開鑿者、合夥投資開鑿者、業佃鳩資合築者、全莊眾業佃田甲攤分合築者、眾佃合築者、官民合築者、漢人與平埔族合作開鑿者、平埔族開鑿者等八種。水利開發的模式與投資者、經營方式、社會領導階層等問題關係密切，因此，歷史學在探討水利開發的過程會特別留意此問題。

（二）開發者的角色，墾戶、官府、佃人、「番人」等，不同角色對水利的觀念並不一致，如對東臺灣的原住民來說，其水圳的功能並非灌溉，主要是作為部落間的界線。

（三）水利開發對農村經濟產生的影響，最直接的是稻作普及，稻米產量增加，除養活更多人口外，亦促使大陸的米穀貿易隨之頻繁。在生產方式上，由於水源固定，促使稻作制度由粗放轉而集約，土地價值因而提

高；生產方式的轉變，促使土地制度複雜化，租額亦隨之生變化。

　　（四）研究的區域較大，早期瑠公圳、八堡圳、曹公圳、嘉南大圳等水利設施，常是歷史學研究水利史的對象，因此，臺北盆地、彰化平原、嘉南平原、鳳山平原、蘭陽平原等區域，常被作爲研究的地域單位。由於大型水利設施的研究已很難有所著墨，近年來的研究轉向研究區域較大、水利設施數量較多的地區探討，因而地域單位隨之擴大，如臺灣北部、臺灣中部、臺灣南部等。

　　（五）歷史學在處理水利史所用的文獻，早期主要爲地方志、契約、日治時期的統計書等，因此，水利開發的全貌大都能完整呈現；但實際的運作過程和成敗，很難做深入的分析。近年來，隨新史料的陸續整理，很多細微的問題可望解決，如日記的整理公布，提供了解水利設施與地方社會關係最佳的材料。

　　（六）歷史學對水利史研究對大的局限，應是受限於史料及新課題難以擴大。受限於史料的片斷，對於水利發展的過程在時間及空間上的解釋常會出現空白或斷層，如清代嘉南平原的水利開發最高峰期爲康熙年間、光緒年間，中間的百餘年，本區似乎沒有任何水利興築，究其原因，是囿於史料的性質無法支持這段時期的解釋。再者，隨著都市化及工業化的加速發展，臺灣許多舊埤圳消失得很快，本身已無文獻記載，再加上無法從事田野調查，這些舊埤圳隨時間湮沒於歷史之中。

二、地理學的研究特色及局限

　　人地關係向來爲地理學的傳統，水利開發對區域產生的影響是過去地理學研究水利史常關心的課題，同樣是描述水利開發所產生的經濟社會影響，歷史學著重於土地及農業經濟的變化，地理學則強調地理環境和水利

開發間的關係，及研究區域空間的變化，特別是聚落的變遷。綜觀地理學
領域對臺灣水利史研究的成果，具有下列的特色及局限：

（一）強調水利開發中的自然因素，水利事業受區域環境的影響很
大，特別是水源、地形及氣候三者。如黃雯娟認為，清代蘭陽平原的水利
事業為全臺最發達的地區，主因是本區沖積扇地形發達，蓄涵豐富的湧
泉。桃園台地在水文條件上並不利於水利的開發，但降雨無明顯的乾季、
台地地面緩斜、土壤透水性差等自然條件，卻利於人工小型埤塘的構築。

（二）水利開發對聚落的形成及發展影響巨大，早期臺灣的聚落型態
與水源息息相關，臺灣南部因水源取得較困難，常因水利設施的興築而形
成集村的型態。陳美鈴研究嘉義平原的聚落發展，發現嘉義平原的聚落因
嘉南大圳完工後，各水利監視所成立，聚落的商業及行政機能強化，中心
地位更加確立，逐漸發展成鄉村都市規模。

（三）研究區域範圍較完整，相對於歷史學研究的區域，地理學選擇
的區域一般較為獨立完整，如蘭陽平原、桃園台地等區域，呈現的區域特
性較明顯，包括自然環境條件、水利開發的成效等。

（四）強調聚落型態是地理學研究水利史最大的特點，亦是其局限，
水利開發是空間結構形成重要的因子之一，但非唯一因素。水利開發過程
中的「人群」或「網絡」因素，或許對聚落發展的影響更大，此面向應可
藉由日記、契約的運用，讓聚落發展的解釋更加活潑。

三、政治經濟學的研究特色及局限

從日治時期以來，臺灣農村的基層農民組織基本上有二大系統：一為
農會、產業組合組織系統；另一為水利組織系統。水利組織系統在戰後因
「選舉」的關係，變成「樁腳」、「大樁腳」的代名詞。因而，水利開發

衍生出的水利支配、經濟效益等問題，一直爲社會科學研究者所關注，相
關研究的特色如下：

（一）水利組織的定位問題，一九〇一年七月四日，臺灣總督府公布
「臺灣公共埤圳規則」，內容的第四條之二規定：「公共埤圳之利害關係
人，得經行政官廳之認可，組織組合。」這是臺灣歷史上水利組織第一次
在法律條文中出現，亦即水利組織的組成及運作爲政府所保障。一九九三
年，立法院三讀通過「農田水利會組織通則修正案」，規定次年水利會會
長選舉應予停止，改爲官派，並在三年內將農田水利會改制爲公務機關。
此舉象徵的是水利組織隨著政權的更迭，其屬性從「民間自主經營」到
「半官半民」到「官營」的歷程，目前水利會的定位屬「公法人」團體很
明確，但許多權利與義務關係仍然曖昧不明。

（二）組織體系的建立及運作，水利事業要能順利運作，端視水利
組織的結構是否健全。日治時期的水利組織結構雖分決策、行政管理和執
行三個層次，但眞正使水利功能維持正常運作是最低階層的水利實行小組
合，制度化的水利組織爲戰後所延續，是戰後各水利設施能迅速恢復灌溉
及運作的主要原因。

（三）國家支配下的水利會，日人木原圓次認爲「水利支配和自治精
神訓練關係密切」，事實上，水利支配更是官府、國家機器積極想要掌握
的資源。從日治時期開始，總督府即想透過水和水利組織的支配來掌握農
民；戰後國民黨政府和水利會間關係密切，兩者互相利用。

（四）水利開發的經濟效用，日治時期嘉南大圳的興建，論者如矢內
原忠雄認爲，促使總督府可以用水來控制農民，導致米糖衝突加深；但經
濟學者利用模式計算，發現嘉南大圳完工後，農民每甲土地的額外支出約
三十一圓的成本，但亦獲額外的收益四十七圓，農民應不致於被迫害，水
利建設的經濟效益是划算的。

（五）綜觀政治經濟學對水利史研究的成果，明顯偏重於戰後水利會

的政治和經濟功能，政治上的焦點是水利會與國民黨間的相互關係，經濟上則評估水利建設或水利會的經濟效能。政治學採用的資料主要是法規、水利會內部文件、報紙等；經濟上的資料主要為統計資料。兩學門都會運用理論來解釋水利發展的歷程，如政治學的「統合理論」。政治經濟學門研究水利史的局限在於資料的嚴謹性，如報紙資料本身就需要檢視，統計資料本身就有所局限，近年來口述歷史盛行，多少可以彌補資料上的局限。

四、研究趨勢

水利開發的過程、組織的形成及演變、水利支配、水利開發對社會經濟的影響、水利與環境等課題，是過去臺灣水利史研究較重要的幾個取向。就研究成果的時間脈絡來看，首先，水利與環境是目前臺灣學界較重視的課題，從一九九三、二〇〇二及二〇〇六年舉辦的三次環境史研討會發表的主題來看，水環境、水文環境的變化都是被討論的重點。近年來，歷史學幾篇與水利有關的學位論文，除探討水利開發的過程外，在論及影響時，都已注意到「人—水利—環境」三者間的關係。

其次，區域的比較研究值得探討，臺灣雖然面積不大，但各區域間的自然環境差異很大，如蘭陽平原和嘉南平原的水文條件截然不同，再加上多元的族群活動及不同時期國家機器的轉化，種種複雜因素的影響，各區域及各水利設施都有豐富的社會文化意涵，區域自然環境和水利發展間的關係在本書第二章將會詳細說明。

最後，河川史的探討是將來可以發展的方向，過去對水利與環境的探討較偏重在人為「水利設施」與環境的互動過程，對於水利的源頭——水源，著墨較少。《淡水河流域變遷史》敘說從平埔族的舟船之利、漢人的

河運及引水灌溉、日本人的自來水、發電運用，到今日的親水、河川汙染問題，淡水河水資源的利用趨於多元化。時報文教基金會一系列大河的故事，敘說淡水河、朴子溪、頭前溪、濁水溪、中港溪、大甲溪、高屏溪、卑南溪及曾文溪等「人與河」相處的「故事」。目前大部分河川史的成果，都採用報導文學的手法來呈現，在史料及史實方面乃有極大的發展空間，值得水利史研究去開拓。

從日治時期以來，或為統治目的，或為學術研究，臺灣水利史的研究已具相當成果，研究範疇亦相當多元。綜觀這些研究成果的內容可以歸納成五個取向：一是水利開發的過程及歷史；二是水利組織的形成及演變；三是水利支配的問題；四是水利開發對區域和社會經濟的影響；五是水利與環境互動的歷程。

此五種取向注意的課題包羅萬象，包括：八堡圳、嘉南大圳等大型水利設施的研究；臺北盆地、中臺灣、南臺灣及東臺灣等區域水利發展的研究；水利法規的確立；水利組織的形成和運作；國家權利與水利支配；地方社會與水利設施；水利問題與社會衝突；水利對社會經濟的影響等。臺灣水利史研究的課題雖然多元、精彩，但受限於文獻的零散及學科的分工，導致許多課題缺乏整合。如以區域的水利發展歷程來說，地理學注重水利開發中的地理環境條件及對聚落形成的影響，歷史學的解釋則會偏重在對農村經濟、社會的影響，政治經濟學可能會置重點於水利組織的結構和運作。

如學科間能有所整合，則臺灣水利史的研究應有更寬廣的空間，如水利與環境的互動歷程是相當值得探究的課題，而研究環境史的先決條件是「學會新的語言並要會問新的問題」，自然科學、統計、地理、人類學、政治學等方法，不但要統合，還要能夠活用各種方法。除水利與環境的互動歷程外，區域間水利開發異同的比較、河川的變遷史等方向，都是值得深入研究的課題。

　　與國際合作共同探討水利史，是目前臺灣亟待努力的方向，雖然臺灣已舉辦二次環境史的國際學術研討會，但仍略嫌不足。各國及中國已累積豐碩的研究成果及概念，值得參考學習，如日本的中國水利史研究會和文部科學省在二〇〇六開始即補助「寧波地域の水利開發と環境」計畫，主持人松田吉郎即集合日中學者五十餘人進行中國水利史的研究，並於二〇〇九年出版《古代水利設施の歷史價值及びその保護利用論文集》。希冀類似這樣的共同合作及比較研究在臺灣水利史研究上也能出現，以更宏觀的視野來看人與環境的互動歷程。

第二章　區域地理環境與早期的水利開發

　　臺灣地區的年平均雨量高達二千五百公釐以上，是全球年平均雨量的二‧五倍，全世界陸地平均降水量的三‧七五倍，比地表最多雨帶的北緯零到十度多約百分之三十，部分地區每年下雨超過兩百日，屬多雨區。然而，降水量並不等於水資源量，每個時期及每個地區對水資源環境的認知並不盡相同。過去對於臺灣水利興建背景最常見到的論調是：「臺灣的地形，中央山脈縱貫南北，流向東、西兩岸的河道都很短促，坡度又急，故不能保持一定均勻的流量，遇到颱風豪雨，洪水則到處氾濫；進入旱季，便涸竭見底；且臺灣的降雨量在一年中並不均勻，有許多地方往往半年不見降雨，所以農田的人工灌溉勢所必要。」或「由於全島降雨量分配不平均，約百分之八十集中於每年五至十月間之豐水期，其中大部分雨量更集中在颱風過境時，若颱風帶來的雨量較少，將面臨缺水；每年十一月至次年四月枯水期，降雨量更少，尤以臺灣南部為甚，僅百分之十雨量降於枯水期，致水源調配甚為困難。」事實上，每個地區的自然環境有所差異，水利興建的因素也因地區而有所不同，如嘉南平原是急需灌溉的埤圳，蘭陽平原近海地區的埤圳則要兼顧排水，桃園台地則須設法讓水源多重利用。

　　十七世紀荷治及鄭氏王朝兩時期，雖有致力於水利開發，惟受限於自然環境，及技術尚未成熟，因此水利設施的規模均不大，大多是「井」或「陂」，以泉水、雨水為水源，灌溉面積小，流灌的範圍有限；而水利開發的地區如同土地拓墾的地區，主要分布在今臺南、高雄一帶。

第一節　地理環境與水利之關係

一、各區域的地理環境

就嘉南平原及蘭陽平原的自然環境比較而言，兩地區在地勢、土壤、降雨及水源等自然條件有明顯的差異，因此，兩地的水利發展過程截然不同。嘉南平原在清代雖已興建了一百八十一處水利設施，但成果是埤多圳少，灌溉成效有限，致使後來必須興建嘉南大圳；蘭陽平原在清代的四十三處水利設施，圳多埤少是其特點，但早期著重於灌溉的功用，終究無法改善地勢低窪積水的困境，致使排水工程爲日治時期本區水利工程的最主要的內容。

表2-1是臺灣各地區自然環境與水利關係比較表，從表中可以清楚地看出各地區因自然環境不同，所發展出的水利觀念及功能亦不同。蘭陽平原及臺北盆地因地勢較低，水源較豐富，因此早在清代水利事業就很發達；桃園台地土壤透水性差，且水源有限，故出現數千處規模小的埤塘是可以理解的；彰化平原水源充足且地下水豐富，理應很容易建造大規模的水利設施，但受限於引水不易，直至克服濁水溪取水口問題後，才出現八堡圳；屏東平原河川水源充足，但下游地勢較低，排水功能亦是本區水利開發必須考量的因素之一；花東縱谷除河川取水不易外，又面臨「番害」的問題，因此本區水利設施的出現較晚且規模不大。

表2-1　臺灣主要地區自然環境與水利關係表

區域	地勢	氣候	土壤	水源	水利目的	代表水利設施的竣工或紀錄年代
蘭陽平原	平坦，土地規模大。	雨量均勻，冬天寒冷，溼度大，日照不足。	質地適中，肥力高，部分地區土壤排水不良。	充足	灌溉、排水。沿海低凹地排水不良，雨季不能耕種，河床逐漸增高，河水溢流成災。	泰山口圳（1807）林寶春圳（1810）萬長春圳（1811）
臺北盆地	平坦，土地規模不大。	冬季寒冷，雨量多，適合種植作物不多。	土壤性質良好，近山邊土壤性質較差，肥力低。	尚充足	灌溉、排水。地勢低凹，易發生水災。	劉厝圳（1761）瑠公圳（1765）翡翠水庫（1987）
桃園台地	地勢高，台地平面平坦。	較一般同區平地涼爽。	土壤黏重，強酸性，肥力較差，土層深厚。	水源尚充足	灌溉。台地陡陂易被沖蝕，須注意水土保持。	桃園大圳（1926）石門水庫（1964）
臺中盆地	盆地構造，地形適宜。	氣候適中、風力小，適宜種植作物多。	大甲溪舊沖積扇，地力肥沃。	水源充足	灌溉。冬天乾旱需水灌溉。	葫蘆墩圳（1723）貓霧捒圳（1733）八寶圳（1824）
彰化平原	平坦，土地規模大。	氣候適中，適宜種植作物多，沿海季風大，冬季乾燥期較長。	土壤性質良好，肥力高，沿海砂性土肥力較差。	充足，灌溉設施完善。	灌溉、排水。部分低地土壤排水不良。	八堡圳（1719）

（續下表）

嘉南平原	平坦，土地規模大。	接近熱帶氣候，雨量集中夏天，冬季乾燥期長，氣溫高，適合種植熱帶作物。	一般土壤含砂量較多，肥力較差，排水良好。看天田土壤黏重而堅硬，耕犁不便；鹽分地含鹽量高，不宜種植作物，必須改良。	水源不足，缺乏完善的灌溉設備。	灌溉、排水、土地改良。沿海砂土地區風蝕甚嚴重，必須設防風林；沿海低地部分，地下水位較高，需要排水改良。	虎頭埤（1846）嘉南大圳（1930）白河水庫（1963）曾文水庫（1973）南化水庫（1999）
高雄平原	平坦，土地規模大。	熱帶氣候，雨量更集中，冬春季乾燥期長，氣溫高，適合種植熱帶作物。	土壤性質良好，肥力高，但沿海地區排水不良，部分土壤含石礫多。	地下水豐沛，灌溉設施完善。	灌溉、排水。沿海低地有海水倒灌現象，境內河流多，河床地面積大。	曹公圳（1838）網紗圳陂（1893）澄清湖（1940）牡丹水庫（1994）
花東縱谷	稍有起伏不平，土地分布零碎。	冬季氣溫較西部溫暖，雨量分布較均勻，北部秋冬季日照不足。	土壤淺薄，含砂量高，保肥與保水力差，肥力低。	水源充足但不易取得，灌溉設施不完善。	灌溉。境內河流甚短湍，河床迅速增高，常發生河水溢流成災，交通不便。	秋林圳（1852）玉里圳（1875）大陂池（1875）
澎湖群島	地形平坦，全境無山地、河川。	日照充足，季風強烈，雨水蒸發量大。	大多是玄武熔岩的蝕餘平臺，不利農作。	水源缺乏，只能靠雨水或地下水。	飲水及灌溉。只能利用鑿井，稍乾旱井即枯竭，且水質帶鹹味。	嘉蔭亭井媽宮社大井（1683）

資料來源：陳正祥，《臺灣地誌》。臺北：南天書局，1993，頁770-891。

二、水田阡陌的蘭陽平原

　　清代文獻對蘭陽平原自然環境的描述並不多，但均已點出其特點：其一，土性豐腴，溪流遍布，如道光年間臺灣知府方傳穟的觀察：「噶瑪蘭僻在臺灣極北山後，本屬水寒土瘠；徒以地勢平衍，溪流灌注，故有膏腴之名。」其二，經年有雨，雨量充沛，甚至造成水災，陳淑均的《噶瑪蘭廳志》有云：「蘭與淡水接壤，淡水冬多朔風，飛沙拔木；蘭則冬多淋雨，積潦成渠。蘭尤時常陰翳連天，密雨如線，即逢晴霽，亦潮溼異常。」

　　雨量豐富，年雨量高達二千七百公釐，使蘭陽平原的河川流量相當穩定，再加上沖積扇地形發達及地下水含量豐富，利於水利開發，是清代臺灣水利事業最發達的地區。但是，蘭陽平原受到幾個因素的影響，常使本地區氾濫成災。其原因：一是河川多源於山地，坡陡流急，一旦進入平原流速減緩，帶來大量泥砂，使河床積高；當雨勢較大，河流難以渲洩。二是沿海地勢低窪，但沙丘高起，致使下游河川難以順遂入海，常在低窪地區積水為患。三是年雨量高及年降雨日超過兩百天，充沛的雨量缺乏良好的排水系統。四是蘭陽平原開口向東，易遭來自太平洋海域颱風暴雨的侵襲，而引發山洪暴雨；加上地形坡陡，河川流程短促，又無水庫的攔截、蓄積。五是河川水路蜿蜒曲折，每遇大雨難以渲洩過多的雨量。蘭陽平原有豐富的水源，利於灌溉，所以，清代興築的四十三處埤圳其功能都是以灌溉為主，但受地勢低窪及排水不良的影響，到日治時期本區的水利工程逐漸以排水功能為導向。

三、水源穩定的臺北盆地

　　臺北盆地的地形頗為一致，盆地乃淡水河沖積形成的平原，形狀略呈三角形，三角形的東北有基隆河，中部有新店溪，西南則有大漢溪，此三條河川在盆地中匯流，最後由西北方的關渡出海。此三條河流將臺北盆地切割成西北方的士林平原、中心的臺北平原、西南邊的新莊平原及板橋平原。臺北盆地的地勢甚低，從東南向西北緩斜，區域內海拔高度概在二十公尺以下，屬臺北平原的景美，高度約在十四公尺；板橋平原的板橋、樹林一帶約十公尺；但到士林平原的士林、唭哩岸一帶高度已降至五公尺，至關渡則只有一公尺。

　　從清代臺北盆地的水圳分布的區位來看，臺北平原的灌溉面積最大，高達三千〇五十六甲，占全部灌溉面積的百分之三十·三三。由自然環境可以發現，雖同屬於盆地的盆底地形，但士林平原和新莊平原由於地勢低窪地區比例較高，因此埤圳的規模與灌溉面積反不及臺北平原，臺北平原甚至有灌溉面積高達一千二百甲的瑠公圳。

　　整體而言，臺北盆地由於年雨量豐沛，使得河川水源充足，淡水河各支流成為主要的埤圳水源；另由於盆底地形利於埤圳開築，除士林平原和新莊平原低窪地區農業不盛、水利不興外，總的來說，水利事業是非常發達的。

四、埤塘遍布的桃園台地

　　桃園台地的氣候特徵是高溫、多雨和強風。首先，在氣溫方面，臺灣西北部的夏季氣溫較高，冬季較冷，春季氣溫較不定，如陳培桂在《淡水廳志》所描述：「臺處閩東南隅，地勢最下，極暑少寒，花卉常開，木

葉少落……五、六月間盛暑鬱積……八、九月後，雨少風多……淡水天氣較寒，彰南三月輒著輕紗，淡則二、三月間乍寒乍燠，不離薄裘，否則成疾。」諺云：「未食端五，破裘不肯放，良然。九月北風發，漸冷。十一、二月風愈盛則寒愈烈。」根據日治時期的測量數據，本區的年均溫約為攝氏二十一度，二月的月均溫最低，約為十四度，七、八月的月均溫最高，約為二十七度。

　　其次，在雨量方面，本區的降雨可以分成夏季的對流雨、冬季的季風雨、春季的梅雨三種類型。根據龜崙口（鄰近桃園）測候點統計的雨量紀錄，本區的年平均雨量約二千一百〇五公釐，雨量相當豐沛，並無明顯的乾季，但夏季降雨較為集中，且雨量分布由台地東側的山地向沿海地區遞減。《淡水廳志》有深刻的描述：「淡則春多陰雨，聞雷即霡霂連旬。偶有晴霽，頃刻復雨。俗稱未驚蟄先聞雷，當降雨四十九天，占之屢驗。五、六月間盛暑鬱，東南雲蒸，雷聞震屬，滂沱立至，謂之西北雨。蓋以東南風一送雨，乃歸西北也。此雨不久便晴，多連發三午。八、九月後，雨少風多，其威愈烈，掃葉捲籜，塵沙蔽天，常經旬不止。惟新莊、艋舺四山環繞稍減。自桃仔園至大甲，則飆忽特甚：此淡水風雨與南路不同也。」

　　從桃園台地的氣溫和雨量來看，夏季氣溫偏高，冬春溫暖不降霜，降雨豐沛，是相當適合種植早熟稻，發展一年兩熟之集約稻作生活的氣候條件，如《淡水廳志》所提及：「淡土肥沃，一年二獲，圳陂之利，歉少豐多。」但降雨集中夏季，如無有效利用雨水或貯水，或突遭氣候變異，則會出現「竹塹以北，夏、秋常旱」的現象。因此，早期的拓墾者普遍會在台地上開築陂塘貯水灌溉。

　　桃園台地最重要的地形特徵即台地地形，桃園台地的成因是由於古石門溪沖積形成的古石門沖積扇。整個桃園台地的平均高度為三十九・四公尺，西面臨海，東側隔大漢溪與大溪階地相鄰，階地的平均相對高度為

二百五十三·四公尺,再向東則為山地地形。北接平均高度二百四十九·
七公尺的林口台地,南臨平均相對高度二百二十七·二八公尺的湖口台
地。受四周較高的台地及階地地形環抱,桃園台地是一個較為低平而且完
整的台地面,屬於沖積扇地形。桃園台地的地勢係以石門為中心,其等高
線作同心圓狀向西北降低,地面坡度則自四十分之一漸次緩降至一百二十
分之一,此種坡降性質對本區水利開發具有決定性的影響。就陂塘外觀與
地形間之關係,通常在坡度愈陡的地區,陂塘長徑延伸方向會與等高線相
平行,意即拓墾者懂得順應天然地勢,在田地高處挖掘陂塘,以達上流
(陂塘)下接(田地)的灌溉功效,因此,本區星羅棋布的大小陂塘逐步
形成。

　　本區雖大小陂塘密布,但地形局限終究顯著,此點從台地上「壢」、
「坑」等眾多地名可看出端倪,客家語的「壢」同閩南語的「坑」,都係
指短小溝谷,水量有限,甚至無水谷地之地。桃園台地的耕地土壤絕大部
分是貧瘠的紅壤及黃壤,其中沖積土的比例尚不足百分之五,紅壤及黃壤
土性屬黏土類,其透水性差,且土層厚度約只有三到五公尺,再下即堅硬
的礫石層;再加上地勢高亢,不但地下水不易取用,且陂塘深度如太深,
易觸及礫層而無法貯水,故大規模的水利設施不易興築。但透水性差的土
壤卻提供陂塘蓄水的最佳條件,台地上構築的陂塘較無漏水之虞。

　　桃園台地有大漢溪水系、南崁溪兩個主要的水系,及埔心溪、新街
溪等獨流入海的水系,這些河川除了大漢溪自台地東側向北流入臺北盆地
外,其他多數溪流多平行切割台地面而獨流入海。桃園台地的溪流原均為
古石門溪下游沖積扇的排水道,共同沖積出桃園台地。但自古石門溪發生
河川襲奪後,這些溪流即成為斷頭河,水源供應不足,流域面積狹小,流
路短淺,變成荒溪型的溪流。夏季的雨季來臨時,溪水往往暴增,容易氾
濫成災;冬季溪流進入枯水期,流量大為減少。台地上這些水量少,僅具
有排水作用的溪流,對於農業灌溉的助益相當有限,必須仰賴水利設施儲

水以備旱時灌溉，《淡水廳志》說：「淡北外港有旱田、水田之別，旱田仍賴雨暘為豐歉；……蓋自內山水源錯出，因勢利導，通流引灌以時宣洩，故少旱澇。此陂圳之設，為利最溥。」桃園台地的降雨主要集中在夏季，主要溪流灌溉功能不彰，一旦夏季發生乾旱，農作將面臨缺水灌溉的問題。同時，也由於夏季的降雨雨時短而強度大，暴雨往往形成水災，因此台地上遍築陂塘，用以蓄水防洪，蔚為一項特殊的人文景觀。

綜觀桃園台地的地理環境，氣候、地形條件非常適合稻作農業，惟土壤及水文條件不佳，溪流不易利用，灌溉水源須靠築陂塘儲水，導致從漢人入墾本區以來，陂塘數量就不斷增加。

五、田園皆宜的臺中盆地

臺中盆地的範圍係指豐原沖積扇及太平合成沖積扇兩區域，豐原沖積扇又稱大甲古沖積扇，位於盆地北部，扇頂在豐原市東北方朴子附近，海拔約二百六十公尺，從此向西南方展開扇狀面，南方扇端至臺中市附近，達大肚台地東麓，是過去大甲溪南下流盆地形成的古沖積扇扇面表土。太平合成沖積扇在盆地中部，北起自軍功寮、大坑一帶，南至霧峰、北溝附近，西至大肚溪水隙，係由大坑、廓仔溪、頭汴坑、草湖、北溝、暗坑諸溪之複合沖積扇，其南北長度在東緣山麓線約達十八公里，東西寬度約在十公里，略成矩形，本沖積扇在扇端部分有五百多處湧泉，因而扇端區域灌溉水源豐沛。

臺中盆地的氣候型態屬西部溫暖冬季寡雨氣候區，夏季有熱帶海洋氣團進入，呈現高溫多雨季節，年平均溫在攝氏二十二度，全年雨量不到二千公釐，夏季的降雨量占全年的百分之八十以上。本區域的地形及氣溫很適合農業生產，然雨量集中於夏季，並不易利用；再加上本區的河川並

不多，在盆地邊緣有旱溪、烏牛欄溪、筏仔溪，屬野溪排水河道。在豐原附近，因東有段丘群所形成溪谷，間有北坑、中坑、南坑等，皆短小而經常缺水，成爲礫溪或乾溪狀態，水源甚難利用；大甲溪是豐原一帶最重要及最大的河川，亦是本區水利設施的主要水源。

六、水利發達的彰化平原

彰化平原屬濁水溪沖積扇，北狹南寬，因受濁水溪沖積扇堆積的影響，南端地勢較高。濁水溪在二水以南出山後，溪床原甚分歧，主流偏向西北，稱東螺溪，由鹿港附近出海。自有文字紀錄以來，濁水溪主流所趨已有好幾次變動，漫流此沖積扇上的大溪，從南到北計有虎尾溪、舊虎尾溪、新虎尾溪、西螺溪與東螺溪五條，經過人工的壓束，目前係以西螺溪爲主流，其餘皆因埤圳開發而成了斷頭河。

彰化平原地形平坦，土壤肥沃，水系縱橫交錯分布，非常適合發展農業，早在十七世紀下半葉即出現點狀開發。本區沖積扇的原始坡度便利灌溉與排水設施，因而水利相當發達。本區的地面坡度，較其南北兩側的平原地區稍大，尤其是接近扇頂部分，二水、林內一帶，海拔高度各約八十公尺，至西螺附近減爲三十公尺，在十三公里內，降低五十公尺，平均坡度爲千分之四；西螺至溪口一段，二十公里間下降三百〇二公尺，平均坡度乃減爲千分之一·五；沖積扇兩側坡度亦是如此，在此二十餘公里之間，地形極爲平坦。虎尾、西螺與北斗連線以上，利用扇面原始坡度，容易引水灌溉。再加上境內河流眾多，由北而南有：洋子厝溪、鹿港溪、舊濁水溪、二林溪、濁水溪。因而本區年雨量雖只約一千五百公釐，且冬季尤爲乾旱，但因水源充足，土地終年可以利用，在先民開拓之初，即知講求水利。

七、看天吃飯的嘉南平原

　　嘉南平原是臺灣最早開發的地區，由於地形平坦，氣候炎熱，適合農作物種植，但土壤及水文條件不理想，農業發展需要水利配合。清代的文獻對本區的自然環境描述相當貼切，如朱仕玠在《小琉球漫誌》中，對降雨的記載很詳盡：「台地自九月至三、四月，雨甚希少；至五、六、七、八月，始有大雨。有時自五月綿延至七、八月，罕有晴日。」嘉南平原的水文條件亦不佳，如朱景英在《海東札記》所云：「南北溪流錯雜，皆源發內山，勢如建瓴；大雨後尤迅急不可屬揭，行旅苦之。」藍鼎元在《東征集》中亦有提及：「虎尾純濁，阿拔泉純清；惟東螺清濁不定，且沙土壅決，盈涸無常。」需水灌溉是清代嘉南平興建水利最主要的原因，清廷相當清楚這個問題，「查臺灣全邑及鳳山縣治北境、諸羅縣治南境，地既高亢，無泉可引，水田甚少。」陳文達在《鳳山縣志》裡有更具體的敘述：「邑治田土，多乏水源；淋雨則溢，旱則涸。故相度地勢之下者，築堤瀦水或截溪流，均名曰陂。」

　　到日治時期，科學的儀器引進臺灣，對自然環境的調查及紀錄開始有數據統計，描述亦較具體，如嘉南平原的年平均雨量，夏季占全年比例都超過百分之八十以上。土壤的調查部分，除中央地帶的丘陵地是沖積土外，兩側的土壤均需土地改良才能利用。西側靠海地區大多為鹽漬土，所占面積甚廣，俗稱鹽分地。平原東側為擬磐層土，俗稱看天田，係指只能利用雨季之雨水生產一種稻米之田地，看天田的土壤組織緊密，在地表以下十五到二十公分有一凝固的堅磐，阻礙地下水上升，雨水亦不易下滲，水分的循環極為惡劣，因此可耕地部分僅限於表土，耕作時以及作物生長時所需的水，皆賴天雨。但當雨水過多時，若非大量流失，便停滯成潴，為害農作物滋長，缺水時則表土即現龜劣，使農作物根部暴露，甚至斷劣，不久即行枯死。為改良鹽分地及看天田，灌溉排水是最重要的方法。

綜觀嘉南平原的地理環境，地形及氣溫對農業生產最有利，平原地形占本區土地面積的百分之七十，氣溫介於攝氏十六到二十八度，很適合各種農作物生長，但降雨量不平均及水文條件不佳，使本區在農業生產時面臨灌溉用水不足的問題。

八、旱田縱橫的高雄平原

高雄平原雖有中央山脈的尾閭逼近海岸，但海岸平原仍有十到十五公里的寬度，從二層行溪口（二仁溪）到下淡水溪口（高屏溪）延長約達五十公里，地勢大致平坦，連成一片。本區平原多為海相沉積，因此甚為平坦，但缺乏原始傾斜，排水並不良好。所有小溪皆出自內門丘陵，源低而流短，水量不足。

本區的氣候特徵是多期暖熱而乾旱，年平均雨量為約二千公釐，雨量雖多但集中於夏季，六、七、八三個月降雨量占全年雨量約百分之七十四，降雨量分布情形與基隆恰成尖銳的對比。平均蒸發量除六、七、八三個月外，其餘九個月的蒸發量均大於降雨量。冬期半年的長期乾旱，而又缺乏灌溉水源，遂使本區的旱田所占比率為臺灣各地之冠。

九、引水困難的花東縱谷

花東縱谷地形以山地為主，次為平原、海岸與島嶼，由於中央山脈主軸偏東，致使整個東部主要為山地，若以五百公尺為平原與山地之分界，則本區平原只占百分之三十八，山地則占百分之六十二。在此山地綿延廣闊而且又呈封閉的情況下，本區不僅對外交通聯絡不便，開發較為遲

緩；而且，也因此耕地面積狹小，使整個東部地區面積雖占全臺的百分之二十三，但耕地面積卻只占百分之七‧一。

本區的平原主要是由許多沖積扇組成，分布於中央山脈與臺東海岸山脈之間，由北而南分別爲：1.大濁水溪三角洲、得其黎三角洲，主要由花蓮溪水系沖積而成；2.縱谷平原，主要由秀姑巒溪水系及新武呂溪沖積而成；3.臺東三角洲，由卑南溪水系沖積而成。

本區的平原雖由許多沖積扇連接而成，在土地利用之理論上應是聚落與耕地的所在，但由於河谷兩側坡地過於陡削，豪雨過後，山洪暴發，洪水挾帶大量砂石注入河谷平原，造成廣大的礫石堆積。再加上河床不穩，常造成房屋農田的流失，因此平原地帶聚落與耕地的分布，常不在沖積扇的正面，而退到靠山較安全的所在，土地利用反而受到限制。本區的河川也因過於短促，陡度過大，水量不穩，急雨時山洪暴發，天旱時涓滴細流，不論在交通或灌溉上均難有效利用。

本區氣候高溫多雨，是典型的亞熱帶氣候，應對植物的生長十分有利，但由於雨量多集中夏季，且多爲颱風雨，經常造成房舍農田及作物的損失。冬季時，臺東且有缺水乾旱的現象。雖有三水系流經其間，但水文的特性以致本區平原礫石堆積，土壤多含石礫，廣大的平原荒地遍布。

本區的農業環境與全島各地比較而言，農業條件並不算差，但受限於土壤淺薄，含砂量高，保肥與保水力差，導致肥力低，水源雖尚充足，但灌溉設施不完善，引水灌溉困難。

十、多風乾旱的澎湖群島

澎湖群島由六十四座島嶼組成，土地面積爲一百二十七平方公里。各島地勢平坦，無山嶺與河川，氣候多風乾旱，缺少灌溉水源，所有耕地全

為旱田，生產力極低。本區的島嶼多為玄武岩的蝕餘平臺構成，地形低坦而單調，各島之海拔高度自數公尺至七十公尺不等。

本區各島之上都沒有山嶺，也沒有河川。澎湖本島的拱北山不過二十五公尺，不具山形。僅在夏期雨水較多時，地表低窪之處暫時流水，一入冬期即告枯槁，居民飲水之取給甚為困難，灌溉更不易。如清人林豪在《澎湖廳志》中所云：「大城山之水分為五條，石隙微泉涓滴而下。若雨多則溪中有泉可導，一由大城北鯉魚潭至港底之中溝（大旱時，里人常至此求雨），一由蚱腳嶼西流，一由東衛，一由菜園，一南過雙頭掛。皆涓涓細流，緣溪彎曲而行，入於海。」澎湖群島除了沒有河川外，降雨量亦為臺灣最少的地區，馬公的年平均雨量為一千○三十四公釐，歷年來最大的年雨量不過一千六百七十一公釐，最少年雨量僅三百二十三公釐，且雨量的季節分布很不平均，夏期半年，年雨量占百分之八十以上；而且本區夏期的雨水是颱風雨為主，不易儲存。再加上本區的蒸發量為降雨量的二倍，水源根本無法保存，因而本區的水利開發難有進展，農業相對不發達。

第二節　早期臺灣的水利開發

一、荷蘭人在南臺灣的農業與水利

　　一六二四年，荷蘭人因東亞海運上的競逐而進入臺灣，展開三十八年的經營。荷蘭人經營臺灣並非對本島感興趣，其目的僅在作爲轉口貿易的據點。由於鄭芝龍的阻擾，無法順利將中國貨物轉運日本，只得另闢管道，開始在臺灣種植熱帶作物，除招募少數的平埔族外，荷蘭人從中國閩南沿海引進大量漢人來臺耕種。

　　十七世紀漢人大量移入南部臺灣之前，原住民係以狩獵爲主要生產活動，輔以少量的農作活動。他們「無水田，治畬種禾，山花開則耕，禾熟，拔其穗」的傳統稻作生產方式，原因在於部落地多人少，生產工具粗糙，既無牛耕，也無水利設施進行深耕使然。荷蘭統治時期，稻米、蔗糖成爲臺灣出口大宗，主要是從中國沿海地區招募漢人墾殖的結果。

　　臺灣水利設施的名稱最早出現即在荷治時期，爲招募漢人移民及種植稻米、甘蔗，荷蘭人開始在臺灣興建水利設施，周璽在《彰化縣志》中的記載：「自紅夷至臺，就中土遺民，令之耕田輸租。……其陂塘堰圳修築之費，耕牛農具種仔，皆紅夷資給。」荷治時期的水利開發，除了飲用的水「井」外，應是以灌溉田園之用的井、埤爲主。荷治時期的水利工程，稱之爲「荷蘭堰」，即在水流和緩、地盤較弱而少石塊的河川中，設置竹樁、簣子，再塡上草土，故又稱爲「草埤」，見圖2-1。成功大學水利工程系教授劉長齡認爲，「草埤」與目前荷蘭護堤的設計有類似之處：「荷蘭既據有臺灣，必攜來治水技術，如荷蘭井、荷蘭埤，得與中國本土之水車抽水，治河保護堤岸、引水灌溉同時出現。」惟此說法尙待史料佐證。

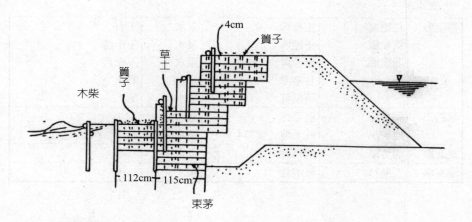

圖2-1 草埤構造圖

資料來源：惜遺，〈臺灣之水利問題〉，收於臺灣銀行金融研究室編，《臺灣之水利問題》（臺北：
　　　　　臺灣銀行金融研究室，1950年），頁7。

　　荷治時期留下的水利設施，井有紅毛井、荷蘭井；埤有紅毛埤、荷蘭埤等。這些水利設施有些可在文獻上找到，有些則是鄉里傳說。從表2-2中可得知，在荷蘭王田制度之下，水利設施的興建雖然是荷蘭人資助，但有許多的埤是個人投資完成的，如王參若的「參若埤」。高拱乾的《臺灣府志》記載：「參若埤，在文賢里。自紅毛時，有佃民王姓名參若者，築以儲水灌田，遂號為參若埤云。」其他像王有埤、十嫂埤等，都是個人之力完成；而像甘棠潭、荷蘭埤等，是鄉人合力所築，可見在荷治時期，私人興建水利設施的風氣已經很普遍了。

表2-2 荷治時期臺灣水利設施一覽表

	現今地點	水利名稱	水源	開發者
臺南市	安平	紅毛井	泉水	荷人
	公園路附近	烏鬼井	泉水	荷人命「黑奴」
	赤嵌樓東北	荷蘭井	泉水	荷人
	民權路附近	大井	泉水	荷人
	孔廟附近	馬兵營井	泉水	荷人

（續下表）

臺南縣	仁德鄉	王有埤	泉水	王有
	新化鎮	十嫂埤	泉水	王十嫂
	關廟鄉	參若埤	泉水	王參若
		甘棠潭	泉水	鄉人
		荷蘭埤	泉水	鄉人
嘉義市	蘭井里	紅毛井	泉水	
	鹿寮里	紅毛埤（蘭潭）	泉水	
臺北縣	瑞芳鎮	龍目井	泉水	
澎湖縣	瓦硐村	紅毛井	泉水	

二、鄭氏時期的屯田與水利開發

　　鄭成功領臺之初，首要解決的問題即是二十萬軍民的糧食需求，因此規定無論士庶，盡皆投入生產，厲行屯田政策，水田開發以「官田」為主。為確保軍糧、民食，減少糖產，僅先種稻。鄭氏入臺時的農業政策異於荷治時期，因荷治時期是以轉口貿易為主，鄭成功父子一心想要匡復明室，故來臺後第一要務是足兵足食，因此，在農本思想下，其最主要的作物是稻，糖次之。

　　鄭氏時期的水利開發最主要有三種方式：一是軍屯時由屯兵所築，水利設施名稱多以軍營為名，大多分布在今高雄縣路竹、湖內一帶，如三鎮陂、北領旗陂。二是當時文武官田拓墾而興築的水利設施，大多分布在今高雄縣鳳山地區，如公爺陂、月眉池、賞舍陂；月眉池是明寧靖王填築灌田，由於形如月眉，因稱之月眉池。三是由莊民合資或個人投資所興建，如今高雄縣彌陀、阿蓮一帶的烏樹林陂、大陂等，見表2-3。

　　鄭氏時期興築的水利設施，依地勢不同而有不同的名稱，陳文達在《臺灣縣志》中說明：「相度地勢之下者，築堤瀦水，或截溪流，均名曰『陂』。……至地勢本下，低窪積水，有泉不竭而不甚廣者曰『潭』、曰

『湖』。有源而流長者曰『港』、曰『坑』。」鄭氏時期的水利設施以小型的「陂」占多數，水源仍以利用泉水、雨水，或截流或潴水爲之的比較多。

此時期爲何大型的水利設施甚少見到，仍是以小型的陂居多？臺灣水利史學者蔡志展教授認爲有四個原因：其一是臺南、高雄一帶深受地勢高亢與氣候條件的影響，這種自然條件與荷據時期差不多，只能就地勢之卑下者，開發小型的「陂」；其二是當時的材料和技術條件還很落伍，任何水利設施的工程都經不起颱風、豪雨的摧毀與破壞；其三是荷據及明鄭時期，糧食固然很需要自給自足，但甘蔗是最重要的經濟作物，因此旱作的比例一直很高，甘蔗的需水量不大，反而使水利開發在需要上比較沒有迫切性，對水源的尋找就沒有強烈的誘因。其四是臺灣洪荒初闢，政局一直不穩，雖然厲行屯田，可是對大陸的戰爭不斷，東渡來者又以男性爲主，時局動盪，人心浮動，焉能用心水利，做持久的經營。

此外，陂的水源以截流引水規模較貯雨水爲大，似以貯積雨水，以灌溉田園者爲多。何以鄭氏時期多採築堤貯水？其原因有三：一是資金與勞力均不足，故不能興建較大的水利工程。二是當時的耕種技術粗放，地力不能持久，時常要轉地耕種，大規模固定性的水利設施，在經營上不合算，故多採取築堤貯水，這是比較簡單經濟的方式。

鄭氏時期水利開發的成效如何？雖然水利設施的規模不大，且「移耕」、「棄耕」、「游耕」的現象普遍，但田園面積較荷治時期增加近二萬甲，可見陂潭的開發數量應該不少，只可惜留下的資料有限，及自然環境變遷導致舊陂潭湮滅，以致全貌較難清晰呈現。

表2-3　鄭氏王朝時期臺灣水利設施一覽表

縣市	現今地點	舊址位置	水利名稱	水源	開發者
臺南市	安平	安平	承天潭		
臺南縣	仁德鄉	文賢里	陂仔頭陂	雨水	
	歸仁鄉	依仁里	五老爺陂	雨水	
	歸仁鄉	依仁里	祥官陂	注水	
	歸仁鄉	新豐里	草潭	雨水	
	新化鎮	新豐里	弼衣潭	雨水	
	關廟鄉	新豐里	公爺陂	蓄水	
高雄縣	鳳山市	鳳山莊	賞舍陂	雨水	鄭聰
	鳳山市	赤山莊	赤山陂	雨水	
	鳳山市	竹橋莊	竹橋陂	雨水	
	湖內鄉	文賢里	月眉陂	雨水	寧靖王
	湖內鄉	長治里	大湖陂	泉水	
	路竹鄉	長治里	新園陂	雨水	
	路竹鄉	維新里	蘇左協陂		屯兵
	路竹鄉	維新里	三鎮陂	泉水	林三鎮
	路竹鄉	維新里	三爺陂	泉水	
	路竹鄉	維新里	北領旗陂	雨水	屯兵
	彌陀鄉	維新里	烏樹林陂	雨水	鄉人
	阿蓮鄉	嘉祥里	王田陂	雨水	
	阿蓮鄉	嘉祥里	大陂	雨水	鄉人
高雄市	楠梓區	仁壽里	隔衝崎陂	雨水原通岡山溪	
	左營區	興隆莊	蓮花潭		

第三章　清領時期水利事業的經營

　　當埤圳完成之後，緊接著即面臨經營的問題，因材料與技術問題，埤圳不可能一勞永逸，工程本身需要持續的維護；再加上灌溉問題，灌溉範圍愈大，引水人愈繁雜。致使設施本身需要組織，組織需要運作及經營，才能長久發揮其功能。

　　清代臺灣的埤圳大部分是由莊民依其實際需要，獨資或共同合作修築，故一般均設有掌理業務者以專其事，如規模較大擁有多數灌溉區域者，往往設有類似「水館」的組織來管理埤圳之修築及經營，負責埤圳之修築、用水之調節，及水租之徵收等工作。

第一節　水利開發的背景及水利設施

一、水利開發的背景

　　臺灣農業的發展過程始自平埔族原有的輪耕休田，再經蔗園為主的旱田之拓展，最後才自中國引進高度發達的水田農耕。發達的水利設施使得在清領臺灣之後不到四十年的時間，臺灣全島已呈現一片繁榮景象，康熙末年來臺的官員藍鼎元在《東征集》裡有很深刻的觀察：「國家初設郡縣，管轄不過百餘里，距今未四十年，而開墾流移之眾，延袤二千餘里，糧穀之利甲天下，過此再四、五十年，連內山，山後野番不到之境，皆將為良田美宅，萬萬不可遏抑。」清代臺灣的水利開發對農村經濟產生很大的衝擊，水利開發促使水稻耕作的普及，把清代臺灣農業發展帶入一個新的局面，因而有學者將它稱為臺灣農業史上的第一次革命。究其清代臺灣水利開發的背景，和自然環境影響、閩粵移民的傳統、稻米需求的刺激三者關係最密切：

（一）自然環境的影響

　　臺灣地形陡峭，崇山峻嶺縱貫中央，形成河流短小湍急，少灌溉之利。又臺灣氣候雖雨量豐沛，但天氣炎熱蒸發快速，容易形成乾旱，故需要有適當的灌溉設施，調節水量，以利農作物生長。在本書第二章中，已將臺灣本島各地的自然環境與水利間的關係做詳實的論述，整體來看，臺灣各地除蘭陽平原外，其他各地都需要水利灌溉才能發展農作，蘭陽平原有些地區也需要水利設施協助排水。此自然環境的特點，讓水利開發成為臺灣農業發展過程中必要的條件之一，也促成水利開發的加速進行。

（二）閩、粵移民的傳統

　　自十世紀末唐宋以來，閩、粵地區的灌溉設施極為發達，其中以福建為最。閩、粵移民夙有水利開發經驗，他們把埤圳興築視為土地開墾的一部分，又有水利修築的技術，因而來臺開墾自然將其經驗和技術帶入臺灣。表3-1是閩、粵地區土地拓墾和水利開發概況，從表中可清楚地看到清代臺灣土地拓墾和水利開發的脈絡，深受原鄉的影響，特別是所熟悉的生活技能。

表3-1　清代閩、粵地區土地拓墾和水利開發概況

內容	發展情形
自然環境	地形複雜，包括山地、河谷平原及海岸。雨量亦集中於夏季，區域內河川水量穩定，只要闢出水圳，大部農地皆可灌溉。
土地開墾型態	土地關係複雜，漳州地區甚至有一田四主的現象。
水利開發時間	遠至唐宋時期就已開始興築，明清為水利開發的高潮時期。
水利設施名稱	陂、圳、港、壩、埭、溝、隄等。
官府介入程度	明朝中葉以前，水利興築為官府負責；而後官府轉為倡修及助資的角色。
水利開發模式	初期以官府修築最多，明清以後由業戶、宗族及莊民合築等為多。
水源來源	溪水、山澗。
開發過程所遇困難	沿海的水利設施常因海潮侵蝕，工程困難；另豪強常恃強惡占。
水利設施規模	各地區規模不一，大者灌溉千餘甲；小者則為山區簡單水利設施。
水利組織經營	鄉族間有立規約，官府常出面排解糾紛。
對農業生產的影響	水田稻作為最重要的生產型態，意謂水利開發對農業影響深遠。
與聚落之關係	區域內河谷平原以集村居多；山區則以散村為多。
與人群之關係	宗族勢力強大，水利開發更加強其血緣、地緣關係。

（三）稻米需求的刺激

　　由於蔗糖是國際商品，市場向來比米大，因而臺灣自荷蘭統治以來，進出口產物一向以蔗糖爲重，日本、呂宋是主要輸出地。清領臺灣之後，蔗糖市場更擴大至中國，糖價甚高。十七世紀末，農民因糖價上漲，相競種植甘蔗，時任分巡臺廈兵備道高拱乾憂心糧食不足，頒布〈禁飭插蔗并力種田〉之諭示，鼓勵種稻。他說：

> 為嚴禁申飭插蔗并力種田，以期足食，以重邦本事。照得臺灣孤懸海外，止此沿邊一線堪以墾耕。地利、民力，原自有限，而水陸萬軍之糧與數萬之民食，惟於冬成稻穀是賴也。雖此地之煖甚於內地，然一年之耕種僅止一次收穫。總因多風少雨，播種、插秧每有愆期；故十年難必有五年之穫。加以從前蝗虫之後、繼以颶風，稻穀斂收，鮮有蓋藏。……不謂爾民弗計及此，偶見上年糖價稍長，惟利是趨。舊歲種蔗，已三倍於往昔；今歲種蔗，竟十倍於舊年。蕞爾之區，力農止有此數。分一人之力於園，即少一人之力於田；多插一甲之蔗，即減收一甲之粟。……數萬軍民需米正多，則兩隔大洋，告糴無門，縱向內地舟運，動經數月，誰能懸釜以待？是爾民向以種蔗自大利者，不幾以缺穀自禍歟？本道監司茲土愛惜爾民，其足食邦本不得鰓鰓過慮也。合就出示禁飭為此示，仰屬士民人等知悉：務各詳繹示飭至意，須知競多種蔗，勢必糖多價賤，允無厚利。莫如相勸種田，多收稻穀，上完正供、下贍家口；免遇歲歉，呼饑稱貸無門，尤為有益。除行縣確查，將過蔗園按畝清查、通報起科外，倘敢仍前爭效插蔗，以致將來有誤軍○，自干提究，噬臍莫及！其凜遵之，勿忽！[1]

---

[1] 高拱乾，《臺灣府志》（臺北：臺灣銀行經濟研究室，1960），頁250-251。

　　由於清初朝廷限制臺米輸出，再加上當時臺灣人口甚少，米穀亦豐收，導致米價平平，種稻穀並無厚利可圖，米斗百錢以下。一六九六年（康熙三十五），福建因人多糧少，斗米百錢，臺灣米穀逐漸出口到中國；後隨著中國人口迅速增加，缺糧問題日益嚴重，糧價高漲，時有商船偷運臺米出口，造成臺灣各地米價高騰。十八世紀初，中國與臺灣對於糧食的需求殷切，為了因應市場急遽的變化，臺灣田地必須改種稻米，並設法提高產量，以牟取厚利。稻米需求孔急，創造了水利開發的誘因。

二、埤圳的種類

　　從清代的地方志中了解，清代臺灣的水利設施名稱、類別相當混雜，如倡修水利甚力的諸羅縣知縣周鍾瑄在《諸羅縣志》所云：「凡築堤瀦水灌田，謂之陂；或決山泉、或導溪流，遠者數十里近亦數里。不用築堤，疏鑿溪泉引以灌田，謂之圳；遠者七、八里，近亦三、四里。地形深奧，原泉四出，任以桔槔，用資灌溉，謂之湖（或謂之潭）：此皆旱而不憂其涸者也。又有就地勢之卑下，築堤以積雨水，曰涸死陂；小旱亦資其利，久者涸矣。」另《鳳山縣志》亦有關於水利設施的解釋：「邑治田土，多乏水源；淋雨則溢，旱則涸。故相度地勢之下者，築堤瀦水或截溪流，均名曰陂。深而有泉者，雖旱不涸；淺而無泉，積雨水以資灌溉者，曰涸死陂。不用築堤而地勢卑下，有泉不竭而不甚廣者，曰潭、曰湖；無泉堪以積雨水者，亦曰潭、曰湖；有源而流長者，曰港、曰坑。……至夫就海濱築堤岸以資採捕，謂之塭；其就益於民間之食者不小……」再者，陳文達的《臺灣縣志》亦云：「月眉池，在文賢里一圖。積雨水以灌田。」清代臺灣的水利設施常見到的是規模較大的埤、陂、圳等，亦有井、池、潭、溝、塭、挖、湖、窪、坑等。茲將各種水利設施名目解釋於下：

（一）埤、陂、池

　　係相對地勢之下者，築堤瀦水或截流以灌田者。而其形狀，則不論圓地方沼，或利用溪流築堰聚水者，均屬之。在臺灣，「陂」俗稱「埤」，而「池」在臺灣大多爲就地勢之低下者加以掘築，供蓄泉水、雨水，俾做養殖或灌田之需，與陂相同，均係人工加以修築的。另有「涸死陂」，外則涸矣，臺灣南部農民謔稱之「雷公陂」，即打雷下雨才有水的陂。

（二）圳

　　掘山泉、導溪流或陂、潭之水，遠者數十里，近亦數里，不用築堤，疏鑿溪泉引以灌田者謂「圳」。「圳」亦做「甽」，原爲「畎」之俗字，凡田畔之水溝，用以通水者，皆稱「圳」。在中國則稱「水」或「渠道」，其與河川不同，「河者天生之，渠者人鑿之」，在臺灣則普通以「圳」稱之。

（三）潭、湖

　　不用築堤而地勢卑下，不管積泉水或雨水遠者七、八里，近亦三、四里，地形深奧，原泉四出，任以桔橰，用資灌溉者謂之「潭」或「湖」，古亦稱「陂」，但係以自然而未經人工加以整理者而言。亦即古之謂「陂」有兩種，以人工加以修建者謂之「陂」、「池」；以自然地理之形勢形成者，謂之「潭」、「湖」。

（四）港、坑

　　不隸潭、湖、陂、池之屬，有源而流長者謂之「港」或「坑」，在臺灣近山地區以「坑」爲名者不少，當有所本。

（五）塭

臺灣俗稱「塭仔」，大體就海濱築岸以資採捕者謂之「塭」。以養殖為主，對水利而言，直接關係則較少。

（六）井

在臺灣分布甚廣，除荷治時期，對井水之運用，如供汲飲的「烏鬼井」；供灌園的「馬兵營井」、「紅毛井」等常留有記載外，鄭氏以後，在水利發展上，很少見到提及「井」。「井」大抵鑿地引泉，築掘蓄水以備用者，水量不大，灌溉範圍不廣。但由於早期臺地水利系統尚不完備，而鑿「井」取泉亦甚稱便，井泉之運用，與臺灣農業之關係仍甚密切。

大抵古昔，臺地之水利開發，因限於人力、物力，水利之設施常因陋就簡。及至清代，則大規模之陂、圳設施愈多，規模愈大，陂、圳乃成為臺地水利設施之主體。

三、埤圳的築法

陂、圳有大有小，有長有短，有高有低，其規模之大小可視地理環境及所投之資金、人力、物力而定。周璽在《彰化縣志》中有很詳細的說明：

> 彰化水利，在築陂、開圳，引水灌田，為兆民賴。陂者何？因溪水山泉，勢欲就下，築為堤防，橫截其流，潴使高漲，乃開圳於側，導水灌田；即古隄防遺法也。圳者何？相度地勢高處，導水入小溝，用資灌溉，亦古溝洫遺法也。陂之高計以丈，低計以尺。圳之遠數十

里，近亦數里。築費多數千金，少數百金。此皆通流灌溉，旱而不涸者。⋯⋯凡陂、圳開築修理，皆民計田鳩費，不縻公帑焉。[2]

陂之築法，用古隄防遺法，因溪水、山泉，勢欲就下，築爲隄防，橫截其流，瀦使高漲大小不一。而後開圳於側，導水灌田。陂之高可計以丈（約三百公分），低可計以尺（約三十公分）。圳之築法，則須先相度地勢高處，導陂水入小溝，用資灌溉。與古代溝洫遺法相同。圳之長可遠達數十里，近亦數里，當然還有更短者。寬度則以灌溉面積而定，例如，五十公頃約寬一公尺，一百公頃約寬二公尺。

清代臺灣之水利開發，除康熙年間，諸羅知縣周鍾瑄一再倡修水利，捐以銀穀俸給，助民築陂開圳；至道光年間，鳳山知縣曹謹先後官督民修了曹公新、舊兩大圳，也許多少要動用一點「公帑」外，大抵臺地清代之水利均如周璽所言，其開築與維護「皆民計田鳩費，不縻公帑」者多，迨無疑問，其經費之多寡有「數千金、數百金」，但也有數十金者，端視其規模而定。是以資金之多少和水利之築法，實有不可分的關係。

四、埤圳的結構

水利設施的結構，我們可以從水利設施供水系統、應用之技術與材料等方面來分析。所謂水利設施的供水系統，即指水源的引取，這方面可分成：引導溪澗流水、貯積雨水，另有利用地下水者，但規模不大。利用溪水者，先築堰攔水，而引之入水路，這稱爲圳頭，或曰埤頭。水路稱爲圳

[2] 周璽，《彰化縣志》（臺北：臺灣銀行經濟研究室，1961），頁54-55。

路。至於貯水，則是利用天然窪地，加築土堤，以貯積雨水，但並無大規模的工程，貯積很多水量，以備乾燥期之用者。貯水處曰埤。埤頭入口曰閘門（亦稱陡門、戽門、檔門），大的分水門，稱呼相同。這門不僅為進水口，在必要時，亦作排水之用。

圳道之分水的設施包括：分水的小水門，稱為分汴（水汴）。在水路中途，設有水橋、隧道成暗渠等。水路有幹線（幹流、公圳、大圳）、支線（枝圳、私圳、小圳）之分。在圳路末端，放流剩餘水量者，曰消水溝或澄溝。就供水之功能而言，在臺灣，陂、圳實係一而二，二而一的，當然有陂必有圳，有圳並不一定有陂，二者相需才更能發揮其灌溉功能，而圳之利尤廣。

再者，就工程本身的建築技術而言，因臺灣夏季常有暴風雨，要建造一永久性的設施，不但所費甚鉅，且以現代的工程技術而言，尚有許多困難，更何況當時的工程技術，因而稍見簡陋，亦屬理所當然。

圳頭亦稱埤頭，是水利設施中最重要的部分。多數圳頭均建於溪流或深山裡，不但施工困難而且容易崩壞。圳頭的施工最常用堵堰法，或用木材，或用蛇籠。用木材者，比較堅固，但費用較大，且只限於水流緩和的河川。臺灣水道，水流激者多，為適應水流起見，普通是用蛇籠或疊石堤，見圖3-1。蛇籠有圓柱形及錐形二種，皆用竹架，以藤結扎。在河底固定蛇籠之時用竹樁。竹樁，徑約為八公分，長約為一‧一公尺。竹樁的間隔約為一公尺，在蛇籠的空陷及下流投入卵石，以防止溢流的水沖毀堤岸。

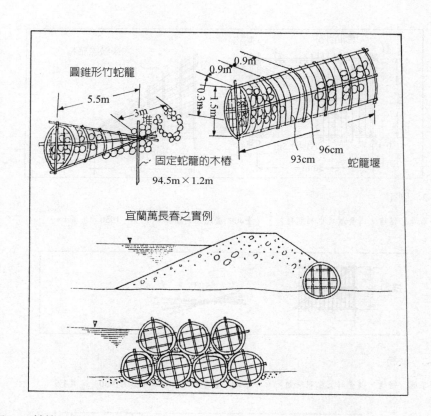

圖3-1 蛇籠

資料來源：惜遺，《臺灣之水利問題》，（臺北：臺灣銀行金融研究室，1950），頁4。

　　但臺灣仍有用木材爲料作爲堵堰者，最有名的即是八堡圳，八堡圳從
興建開始，即用木材爲材料，此構成稱爲「筍」。普通所用者，其斷面像
半截橢圓形，稱爲倒筍，見圖3-2，水流激處，以扶筍抑之。扶筍的斷面爲
橢圓形，其末端撤開作半圓形，見圖3-3，其作用是在抵抗水流。堅筍，是
用於水流稍緩處，其規模稍小，構造亦比較簡單，外部爲卵石塊，內部埋
以石礫或土砂，在石礫或土砂間，每隔二尺左右，塡以藁草，藉以防水，
見圖3-4。

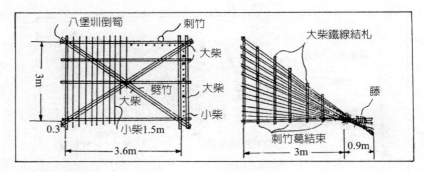

圖3-2　倒筍

資料來源：惜遺，《臺灣之水利問題》，（臺北：臺灣銀行金融研究室，1950），頁4。

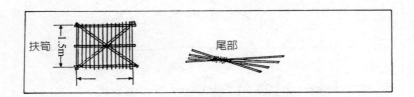

圖3-3　扶筍

資料來源：惜遺，《臺灣之水利問題》，（臺北：臺灣銀行金融研究室，1950），頁4。

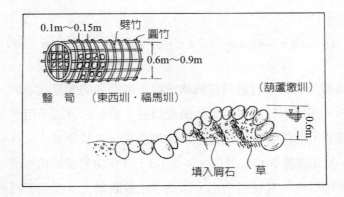

圖3-4　豎筍

資料來源：惜遺，《臺灣之水利問題》，（臺北：臺灣銀行金融研究室，1950），頁5。

　　進水門是水利設施重要的結構之一，進水門又稱為陡門，其材料大多為木造，間或用磚砌或石砌，進水口或用暗渠，見圖3-5。

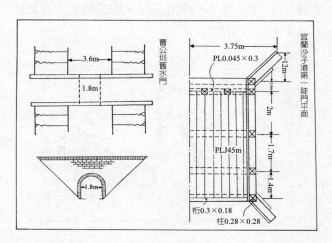

圖3-5　進水門

資料來源：惜遺，《臺灣之水利問題》，（臺北：臺灣銀行金融研究室，1950），頁6。

　　蓄水池（埤），以規模小者為多，規模大者有臺南新化的虎頭山埤。虎頭山埤的水門，是在堤岸的一邊開一閘門，又把南面的丘陵，堀開一部分，洪水可以溢流，但這一構造並不完全，日治時期曾數次受到災害所損。

　　從前述清代水利設施之材料結構，可以見到其所應用之材料多以竹、木、磚、石為主，故在颱風暴雨的情況下，難期可以長久經用。但已比荷蘭時期用竹樁、簀子，中填以草土之「草埤」（即荷蘭堰）要進步許多。

　　除圳頭及進水門外，水利設施的構成還有有埤底、圳底、埤墘、圳岸、浮筧、暗涵、水汴、幹流、支流、消水溝等設施：

　　（一）埤底、圳底、埤墘、圳岸：為水利設施的主體，通常在兩岸砌石，栽種樹木於岸上，以防止崩決。

　　（二）浮梘、暗涵、水汴：浮梘即架在空中的木製水路，設於圳路交叉點或溪壑，又可稱木梘，見圖3-6。涵又稱木械，暗涵即池中的水圳，又可稱暗渠，見圖3-7。汴又稱辦，即用以分水的設施，大者如陡門，小者只用凹字形木板插入水圳中而已。

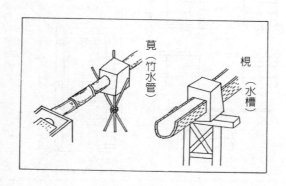

圖3-6　梘

資料來源：惜遺，《臺灣之水利問題》，（臺北：臺灣銀行金融研究室，1950），頁7。

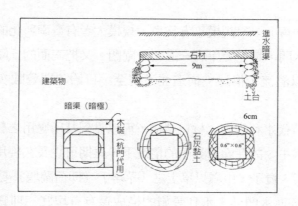

圖3-7　暗渠

資料來源：惜遺，《臺灣之水利問題》，（臺北：臺灣銀行金融研究室，1950），頁6。

　　（三）幹流、支流：又稱公圳、私圳、大圳、小圳，依其大小或端視

其修理義務人者。

（四）消水溝：又稱澄溝。臺灣地區到處有積汙水的窪地，消水溝即為疏通汙水而設者，雖然不直接用於灌溉，但在其下游亦有成為圳頭者。

水利設施的構造除上述的數個主體外，另有埤寮、圳寮、採土場、保養器材等周邊設施，屬水利設施的附屬品，當水利設施所有權變更時，附屬品亦要一併交附。

從上述水利設施的組成來看，設施都是構造簡單、耐用性低的結構，加上臺灣夏季多颱風、暴雨的災害，對埤圳的損害甚大，例如，在今臺南後壁、柳營的楓仔林埤，「我果毅後，田土高下不齊，前築楓仔林埤，未竣已被衝壞。乾隆貳年，眾等呈請縣主戴，仍就原處填築設閘，開圳立規。嘉慶肆年復被衝壞，連年禾苗曝稿，見者心傷。」[3]簡陋的水利設施，到日治時期日人引進混凝土後日漸改善。

---

3 〈觀音埤公記〉，收錄於臺灣銀行經濟研究室，《臺灣南部碑文集成》（臺北：臺灣銀行經濟研究室，1966），頁197-198。

第二節　水利開發的模式

一、水利投資的時空分析

　　清代臺灣的埤圳開發，在防變甚於興利的政策主導下，官府一直處於被動的角色。早先的開鑿工作，大都是民間在政府限制移民和保護「番」界的緊縮政策下，利用地方主政官員在其權限之內，採取放任的態度，讓人民去進行投資開發的。地方官員能做到的，一是提供一些行政措施，作為對投資者的一種承諾與保護，此部分於本章第四節會再詳述；二是捐贈銀穀協助開鑿，或在職權範圍內，墊借倉粟庫銀協助開鑿，俟後再行歸還。

　　清代臺灣各地墾戶在土地拓墾後，也欲致力於開發水利設施，以便提升其土地價值，地方官員也都會勸諭墾戶或農民開築水利，但拓墾荒埔並開發水利，工本浩大，非一般人所能承擔。然投資水利有利可圖，或獨資、或合股、或合築，水利開發在清代形成一股風潮，此時期已出現合夥投資水利者，類似今日公司型態來投資及經營水利設施，有研究者將臺灣水利開發的過程視為一種企業精神的展現。

　　埤圳的開發和土地一樣，被視同私有財產，可以自由買賣，民間在地方官員的承諾和保護下，自是樂於投資。由各地區條件及開發者的組成不同，因而水利開發的投資模式會有不同情形出現，見表4-1。

　　臺灣南部和臺灣北部的開發模式即有很大的差異，臺灣南部的開發較早，漢人大量的移入，導致平埔族人遷徙，因而水利開發上較少發現平埔族人開鑿的資料，只有少數平埔族與漢人合作開築的埤圳。又因荷治及鄭氏時期臺灣南部的土地制度多是「王田」、「官田」的遺制，因而本地區多是以小地主開發的拓墾型態為主。在水利開發上，亦是以小規模的集體

開發為主，初期墾戶在土地拓墾及水利開發所扮演的角色，並不似臺灣北部的明顯，所以，臺灣南部的水利開發較少見到獨資開發、合夥投資、業佃合築、眾佃合築等投資形式。另外，由於清代臺灣南部的聚落發展多為集村形式，因此，在經濟發展時亦多是以眾人之力行之，再加上有許多村落仍是宗族集村村落，故在發展水利時亦有以宗族的形式出現者。綜觀以上幾個歷史因素，就可了解何以臺灣南部的水利開發是以莊民合築的形式最多見。

　　臺灣北部的水利開發莊民合築不似臺灣南部興盛，反而是合夥投資者、獨資開發者較常見；土地拓墾的墾戶同時也是水利開發的業戶，這種情形也很普遍。另外，「番人」修築或漢「番」合築者也不少，著名的瑠公圳即是一例。蘭陽平原水利開發的形式較特殊，水利開發投資者雖然有一些是在地的總結首，或當地總理，但絕大多數是在西部開發有成，已經擁有資本和經驗的企業主，轉往蘭陽平原投資開鑿水利。

表3-2　清代臺灣水利開發投資模式分析統計表

類別／時期	康熙	雍正	乾隆	嘉慶	道光	咸豐	同治	光緒	合計	比率（%）
獨資開發	12	7	26	26	34	10	8	13	136	15.02
合夥投資	5	3	13	12	10	4	2	9	58	6.40
業佃合築	1	3	8	4	5	-	-	7	28	3.09
佃民合築	-	-	7	1	-	-	1	1	10	1.10
莊民合築	45	7	67	22	115	9	18	275	558	61.66
漢「番」合築	1	1	9	-	-	-	-	1	13	1.43
「番」人修築	1	1	10	3	2	1	3	41	62	6.85
官助民修	-	-	-	-	-	-	-	1	1	0.11
官方主修	-	-	-	-	-	-	-	1	1	0.11
官民合築	38	-	-	-	-	-	-	-	38	4.20
合計	103	22	140	69	166	24	32	349	905	100

資料來源：蔡志展，《明清臺灣水利開發研究》，南投：省文獻會，1999，頁43。

二、獨資開發者

獨資開發，即由一人或獨資公司出資興建埤圳，個人或獨資公司享有水租的一切利益，但必須承擔埤圳開發及經營過程中一切的風險。獨資開發埤圳具有幾個特點：一是獨資開發的埤圳規模均不大，除施世榜投資興建的八堡圳外，大多的埤圳灌溉面積在百甲左右，灌溉千甲以上的埤圳很少見到。因清代臺灣財力雄厚的業戶相當有限，能投資在水利開發的資金也有限，地主或資本家只能投資成本較低的埤圳開發。

二是獨資經營的埤圳水租收入總額並不高，因埤圳規模不大，故水租收入總額會較合股經營者少，較難獲取較高的利潤；但若衡量單位面積的水租額，則獨資經營者每甲的平均水租額較高，但相差不大，因兩者同屬於營利性質的型態。

三是獨資開發者的水利組織，其管理方式一般較單純，有關圳地取得、圳路維修及管理方式，皆因灌溉區較小、圳主職權獨立，而顯得清楚明確。許多獨資型的埤圳，其圳地的取得多由佃戶提供，投資興圳者主要負責材料、工本的支付，但埤圳一經築成，圳路權利的歸屬皆為業戶所有，引水戶有付水租穀的義務；提供圳地者，在水租的支付上可以獲得減額。圳路維修主要的工程由埤圳主負責，但修圳所需的人力，佃戶必須義務出工，埤圳主則依每人的工作量給予工資或減收水租穀；至於主圳旁的支圳、小溝則係佃人自行負責，不干埤圳主的事。獨資開發者的業戶通常和佃戶的關係較為緊密，因而水租穀的收取由業戶自行負責，比較沒有收取圳長粟的情形。

根據表3-2的統計，清代臺灣獨資開發的埤圳計有一百三十六處，占全臺水利開發模式的百分之十五，在數量上僅次於莊民合築，是清代臺灣埤圳開發很重要的模式之一。由於投資埤圳有利可圖，稍有資本者在土地開發之後都會轉而投資水利，一來提高所開發土地的等級及價值，二來可

從中獲得水租谷的利潤，可謂一舉二得。清代臺灣獨資開發的埤圳中，以彰化的八堡圳最著名，八堡圳的興築及經營過程將於本書第四章介紹，茲在此另舉雲林的田尾順興莊七十二份圳、宜蘭的鼻仔頭圳及金同春圳說明。

　　（一）田尾順興莊七十二份圳位於今雲林二崙一帶，該地區原置有圳灌溉課田，因洪水沖崩，一七七五年（乾隆四十）間，該地得浮復，眾佃無力開築，墾求該莊管事邱文琳，自備銀兩為工本，開鑿新圳，得以疏通灌溉。並議定圳頭賞「番」，以及通事辛勞，隘口圳路租穀、水甲辛勞一切諸費等項，照田甲水分七十二份均攤，各條規載在佃約字明白為據。

　　（二）鼻仔頭圳在今宜蘭員山湖東村地區，原係呂宗翰、呂只恆及大房五兄弟等，為灌溉其所承掌的大湖莊田園，向李春波地內鑿圳溝一條，引水灌溉田園，年納圳溝地租穀三十六石，灌溉面積三十五甲。後呂氏兄弟侵占李氏土地再鑿一圳溝，僥納地租，致控公庭。一八八九年（光緒十五），經和解，將侵占地段畫丈定界，歸還李氏掌管。鼻仔頭圳是地主獨資開鑿的埤圳，築圳過程雖牽涉到土地租借問題，但並不複雜，後是呂氏兄弟再另築一圳，而沒有增納地租穀給李氏地主，以致官司，最後經官府介入而解決。

　　（三）金同春圳原稱吳惠山圳，在今宜蘭市、壯圍鄉一帶。一八一一年（嘉慶十六）四月，四圍辛仔罕等莊墾民吳化，結首賴岳同眾佃人等，因缺水灌溉，難以墾築成田耕種，乃公議請出吳惠山等出首為圳戶頭家，「自備資本」鑿築大圳。至一八一三年（嘉慶十八）十月完工，圳水疏通，約定各佃田畝，逐年每甲完納水租穀四石二斗。並由噶瑪蘭撫民理番海防糧捕分府翟發執照遵照，灌溉面積約二百七十甲。

三、合夥投資開發者

　　合夥投資開發又稱為合股興辦，係指二人以上共同出資興建埤圳，共同經營水利事業，共享水租的收取與承擔風險，類似以公司型態來經營水利事業，是以營利為目的，本章第三節會對埤圳主合股的內容進一步說明。清代臺灣合夥投資興建的埤圳有五十八處，這些埤圳有幾項特色：一是風險較低，以蘭陽平原來說，合夥投資興建的埤圳大多出現在嘉慶年間漢人初闢蘭陽之際，地方局勢未定，選擇合夥投資可以降低風險。

　　二是合夥投資的埤圳營利色彩濃厚，水租穀的徵收及利潤明顯比獨資開發的埤圳高。蘭陽平原合夥投資開發的埤圳大多位在開圳容易的湧泉地帶，可以降低開圳的風險；另外，有些埤圳則選擇在高平原區，此區需要灌溉的農地較多，投資者可以收取的水租額相對提高。

　　三是合夥投資開發的埤圳其灌溉面積都較大，如臺北盆地的瑠公圳灌溉一千二百餘甲土地；蘭陽平原的金大成圳灌溉一千一百六十二甲土地，萬長春圳灌溉二千○一十九甲土地。清代蘭陽平原合夥投資的埤圳數量上雖只有十四處，占該地四十三處埤圳的百分之三十三，但灌溉面積為六千○六十四甲，占埤圳灌溉總面積九千五百○四甲的百分之六十四，比例之高為各型水利開發模式之冠，其他各地區的情形也是如此。

　　四是合夥投資開發的埤圳，其埤圳主和引水人間的權利義務畫分較明確，埤圳成為一個事業體，專司供水，而引水人只須依所引的水付出水租，不必負擔其他事務。如圳路維修，埤圳主有收取水租的利潤，理應負責圳路的疏浚及確實的供水，否則佃戶可以抗納水租。另外，在管理方式方面，合夥投資開發的埤圳，在圳路的管理或水利的收取，通常會選一個為人公正、稟性淳厚的地方人士負責，也就是埤圳長，埤圳長就是埤圳管理員，其職責是負責水路的監視、水流流量的分配，及平時圳路的維修工作，有時並替埤圳主徵收水租。埤圳長的職務是由埤圳主聘用，故可向埤

圳主領取酬勞，這種酬勞稱作圳長粟。

合夥投資開發埤圳有：1.業戶合夥投資開築者；2.一方提供土地、一方提供資金合築者；3.水利企業合夥投資開築者三種類型。茲舉柳樹腳莊大埤、永安陂、南烘坑口新圳為例說明。

（一）柳樹腳莊大埤，在打貓北堡（今雲林大埤），業主許傳炎、陳阿晉等之祖父開築。從柳樹腳莊尾溪引水通疏，至盧竹角莊頭大汴為止，分下流灌溉大埤頭、上鎮平、海豐舊莊田面穀物，灌溉三百零五甲。

（二）永安陂又名張厝圳，或名沛世陂，在海山堡（今臺北鶯歌）。海山莊在一七四三年（乾隆八），鄧旋其、胡詔兩家購得業主權後，即投資開築福安圳，但費用浩多，均未成功。至一七六五年（乾隆三十），由業戶張必榮提供土地，張沛世提供資金一萬八千五百兩，另開築永安陂，從三塊厝引水開鑿大圳，先完成海山莊段，灌溉海山堡潭底、圳岸腳、海山頭、新莊一帶田甲六百餘甲。是年十月，武勝灣通事瑪珯等又與張廣惠合作，買水主張廣惠水源，開鑿海山大圳，灌溉新莊街草店尾起至二、三重埔田畝，至一七七二年（乾隆三十七）全部完成。一八一八年（嘉慶二十三）七月，大水圳崩壞，張豐順向張沛世承買圳權改築。

（三）南烘坑口新圳，在埔里社（今南投埔里）。早在道光年間，有土「番」在溪底堆作埤，開一小圳，俗稱南烘圳。因圳道不長，僅灌溉南隅田百餘甲。一八八八年（光緒十四）三月，埔里社通判吳本杰，以為若開一大新圳可灌溉數百甲田地，召匠秤地估工，約需工銀三千兩左右，乃諭勸五城堡總理陳永泉約股二十八份，每份先出銀一百元，組織合興號，即羅義興、陳水泉等，經出示曉諭，試辦開鑿新圳。竣工通流灌溉後，一八八九年（光緒十五）五月，因大雨埤圳崩陷，無力修理，合興號眾股份乃工本銀一千大元，讓售予新順源號掌管修築收租。

四、業佃合築者

清代臺灣業戶和佃戶鳩資合築的埤圳有二十八處，占全臺水利投資模式的百分之三。業佃合築的投資比率，依例大多是業三佃七。臺灣北部的埤圳築成之後，業戶乃向引水者收取水租谷，每甲每年二至四石，因北部埤圳的圳路土地屬於同一業戶所有，即業主除負擔三份開圳工本費外，又提供全圳路的土地；而高屏地區則由莊內的眾業佃鳩資購買圳地，或由眾田主提供圳路之土地，故不由業主、田主收取水租粟，而公舉圳長為全莊業佃收水租公管。業佃合築的埤圳以臺北盆地的瑠公圳為著，將於本書第四章詳細介紹，在此另舉暗坑圳、大義崙埤和海豐科科莊橫圳說明。

（一）暗坑圳，在罷接堡暗坑莊（今臺北新店）。暗坑仔外五張五十六份、赤崁併溪洲等處，業主林登選（林成祖之孫），眾佃人林運、王鑾振、廖再等，因暗坑莊昔年有向番潤福給出埔地開墾成園，雖然一七五三年（乾隆十八），林成祖已開一條水圳，但乏水灌溉不能成田，十作九荒。因此，眾佃友等乃於一七九五年（乾隆六十）相商，託工首張仲裔引佃人林運等同到擺接堡，向林頭家登選，墾請依照永豐莊之例，業三佃七，鳩出工本銀募工，就登選先祖父林成祖，於一七五三年（乾隆十八）遺存之故圳青潭口原圳地，再行開築埤圳，由赤塗崁外五張至九甲三直至溪洲等處。並公議請工首張仲裔包理開圳一切事務，工資銀七百元，業出佛銀二百一十元，眾佃攤出四百九十元，圳成之日撥出水分十八甲付林運等灌蔭，每甲每年納林登選水租三石，照例挑運到館。全圳於一七九五年（乾隆六十）底竣工。

（二）大義崙埤，在今雲林西螺，源從西螺堡鹿場圳、十三莊圳而來，灌田一百餘甲。流至布嶼西堡鼻仔頭，匯於處虎尾溪。其埤是業佃合築。

（三）海豐科科莊橫圳，海豐莊原已於一七五二年（乾隆十七）前

後，開築有一條舊圳灌溉，但被洪水崩壞。一八三一年（道光十），業佃乃計畝鳩資集銀兩，購買圳地開築橫圳一條，灌溉二番、三番田畝，舊圳則灌溉頭番水田。開圳所費銀元向來做十份均攤，業主出三份，佃人出七份。田甲所食之水，皆貼粟貼錢公平議定，歸公掌理，灌溉田畝一百餘甲。

五、佃民合築者

　　佃民合築即由莊內眾佃共同投資興建，共同管理，此類埤圳數量不多，茲以蘭陽平原的元帥爺圳說明。

　　元帥爺圳，又稱八寶圳，在紅水溝堡八寶、太和等莊（今宜蘭冬山）。八寶莊原有眾佃合開的埤圳，灌溉莊內田園，由莊內一百三十五佃共管。一八一四年（嘉慶十九）十一月，太和莊埔地因乏水灌溉，莊民魏盛等來商議向八寶莊引水通流，灌溉太和莊埔地，水租各貼作元帥爺香祀。至一八一七年（嘉慶二十二），林國寶所屬的冬瓜山中興莊雖自築有埤圳，但水源不足，乃向八寶莊引水。原埤圳因灌溉區擴大，水不敷蔭，乃加造埤圳。八寶莊眾佃商議，將中興、太和兩莊所納之水租各除一百石為元帥爺香祀外，餘為本莊一百三十五佃均分。

六、莊民合築者

　　此類埤圳在清代臺灣數量最多，有五百五十八處，占全臺水利設施近百分之六十二。莊民合築的埤圳主要是田園主（田主）為了灌溉土地而合築埤圳，田主按田甲之多寡攤分資金合築；其共同特點是規模小、非營

利性質，且大多分布在臺灣南部。由於興圳者與出資者皆為現耕田主，因此，田主引水是不需要額外負擔水租的，但有時為了管理上的方便，會選出一個負責巡圳、配水的圳長。至於圳地的取得、圳路維修和管理方式，亦都由田主共同提供、出資和推舉，埤圳成為所有田主共同的財產，茲舉嘉南平原的鹿場圳、林仔埤說明。

（一）鹿場圳，在西螺堡（今雲林西螺）。鹿場圳在一八三三年（道光十二）以前即已開築，但自溪頭至三塊厝大路等三十餘里，水道不能盡通。因此，莿桐巷武生林國清、林合恰等稟請出示曉諭，准開鹿場莊、東和厝莊西中道至湳仔莊、抬高寮莊等處十餘里之水圳，田畝約五十餘甲，工本銀約需一千五百餘元，公議由全莊業佃田甲，每甲配水圳租六石，以抵先需工本，並逐年雇倩巡埤之資。彰化縣正堂朱，乃於一八八二年（光緒八）正月諭示，准如所稟開圳辦理。

（二）林仔埤，在嘉義。乾隆年間，由全莊埤甲，甲首暨眾田甲等，置四、六分合築。原舊水穀一千○二十石，做四、六分均攤，每甲加田底穀二石，逐年共加水穀田底穀一千三百四十石。後來六分在二重溝，設築新埤，南北互控，釀禍荒廢五、六冬，一八八八年（光緒十四）調處，至一八八九年（光緒十五）三月和議成。合眾田甲黃彩等，請嘉義城內張震聲為埤長，備資修築經管，限滿不欲築，照約將全大埤交還田甲。

七、漢「番」合築者

清代臺灣平埔族（熟番）雖擁有不少屯田、養贍埔地，或「番」業戶自己的埔地，但大多贌給漢佃拓墾，但也有平埔族自己墾耕的「番田」。在雍正、乾隆年間，一部分平埔族雖已從漢人處習得耕作之農技，及開鑿埤圳技術，但埤圳的規模有限，規模較大者只有貓霧揀圳。由於平埔族缺

乏開鑿埤圳的資金，唯有尋找與漢人合作共築埤圳。清代漢「番」合築的埤圳在臺灣有十三處，此種合作方式有幾種類型，如有漢人出資平埔族提供圳路者、有完全委請漢人出資募工開築者、有業四佃六分攤工本者、有割地換水者、有貼平埔族圳底銀者。茲舉十三添圳、貓霧捒圳說明。

（一）十三添圳在海山堡三角湧（今臺北三峽），一七八八年（乾隆五十三），龜崙、南崁、坑仔三社屯丁天生等五十名，承授海山堡三角湧十三添之未墾荒埔五十七甲三分，自耕養贍，併設隘防禦兇「番」。但離社六、七十里，經幾三十載悉聽荒蕪。屯弁、通事及「番人」乃妥議，將地贌與「番」親文開開墾守隘，每年按甲納租。經文開拓墾，但要引水灌溉，非再數千金不能墾闢成田，屯弁、通事和「番」人乃再議，於一八一六年（嘉慶二十一），敦聘毗連田鄰陳謂川出為水主，請其出資募工開築埤圳，引水灌溉，每甲田願納水租粟八石，並立請水約字遵照。

（二）貓霧捒圳，又稱樸仔籬口大埤圳、上埤、葫蘆墩圳。大甲溪流域最早是平埔族巴則海族（Pazeh）的活動區域，包括葫蘆墩、崎仔腳、烏牛欄、翁仔、樸仔籬、岸里群社等。十七世紀末葉以前，他們尚未歸順清廷，仍然被歸類為「生番」，主要的聚落範圍位於大甲溪北岸與大安溪之間，以麻薯舊社（今后里鄉舊社村）為中心。而後，岸里社人因與清廷建立長期的軍事合作關係，並先後協助官軍剿平大甲、牛罵、沙轆等鄰近部落的反亂，從而獲賞大量草埔地權。一大部分岸里社人在土目阿莫的率領下，跨過大甲溪南岸，逐漸在今日神岡、社口和豐原等地建立九個聚落，合稱岸里九社。

清雍正年間，廣東人張達京任岸里社通事，於一七三三年（雍正十一）企圖開墾岸里社附近一帶土地，於是開通水圳，與岸里社土官潘敦仔以「割地換水」方式訂立墾約，以工本銀九千三百兩為資金，開鑿「下埤」（俗稱舊圳、葫蘆墩圳）水圳，以二分圳水歸岸里社灌溉，為豐原地區漢人興築水利最早的紀錄。後張達京又邀得陳周文、秦登鑑、廖朝孔、

江又金、姚德心等，組成六館業戶出資六千六百兩開新圳，是為「上埤」
（俗稱貓霧捒圳），並言明水分作十四份，每館得二，留額二份作為岸里
社眾灌溉之用。

　　兩次割地換水最大的差異是：第一次是由張達京以獨資方式開築水
圳，換取臺中盆地西北地區的地權；第二次則在於是以合股經營方式，取
得臺中盆地東南地區的開墾權。葫蘆墩圳興築後對豐原地區的影響，陳秋
坤認為，生態環境景觀發生水田化的變化最顯著，「集結下埤和上埤圳道
合成貓霧捒圳水利系統，將大甲溪河水引進臺中盆地，形成樹枝狀灌溉網
絡，最後經由貓霧捒社地，匯流大肚溪河道而由鹿港附近出海。從十八世
紀中葉時人所繪地圖，可以看出水利圳道，將臺中盆地分割成大小不同的
灌溉區域；許多農莊如內新莊、外新莊等，沿著交錯的圳道逐漸形成新興
聚落。在近山地區水圳上游，也可看出由土著、漢民和官方合築的各種隘
寮，顯然具有防衛渠道及保護農作生產的作用。這些自然景觀的變化，一
方面反映出岸里社人再也無法在臺中盆地從事傳統游耕狩獵的維生方式；
另一方面，草埔鹿場的水田化，也顯示漢人墾佃逐日在岸里社周圍生根落
籍，形成『漢番雜處』的多文化聚落。」[4]

　　貓霧捒圳的興築，就社會經濟的意義來說，是象徵漢人在豐原地區的
開發，及岸里社土著地權流失的開始，當張達京藉由土地的收穫取得財富
後，又進一步投資水圳事業，再用水權迫使巴則海族人釋出更多的土地，
這也是造成巴則海族人大量流失土地，而後遷居內山的主因。近年來，在
巴則海族後代的探究下，發現「割地換水」事件有諸多疑點，甚至有與事
實不合之處，「換水」案疑似為歷史遭竄改的版本，歷史事實有待更進一
步的釐清。

---

[4]　陳秋坤，《清代土著地權—官僚、漢佃與岸裡社人的土地變遷，1700-1895》（臺北：中研院近史所，
　　1994），頁58。

八、「番」人修築者

　　平埔族雖然擁有不少埔地，也從漢人處學會了拓墾、開圳和耕種的農業技術，但他們的土地大多出贌招漢佃墾耕，自己開墾的田園並不多；再加平埔族原本並不是以水稻爲主糧，因而對於埤圳開鑿並不甚積極，特別是埤圳興築需要土木技術及工本浩大，因而平埔族投入水利開發者雖然數量不少，有六十二處，占全部埤圳近百分之七的比例，但埤圳規模均不大。此類埤圳的開鑿方式有通事、社主、「番」業主出資開鑿者，也有社主、土目與眾社「番」鳩資合築者，茲舉圭柔社舊水圳、四重溪方和莊圳、番仔圳說明。

　　（一）圭柔社舊水圳，在圭柔社（今臺北淡水），一七三五年（雍正十三），圭柔社土官達傑等，賣圭柔社界內大屯仔山腳荒地一所時說：「其地有高崙之處併有舊水圳，係番修理耕種營業。」可見，圭柔社「番」人已有修築埤圳灌漑田園。

　　（二）四重溪方和莊圳，在恆春縣四重河（今屏東車城），原係加芝來社主潘沙岳在道光年間開築。一八五五年（咸豐五），典給賴富麟、賴貴麟兩兄弟，由佃潘家親家黃登秀包租掌管。後來一八七九年（光緒五）兩方互控，賴家控訴抗租霸占水圳，黃家控訴清還典銀卻不交還典字。恆春縣正堂蔡麟祥乃審斷，水圳非兩造所有，俱係霸來之業，斷歸保力莊三山國王王爺廟所有。

　　（三）番仔圳，又名三鬮二圳，在員山堡三鬮二莊（今宜蘭員山）。土名番仔圳，原爲當地平埔族所開築，引叭哩沙溪支流，灌漑田甲約六十甲，不收水租。一八九三年（光緒十九），由眾佃僉舉林宜爲圳長，專責巡圳，備工顧守，眾佃各份田逐年應出工資粟四斗，付林宜收爲工資。

九、官方倡修及官民合築者

　　清代任臺灣官吏中，倡修水利者以周鍾瑄、曹謹、陳文緯三人最著，曹謹與曹公圳的興築，在本書第四章有深入的探討。周鍾瑄在一七一四（康熙五十三）至一七一七年（康熙五十六）間任諸羅縣知縣，大力提倡並助修水利有三十二處，捐穀近二千石，捐銀近百兩，可謂倡修臺灣水利第一人；周鍾瑄去職後，邑人念之，立其肖像於龍湖巖而祀之。周鍾瑄倡修水利的事蹟，連橫的《臺灣通史》中有清楚的記述：「五十三年（康熙），知諸羅縣事。性慈惠，為治識大體，時縣治新闢，土曠人稀，遺利尚巨，乃留心咨訪，勸民鑿圳，捐捧助之，凡數百里溝洫，皆其所經畫，農功以興。」

　　關於官民合築的埤圳模式，恆春半島的網紗圳埤可做很好的說明。網紗圳埤，在恆春縣宣化、仁壽里（今屏東恆春），左右分圳二道：左曰網紗圳，灌溉宣化里田二千五百三十餘畝，園一千一百四十餘畝；右曰蔴仔圳，灌溉仁壽里田一千四百三十餘畝，內除有水井者五百二十餘畝，實灌溉田九百一十畝，園一千二百六十餘畝。有官開之大圳及業戶幫忙開之大圳，分水小圳則由佃業各戶開築，一八九〇（光緒十六）至一八九二年（光緒十八），恆春縣知縣高晉翰於其任內撥借庫平銀一千兩開築，分五年歸還。一八九二年（光緒十八），陳文緯新任知縣，又借撥庫平銀一千二百一十兩繼續開築，准自一八九五年（光緒二十一）起分三年歸還。開築費用計洋銀四千一百二十兩，除稟借二千二百一十二兩外，餘皆由縣捐補，一八九三年（光緒十九）竣工。第一次借撥之庫平銀一千兩，因連年災歉，俯念民艱免歸還；第二次借撥之庫平銀一千二百一十兩，准自一八九五年（光緒二十一）起分三年歸還，但未繳即遇割臺未及收回。

第三節　水利事業的經營

一、水利組織的組成

當埤圳完成之後，如何管理？如何營運？權利與義務如何分配？我們可以從水利組織的組成分子包括埤圳業主、引水人二者來看。

（一）埤圳業主

臺灣的埤圳權利人一般稱為埤主、圳主、圳戶或港戶，如合股管業，則稱為合股人、股東或夥股，各人的持分稱為股份。又由灌溉田主等共同開發及管理的所謂佃埤、佃圳，該灌溉田主是引水權利人兼埤圳主。而埤圳的管理者，又稱陂長、圳長或甲首。

1.埤圳主

埤圳主的型態包括官府、書院、寺廟及灌溉引水人等一共同團體。因埤圳為埤圳主所出資興築，故在埤圳完成之後，埤圳主擁有：(1)對埤圳及埤圳岸邊的權利，埤圳永為己業，可以出售或典讓。(2)對水利份的權利，賣水契即為例證，如「埤長武生郭建邦，乘旱截流，埤水私賣害苗」或「五帝廟埤長何灶，倚恃上流，將水截私賣」，可知水分為埤圳主的財產，但如埤圳主違法引水予第三者，則為違法行為。(3)水租權，埤圳主得憑水分權與田地業主約定每年收取一定的水租。(4)養魚及栽菱角等的收益權，埤圳主的收益權雖以水租為主，但陂或潭得以另取得養魚或採菱等收益，多期蓄水量減少時，亦有在陂或潭內栽種蔬菜或甘藷者，此等收益皆歸埤圳主。

再者，關於埤圳主的義務，主要有三：一為保養的義務，埤圳主得按水租額多寡，自由約定埤圳的保養範圍，一般而言，埤圳主與灌溉田主間

都有約定修理費用之分攤，如「由埤圳主與佃人按期分別修理，例如五至七月由佃人，其餘月分由埤圳主修理。」清代臺灣有些地區並無明顯的埤圳主，其埤圳是由灌溉區域內人民共同管理，其修理方法一般是有制定規約輪流來保養。二為供水的義務，埤圳主與灌溉田主約定引水時有義務供水，否則不得徵收水租。三為關於正供及大租等義務，埤圳用地通常不必負擔正供，此種地通常以未發生大租及小租關係的土地利用，因而不必負擔大租；「施侯大租」為清代南部地區較特殊的例子，山仔頂莊的栽菱埤圳係清室賜予施琅，埤圳主須負擔施侯大租。

2.埤圳的合股

埤圳由二人以上買得或開設時，要按股東人數立合約字，明定股東間的權利關係，並各執一份，且多立一份呈報官府備案，合約字以天、地、人、和，或金、石、絲、竹、匏、土、草、木等字編號，分別記載股東姓名。合約字內容通常有：(1)資本總額；(2)股東人數及各人出資額；(3)出資義務及分收水租權利；(4)典賣股東權利時，要經其他股東同意；(5)灌溉田地、佃人姓名、應收水租額，及股東應得額；(6)新加入股東時，要重新估計埤圳的價值，明示各人的股份額；(7)股東中有人不遵守規約時，其股份由其他股東收購，並令其退股；(8)對於開設埤圳有功之人，給予瀶股為報酬；(9)股東互選一人辦理圳務。

（二）引水人

當埤圳為有埤圳主的業主時，會產生埤圳主與引水人的關係；而臺灣地區最多的埤圳為莊民合築，則會產生引水人之間引水順序的問題。引水人與埤圳主大多是不同之人，但偶亦有同一人者，引水人之權利與義務分別是：

引水人的權利最主要有引水權。水分為共有財產，所以引水人可對水

分行使共有權，但引水人對埤圳並無權利，臺灣中部常有「以地易水」或「割地換水」的慣例可為此說明，即埤圳開設之時，引水人對其提供若干土地取得水分權，並以該水分權引水。

　　而引水人必須盡的義務遠比他所享有的權利還多，包括水租的負擔（水租、埤圳長租、工本租、埤圳底租）及保養的義務。就以位於今雲林斗南的舊社陂為例來說明，舊社陂為莊民合築，本來不徵收水租，而由引水人負責保養埤圳；但至一八六○年代後，以陳大摑為埤圳長始徵收水租，並以設在許縣溪中的堤防為埤岸，圳頭至分水門為公圳，分水門以下為支圳，而埤岸由埤圳長管理保養，公圳由引水人按每甲田地負責保養三丈許，無暇保養者出銀五元，由埤長代理雇工，支圳由引水人共同保養。

　　當引水人移轉田地業主權時，引水權及水租義務要一併轉移，不得將移轉的田地僅附隨引水權或水租義務，「水甲隨業而去，賣主不得兜留勒租」即為此意。

二、埤圳之管理

　　清代臺灣埤圳管理人的名稱、數額、權責，往往因埤圳之大小、性質而有所差異。而臺灣地區埤圳管理人的型態，最常見是埤長-田主的類型。埤圳管理人的權利與義務有：一為埤長由業戶、佃戶推舉約請，其薪資為向眾引水人所收取的穀粟。二為管理人負責埤圳之整修及其經費、工資，若毀損嚴重時，眾佃人有助修之義務。三為管理人平常必須負責巡視水路，以確保其流通，分配水分，檢舉挖圳偷水者。四為虧本或無利可圖時，管理人可以辭退不幹，或要求眾佃加納穀粟。埤圳管理人的產生及權利義務，都有合約（契約）明確給予規範，下列引文是臺南番仔陂的契約內容，從契約中可以清楚地看到埤長-田主間的權利義務關係。

立請帖約字人頂麻園莊番仔陂業户暨眾佃人等，為酌請陂長立帖炳據事。蓋聞官有正條，民有私約，茲我番仔陂灌溉田甲不為不多，因自前年合眾請得陳文安，率子陳誰欽出首承當陂長，巡視水路，該眾佃每甲田各出穀八斗六升足，以為陂長辛勞之費，約至旱季收成之日，喚陂長收回清明，不得挨延。並約：番仔陂水道若水沖壞該修築，有十工內者，陂長自修理，不與眾佃；或十工以外者，該眾佃會工合築，經已立約炳據在前。無如屢次旱時，陂長計較求水，身力勞苦，以及洪水沖壞圳道，修築費用非少，虧本甚多。我眾佃人等爰是再鳩議，就將番仔陂圳田甲仍舊照汴配水灌溉，每年每甲各加貼出穀三斗四升，以湊前所貼，共有一石二斗之額，再向請陂長陳誰欽出首承當，面約每年每甲田，至旱季收成時候，而眾佃須備出穀一石二斗足，付陂長收明，以為辛勞之費，不得刁難推諉。並議：番仔陂圳倘被水沖壞若修築，有五十工內者，陂長自為修理；或五十工以外者，眾佃共築修理，亦不得異言。歷約既舊，再為重新立約言明，凡自今以後，陂長自當勤力巡視水圳通流，不得懈怠；而眾佃亦當照約所遵。此係兩願，各無反悔，恐無憑，合立請帖約一紙，付執為照。[5]

　　每個埤圳的組織及管理不盡相同，端視埤圳規模大小及性質，以彰化八堡圳來說，八堡圳是清代臺灣最大的水利設施，灌田近一萬三千甲，其管理組織就頗為龐大，包括：(1)圳長：統理一利圳務，由圳主聘請並向他負責，其下有「埤甲」、「埤匠」、「巡圳」。(2)埤甲：負責管理所轄圳路，徵收當地水租，並調節分水糾紛。(3)埤匠：為具有水圳工程專業能力的工匠，負責重要圳頭維修。(4)巡圳：巡視圳路破壞與否及圳水有無。

---

[5] 臺灣銀行經濟研究室，《臺灣私法物權編》（臺北：臺灣銀行經濟研究室，1963），第七冊，頁1285-1286。

常設職位由圳主以租穀或銀錢支付工資，如每年需要支給每莊巡圳辛勞穀數百石，築圳辛勞銀八百餘員；遇水圳崩之時，還須另雇人搶修圳頭。(5)引水人：負責保養支圳，並防止其他人隨意引水灌溉，以免危害圳主及引水者的利益。八堡圳投資者施家必須聘請以上之人員，管理相關事務。其中，圳長是最主要的管理人，通常每年尾牙依照其服務成績，決定其去留。

三、分水輪灌制度

　　當埤圳完成之後，因園墾成田，需水量增加，再加上時有旱潦，汴艱高低，故爭水截流之事時有所聞。此種情形在雨量不均勻的臺灣地區尤爲嚴重，於是，如何公平地分配水資源，在臺灣地區成爲埤圳完成後最重要的課題。如果分水輪灌制度得宜的話，會促使農民充分整合；但如處理不善，則易引發爭水糾紛，甚至導致分類械鬥，一八一四年（嘉慶十九）立的〈觀音埤公記〉是最佳的例子。

　　位於今臺南柳營地區長期苦於乾旱，幾次的埤圳開鑿，未完成即被河水沖毀，後辛苦完成觀音埤，莊民更加珍惜，因而公議立訂條規，對水分及灌溉的次序有詳細的規範：

蓋聞人資於穀，穀資乎水；而水非有修築之功，則無以昭素蓄時出之宜。此埤圳所由興也。我果穀後田土高下不齊，前築「楓仔林埤」未竣，已被衝壞。乾隆二年，眾等呈請縣主戴，仍就原處填築設閘，開圳之規。嘉慶四年，復被衝壞。連年禾苗曝槁，見者心傷。嘉慶十七年二月，眾等僉議填築，依舊開圳，設立閘門，一時踴躍成功。顧善始尤貴善終，公議立定條規，臚列水分，俾免截水、扢汴、混爭之

弊。良法美意，堪垂久遠，爰勒石以紀其實。……

一、楓仔林埤水分原係一百二十分，凡費工料俱照水分分派。茲有無銀可出，即將水分付與水分內之人承坐，照份出銀頂充，以濟公費。若恃強違約，眾等呈官究治。

一、放水須先放至各汴底週滿，然後作三鬮為準：一汴至四汴為首鬮，五汴至八汴為二鬮，九汴至十二汴為三鬮。若要再放，以三汴尾鬮為首，二汴次之，頭汴為三鬮。又欲再翻放，以二汴為首鬮，頭汴為二鬮，三汴為尾鬮。如此定例，週而復始。至埤水短少，應會眾公議，不得恃強亂放。若塞涵時，圳底所剩之水仍歸各汴均分，不得混爭；違者議罰。

一、分水立石定汴分寸，派定不易，不得易改。若恃強紛更，截水挖汴，藉稱涉漏，被眾察出，罰戲一檯，仍將水分充公。

一、築埤以資灌溉，若帶水分之田園有種旱苗被曝，亦應放埤水以濟急需；但當照汴分放，不可混爭。至塞涵之費，就早冬灌溉之田甲多少公鳩，毋容推委，違者議罰。

一、欲放水，埤長須先傳知眾佃修理公圳各溝明白，然後照汴分放；倘有不到者，將其水分漸寄公汴。

一、約□遇亂規，當會眾議罰；倘有不遵，即當呈官究治，費用銀兩就水分內公攤，不得推委，違者罰戲一場。

以上規約，勒石立碑，以為莊民永守。**6**

　　〈觀音埤公記〉規約內容可分成三個部分：一是說明議訂規約的背景；二是明列規約內容，包括放水及計量的方式、違規的處罰、工本費的

6　〈觀音埤公記〉，收錄於臺灣銀行經濟研究室，《臺灣南部碑文集成》（臺北：臺灣銀行經濟研究室，1966），頁197-198。

分攤等；三是水分的分配，每個引水人引哪一汴多少水量都有清楚的交待。經由莊民共同討論議定的條規，不但可以消弭引水糾紛，也可藉此凝聚莊民的意識。

四、水租的徵收

繳納水租是田主引水灌溉田園的義務及代價，徵收水租則是埤圳業主投資開鑿埤圳的報酬。茲從水租之標準、水租租額、水租之量器、繳納時間及場所、拖欠水租之制裁等五方面，來看臺灣地區水租之徵收問題。

（一）水租之標準

水租額的多寡主要取決於水利興修過程中，投資者付出資本的多寡，及引水者參與幫工的情況。就營利性水利事業而言，從圳地的取得到施工，大部分皆由投資者負責，所以水租額相對較高。

清代臺灣水租之徵收標準大概有四種：一為依灌溉水量定之，諸羅地區（今嘉義）有以埤水之全水為十四圇份，而以一圇份為單位，訂定水租若干者，二圇份即為一晝夜之灌溉水量；水量該如何計算？鳳山地區以燃燒一柱香的時間，計算流入田地水量為「一水甲」，而據以為抽水租的單位，臺南關廟一帶則按一柱香時間為「一香份」，來安排每戶灌溉引水的時間。二為依灌溉面積來算，如位在今雲林斗南的溫厝南埤「逐年每甲配納水穀八石，田底三石。」三為依收穫量，亦有按灌溉田地的收穫量徵收水租者，其徵收率有一九五抽的、一九抽的、二八抽的，臺灣南部的鹽水港街附近大多採用此種方法。四為依土地等則來徵收，此徵收的標準只有在臺灣中部才見到，如埔里社南烘口圳「中則田每甲一百元，下則田每甲

八十元，下下則田六十元；中則園八十元，下則園六十元，下下則園四十元。」

（二）水租之租額

　　水租絕大多數為納穀，極少部分納銀，水租額端視埤圳之開鑿、修築之情形，有輕重之別，即使同一埤圳，亦視其田地之位置，或水利情形而有所不同。臺灣地區之水租額最高為田地每甲抽十石，其普通在二至五石之間，例如，開發新莊平原的張士箱家族，其第二代長子張方高開鑿完成大有圳等埤圳，其一甲田園即收取二石的水租稻穀。又宜蘭員山的金大成圳「是日全議約，現田前有自築小圳，每甲每年該納水租谷（穀）貳石，其餘每甲每年該納水租谷四石，其谷作早晚二季完納，早季六分，晚季四分晚訖。」

（三）水租之量器

　　收納水租所用之量器，或於合約中明定，臺灣地區一般為米斗或滿斗。其不預先約明量器種類者，概用該地方通用之米斗。而各地方所用米斗其實量不盡相同，甚有相差一成者，故在表面上水租同為一石，而實際租穀卻有不同。臺灣地區後來有以重量為衡量之標準者，如他里霧堡（今雲林斗南）的將軍崙陂「上洋每甲水穀十石，田底穀四石；下洋每甲水穀十二石八斗，田底穀四石。每石早冬實重一百斤，晚冬實重九十五斤。」即為一例。

（四）繳納之時間及場所

　　水租的繳納時間通常早穀六月，晚穀十月，其比例或對半均納，或

早六晚四，或早七晚三，或全部以早穀繳納之。水租通常在田主的禾埕（晒穀場）繳納，並在契字上有載「其穀自禾埕頭收納清楚」或「埕頭交納」，亦有約定運至圳寮繳納者。

（五）拖欠水租之制裁

田主滯欠水租時，埤圳業主得照合約字停止供水或換佃者，如斗六門地區的林仔埤，「其水穀定重每石連簞一百零六斤為准；如有背約拖欠者，任應埤長將田插牌出贌收抵。」如再不能解決時，可請官府代催討或處理。

五、埤圳所有權的轉移

在水利開發事業中，或許會遭遇天災，將埤圳破壞，或者經營不善、財務見絀等因素，而無心或無力繼續水利事業，而欲將埤圳所有權轉移。清代臺灣地區的埤圳中，除莊民合築者，因其所有權屬於公眾，無法變更外，其餘無論是獨資興築或合夥投資經營，其所有權或管理權均可變更，包括杜賣埤圳、出贌埤圳、杜賣埤長。

（一）杜賣埤圳

杜賣就是賣斷，業主將埤圳及眾佃水租穀、陡門、餘埔、曠地盡行出賣。在杜賣時，業戶須將佃戶合約、戳記、佃戶底冊、輪灌圖書等文件交付買主。茲舉田尾順興莊七十二分圳的出賣水圳字來說明，約曰：「銀、字即日同中兩相交訖；其水圳立即對佃，交付吳亨記新管事吳振聲執掌料理，而各佃所有每年應納內外番賞，並管事通事隘口圳路租、辛勞、水穀

等項，亦當仍照舊章，交付吳振聲買物，轉交生番通事進山安撫及開發諸務，守等叔侄不敢異言生端。保此係守等祖父開墾物業，與別房人等無干……此係兩願，各無抑勒，恐口無憑，合立出賣開墾水圳一紙，並繳連告示二紙，水分簿二本，並繳連二等賣字一紙，佃約一紙，抄白一紙；以上合共六紙，付執為炤，行。」約文中有兩點須特別注意：一為即埤圳變賣不止於設施本身，尚包含埤岸設備及水租權等利益；二為所賣水圳是自置產業，與別房無關。

（二）出贌埤圳

出贌就是抵押或出租，圳戶將埤圳的經營權讓與贌圳人，有一定期限，在期限內，圳戶和贌圳人之間有約定權利義務關係必須履行：圳戶方面，將埤圳和埤圳有關之設備交付贌租人經營，並由贌圳人向引水人收取水租；贌圳人則必須交付圳戶無利磧地銀以為押金，然後按年納圳租粟，只數不一，端視合約而定。茲舉他里霧堡（今雲林斗南）將軍崙陂的合約字說明，約曰：「……我等業戶、保正、眾田甲等不容不會議，將陂出贌。今有曾君、陳掄元出首承贌，具限四年，此乃利人利己之事，亦不容不會議水穀田底條目，故合約證明：上洋每甲水穀十石，田底穀四石；下洋每甲水穀十二石八斗，田底穀四石。每石早冬實重一百斤，晚冬實重九十五斤。其水穀、田底穀如有抗欠者，則將該田出贌收抵。」此合約較簡單，圳租粟額亦不高，故無須磧地銀。

磧即砂礫之意，原指田主投資勞力、費用於荒蕪地方，使成為田園，故當田主要將田地交付他人耕種時，乃向現耕佃人收取賠償勞費之代償，通常為一年的收入，以當擔保之用，因稱磧底銀。起佃時，必須將磧底銀交還原佃人。簡言之，磧底銀即無利抵押保證金，通常耕已成之田或園時，承佃人須付磧地銀以為招耕人之代價。磧地銀的基本作用在保證佃人按時交租；對佃人而言，也有防止業主任意加租或中途撤換佃人的功能。

　　綜觀清代臺灣埤圳出贌合約，有關圳戶和贌圳人之間的關係有：(1)在水租方面，每年早晚兩季，贌圳人應納圳戶圳租穀，再向眾佃收取水租穀；若有被眾佃戶拖欠者，不論多少，贌圳人應自己向佃戶取討，不干圳戶之事。(2)在管理方面，埤圳管理人辛勞之穀，由贌圳人支理；埤圳如有損壞要修理者，預先通知圳戶，由贌圳人先出金採買，然後由圳租扣抵。(3)若遇天災損害田稻，佃戶裁減水租時，圳戶與贌圳人亦照所收租額，酌議攤減；若遇損害圳道而須買地開圳時，其地價由圳戶負責，工食則由贌圳人支付；若僅損壞周邊設施時，則由圳戶出料，贌圳人出工食。(4)退贌時，圳戶應將磧地銀歸還，贌圳人亦必須將埤圳修理完好，交還圳戶別佃，不得刁難。(5)埤圳所屬之村莊若科派什費，應由贌圳人出錢，與圳戶無關。

（三）杜賣埤長

　　埤長為埤圳的管理人，在埤圳所有權屬於公眾所有的情況下，埤長握有配水灌田之權，並可收取水金，職位世襲，如同財產。埤長之職或出於充舉，或出於出資買受，故其職位可以杜賣，茲舉豬母埤為例說明。「立賣埤長字人林亨，有承父辦理埤長，其埤名曰豬母埤。破水及填岸等事，係埤長通知眾人，是以破水之日，讓埤長先破，餘照鬮輪流香水。茲亨埤長田甲無多，願將埤長變賣，因托中引就與鄭德祖，三面言議，德祖願抽出香枝價十大元交易，此埤長亨亦願遂即立字過香收銀。自此一賣千休，不得異言生端。」從此字約可知，埤長一職是可以買賣的，但其權利不多，價值不高。

　　除上述的三種埤圳所有權轉移之外，尚有退頂辦、胎借等型態，從埤圳所有權的轉移，可以了解埤圳及其管理權在清代臺灣漢人社會已融於財產制度，與土地緊密結合，使整個臺灣的農業推進到以米穀為主的經濟型態。

第四節　官府的行政管理

一、官府角色

在本章第一節中說到閩、粵水利開發的歷史時，曾提及在明代中葉以前，閩、粵地區的水利設施都是由官府所興築，即官辦的水利設施。何以在明末以後，水利開發逐漸轉移到民間？最大的關鍵在於地方缺乏財力。中國在宋代時，雖然地方政府財力也很有限，但用於興修水利的財力卻頗為充裕，如福建莆田縣〈曾公陂記〉所記載：「錢出於公家者百五十萬，僦夫六千，不以煩民。」官府主動興修水利的風氣，到明清之後有很大的轉變，地方官不僅沒有興修水利的經費，一般也沒官辦水利的官田。明代，閩南沿海有些大規模的水利工程，尚可奏請撥款修建，而清代則未可此舉。究其清代地方官投入水利興修不積極的原因有二：一是清代在財政上是行中央集權制，地方無財力興築水利工程。二是大興土木，其估計、造報、請款，呈轉手續繁瑣，而書吏造報上級委員復勘在在需款，稍一不慎，往往虧累，須地方官自行賠償；甚至完工之後，如有倒塌不妥之處，地方官亦須受罰或賠修，故寧願與民休息也不願大興土木。

不論就經費或是官員的態度來說，清朝官府在水利開發過程中所發揮的力量極為有限；再加上臺灣的自然環境不理想，投資水利的風險大，而官吏的任期也短，因而官吏對水利開發都不太積極。日本學者森田明認為，明末、清初以來，中國官府是透過地方組織來介入水利開發，尤其是里甲制度及鄉紳。因此，官府不可能直接掌握水利開發，但為了確保租稅的收入，中國官府結合了地主與鄉紳，維護地主及鄉紳的權利，以便於對農民收稅。

官府在水利開發中所扮演的角色，即在民間申請時核准與否，水利

興築一般是先由業戶或莊民具稟申請立案，再由官府派遣堂役，協同總理頭人查勘有無違礙冒混，並繪圖稟覆。若無違礙冒混，最後由官府出示諭告，或發給圳照、戳記，告示埤圳關係人的權利與義務。

二、諭告

（一）諭告內容

諭告分為飭諭和曉諭二種，是針對個別埤圳發出，內容主要為確認埤圳主有徵收水租的權利，及修築圳路的義務；佃戶有引水的權利，及繳納水租、支援修圳的義務。開鑿埤圳之初，民人申請示諭，經查證屬實之後，地方官以飭諭責勉當事人，以示曉諭告知當地民眾。茲以一八八二年（光緒八）彰化縣西螺堡（今雲林莿桐）武生林國清、林合恰開築鹿場圳事來說明。[7]

> 儘先補同知直隸州、署彰化縣正堂朱，為諭飭事。案據西螺堡莿桐巷莊武生林國清、林合恰等稟稱：保內鹿場圳，自溪頭笒口至三塊厝大路三十餘里，水道不能盡通，農田需水灌溉，請自鹿場莊、東和厝莊西中道開築水溝至浦仔莊、三塊厝莊、田尾莊、七塊厝莊、抬高寮莊等處，毗連十餘里，其田約有五十餘甲可以通流灌溉，約須工本銀一千五百餘元。公議每甲配水圳租六石，以抵先需工本，並為逐年僱請五、六人巡埤之資，墾請示諭等情，計黏圖說一紙。據此，查開通

---

[7] 臺灣銀行經濟研究室，《臺灣私法物權編》（臺北：臺灣銀行經濟研究室，1963），第七冊，頁1137。

圳溝為農田之利，自應准如所稟辦理，除出示曉諭外，合行諭飭。為此，諭仰武生林國清、林合恰等即便遵照，修須將圳路開通，其水足以灌田，始得抽收水租，以資工本，毋得有名無實，藉以肥己。該生等仍將開竣日期稟候本縣親臨詣勘，毋違，切切，特諭。

光緒八年正月　日諭。

　　除飭諭外，另亦布告曉諭「……為此，示仰鹿場莊、東和厝莊、湳仔莊、三塊厝莊、田尾莊、七塊厝莊、抬高寮莊等處業佃知悉：爾等凡有該處田業需用圳水引灌者，均須查照所議租數完納，其各凜遵，毋違，特示。」彰化知縣先發布飭諭說明鹿場圳是林國清、林合恰疏通，工本銀一千五百餘元，如再雇人巡埤，引水人每甲必須繳水租穀六石。後再布告曉諭，重申鹿場莊等七莊業佃要確實繳納水租，保障林國清、林國恰和鹿場圳的法律憑據。

　　再以一八九三年（光緒十九）宜蘭四圍堡（今宜蘭市、礁溪）的辛永安圳的諭告來看，諭告的內容主要是重申開圳者提出申請，其中對於築圳所需的工本及圳道的維修管理，官府允許業主有權利去籌措支配，並以此告示所有引水者，必須依約繳納水租穀，並配合圳主修圳事宜。辛永安圳的諭告內容為：

調署宜蘭縣正堂加十級紀錄十次汪

為出示曉諭事：本年四月初四日，據職員黃纘緒稟稱，切四圍堡辛仔罕莊社前後，有番界水田約一百餘甲，本配番圳水播穀，納番口糧。迨光緒十四年蒙上憲清丈又報納國課，雙欵賦稅，慘因辛巳年洪水為災，沖崩堤岸，沙壓深重，高低不一，大半變成旱園，空累租賦，民食為難。茲因緒亦有田貳拾餘甲在該處，據左右鄰田邀緒代備資本，向社番立約，議逐年津貼一十石水圳租，又設立圳長貳名，一漢一

番，巡視水圳。亦就田每甲定貼工谷每圳長年一斗半，從番圳頭，由
一、二結莊陰溝築陡門攔水上圳，引灌田畝。但應買地移鑿水圳，由
一結莊橫圳埋地械、築浮圳，駕水梘引水到社後，灌旱園、耕作田，
應需工本地價銀共計五百餘元，現水先流通灌田。會議，俟此本年收
冬，照金吉安、太山口例，每甲願攤出本銀陸元，永遠免納水租。如
無攤工本地價，每甲定納水租壹石八斗，以資工本。公立圳名金永
安，圖記壹顆。如此辦理，未知可否？稟明存檔，恩截曉示。合亟粘
圖稟明，伏乞電察裁示，祗遵公候萬代沾感，切叩等情到縣。據此，
除批示准予存案外，合行示曉諭為此旨，仰該莊業佃人等知悉：爾等
如有田地在於該處、配灌圳水，務須照納而行，仿照金吉安、太山口
之例，每甲願攤出本銀六元，永遠免納水租，如無攤工本地價，每甲
定納水租壹石八斗以資工本，其各遵照毋違。特示
右諭通知
光緒十九年四月　日給
告示　實貼　曉諭[8]

（二）諭告的種類

　　再就水利開發所示諭的性質而言，其主要種類有九種：關於公共溪水
之分配；關於圳路占地之許可；關於埤圳建造之許可；禁建埤圳之告示；
關於水利之整理及水租之繳納；水利紛爭之仲裁；埤圳併合之許可；水利
侵害行為之禁止；關於灌溉水權的分配。茲分述如下：

---

[8] 臨時臺灣土地調查局，《宜蘭廳管內埤圳調查書》（臺北：臺灣日日新報社，1905），下卷，頁256-257。

1.關於公共溪水之分配

　　茲舉乾隆一七六八年（乾隆三十三）之〈分爭水利示禁碑〉碑文爲例，此爲貓霧拒大肚東、西堡民番爭水利案，源爲該處水道係由大甲溪發源，流經朴仔籬口分流，灌漑大肚東、西堡民番田地，向來三七得水；後爲東堡添第三埤絕西堡下流「砌塞源流」引起糾紛，經西堡告訴，奉斷仍以東七西三，淺深均平，分流灌漑。因爲溪水爲重要之水源，故此類案例在臺灣爲常見。

2.關於圳路占地之許可

　　一八八八年（光緒十四）業戶合興公等請開南烘口圳，因圳路通過田園蘆墓而必須予以補償，官府遂訂定補償標準，並出示曉諭。其補償準則爲：中則田每甲一百元，下則田每甲八十元，下下則田六十元；中則園八十元，下則園六十元，下下則園四十元。其辦法爲俟水圳完之後，以抵完水租分期償付。其他如墳墓，即離穿心外十八步；村莊居民，由竹籬圍牆外經過；其餘曠地及未升科之田園，一概不予補償。

3.關於埤圳建造之許可

　　前述一八八二年西螺堡薊桐巷莊武生林國清、林合恰等開築鹿場圳例，其性質即爲埤圳建造之許可。是例開圳灌漑自應准如所請，但飭諭必須將圳路開通，其水足以灌田，始得抽水租，才不致落得有名無實；且雖許可建造，但該知縣尙欲親臨詣勘，可謂愼重。

4.禁建埤圳之告示

　　茲舉一七六〇年（乾隆二十五）所立的〈嚴禁漚汪莊開鑿水圳示告碑記〉爲例說明，漚汪莊地方有一塊文衡殿聖帝墾置之埔地旱園堪爲水田，於農業實有利濟，但漚汪莊一帶莊社田園墳蘆列於其下，水性自上奔放，保無沖激及難以堵築之勢。詹曉亭等只顧一己之利，罔思眾姓貽害，遂令

詹曉亭等填塞舊圳，並准莊民周才等勒石示禁，以垂永遠。並嗣後漚汪莊地永不許開鑿水圳，致礙居民廬墳。此例說明如鑿水圳雖有益農業生產，但如有妨害居民生命財產之虞，必當禁止。

5.關於水利之整理及水租之繳納

清代臺灣各埤圳之水租額數不一，端看築埤開圳之投資金額而定，通常圳戶開鑿之埤圳，水租穀每甲每年約三至五石不等；自然形成或公共合築之埤圳，僅須納埤長之辛勞穀，水租較輕，每甲每年約在一石以下。

6.水利紛爭之仲裁

茲舉〈小險圳水分諭示碑〉為例說明：小險圳在臺灣縣草鞋墩（今南投草屯），係灌溉該地一帶高田，舊時圳水不敷灌溉，只可布種單季。一八一一年（嘉慶十六）三月間，該地業戶李寢等集資開圳，將水分分為十四份，所有上季圳流，與十四份內出銀者輪灌；下季照原由眾佃分灌，從此之後始可布種兩季，但水源不盛，天時多雨，尚可分灌他田，若遇歲旱，則僅足十四份內之田。佃戶李妙等雖無水分，但亦布種早冬，以望時雨，如雨水充足，亦有收成，所以習以為常。一八九四年（光緒二十）前後久旱成災，水源不足，但李妙等公然布種早冬，截水灌溉，有水分者李定邦向官府控告，本案臺灣縣知縣以舊慣作為解決爭端的原則，並勒石示禁，以垂永遠。

7.埤圳併合之許可

茲舉〈東勢角圳諭示碑〉為例說明，一八○四年（嘉慶九）五月北路理番兼鹿港海防分府吉壽給示，飭民、番協力修築新陂圳「開鑿新圳透合舊圳」，俾水澤霑足，各資灌溉田園，守望相助。

8.水利侵害行為之禁止

茲舉〈禁截水路碑記〉為例說明，一八八八年（光緒十四）佳里興莊

紳董左源、王棟梁等同立禁約:「緣一莊中水路流通……不許堆土壅蔽,並不許截流而漁。倘敢故違……各人凜遵,毋違!特約。」水利設施之保護爲地方及官府極爲重視之事情,故此類碑記在臺灣南部時有所見,可謂清代水利開發的特徵之一。

9.關於灌溉水權的分配

　　一八六五年(同治四)所立的〈田仔廍埤圳碑記〉中,對於水權的分配有詳細的記錄:「查埤水分灌田甲,向有定章……示仰保西里田仔廍埤份等知悉:爾等務須循照舊章,以舊社埤水自上流下,十得其三,分灌田甲,收成納課,毋許阻截爭競;亦不許該埤長等不照定章,致滋事端。」如水資源的分配沒有一套客觀的辦法則易生事端,故官府自不能坐視不管。

三、圳照

　　圳照也就是埤圳的執照,是官府確認埤圳主之權利而發者,圳照給予埤圳主合法的地位。清代有關水利之諭示,一切裁決最原始的憑據便是圳照。圳照中記載的事項包括:1.圳照給付圳主後,圳主要負責保護圳路,以充分灌水;2.灌溉地所有權人要與埤圳主立契,寫明繳納水租若干、圳路守圳,及定汴完納數若干;3.圳主某某開鑿埤圳屬實,茲發給圳照,以便執行業務;4.灌溉佃民,官府依公定的章程,每甲應納水租粟三石。

　　清代臺灣開築埤圳,官府似未硬性規定須先稟請開築埤圳,但圳戶爲期開圳能順利進行,及開圳後保護其埤圳之權益,常多循例稟請官府出示曉諭並發給圳照,以維護其權益,茲以宜蘭四圍金同春圳爲例說明。金同春圳係圳戶吳惠山於一八一一年(嘉慶十六)夥同吳化等出爲圳戶頭家

出本開圳，九月共日立約呈官，乃給照飭吳惠山趕緊興工報竣，並飭差勘復。一八一三年（嘉慶十八），稟報開圳完成，噶瑪蘭撫民理番海防糧捕分府翟，乃發給執照給圳戶吳惠山管理。

四、戳記

戳記是一種公印，即印鑑。通常在中央有埤圳名，左邊有「長行戳記」四字。戳記不僅對埤圳，亦對番社發給，鹿港同知曾對番社發給之。其目的在保護埤圳主及灌溉田主，證明埤圳有關的權利與義務文書必須蓋戳記，實際上僅蓋於水租串單（收據）而已，未見用於其他用途。

官府發給戳記，會徵收手續費，作為國家財源。發戳記的同時，也會發一張戳諭及一張曉諭。戳諭也就是戳記的注意事項，乃告知埤圳主妥為保管戳記，並於收取水租時，加蓋於收據單上；曉諭是針對灌溉田園主，告知他已把戳記給予埤圳業主，認定埤圳主有收租權，請關係田園主能依約繳納水租。

戳記一方面可以保障埤圳主之權利，另一面保護灌溉所有地權人之權利義務立證之用，其文書一定要蓋戳記，官府頒發戳記時並發出諭告，其大意是對於埤圳要慎重保管，水租徵收單必須蓋印，埤圳之外的事不許濫用。

綜上所述，清代臺灣雖無專設管理水利事業的機構，但透過諭告、圳照、戳記來管理及保護水利的開發，其所隱含的意義，與日本政府專設行政部門，頒布公共埤圳規則、官設埤圳規則、官設埤圳水利組合、水利組合等法令來規範水利事業，約略相同，惟不及其嚴密制度化。

圖3-8　戳記：圳戶林德春信記印文、金合成信記印文

資料來源：黃雯娟，《宜蘭縣水利發展史》，（宜蘭：宜蘭縣政府，1997），頁84。

第四章　清領時期各地區的水利開發

　　臺灣的水利開發隨土地拓墾而逐漸發展，清領臺灣時期是水利開發最發達的時期。據蔡志展的研究，清領時期所興建的水利設施最少九百六十六處以上。因此而開發的水田由一六八四年（康熙一十三）的舊額七千五百三十五甲，增為二十四萬三千五百三十五甲；園由舊額一萬○九百一十九甲，增為十七萬○一百六一甲。田增加三十二倍，園增加近十六倍；一六八四年田園面積比例為四十一比五十九，至清末田園面積比例則為五十九比四十一。

　　清代臺灣土地的開發與利用，十八世紀上半葉是個轉捩點。在此之前，田園大都偏重在甘蔗的種植，原因在於蔗園的開墾比水田耕作成本較低，同時砂糖的商品價值較高。此情形到一七二○年代以後開始轉變，由於臺灣人口大為增加，所需米穀激增，加上中國各省米糧不足，造成稻米變成有價值的經濟作物。一七二五年（雍正三），臺灣稻米開始銷售到中國沿海各省，且此時蔗糖的生產過剩，價格相對低落，因而一些原來從蔗糖獲利的資本家，開始轉投資水利的開發，促進水田稻作。清代臺灣的水利開發，與土地拓墾一致，大致上係由南而北，先西後東，先從平原，再慢慢推向山丘及邊陲土地。

第一節 三大埤圳的開發

一、八堡圳

（一）清初彰化平原的開發

　　彰化平原的開發較臺灣南部稍晚，雖然漢人在清康熙年間即陸續至本區拓墾，但官方行政區至雍正年間才正式設置。清領臺灣初期行政區的設置只設一府三縣，位於曾文溪以北的諸羅縣，統轄的區域甚廣，行政控制力往往不及臺灣中、北部。一七二一年（康熙六十）朱一貴事件後，清廷方才重新調整行政區，彰化縣於此時從諸羅縣中分設而出，先前陳夢林的《諸羅縣志》即建議於半線設置新縣：「宜割半線以上別為一縣，聽民開墾自如。而半線即今安營之地，周原肥美，居中扼要，宜改為縣治。張官吏、立學校，以聲明文物之盛，徐化鄙陋頑梗之習；嚴保甲之法，以驅雞鳴狗盜之徒。即又於半線別置遊擊一營與北路營汛聯絡，鎮以額兵一千，分守備五百人；設巡檢一員於淡水，分千把總於後壠、竹塹。使首尾相顧、臂指相屬。」在彰化縣設置之前，臺灣中部地區的開墾即日趨熱絡，墾首制在本區甚為明顯，施東與施世榜父子、吳洛、楊志申、林成祖、張振萬等人即是拓墾本區著名的墾首。彰化縣地理環境優越，不但地形平坦，且位於大肚溪與濁水溪之間，水源無虞，如有水圳協助引水，則本區非常適合種植水稻，因而在漢人大量入墾之後，開鑿許多埤圳，田園面積也快速增加。清代彰化縣的水利設施以八堡圳最著名，八堡圳不但是清代臺灣最大的水利設施，灌溉面積達一萬二千餘甲，且開鑿過程很戲劇性，相當精彩。

　　清代臺灣所謂的「墾首制」，即開墾的人向官府申請成為墾戶，由官府發給墾照，須在一定期限內赴地開墾，然後報課陞科，繳納正供（即向

官府繳納地賦），同時官府亦賦予墾戶維持當地治安之責任。當時的墾戶
大都是有資本有勢力之人，他們開墾土地有的多達數十甲以上，自然非其
能力所能耕種，必須再招徠佃戶，把土地畫分成更小單位租給佃人開墾。
墾成之後，由佃戶繳納一定租額的租稅給墾戶。佃戶與墾戶的關係就建立
在這種土地租佃的基礎上，而官府也將治安責任交付墾戶，因此墾戶不僅
是土地的業主，也是這一開墾組織的首領，所以稱爲「墾首」，而這樣的
土地開墾制度也就被稱爲「墾首制」。彰化平原的施世榜父子、楊志申、
林成祖、張振萬等都是有名的墾首。

表4-1　清代初期彰化平原水利修築概況

埤圳名稱	修築年代	今地名	灌溉情形
施厝圳（八堡圳）	康熙五十八年（1719）	彰化縣二水、田中、員林等鄉鎮	在東螺堡，源由濁水分流，莊民施長齡築，當時圳道難通，有自稱林先生繪圖教以疏鑿之方，於是通流。灌溉五十餘里，一萬九千餘甲之田。
十五莊圳	康熙六十年（1721）	彰化縣二水鄉	在大武郡堡，莊民黃仕卿築。
埔鹽陂	康熙年間	彰化縣埔鹽鄉	水從施厝圳尾流出，埔鹽業戶施姓築埤灌溉好修莊等處數一百餘甲田地。
福馬圳	康熙年間	彰化縣和美鎮及彰化市	從大肚溪合二八圳流灌李厝莊等處，共田一千餘甲。施長齡築。
快官圳	康熙年間	彰化縣彰化市	其水源從八几仙出大哮山麓，逶北投碧山嚴前過月眉厝坡至快官，共灌田一千餘甲，業戶楊、曾合築。
貓兒高圳	康熙年間	彰化縣彰化市	即快官下陂。水源從頂陂分流出半線堡，灌十餘甲。業戶張、楊合築。
二八圳	康熙年間	彰化縣彰化市	水源與快官圳同，灌田一千餘甲。業戶楊志申築。
福口厝圳	康熙年間	彰化縣鹿港鎮	在馬芝堡，水從快官圳、施厝圳二支合流，築陂灌上下廖田百餘甲。業戶陳士陶築。

（續下表）

二八水圳	乾隆年間	彰化縣埤頭鄉	在東螺堡，橫亙施厝圳、十五莊圳中。
隆興陂	乾隆年間	彰化縣境內	在社藔溪洲仔，於濁水溪南岸鑿象鼻仔山，其水穿山出溪洲仔，至後埔仔、社藔一帶，灌田四百四十餘甲，業戶張天球、陳佛照、陳同升、曾石等招集工人開濬。

（二）八堡圳的興築

　　施東（墾號：施鹿門）為清康熙年間半線地區（今彰化）的墾戶，原籍福建泉州府晉江縣安海人，早年從事墾殖事業，兼事糖業，販於日本，因而致富。其子施世榜（墾號：施長齡）繼其事業，於一七〇九年（康熙四十八）著手興築八堡圳，於一七一九年完工，前後費時十年，投資約九十五萬兩。八堡圳的興建過程備極艱辛，如周璽在《彰化縣志》中所說：「施厝圳：在東螺保，源由濁水分流，康熙五十八年，莊民施長齡築，時圳道難通，有自稱林先生者，繪圖教以疏鑿之方，於是通流，灌溉五十餘里之田，迨圳成欲謝之，查尋並無其人，今圳寮奉祀神位，不忘功也。」濁水溪溪水土石混雜，擇地開圳不易，特別在取口水的興建，易被土石沖壞。後在林先生教導建造石筍（如今之攔水壩），並於圳道分流處建造石垻（類似今水閘），避免圳道受洪水沖毀，八堡圳才得以完工通水。

　　八堡圳係引沙連下堡濁水莊（今二水）濁水溪之水，灌溉當時半線地區十三個堡中的八個堡，故又名八堡圳。八個堡分別是：東螺東堡、東螺西堡、武東堡、武西堡、燕霧上堡、燕霧下堡、馬芝遴堡、線東堡等，其地區約在今日彰化縣的二水、田中、社頭、員林、大村、花壇、埔心、埔鹽、溪湖、永靖、田尾、秀水、福興、鹿港等鄉鎮。關於施世榜與八堡圳的修築過程，周璽在《彰化縣志》有清楚的記載：「施世榜，字文標，由拔貢生選壽寧縣學教諭，遷兵馬司副指揮，性嗜古，善楷書，樂善好施，

宗族姻戚多所周卹，凡有義舉，靡不贊成，初居臺郡，倡建敬聖樓，募僧以拾字紙，嘗令長子士安，捐白金二百兩，修葺鳳邑學宮；又置田千畝，充為東海書院膏火，其五子士膺，亦以選拔授古田學教諭，嘗遵父命，捐社倉穀千石，『臺志』稱其義行，方世榜之在彰也，籌引濁水灌田，屢濬未就，有林先生者，授以方法，世榜如言開築，圳果成；即今八保圳是也（詳見水利），八保農民，胥受其利，此功德之最大者，至於倡建祠宇，捐修橋路，充置祀租，難以枚舉，蓋其好善之誠，積厚流光，故垂裕子孫，尚多貴顯。」根據施家的族譜，施世榜著手鑿圳是在壯齡四十餘歲時，亙二十餘年開鑿及經營八堡圳。此外，施世榜也曾出資開鑿福馬圳，從大肚溪合二八圳流灌李唇莊等處，灌田千餘甲。

　　八堡圳興建過程遇到困難，幸賴鄉賢林先生獻〈水利圖說〉，教以疏鑿之方、導水之法，才能順利完成。林先生何許人也？周璽的《彰化縣志》中〈林先生傳〉有云：「林先生，不知何許人也。衣冠古樸，談吐風雅。嘗見兵馬指揮施世榜曰：『聞子欲興彰邑水利，功德固大；但未得法耳·吾當為公成之』。問以名字，笑而不答。固請，乃曰：『但呼林先生可矣』。越日，果至，授以方法。世榜悉如其言，遂通濁水，引以灌田，號八保圳。言彰邑十三保半，此水已灌八保也。年收水租穀以萬計。今施氏子孫累世富厚，皆食先生之餘澤焉。先生不求名利，惟以詩酒自娛，日遊谿壑間，有觸即便吟哦；詩多口占，有飄飄欲仙之致。惜無存□，示不傳於世也。方水圳成時，世榜將以千金為謝。先生辭弗受，亡何竟去，亦不知其所終。今圳寮祀以為神。嘗傳其七律云：『第一峰頭第一家，鶉衣百結視如花。閒時嚼雪消□火，醉後餐虹補歲華。欲得王侯為怎麼？奚須富貴作波查。看來名利終何益，笑起蛟龍背上跨』。其餘尚多佳句，施家子孫有能記憶一、二者。」

　　相傳為施家所藏的〈水利圖考〉，對八堡圳的興建過程及林生先的角色有生動的描述：「濁水溪發源于沙連內山生番地界，人跡罕到之處。

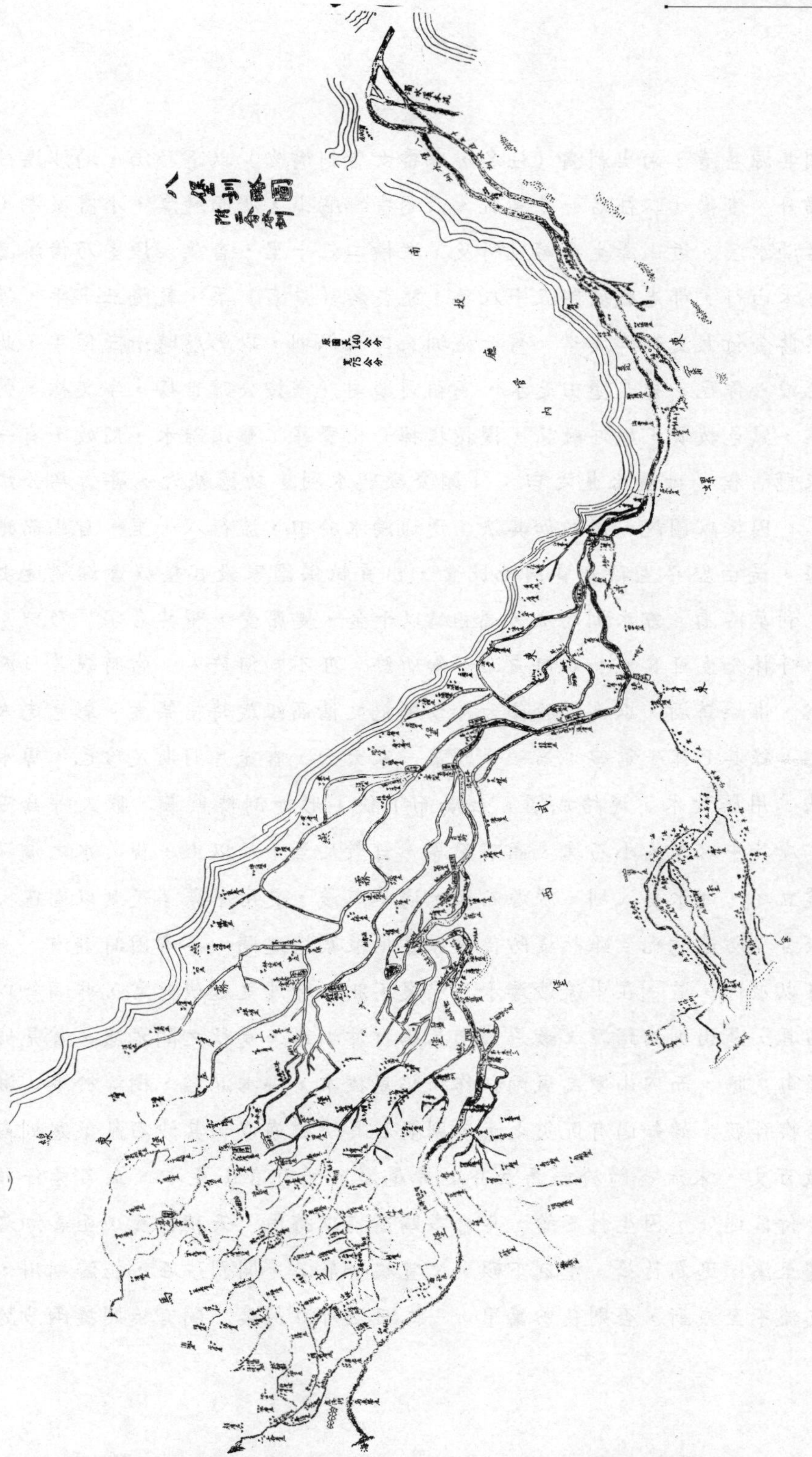

圖4-1　八堡圳灌溉圖

傳聞其源甚清，南出剌嘴（社名，以番女皆剌嘴吻）以下乃渴，過沙連社合貓丹、蠻蠻（二社名）三濁流，西過牛鄉觸山，瀝而過溪，水盡淤泥，統名濁水溪。近山澤生番游獵所及，縱橫二三十里，杳無人煙，乃傍溪濬圳，水由行，郡志載康熙五十八年，施長齡（戶名）築，乾隆三十年，署觀察蔣金竹太史勒碑溪岸。舊云施圳又曰八保圳，以彰屬時十三保年，此圳已灌八保也。先是墾田乏水，高祖司城司（謹按公諱世榜，字文標，號澹亭，鳳邑拔貢，歷任教諭，擢授指揮）出資募工鑿山疏水，罔效，有一叟衣冠古樸，袖圖來見之曰：『聞公欲興水利，功德孰大，吾當為公成之。』因授以圖說，高祖如其法，遂通濁水於田，流行八十里，自山而達於海，是由歷年生穀兼資內地民食，出貢賦供國家設官整族倉儲糧運之用，利莫溥焉。方水圳之成，高祖醻以千金，叟弗受，叩其名字，乃曰：『但呼林先生可矣。』亡何去而不知所終，亦不知何許人。當時覘其日游塈谿，惟娛詩酒，以為近於仙云，今圳祀之偕高組歲時袷祭焉。彰邑志入隱逸，錄其七律一篇曰：第一峰頭第一家云云，吉光片羽斯足珍已，導水之法，用藤縈木，連絡成圍，上廣而下狹，形如倒轉魚罩，匠人呼為石具，虛其中以實大小石塊，高下不等，自數尺至十尺以上，視其水之淺深而環立之，則水自入圳，源源而來，遇旱溪淺，更用草薦茅茨刺以圍密，待倣古堤防遺意也。雖然堤防係平原實地縱築塘建閘，旱潦因時瀦洩，一勞可以永逸，監□在中流沙浮水之壞裏不測，即沙之起伏無常，非順勢以列石具，曷由圳而歸源，最忌西南暴雨打沖圳道，夏秋之間尤慮，嘗見城市經旬炎曦，而內山變為風雨狂作，陷崖拔木，洪水氾濫，樹浮於港，瀕海拾樵奔競，始知山有沉災之患，則豎石具決被崩沒，其沙石亂滾塞圳或至數百丈，末流盡歸於彰嘉互界之虎尾溪，配有官山產木，土名鼻仔頭山，付匠巡守，因生材不給，年來多購喬柯以待用，天稍晴霽，亟善泅者疾趨至溪，迅駕竹筏，星刻下碪，又宜鳩金雇工，開剝沙石，亟濬圳川，庶支流不至或斷，否則良田萬甲，一二日涸可立待矣。間有旋開旋雨沙隨

積，而□疊崩中間，費金耗工，曷可勝數。斯則上關天意，不居人力，何也，以戳源入圳，純是活法故也。第闕土塗泥易溼亦易乾，據一日則十日之渡潤難周，一經壞燥、地裂，求水益切、需水倍多，而耕佃之爭水亦從此啟焉。此承理圳務者惟有戒謹於任力也，夫重摯易舉，八保同源。求千倉而需少費，凡食德服疇尤宜所共知者也，先生往矣，遺澤及人，祖德留貽，受之有歉，因繪是圖，併書以備考云。辛丑嘉平石房施鈺。」[1]

（三）八堡圳興建後的影響

八堡圳為清代臺灣最大的水利設施，灌溉面積達一萬二千餘甲。埤圳完成之後，彰化平原由鹿場變成田園，影響彰化平原及臺灣社會深遠，包括開啟臺灣水田化運動、彰化平原成為當時臺灣最大的穀倉，鹿港崛起為米出口港，施家成為臺灣大富豪。

1.臺灣水田化運動的興起

在八堡圳尚未興建前，臺灣的灌溉大多利用「陂」、「埤」等規模較小的人工蓄水池，此水利設施能提供的灌溉水源有限，引水灌溉者頂多自給自足而已，無法供應更多的田園灌溉。八堡圳的成功，顯然為臺灣其他地區帶來示範作用，建成之後，彰化平原的十五莊圳、二八水圳、福馬圳、埔鹽圳等也相繼完成，臺灣中部不少墾戶受其影響，亦投資於水利建設，促成臺灣的全面開發。其中有的是在彰化平原取得經驗後再北上投資，如郭錫瑠在臺北盆地開鑿的瑠公圳。

2.彰化平原成為臺灣的穀倉

彰化平原本來自然環境就屬肥沃，在八堡圳興建之後，水田面積

---

[1] 施鈺著，楊緒賢訂，〈臺灣別錄卷二〉，《臺灣文獻》，第28卷2期，1977，頁134。

迅速增加，周璽的《彰化縣志》記載灌溉面積達「五十餘里」，日人伊能嘉矩的《臺灣文化志》記載：「能灌溉彰化八堡，一百〇三莊，約一萬六千餘甲水田。」據學者陳秋坤的研究，清代臺灣府在一七一〇年（康熙四十九）時的耕地面積爲三萬〇一百一十甲，到了一七三五年（雍正十三）時耕地面積增加至五萬〇五百一十七甲，在不到二十五年之間，耕地面積即增加了二萬餘甲，其中新設的彰化縣境增加了一萬一千六百六十五甲，可知八堡圳開鑿的影響。

3.鹿港崛起為米出口港

八堡圳的興建使彰化平原成爲臺灣的穀倉，稻米的增加使得臺灣成爲中國內地米糧的供應地，中國內地可以取得急需的米產，臺灣則藉由米產換取民生用品，臺灣與中國之間可以互補所需，形成「區域分工」。彰化平原的鹿港因米穀輸出成爲臺灣與中國間的貿易吞吐區，迅速繁榮，成爲臺灣重要的港口中心。施世榜的後代曾述及：「施長齡生前，租權還未分割的康熙末葉至乾隆初期，施厝圳租館就設在鹿港，租穀皆集中到此，再以海路輸送到施氏故鄉福建省泉州府晉江縣。」意即施長齡派下的四萬五千石大租皆全數運送至鹿港。不只是八堡圳的灌區，整個彰化平原皆可視爲鹿港的腹地，因牛車載運毋須涉大溪，終年皆可通達，往來十分便利，使得鹿港雖條件不佳，但還是成爲臺灣中部最重要的米穀轉運中心。

4.施家成為臺灣首屈一指的富豪

在八堡圳完工之後，施家十二租館租穀收入達四萬五千石。另外，還有下淡水溪（今高屏溪）田園的租穀，總額更高。如此的租穀收入，說施家是清初臺灣數一數二的大富豪，應不爲過。

5.祭祀活動流傳至今

由於施世榜興建八堡圳對彰化平原的開發貢獻鉅大，現今有兩處廟宇

供奉施世榜之牌位，一是位於二水鄉鼻仔頭的林先生廟，奉祀林先生、施長齡和十五莊圳開鑿者黃仕卿三人之牌位；二是鹿港天后宮右廂房有一室供奉長齡公祿位，此處亦成爲長齡公派下族人的集會場所。另二水的八堡圳每年到了中元節前後，都會舉辦一場盛大的「跑水祭」活動，整個祭典活動都是遵循三百年前跑引水祭河伯古祭祀儀式，此活動延續至今已超過三百餘年，每年都會吸引相當多的民眾前來觀禮，二水鄉內也會有相當多的神轎來參與這項盛會，場面十分壯觀。

二、瑠公圳

（一）清代臺北盆地的水利開發

　　清代臺北盆地的水利興築情形，就同治年間陳培桂的《淡水廳志》記載，可以整理出二十處埤圳，其中以乾隆年間所修築的水利設施數量最多，規模亦最大，達十四處，灌田五千四百〇五甲。由於康熙末年，移民陸續往臺北盆地入墾，人口增加及土地拓墾在乾隆年間達到最高潮，和土地拓墾密切相關的水利開發亦在此時達到最高峰，這些水利設施中又以瑠公圳最具代表性。

表4-2　清代臺北盆地水利修築概況

埤圳名稱	修築年代	今地名	灌溉情形
海山堡			
永安陂	乾隆三十一年	臺北縣鶯歌鎮	業戶張必榮捨地，張沛世出資合置。相傳爲沛世陂，水源引罷接溪，灌田六百甲。
福安陂	乾隆年間	臺北縣鶯歌鎮	業戶張必榮、吳際盛合佃所置。水源引罷接溪，灌田三百餘甲。
隆恩陂	乾隆年間	臺北縣鶯歌鎮	水源引罷接溪，灌田三百五十餘甲。

（續下表）

萬安陂圳	乾隆二十六年	臺北縣鶯歌鎮	業戶劉承續鳩佃所置。水源引罷接溪，灌田二百六十餘甲。
七十二分埤	道光年間	臺北縣樹林市	在陂角莊腳，瀦水灌溉七十二分田，故名。
十八分埤	同治年間	臺北縣新莊市	業戶林啓泰等圍築瀦水，灌溉田畝。
罷接堡			
大安陂圳	乾隆元年	臺北縣鶯歌鎮	業戶林成祖等鳩佃所置，灌溉大安寮至港仔嘴等一千田餘甲。
永豐陂圳	乾隆年間	臺北縣新店市	業戶林成祖等鳩佃所置，水源自暗坑口接青潭大溪水流，灌田一百九十餘甲。
暗坑圳	同治年間	臺北縣新店市	業戶林登選等鳩佃所置，其水自青潭大溪引入，灌田六十餘甲。
南勢角大圳	同治年間	臺北縣中和市	在罷接堡烘爐寨，築岸瀦水，灌田二十二分。
拳山堡			
瑠公圳	乾隆五年	臺北縣新店市及臺北市大安等區。	業戶郭錫瑠鳩佃所置，其水自大坪林築陂鑿石穿山，引過大木梘溪仔口，再引至挖仔內過小木梘，到公館街後拳山麓內埔分為三條，共灌田一千兩百餘甲。
大坪林圳	乾隆年間	臺北縣新店市	業戶蕭妙興與莊民合築，其水引青潭溪，灌田四百六十五甲。
內湖陂（霧裡薛圳）	乾隆年間	臺北市文山等區	莊民所置，其水由內湖溝仔口、鯉魚山築陂，灌溉大加臘西畔古亭倉、陂仔腳、三板橋、大灣莊及艋舺一帶等田七百餘甲。
大加臘堡			
上陂頭圳	乾隆年間	臺北市松山區	莊民所置，灌田一百餘甲。
下陂頭圳	乾隆年間	臺北市松山區	灌田四十餘甲。
雙連陂	乾隆年間	臺北市中山區	屬九板橋下，兩陂相連，灌田一百餘甲。
芝蘭堡			
水梘頭圳	乾隆四十一年	臺北市士林區	番業戶同謝開使所置，其水發源於山坑，灌溉各田甲。
番仔井圳	乾隆年間	臺北市士林區	業戶潘宗勝暨農民自置，其水發源於內山吼哺天泉，灌田一百餘甲。

（續下表）

七星墩圳	雍正年間	臺北市士林區	業戶舉人王錫祺暨農民自置，水自七星墩西流至橫溪及芝蘭堡，灌溉田甲。
雙溪圳	雍正年間	臺北市士林區	業戶鄭維謙同佃所置，其水自大坪七星墩引入，灌溉芝蘭一派各田甲。

今日所謂的「瑠公圳」，係指清代民間投資興建幾處埤圳的泛稱，包括霧裡薜圳、瑠公圳、大坪林圳等三大埤圳，及三大埤圳流經串連的大小埤塘，最大灌溉面積約二千多甲，範圍遍及今臺北縣新店市、臺北市文山區、松山區、信義區、大安區、中正區、大同區、萬華區。這些埤圳在清代均為私人興築，清官府僅站在監督立場，讓各個埤圳自行開鑿興經營。日治時期，臺灣總督府於一九○一年（明治三十四）頒布「臺灣公共埤圳規則」。是年十月，瑠公圳及霧裡薜圳隨即被總督府認定為公共埤圳。一九○七年（明治四十），霧裡薜圳、瑠公圳、上埤（大坪林圳）合併至公共埤圳瑠公水利組給的組織中，後又陸續合併雙連埤、大竹圍埤、三板橋埤、下埤、上土地公埤、下土地公埤、鴨寮埔埤、牛車埔埤等埤圳，於一九二三年（大正十二）改制為瑠公水利組合，為今日瑠公農田水利會的前身，成為臺北盆地最大的灌排體系及水利組織。以下就霧裡薜圳、瑠公圳、大坪林圳三大埤圳的開發介紹之。

（二）霧裡薜圳

霧裡薜圳在清代時又稱內湖陂，日治時期亦稱景尾后溪，因取源於霧裡薜溪（今景美溪）而得名。《淡水廳志》對霧裡薜圳的記載頗為簡要：「內湖陂，又名霧裡薜圳，在拳山堡，距廳治（竹塹）一百餘里。莊民所置。其水由內湖溝仔口、鯉魚山腳築陂鑿穿石門過視尾街、後溪仔口、公館街後通流，灌溉大加臘西畔古亨倉、陂仔腳、三板橋、大灣莊、下陂頭及艋舺一帶等田七百餘甲，至雙連陂為界。」關於霧裡薜圳的開鑿年代及

實際的開鑿情形，目前的說法不一，在日人田野訪查的埤圳紀錄中，該圳最早在一七二四年（雍正二）即由各佃戶相議著手開鑿，但工程進行一半時，因資金不繼而中斷，後由十位周姓人士以一股三千圓招募十人七股，挹注二萬圓資金復工，使該圳終能於乾隆初年完工，因而霧裡薛圳有周七股圳的別名。另一種說法爲在一七三一年（雍正七），粵人廖簡岳，自淡水溯上新店溪航行，到景尾附近考察後，就在那裡從事拓墾，進而開設此圳。

霧裡薛圳的開鑿和周姓業主（投資者）有密切關係，周姓業主不但是水圳投資者同時也是管理者，霧裡薛圳業主間不但有宗族關係，且有共業土地，其收入用來祭祀開圳的祖先周永清。今日臺北市文山區的武功國小，原校地爲周家祭祀公業在一九六五年所捐，改以周氏堂號「武功」爲校名。

（三）瑠公圳與大坪林圳

過去常將大坪林圳與瑠公圳混爲一談，事實上，大圳坪林爲郭錫瑠與蕭妙興所合作開築，圳頭爲郭錫瑠所設置。郭錫瑠別名天賜，一七○五年（康熙四十四）出生於福建漳州府南靖縣，康熙晚年隨父親渡臺，初居半線（今彰化），於油車鎮、平埔心三莊等地繼承其父所有之田地從事開墾。乾隆初年，北遷至臺北大加臘，居中崙，拓墾興雅莊一帶荒埔。因柴頭埤經常淤塞，農民苦之，郭錫瑠見拳山堡（今文山地區）新店青潭一帶有水源可供興築陂圳，便於一七四○年（乾隆五）著手開鑿「大坪林合興寮石腔頂圳」，屢次興工，但受地勢險惡及泰雅族人破壞圳頭（因靠近泰雅族人部落）等因素，拖延至一七五二年（乾隆十七）再行興築，均未能成功，迫使郭錫瑠放棄獨立開圳，轉而與蕭妙興等人合作。瑠公圳延至一七六○年（乾隆二十五）石堤、石腔完工，才繼續進行大坪林平原上公

圳及私圳的開鑿，約在一七六五年（乾隆三十）左右，瑠公圳才完成。其灌溉面積及流經區域在《淡水廳志》中有詳細地記載：「其水自大坪林築陂鑿石穿山，引過大木梘溪仔口，再引至挖仔內過小木梘，到公館街後拳山麓內埔分為三條：其一由小木梘至林口莊及古亭倉頂等田，與霧裡薛圳為界；其一由大灣莊至周厝崙等田，水尾歸下陂頭小港仔溝；其一由大加臘東畔之六張犁、三張犁口過梘直至車罾、五分埔、中崙前後上搭搭攸等田，水尾歸劍潭對面犁頭標，入北港大溪。灌田一千二百餘甲。」

蕭妙興等大坪林莊民，眼見郭錫瑠的青潭圳頭工程功虧一簣，加上圖謀圳水能灌溉大坪林五莊，乃以資金鳩集的方式，率股夥業主朱舉等人與郭錫瑠相商，同意讓郭錫瑠在獅山邊大潭設立陂地，並提供地界，聽其開鑿直抵外莊的灌溉圳路。而郭錫瑠則須將青潭陂地，交由蕭妙興等接續完成。

接續郭錫瑠而展開的大坪林圳工程，工程過程可分一七五三年（乾隆十八）至一七六〇年（乾隆二十五）的石腔圳路工程，及一七六〇年後的大坪林五莊引水圳道工程兩階段。第一階段，蕭等人先將墾首金順興改為金合興，並向官廳稟請告示牌照、給定圳路後，即雇石匠以開鑿。因圳路皆堅石，再加上有與泰雅族衝突的可能，工程相當艱辛。一七六〇年，金合興終於克服萬難，順利將圳路貫穿石腔至獅頭山下，此為引水道，並不灌田。第二階段，即興築從獅頭山至大坪林五莊的灌溉圳路工程，此工程在蕭妙興耗盡家產後，於一七六二年（乾隆二十七）後大部分通水。

瑠公圳最早的名稱為「金合川圳」、「青潭大圳」，後人為感念郭錫瑠開鑿瑠公圳的事蹟，遂將青潭大圳改稱為瑠公圳。瑠公農田水利會在一九九三年出版的《臺北瑠公農田水利會會史》記載：「臺北市瑠公農田水利會的主要供水幹圳為『瑠公圳』及『大坪林圳』兩大水系，均係導引新店溪及其支流青潭溪的水源，經大坪林、景美等地區進入臺北市。此兩大水圳不但是大坪林、景美及臺北市等地區的農田水利命脈，即對流經地

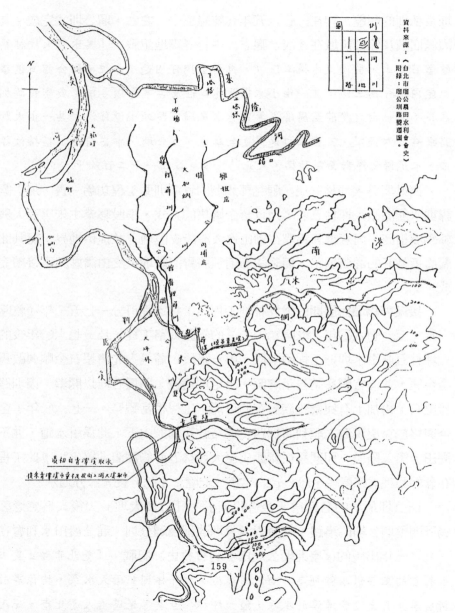

圖4-2　瑠公圳灌溉圖，西元一七六三年（清乾隆二十八）

資料來源：臺北瑠公農田水利會，《臺北瑠公農田水利會會史》，（新店：編者自印，1993），附錄
　　　　　瑠公圳路變遷圖

爾後工、商的發展，亦有莫大助益。由於上述兩大水圳均為先賢郭錫瑠私人斥資興建，後人為感念其功德，遂將由碧潭至臺北市的水圳，稱之為『瑠公圳』。」

事實上，瑠公農田水利會的記載和史實有些出入。最主要是瑠公圳及大坪林圳的完成，並非郭錫瑠一人獨立完成，實際的開圳者應包括蕭妙興等人，瑠公圳原為乾隆年間郭錫瑠所倡議的「大坪林合興寮石腔頂圳」，由於圳路必須鑿石穿山，及地險「番」猛，郭錫瑠始終無法將青潭口之水引出。後郭錫瑠與蕭妙興等股夥相商，採行由蕭妙興等大坪林五莊股夥提供地界，作為郭錫瑠開鑿瑠公圳的圳路，以換取大坪林圳的水源。如此割地換水的方式，解決了兩圳共同引水的問題。瑠公圳和大坪林圳的關係，茲節錄〈大坪林圳的五莊合約字〉作為說明：

仝立公訂水路車路合約字人大坪林五莊、墾首金合興即蕭妙興，股夥朱舉、曾鎮、王綸、簡書、陳朝誇、吳德昌、江游龍、林棟材等切為先前墾戶首金順興，即郭錫流〔按：瑠〕，自乾隆五年，前來青潭口破土鑿陂圳，無如地險番猛，樹林陰翳，屢次興工損失不安，因遲之悠久，延至乾隆十七年再行開築均未得成功。妙興思圳不成與荒陂無異，雖欲耕得乎，搔首踟躕，奈何奈何，爰率業主與流相商，情願將大坪林地界聽流開鑿圳路，通流灌溉外莊，併指獅山邊大潭設立陂地，付流防築以補元前作事謀始之奇功，流亦青潭所創陂地交興等續接，實為兩便，興欲命眾人之力，即將墾首金順興改為金合興，是日也，向官稟請告示牌照，給定圳路，率股夥深入其境……擇日興工，設流壯為護衛，倩石匠以開鑿……自乾隆十八年續接，日與血戰，多歷年所，至乾隆二十五年圳路穿過石腔，石匠鐘阿傳等，即將乾隆二十五年刻字泐石圳旁，以垂萬世不朽……
一批明五莊，公立合約，分恭、寬、信、敏、惠為記，恭字十四張

莊，朱舉、吳德昌、陳朝誇收存，寬記二十張莊，蕭妙興收存，信記十二張莊曾鎮收存，敏記七張仔莊王綸收存，惠記寶斗厝江游龍、林棟材收存，墾戶首蕭妙興自收……

一批明大坪林五莊，共水份四百六十甲，自青潭口陂頭起至獅頭山腳首汴止……

一批明其圳路，經已請官定界存案，自青潭口起，自獅頭山外止，依山一帶，圳頂水流入圳者，均歸合興寮界管，依溪一帶圳岸俱至大溪為界，與牛角坡崙尾比齊，亦歸合興寮界管……

一批明蕭妙興，澄水份六甲，田在二十張莊，曾鎮即曾振聲，澄水一甲五分，田在十四張莊……乾隆三十八年季春三月日，仝立公定水路車路合約字人，墾戶首金合興即蕭妙興股夥簡書、朱舉、曾鎮、王綸、王奇勳、林棟材親筆、吳德昌、陳朝誇、江游龍。[2]

（四）瑠公圳和臺北舊地名

瑠公圳的開圳過程倍感艱辛，最常遇到的問題是和「生番」泰雅族族人的衝突，死傷時有所聞，郭錫瑠為此還娶「番婦」為妾，以安撫「番人」。為減低傷亡，漢人在今臺北市古亭地區，設立鼓亭，以便警報。繼而，又在水源地創設公館，經常派壯丁駐守，一說「古亭」、「公館」的地名即由此而來。

由於瑠公圳水源引自青潭溪水，為灌溉臺北盆地南區，水圳必須跨過霧裡薛溪（景尾溪、今景美溪），工程非常艱鉅。為克服此問題，郭錫瑠探架設平底的木梘，作為水橋來解決此問題，而位於水梘末端的地區即是「梘尾」，臺語音即「景尾」，戰後雅化改為「景美」。

---

[2]　山田伸吾，《臺北縣下農家經濟調查書》（臺北：臺灣總督府民政局殖產課，1899），頁112-117。

　　但是，水梘完成後，經常橫越景尾溪的人，因水梘是平底，遂裸足通行於上梘為橋梁，不再搭乘擺渡。因此，水梘未幾就被破壞。郭錫瑠經歷幾次失敗後，再重新構思計畫，一面挖掘地道橫貫景尾溪底，一面購買水缸，去除底部之後，將無底水缸銜接起來埋於地道，這就成了暗渠，不會再遭受破壞。

　　暗渠完成後，瑠公圳終於能通水灌溉。但是在一七六五年（乾隆三十）時，洪水氾濫，所設圳道與暗渠皆為洪水衝破，二十餘年的慘淡經營，一夕間成為泡影。郭錫瑠遭此打擊，更因缺乏資金復興，乃憂憤而死。

　　郭錫瑠過世後，其子郭元芬繼承父志，於一七六七年（乾隆三十二）著手變更圳頭，取水口改設於大宅莊，築成了今日瑠公圳的取水口。郭元芬續於同年架設跨越景尾溪的水橋，木梘的形狀是尖底，稱為「菜刀剪」，如此可避免人們於木梘上行走。更改圳頭與木梘修築完成於一七六九年（乾隆三十四），瑠公圳的興建前後歷經近三十年方才完工，但這條水圳的經營傳至郭錫瑠的曾孫郭章磯時，因家道中落乏資經營，陸續讓渡給林益川，管理行號改為「林益和」號，至一八四五年（道光二十五），瑠公圳一切設施全部讓售林益川，距圳路完成的一七六〇年（乾隆二十五），不過八十五年的光景，令人不勝噓唏。

三、曹公圳

（一）曹謹與曹公圳的興築

　　曹謹為河南河內人，一八三七年（道光十七），奉檄來臺任鳳山縣縣令，適值前一年臺灣發生大旱，於臺灣府城面謁知府熊一本時，知府告

訴他治縣之道，弭盜僅是治標之法，必須興水利，鑿陂開塘，讓農民耕種而有收穫，以免逢到乾旱，百里之內，饑饉為患，逼民為盜，才是治本之法。曹謹只是點頭，謹記在心。到達鳳山縣署後，適值大旱，農田無法耕作，他即下鄉巡視田畝，上巡到九曲堂時，臨下淡水溪畔，看到溪水潺潺而流，大感可惜，不禁感嘆地說：「是造物者之所置，而以待人經營者，奈何前人置之而不理，毋乃暴殄天物歟！」於是在當年夏天，召集紳耆、工匠，依照地形高低，開圳鑿埤，開九曲塘，築堤設閘，引上游之溪水，以資灌溉萬頃平疇，紓解百姓乾旱之苦。

　　工程進行時，百姓難免狃於積習，不能奮然實行，甚至於圳渠所到之處，遇到墳墓，百姓迷信風水，多方阻撓，工事一度中斷。曹謹仍不氣餒，透過仕紳出面排解，工程才順利開展。他也不忘在公餘之暇，徒步到工地巡視開圳進度，並以親切的口吻與工匠笑談。因此，工人皆不敢怠工。到了一八三八年（道光十八）冬，挖掘圳路四十四條，圳長四萬〇三百六十丈，灌溉小竹上里、小竹下里、大竹里、鳳山上里、鳳山下里等五里的田地二千五百四十九甲，是為「舊圳」。一八三九年（道光十九）春，臺灣知府熊一本親率部屬到達鳳邑，實地履勘圳渠工程，大大嘉許曹謹的功勞。同年冬，熊知府應鳳邑百姓的請求，為開圳之事立碑命名，民眾都歸功於曹謹的仁賢勞苦，同意以曹公命名，熊一本乃命名為「曹公圳」，並勒文「曹公圳記」在碑石上，碑云：「是故，得俗吏百，不如得才吏一；得才吏百，又不如得賢吏一也。」流傳後世。

　　一八四一年（道光二十一），鳳山地區又逢大旱，未開圳的地方，秧苗皆枯死，田園不見春色，眾議籌築新圳，曹謹即授意由歲貢生鄭蘭（興隆里人）、附生鄭宣治（赤山里人）率眾自九曲塘起迄下草潭止，開鑿新圳，歷時二載，計築圳四十六條，灌溉赤山里、觀音下里、半屏里、興隆內里、興隆外里等五里田地二千〇三十三甲。新圳開鑿時，曹謹已陞淡水廳同知，地方仕紳為紀念他籌創之功，乃命名為「曹公新圳」，灌溉系統

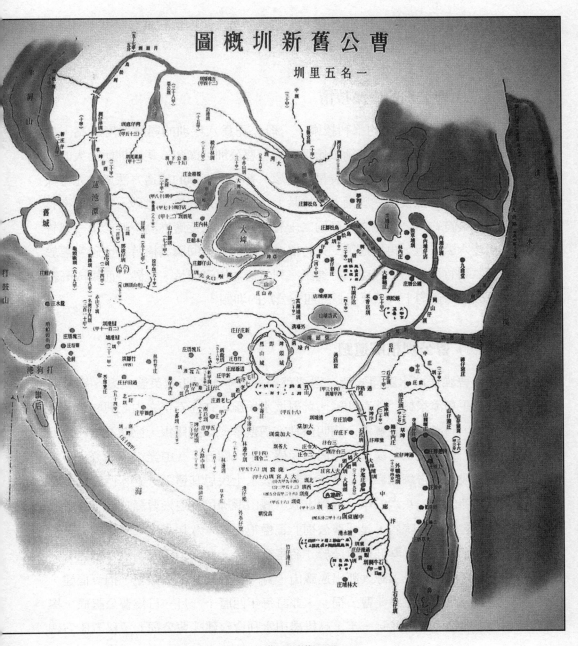

圖4-3 曹公圳灌溉圖

也由鳳山地區延伸到左營一帶。由於曹公舊、新圳皆灌溉五個里，所以又稱為「五里圳」或「五鳳圳」。

（二）曹公圳的修築技術

提到清代臺灣的水利技術，一般人認為八堡圳的興建難度最高，事實上，曹公圳的修築技術很值得一提。曹公圳圳頭和八堡圳圳頭最大的不同在於前者是土砂堰，後者是石筍堰。曹公圳圳頭的建造方法為：先拉線打刺竹樁，然後在溪底鋪上「榛片」（榛芒裹以樹竹、土砂，並覆以密竹網，長寬約六公尺見方，厚約二十五公分），再逐層堆高，並於第一列竹樁後六公尺處，再打進第二列竹樁，在兩列竹樁間填滿榛片、土砂。再於第二列竹樁後六公尺處，打進第三列竹樁並填滿榛片、土砂，而築成高約五公尺，寬約十八公尺，長約四千公尺的圳頭。

（三）曹公圳相關遺蹟

曹謹任淡水廳同知時，遇清英鴉片戰爭，對防禦英艦犯臺、緝獲海寇、平息漳泉械鬥著有功績。針對淡水民風，在任五年之內，興文教，崇實學，刊孝經、設鄉塾、詣明倫堂宣講聖學。並捐俸銀，協助淡水「學海書院」早日完工，淡水文風因而大盛。一八四五年（道光二十五），曹謹積勞成疾，告病還鄉。其卒年不詳，淡水士民思其遺愛，立「德政祠」奉祀其神位。一八六〇年（咸豐十），鳳山縣紳民為追崇曹謹功德，在縣署東側的鳳儀書院內，建「曹公祠」三楹祀之。一八七六年（光緒二），福建巡撫丁日昌，奏准祀曹公於「名宦祠」。一九〇〇年（明治三十三），日本臺灣總督兒玉源太郎出巡鳳山，見「曹公祠」年久傾圮，捐資倡建，在曹公路現址重建「曹公祠」，並訂每年西曆十一月一日為曹公誕辰，舉行祭典迄今。一九七一年，高雄農田水利會整建「曹公祠」，移五座石碑

　　並立於曹公紀念亭內，供民眾瞻仰曹公事績。

　　鳳山市區中心有一條大馬路，名叫「曹公路」，全長約六百公尺。曹公路上有很多重要的機關，包括：鳳山火車站、縣警察局、土地銀行鳳山分行、鳳山市公所、鳳山電信局，以及紀念曹謹命名的曹公國小。曹公國小校園內，有一株一百多年的老茄苳樹，相傳就是縣衙門前的二株茄苳樹之一，僅存的這株老茄苳樹，曹公國小師生叫它「曹公巨樹」。曹公國小正對面有一座祭祀曹謹的廟，叫「曹公廟」，在一九九二年以前，叫「曹公祠」。根據民間信仰，傳聞曹謹死後，升任城隍，擔任地方的守護神。一九九二年，玉帝降旨於林園鄉警善堂，認為曹公興建水利有功，祠內立牌位供民瞻仰，有失莊嚴，准予雕塑金身，承受萬代香火，並配祀註生、福德二神，且將「曹公祠」升格為「曹公廟」。高雄農田水利會認為這是美事一樁，寧可信其有，因此於一九九二年十一月一日曹公誕辰祭典時，改奉曹公神像及改稱「曹公廟」迄今。

第二節　南部地區的水利開發

　　南部地區係指北港溪以南至恆春半島，在地理環境上，可以畫分成嘉南平原及下淡水溪（今高屏溪）以南平原兩個地區，行政區上畫爲今日的嘉義、臺南、高雄及屏東等七縣市。在清領晚期則是指臺南府的治理範圍，區域北部爲嘉南平原，即清代的安平縣及嘉義縣；區域南部爲高雄、屏東平原，即清代的鳳山縣、恆春縣。本節擬分嘉南平原、下淡水溪以南兩大地理區域來介紹清代水利開發的情形。

一、嘉南平原

（一）自然環境特性

　　嘉南平原在自然環境上，於地形、土壤及日照等方面的條件相當良好：地形平坦，高度均爲一百公尺以下的平原；土壤以沖積土、紅棕壤及黃棕壤爲主，土性肥沃；而年均溫在攝氏二十度以上，日照充足；對於作物生長而言，嘉南平原無疑是一處沃土。惟在水文及雨量方面，使嘉南平原的農業發展受到限制，本區的河川短急、含沙率高，且最大與最小水量之差異懸殊，對農業灌溉助益不大；而雨量雖豐富，平均年雨量達一千五百公釐，但分配不均，夏季雨水充沛，冬期乾旱嚴重，使雨水不易利用；再加上水災、旱災及颱風等自然災害的肆虐，更使本區的農業發展受限。水利開發可改善本區農業發展的局限，因此清代嘉南平原的水利開發相當興盛。

（二）水利開發歷程

　　嘉南平原的水利開發，就時間上來看，早從荷治時期就有紀錄，荷治時期的水利工程主要是以井、埤等規模較小的水利設施為主。鄭氏時期的水利開發以軍屯時所築的水利設施為主，亦有官田及私人所築的水利設施，本時期的水利設施大多以蓄水灌溉的陂、潭為主。清代是嘉南平原水利開發最興盛的時期，文獻上可徵的埤圳共有一百二十九處，以康熙年間為最高潮，此時期所興築的埤圳共有七十四處，占同時期全臺水利設施的百分之九十以上。

　　嘉南平原是臺灣最早開發的地區，在經歷荷蘭及鄭氏的經營下，清領初期即呈現不同的景象，郁永河在《裨海紀遊》中觀察：「時四月初七日也，經過番社，即易車。車以黃犢駕而令土番為御。是日過大洲溪，歷新港，嘉溜灣社、麻豆社，雖屬番居，然嘉禾陰森，屋宇完潔，不減內地村落。余曰：孰謂番人陋，人言寧足信乎。顧君曰：新港、嘉溜港、歐王、麻豆，於為鄭時為四大社，令子弟能就鄉塾讀書者初蠲其徭役，以漸化之，四社番亦知勤稼穡務蓄積，比戶殷富，又近郡治，習見城市居處禮讓，故其較於諸社為優。」在「近郡治」地區，連「番民」亦皆知「勤稼穡務蓄積」，且已知「令子弟就鄉塾讀書」而達到和漢人文化相近的階段，從開發程度上來看，已經到達「臺地窄狹，又迫郡邑，田園概係偽時開墾，年久而地磽」的地步，亦即嘉南平原在康熙年間已有相當程度的開發。

　　康熙年間，本區的水利開發即很發達，此和知縣周鍾瑄的倡修有密切關係，一七一四年（康熙五十三），原舊任福建邵武知縣的周鍾瑄，後改任臺灣府諸羅縣知縣，在其任內捐俸、捐穀助建埤圳，倡修水利甚力。

圖4-4　水牛利用龍骨車運轉

圖4-5　土名龍骨車給水器具

初鍾瑄以丙子舉人，補邵武令，旋改諸羅令。諸羅新闢，土曠人稀，多遺利，鍾瑄為相隰原，規蓄洩，數百里中，陂圳水利，皆其所經畫，諸羅民以富庶。

周鍾瑄在一七一四年（康熙五十三）至一七一七年（康熙五十六），共助修三十二處埤圳，見表4-3，除分布在今嘉南平原外，有些埤圳分布在雲林、彰化平原上。

表4-3　周鍾瑄助修埤圳一覽表

年代	埤圳名稱
1714年 （康熙53）	鹿場陂、水漆林陂、塗庫陂、赤山陂、烏山頭陂、洋仔莊陂、檳榔莊陂、中坑仔陂
1715年 （康熙54）	諸羅山大陂、柳仔林陂、八掌溪墘陂、馬朝後陂、烏樹林大陂、新營等莊陂、哆囉嘓大陂、打馬辰陂、新港東陂、大目根陂、埔姜崙陂
1716年 （康熙55）	果毅後陂、西螺引引塵陂、打廉莊陂、燕霧莊陂
1717年 （康熙56）	大腳腿陂、樹林頭陂、咬狗竹陂、雙溪口大陂、西勢潭陂、馬龍潭陂、林富莊陂、番仔橋溝陂、三間厝陂

（三）空間分布

就埤圳的空間分布來看，水利開發一般依循著土地開墾而進展，嘉南平原的土地開墾如曹永和院士所言：「開拓的一般趨勢，大致至康熙四、五十年間，臺灣縣境開發殆盡，分別向南北開拓。至雍正年間，南已至琅橋下淡水一帶。嗣後全由南而北。」故嘉南平原的水利開發在荷治及鄭氏時期，水利設施主要分布在嘉南平原南部，而在康熙年間則漸移至諸羅縣城附近，雍正以後，則分布在嘉南平原北部，尤其在新設置的雲林縣。其水利發展基本上是由南向北而發展。再者，初期的水利開發主要集中在本區的平原地帶，而後逐漸發展至沿海及山邊地區。

（四）埤圳種類

　　嘉南平原的埤圳，在荷治及鄭氏時期都是一些規模較小的井、埤、潭，其飲用目的大於灌溉。康熙年間的水利設施，則是以灌溉為主要目的的埤、圳居多，但規模不大，溉田頂多數十甲；但雍正以後，埤圳的規模較大，溉田有達千餘甲者。

圖4-6　龍式給水器具及方法

（五）開發模式

　　嘉南平原水利開發的模式以莊民合築類型最多，占百分之六十一；次為知縣助莊民合築，占百分之二十；業戶或業佃合夥投資開鑿者亦占百分之十五。初期的水利開發以莊民合築者居多，因嘉南平原的聚落多是集村型態，其水利興築亦多集眾人之力完成，再加上本區的土地制度一開始受限於「王田」及「官田」，故水利開發亦是以小規模集體力量為主。而知縣助莊民合築方面，則因為康熙年間諸羅縣知縣周鍾瑄的助修水利三十二處。業戶對於本區水利的投資則在雍正以後愈為明顯，原在康熙年間，業

戶所開發的水利設施只有二處，但雍正以後，則有十六處之多。本區水利開發投資模式較特殊之處，即原住民的角色扮演不顯著，原因與本區的開發較早，漢人很早在此即占優勢。

二、下淡水溪以南平原

下淡水溪以南的地區包括高雄、屏東平原及恆春半島，此區位於本島的最南端，族群多元複雜，水利開發亦展現多樣面貌。本地區在清代總計開發了二百九十四處的埤圳，其中還包含清代臺灣地區灌溉系統最密集的「曹公圳」。

（一）自然環境及水源

本區位處臺灣最南端，氣候條件同嘉南平原一樣，「冬少朔風，土素和暖，天氣四時皆夏。」氣溫很高，但降雨不平均，不利農作。「自九月至三、四月，雨量稀少，至五、六、七、八月，始有大雨。有時至五月綿延至七、八月，罕有晴日。」以致「春冬頻旱，夏秋頻潦……淡水溪以北常苦旱……近治里莊，田禾憂旱。」

下淡水溪是本區最重要的水源，曹公圳即是引下淡水溪溪水，下淡水溪「源受南雅仙山泉，南行遞納旗尾溪、彌濃溪、揭陽溪、三張廍溪、二重溪、巴六溪、番子寮溪、海豐溪、阿緱溪、後廍溪，迄東港入海。」另外，本區其他水系如二層行溪（今二仁溪）、阿公店溪、五里林溪、後勁溪、東溪、薑園溪、枋寮溪、枋山溪、楓港溪、四重溪等溪流，雖規模不大，但均提供本區埤圳灌溉水源。

（二）高雄平原

　　高雄平原的開發甚早，荷蘭時期漢人已進入二層行溪、阿公店溪一帶拓墾，鄭氏時期文武官庶及營盤已在平原南部開墾。清領初期，施琅家族接續在本區開墾，因此在康熙年間，本區的開發已相當發達。

　　鄭氏時期，當時在本區屯墾的軍民修築了十五處埤塘，但規模均不大。康熙年間，由於限制人民來臺及臺米外銷，以致初期農業發展受限，水利開發不盛，惟平原南部施琅占墾區內仍有新建埤塘，如將軍埤、琉磺水陂等。雍正年間後，因放寬移民來臺及臺米外運，高雄平原的水利開發日漸普及。道光年間後，在鳳山縣曹謹的倡修水利下，本區的水利開發日趨發達，曹公圳的興修請見本章第一節。終整個清代，本區的埤圳開發多達一百三十處。其中規模較大者，除曹公舊、新圳外，還有蓮池潭（在今左營）、硞口圳（在今湖內）等，灌溉田園均超過三百甲以上。

（三）屏東平原

　　屏東平原在漢人入墾前是鳳山八社、傀儡「番」等原住民的狩獵游耕之地。清康熙年間，閩粵移民開始大規模移墾。漳、泉移民分三路拓墾，北路沿下淡水溪而上，開墾今屏東、九如、里港一帶；中路沿東港溪而上，開墾今竹田、崁頂一帶；南路沿海岸南下，開墾今東港、林邊、枋寮等地。客籍移民約從一七○一年（康熙四十）開始進入屏東平原中南部開墾，如李、黃等姓移民開墾新街莊、頓物莊（今竹田）；溫、林等姓入墾萬巒莊（今萬巒）；朱建忠率眾入墾新埤莊（今新埤）；戴昌隆率眾入墾昌隆莊（今佳冬）。一七○六年（康熙四十五）起，客籍移民漸次往屏東平原北部開拓，如徐俊良與柯、翁等姓移民合資買阿緱社社地，招募邱、黃、林等姓開墾麟洛莊（今麟洛）；邱永鎬亦買阿緱社社地，招募邱、胡、廖等地開墾長興莊（今長治）；一七三六年（乾隆元），林豐山、林

桂山兄弟率劉、林、鍾、宋、曾等姓進入彌濃莊（今美濃）開墾。

屏東平原的水利開發大多由墾首出資鳩佃興築，如邱永鎬利用隘寮溪溪水興築之火燒圳、竹葉圳、河唇圳（在今長治鄉）及大湖圳（在今麟洛）；鍾丁伯在美濃溪上游興建的龍肚圳（在今美濃）；張開運利用西勢溪上游興築的濫莊圳（在今竹田）等。

整個清代，屏東平原開發的埤圳計有九十八處，其中規模較大者，如新陂圳（在今內埔），灌田一千三百八十四甲；漏陂圳、大道關圳等（在今鹽埔），灌田均超過五百甲以上。九十八處的埤圳利用高屏溪水系的有三十八處，東港溪水系的有四十六處，林邊溪水系的有十四處。引高屏溪水系的埤圳多分布在平原中北部，此與高屏溪中游支流遍布有關。高屏溪下游則沿平原西側南流，且平原地勢東高西低，故溪水無法灌溉屏東平原南部，卻由於曹謹的倡修曹公圳，反而造福了高雄平原中南部的住民。

就埤圳建造者的族群來看，閩南族群所興建的埤圳多分布在平原西南部，如里港、九如、東港等地區；客家族群所興築的埤圳多分布在平原的東北部，如內埔、萬巒、美濃等地區。此外，乾隆年間，亦有平埔族塔樓社人光明所修建的耆老圳（在今里港）。

（四）恆春半島

清代的恆春半島一直是原住民琅嶠十八社活動的區域，漢人進入本區拓墾的時間較晚。雍正年間，王那與曾、邱等姓率先入墾，之後，平埔族及漢人陸續進入本區開墾。一八七四年（同治十三）牡丹社事件後，清廷對本區的態度轉為積極，光緒年間設恆春縣，此後本區的農業及水利開發日漸普遍。整個清代本區的埤圳數量計有二十四處，早期的埤圳開發係以莊民自力修築為主；光緒年間後，以末任知縣陳文緯倡修水利最力，曾修築網紗圳陂（在今恆春）、羅鼓潭（在今滿州），並勸業戶陳清江、鄭萬

達、陳萬搏、潘文杰等人修築楝榔埤、龍鑾陂、龍鑾大溝（在今恆春）等埤圳。

網紗圳陂分左右兩圳，右曰麻仔圳，灌仁壽里田一千四百三十餘畝，左曰網紗圳，灌宣化里田二千五百三十餘畝，一八九〇年（光緒十六）恆春知縣高晉翰撥借庫銀一千兩開築，一八九二年（光緒十八）新任知縣陳文緯又撥借一千二百一十兩續築。

（五）下淡水溪以南水利開發的特點

首先，就埤圳的數量來看，清代下淡水溪以南的埤圳數量為全臺最多，有二百九十四處的埤圳，但有二百八十八處埤圳集中在道光以後才興建，此一現象與嘉南平原有所不同，可以理解清代初期對臺灣的開發是以嘉南平原（臺灣府）為中心，次第向南北方拓展；再加上清初下淡水溪流域是原住民的活動區域，故開發較嘉南平原為晚。

其次，就埤圳規模來說，清初下淡水溪流域的埤圳大多數是承襲鄭氏時期遺留下來的埤圳，這些埤圳往往構造簡單及水源不穩定，使得墾務無法持續進展，農業生產停滯了一段時間。此一現象一直到一八三四年（道光十四）熊一本任鳳山縣知縣後，才開始注意本地區缺水的問題。而至一八三七年（道光十七）曹謹接任知縣，才得以落實勸興水利政策。曹公圳興建的完成，不僅解決鳳山地區開墾所需的水源，也使農業發展得以興盛，在曹公圳完成後，鳳山縣的水田面積增加近一萬甲，同時也解決了下淡水溪每年的氾濫問題。

最後，由於曹公圳對下淡水溪流域的水資源利用意義重大，故當地人士對曹謹的感念相當隆重，於一八六〇年（咸豐十）興建「曹公祠」於鳳儀書院之內，每年並春秋兩祭，這是清代臺灣水利開發者最為人所敬仰的一位。

三、南部地區水利開發的特點

　　臺灣歷史的發展基本上是循著「由南而北，先西後東」的方向進行，南部地區早期就是西拉雅族（Siraya）的活動空間，荷治及鄭氏時期土地拓墾也有相當規模，伴隨土地拓墾而來的即為水利開發，在早期即有不少埤圳已興築，如紅毛井、王有陂等，但埤圳的規模都不大。

　　清代臺灣南部的水利開發與土地拓墾成正比，即很快就呈現飽和狀態，綜觀整個清代在臺灣南部的水利開發共計有四百二十三處，數量冠居全臺，但仔細檢視此時期本區的水利開發，會有一些發現：

　　一是本區的自然環境雖然地形、土壤、氣溫的條件不錯，但水文的環境並不理想，特別是雨量的不均衡，導致河川夏秋有水，冬春乾涸，而不易利用，故本區的「看天田」特別多，而水利開發對本區相對重要，但本區的地勢如唐贊袞在《臺陽見聞錄》所言：「諸溪皆岸高水深，施工不易」，而導致水利開發的成果有限。

　　二是水利設施的規模都不大，即受限於前述的自然環境因素，故全區除了曹公舊、新圳各灌田二千餘甲外，其他水利設施灌溉範圍多僅止於百餘甲。而水利設施的種類多是以陂、潭為主，圳、溝較少，顯示本區的水利設施受限於自然環境，而採取較保守的蓄水灌溉方式，不採取較積極的闢水路灌溉；陂、潭的灌溉功能有限，所以本區雖然開發較早且數量最多，但所發揮的功效不若後來才開發的臺灣中北部地區。

　　三是本區是整個清代臺灣官府介入水利開發最多且唯一的地區，有康熙年間諸羅知縣周鍾瑄的助修水利設施三十二處，有道光年間鳳山知縣曹謹的興築曹公圳，及光緒年間恆春縣知縣高晉翰、陳文緯的助民修網紗圳等，再加上本區水利開發的模式最多是莊民合築，官府及莊民在本區水利開發扮演重要角色，及受限於自然環境等因素，這或許可以解釋為何墾戶或水利投資者在本區較少出現的原因。

　　四是清代在本區的水利開發本來能發揮的成效就有限，再加上水利設施施工簡陋、年久失修，及沒有較有組織的水利經營，使本區的水利設施發揮的功能更顯不足，此一背景促成後來嘉南大圳的興築。

　　綜上所述，可以了解為何清代臺灣南部的水利開發較臺灣中北部早但速度卻不及中北部的原因，及為何日人治臺後要積極在臺灣南部興建大規模的水利設施。

第三節　中部地區的水利開發

　　中部地區的範圍爲大甲溪以南至濁水溪之間，自然區域涵蓋平原、台地及盆地三種地形，平原有濁水溪沖積扇及彰化平原；台地包括斗六、八卦山、大肚及后里等四個台地；盆地則以臺中盆地最具代表，臺中盆地也是臺灣最大的盆地，另外還有埔里盆地群，其中有十七個盆地串連在一起。中部地區的自然環境是臺灣各地中條件最好的，地下水豐沛及地面河川密布，水源穩定，土地肥沃，因此有臺灣的穀倉之稱，清代本區的水利開發可說是全臺最發達的地方。

　　清代臺灣中部的行政區畫，在一八八五年（光緒十一）建省後，主要爲臺灣府的管轄區域，包括臺灣縣、彰化縣、雲林縣及埔里社廳；今日的行政區畫爲臺中縣、市，彰化縣、雲林縣及南投縣。

一、濁水溪沖積平原

（一）濁水溪流域的形成與特點

　　濁水溪爲臺灣最長的河流，流路總長一百六十八公里，發源於合歡山主峰與東峰之間的佐久間鞍部，最上游爲霧社溪，集合合歡山西坡之水後，一路匯集塔羅灣溪、萬大溪、丹大溪、郡大溪、陳友蘭溪、清水溪，於西部海岸平原形成廣大面積的濁水溪沖積平原，此平原又可分成濁水溪中上游的南投地區、南岸的雲林平原及及北岸的彰化平原。

　　濁水溪進入平原地帶後，本流原指西北扇上分流之東螺溪（麥嶼厝溪），其水源多被利用於農業灌溉用，因而水源甚少，因此，實際的本流是位於沖積扇中央的西螺溪。濁水溪大沖積扇面上的放射河系主要有五

條，分別是東螺溪、西螺溪、新虎尾溪、舊虎尾溪、虎尾溪。歷史上，濁水溪曾經發生多次的河道變遷，目前各支流之間的移動頗為頻繁，顯示濁水溪沖積扇仍在發展之中。

濁水溪沖積平原由於水源豐富，從清代以來，本區的水利開發即很興盛，從彰化平原在康熙年間即有八堡圳的興築可見一斑，彰化平原的水利開發本章在論述八堡圳時已做完整的介紹，在此僅就雲林平原及南投地區的情形說明之。

（二）雲林平原

雲林平原北起濁水溪，南至北港溪與石龜溪，地形頗為平坦，東側有一些丘陵地，地勢自東向西傾斜。因河川上游陡峭，一遇豪雨，水流湍急，雨停後河道迅速乾涸，再加上本區雨量特別集中於夏季，水利開發在本區更為急迫，因此，自清代以來，本區的水利開發即相當發達。

雲林平原原為平埔族巴布薩人（Babuza）活動的區域，荷治時期陸續有漢人來此開墾，此地由於平原遼闊，土壤肥沃，又有濁水溪溪水可供灌溉，清領後漢人大量移墾來此。一六八五年（康熙二十四）墾首沈紹宏即帶一些人開拓平原西部的褒忠地區（今褒忠），之後再繼續拓墾大東（今斗南）。一六九〇年（康熙二十九）墾首吳、陳、劉姓拓墾到溫厝角（今斗南）、蔴園（今古坑）等地方；次年，拓首李恆升拓墾海埔寮（今水林）。

雍正初年，王玉成率眾來西螺社附近拓墾，建立西螺店莊，乾隆年間逐漸發達形成街市，同一時期，有福佬人開墾東部丘陵區的九芎林莊（今林內）。十八世紀中後期，墾首吳大有招募佃農拓墾後湖（今元長），後移民再漸次往四湖、林厝寮（今四湖）等地開墾，至此漢人在雲林平原的拓墾大致完成。

　　由於雲林平原農業條件不錯，康熙年間，本區即出現幾處大規模的
埤圳，如西螺引莊陂、打馬辰陂（在今西螺）、鹿場陂（在今四湖）、埔
姜崙陂（在今大埤）等。打馬辰陂、鹿場陂、埔姜崙陂的修築，時諸羅縣
知縣周鍾瑄都有撥穀五十石助莊民修築，打馬辰陂灌田二千餘甲，規模甚
大。整個清代，本區總計開發了四十餘處埤圳，埤圳開發型態以莊民合築
的類型最多；另外，知縣周鍾瑄捐穀助修的埤圳也有四處。埤圳的水源主
要引三條溪水：一是虎尾溪，如打馬辰陂、鹿場陂、糞箕湖陂（在今土
庫）、大有圳（在今崙背）等；二是引石龜溪溪水，如走豬莊圳（在今斗
南）、茄苳腳莊圳（在今大埤）、阿陳莊大陂（在今斗南）、石龜溪莊圳
（在今斗六）、通濟圳（在今土庫）等；三是利用西螺溪的水，如西螺引
莊陂（在今西螺）。

　　一八八七年（光緒十三）雲林設縣後，倪贊元在《雲林縣采訪冊》裡
有一些水利的記載，茲節錄規模較大者，如鹿場圳、湖仔陂圳、茄苳腳、
通濟圳、大有圳和十四甲圳的敘述，供讀者參考。

鹿場圳，源自觸口，流至溪洲堡吳厝莊外入圳；至見貴莊分為頂、下
兩圳。共灌溉田四千餘甲。

湖仔陂圳，在梅坑西，有七里之地。於奇里岸溪湖仔陂水入圳，從西
而出，至北勢莊頭，定三汴出水。一汴灌溉三角莊洋田十餘甲，二
汴、三汴灌溉北勢莊、潭墘莊、崙仔頂莊、湖仔莊、橋仔頭莊等洋田
共計有三百餘甲。

茄冬腳埤，在縣西南十四里，源發梅坑溪。居民於包厝莊開渠引水，
廣五十餘丈，溉田四百六十餘甲。下通荷包連陂。昔年謝家開築，陂
匠五年一換。

通濟圳，在縣西十四里。由斗六堡平和厝莊引虎尾溪水入圳，從西南
而下；又由柑宅行三里至赤坵仔，分為南、北、中三圳。北圳至竹仔

莊止，中圳至潮洋莊東三里止，南圳至半天寮莊五里止，迴環二十五
里，圍繞二十八莊，溉田八百餘甲。同治十二年，大坵田閣保公建；
光緒十八年，陳濟川重修。

大有圳，在縣西三十八里布嶼西堡大有莊。雍正十三年，邑紳永福
學、教諭張方高引布嶼東堡浦仔莊虎尾溪分流之水，開鑿圳道，灌溉
大有莊等處田園。與西螺之鹿場、清濁二陂通。

十四甲圳，原流自東下堡下三分山仔門溪底，用石頭作岸，名曰石
擫，截水入圳。由林仔尾莊、十四甲莊、溪州仔莊、江厝店莊、牛斗
山後，直至下稠溪堡等處，灌溉水田三百餘甲。前係翁、江、蕭三姓
合築，現今作為三年輪流。

（三）南投地區

　　南投地區位於中央山脈與西部平原之間，區域內山巒起伏，構成十七
個盆地，稱為埔里盆地群，分布於濁水溪、北港溪中游流路之間，包括埔
里、魚池、頭社、日月潭等盆地。區域內的平原面積較小，僅有烏溪下游
的河床沖積平原、臺中盆地南端的南投平原，及濁水溪中游的河床沖積平
原而已，其中以南投平原面積最大。

　　本區北部最早是泰雅族，中、南部是布農族等族群的活動空間；埔
里盆地的中、南部是布農族所擁有，以眉溪為界，溪北是泰雅族的勢力範
圍。此局勢至十七世紀中期後開始改變，漢人移墾埔里盆地日眾，與布農
族屢屢衝突，以致布農族傷亡頗重。十九世紀中葉，埔里盆地發生漢人郭
百年侵墾事件，布農族傷害甚深，因此，邀中部地區的平埔族來埔里盆地
開墾，導致十九世紀中葉中部平埔族的大遷徙，而泰雅族和布農族最後也
被迫退居山區。

　　郭百年事件，係指一八一四年（嘉慶十九）水沙連隘丁首黃林旺與

彰化縣民郭百年、陳大用結合臺灣知府衙門門丁黃里仁入墾水沙連，焚殺「生番」事件。郭百年、陳大用等人假借已故「生番」通事土目之名義，向臺灣府申請墾照，謊稱「番」社之人積欠「番」餉，「番」食無資，遂將祖先遺留之水里、埔里二社土地踏界，佃耕給漢人。由陳大用出首承墾，代納「番」餉，並給「番」眾食。兩年後開墾成田，並申請陞科。一八一五年（嘉慶二十）知府批准，令彰化知縣發給墾照。郭百年等人乃招募壯丁與農人千餘人入山，侵墾界外數百甲，引起「番」社不服。郭百年等人趁「番」不備，大肆焚殺，占地圍城開墾，諸「番」逃到眉社。一八一六年（嘉慶二十一）臺灣總兵武隆阿北巡調查此事，並令彰化知縣吳性誠辦理。翌年，傳郭百年等人到郡城會訊，郭百年受枷杖，官府並入水裡、埔里二社拆毀土城，將入山侵墾漢人全部驅逐，地歸還「番」社，並在集集、烏溪二口設立禁碑，禁止漢人入墾。此事件的重大影響是水沙連各社自此大衰，尤其是埔里社族人經此浩劫之後，空虛恐懼，透過水社媒介，招請臺灣西部平原的平埔族群入墾埔里以同居共守，造成西部各平埔族集體大遷徙。

清代漢人在南投地區的土地開墾和水利開發情形如下：

十七世紀末，墾首林格率眾到達林圯埔（今竹山），之後有一批新墾民在墾首廖乞帶領下也到來，兩批墾民主要開墾的是鄭氏時期開墾的舊地清水溪流域。

十八世紀初，墾首施世榜在武東地區（今南投）墾荒，陸續有鄭乞食開墾香員腳（今竹山）、林彩開拓豬頭棕（今竹山）；一七二五年（雍正三）有一批墾民入墾南投地區西北邊今南投、草屯、中寮、民間一帶。第三個時期是一七四〇年（乾隆五），墾首程志成拓墾龜仔頭（今國姓）、外城（今鹿谷）一帶土地，不數年被原住民殺害，墾民見狀迅速撤離，墾地荒廢；四十多年後，墾首王伯祿才重新招佃開墾；一七五一年（乾隆十六）閩人池良生開墾北投社一帶（今草屯），並投資開鑿險圳，險圳源

自烏溪分流，由於須穿越一座山頭，因此里人稱「石圳穿流」，共灌田七十餘莊田地。一七五六年（乾隆二十一）墾首林虎開墾鯉魚頭地區（今竹山）；同年，墾首許廷瑄招徠一批佃農開墾小半天（今鹿谷）一帶；一七七一年（乾隆三十六）陸續有邱、黃、劉、許四姓墾民共同開墾林尾（今集集）一帶，數年後形成林尾莊聚落，後發展成集集街；墾首楊東興成立「楊怡德」墾號管理集集地區的墾務，並向眾佃鳩資，開鑿埤圳灌溉本區。

林爽文事件期間，當時社寮（今竹山）人黃漢協助清朝官府，事後被任命為水沙連世襲總通事，開墾水沙連一帶一百餘甲的土地，後此區以日月潭為中心，逐漸形成五處聚落，都環植刺竹，號稱五城。一七九四年（乾隆五十九）張天球、陳弗照等人進入社寮（今竹山）、中寮（今中寮）開墾，並承租隆恩田，開鑿水圳。一八一一年（嘉慶十六）墾首林評集資開墾牛轀轆（今水里）及白仔腳山南麓一百多甲土地，並鑿圳灌溉；後來開發坪仔頂圳及清水溝溪水，灌田二十餘甲。

本區的水利開發大都在乾隆年間以後開鑿，如在今竹山鎮的東埔蚋圳、車店仔埤、三角潭仔圳等；今鹿谷鄉的清水溝圳、坪仔頂圳；今南投市的南投圳；今草屯鎮的快官圳、萬丹坑圳、險圳等；今名間鄉的同源圳；今埔里鎮的南烘坑口新圳、東螺圳。其中，以快官圳、險圳、東埔蚋圳規模較大，快官圳位於八卦山的東麓，利用大肚溪支流貓羅溪水源，灌田千餘甲。東埔蚋圳興建於一七五六年（乾隆二十一），引濁水溪支流東埔蚋溪溪水，灌田兩百餘甲。另外，興建於一八八八年（光緒十四）的南烘坑口新圳，係由當時的埔里社廳通判吳本杰倡修，惜隔年因大雨而崩陷。

另位於今集集的隆恩圳，係開鑿於一七九四年（乾隆五十九），乃利用濁水溪南岸象鼻山特殊地理，鑿穿岩壁引水灌溉社寮地區數百甲土地，此圳為引水而開鑿引水隧道，全長約一公里，進水口與出水口的水位高低

落差只有八十四公分,其中除了穿山而過,解決了大水直接沖毀的危險外,又設計二十多處與圳道相通的「水窗」(又稱「橫坑」),不僅大水時有分散水勢作用,枯水期又可依溪水流向攔截入圳,在當時可說是一種非常巧妙的技術。

關於清代南投地區水利開發的特點,陳哲三運用清代本區與水利相關的十七件文獻及一方戳記,自官府及民間兩方分析其各自在水利開發所扮演的角色。研究發現,清代南投地區的水利開發有七個特點:1.水利糾紛涉及兩縣,即由兩縣知縣會勘審斷。2.人民請求曉諭保障開圳權益,地方官須向知府呈報,知府又須向布政使呈報,並經巡撫批示。3.須立碑示禁,則立碑示禁之人應為對示禁對象有權監管之官,如軍工匠之示禁由臺灣道出示。其他則知縣通判父母官即可。4.地方官不僅僅頒諭示禁,更有親臨糾紛現場履勘及對地棍「押令開通圳道」之類更積極的作為。5.為開圳順利祈求神明保佑,所以也給神明若干股份作為神明的香油之資,如埔里合興號給城隍爺四份、昭忠祠一份。6.埤圳開成「於地方大有裨益」,事關眾人,所以竣工之日,邀集保正、甲長、田主、佃人共同酌定水租。九月重陽,圳主出酒席銀筵請眾佃。如有盜水情事,先勸阻,勸阻不遵,重則鳴官究辦,輕則罰戲一臺。7.圳埤修築模式,大多是小規模的合資經營。

二、臺中盆地

(一)自然環境

臺中盆地的東部是山地丘陵,西部則是指豐原沖積扇及太平合成沖積扇兩區域,豐原沖積扇又稱大甲古沖積扇,位於盆地北部,扇頂在豐原

市東北方朴子附近，海拔約二百六十公尺，從此向西南方展開扇狀面，南方扇端至臺中市附近，達大肚台地東麓，是過去大甲溪南下游盆地所形成之古沖積扇扇面表土。太平合成沖積扇在盆地中部，北起自軍功寮、大坑一帶，南至霧峰、北溝附近，西至大肚溪水隙，係由大坑、廓仔溪、頭汴坑、草湖、北溝、暗坑諸溪之複合沖積扇，其南北長度在東緣山麓線約達十八公里，東西寬度約在十公里，略成矩形，本沖積扇在扇端部分有五百多處湧泉。

本區的氣候型態屬西部溫暖冬季寡雨氣候區，夏季有熱帶海洋氣團進入，呈現高溫多雨季節，年平均溫在攝氏二十二度，全年雨量不到兩千公釐，夏季的降雨量占全年的百分之八十以上。本區域的地形及氣溫很適合農業生產，然雨量集中於夏季，並不易利用，故水利設施的興築為發展農業必要的過程。

本區域的河川最主要有大肚溪、大安溪及大甲溪，在盆地邊緣有旱溪、烏牛欄溪、筏仔溪，屬野溪排水河道。在豐原附近，因東有斷丘群所形成溪谷，間有北坑、中坑、南坑等皆短小而經常缺水，成為礫溪或乾溪狀態，水源甚難利用。大甲溪是本區最重要的河川，亦是本區水利設施的主要水源。大甲溪發源於中央山脈之雪山及南湖大山一帶，上游之分水嶺大多在海拔三千公尺以上，流域開展，由多條溪流匯集成為大甲溪，經梨山、佳陽到達見都呈寬廣的河谷，大甲溪自達見以後如帶狀，又流經谷關、白冷、馬鞍寮至東勢始流入平原，過石岡鄉後蜿蜒西流，最後於清水與大安間的頭北厝注入海，主流全長約一百二十四公里，大小支流二十二條，流域面積一千二百三十五·七平方公里，平均坡度一比六十，屬急流河川。

（二）大肚溪流域的開發與水利

大肚溪流域水源頗為豐富，區域內河川遍布，包括筏子溪、大里溪、頭汴坑溪、犁溪、旱溪、萬斗六溪、貓霧捒溪等。本區的發展和水源關係密切，水源與否反應在土地的型態上，如今臺中市東區的旱溪由於地勢較高，時常湧出泉水，清徹甘甜，因此早期的地名稱為泉水空仔。公館仔在柳川以東，土地肥沃，雍正年間的臺灣鎮總兵藍廷珍招募漢人來此開墾，並設館收租。水堀頭為今西屯大肚山泉的出口，從地名即知是一水源地。犁頭店（今南屯）位於筏子溪畔，引水容易，雍正、乾隆年間農業即發達，後更形成農業交易中心。水湳（今北屯）最初的開墾地原為八寶圳的支流匯流處，水源充沛。今天的西屯地區因地勢較高亢，區域廣大，水源不易引取，土地因此經常乾涸。

本區早期為平埔族巴布薩（Babuza）貓霧捒社人的狩獵區域，漢人來此區域開墾最早的地方在張鎮莊（今南屯），時間約在一七一〇年（康熙四十九）左右。一七二四年（雍正二）臺灣鎮總兵藍廷珍將張鎮莊交管事張克峻開墾，改稱藍張興莊。由於本地泉水豐富，漢人相繼移入，開墾慢慢由南屯一帶往大肚山東麓發展。乾隆末年漢人移民大增，犁頭店、大墩等聚落逐漸形成，平埔族人因而漸漸退出此地，後於道光年間遷移至埔里烏牛欄台地。

清代本區的水利開發規模較大者，有在今大肚鄉的王田圳、大肚圳、中渡頭圳，及太平鄉的頭汴坑圳及霧峰的阿罩霧圳等。王田圳又名蜈蚣圳，乾隆年間由業戶董顯謨等所集資開鑿。大肚圳於一七三五年（雍正十三）由業戶林、戴、石三姓開墾百順莊田六百餘甲，施德興再墾新益莊田二百餘甲，遂從渡船頭築埤引大肚溪水灌溉田園。中渡頭圳由業戶王錦遠等於雍正年間所開築，源從大肚溪中渡頭潭築埤引水，灌龜山等莊田園三百餘甲。頭汴坑圳築於一七五〇年（乾隆十五），由太平莊林班進等

人出資三百圓築成，後由林合順改修，從頭汴坑溪、百加投腳築埤引水灌溉太平莊、頭汴坑等土地。阿罩霧圳又名烏溪圳，一七五八年（乾隆二十三）由洪姓漢人開鑿，後再由阿罩霧莊的林家改築擴張，自烏溪萬斗六鼻頭築圳路引水。黃繁光長期觀察霧峰地區的水圳發展和農作的關係，發現從乾隆年間的萬斗六圳興建開始，霧峰地區的水圳發展逐漸往北、向西延伸，串連了許多大小埤圳，最後習「阿罩霧圳」統稱霧峰西部平原的水利系統，一八三〇年代，霧峰地區的七大聚落都是分布在水渠密集之處，灌溉田地超過千甲。

（二）大安溪流域的開發與水利

　　大安溪流域的開發較晚，一七〇一年（康熙四十）閩籍的林、張兩姓，粵籍的邱姓等，率眾從鹿港或由大安港進入本區，開發九張犁、日南、大安、鐵砧山腳下等荒埔。到了雍正、乾隆年間，後龍、大甲一帶的漢移民漸增，水利開發伴隨土地拓墾也展開，一七六三年（乾隆二十八）本區第一處埤圳姜勝智圳開鑿，本圳是「番」業戶潘大由仁委請姜勝智為佃戶修築。整個清代本區興築的埤圳計有十二處，依修築時間分別是：乾隆年間的姜勝智圳、麻薯舊社圳；嘉慶年間的日南圳、丁店圳；同治年間的七張犁圳、大安溪圳、火燄山腳圳、新莊陂圳、瀨施陂圳、日南莊圳、安寧莊圳；光緒年間的四成陂等。四成陂圳又稱欽差圳，乃撫墾局幫辦林維源所築，灌月眉、六份等莊田五百餘甲，為本區規模最大的埤圳。

（三）大甲溪流域的開發與水利

　　本區引大甲溪溪水灌溉的埤圳有十七處，除貓霧揀圳外，規模較大有五福圳、翁仔社圳、虎頭大圳、老圳、東勢角圳、高美圳、橫圳、本圳、大茅埔圳、下溪州圳、八寶圳等埤圳。

　　五福圳（在今清水）又名寓鰲頭圳、大甲溪圳，一七三三年（雍正十一）由業戶林成祖興築，從打蘭內山引大甲溪水進來，灌溉鰲頭等地田園。

　　翁仔社圳位於今豐原市一帶，一七六九年（乾隆三十四）由管英華築埤開圳，灌田甲數不詳。

　　虎頭大圳（在今大甲）又名大甲圳，大甲街王文清於一七八〇年（乾隆四十五）所築，源從大甲溪出，自外埔莊水尾築埤引入。

　　老圳（在今東勢），一七八〇年（乾隆四十五）「熟」番阿馬觀生、孝希四老所築，源從大甲溪出，自大茅埔莊引水。

　　東勢角圳（在今東勢鎮、新社鄉），一七八四年（乾隆四十九）由岸里社、樸仔籬社通事潘明慈修建，於一八〇三年（嘉慶八）開築新圳。

　　高美圳（在今清水），乾隆年間由牛罵頭（今清水）高美、蕭元樓開築，引大甲溪水灌溉今清水鎮臨海路以北的沖積扇西北一帶。

　　橫圳（在今大甲），乾隆年間泉州府安溪縣的張氏入墾而修，橫圳之名乃是將北邊的頂店圳、南邊的虎眼圳串連在一起之意，即今后里排水溝。

　　本圳（在今東勢），一七九九年（嘉慶四）謝斯庚、林斯猷、朱孝等合築，源從大甲溪於大茅埔處引水灌溉。

　　大茅埔圳（在今東勢），一八一一年（嘉慶十六）大茅埔莊民合築，在大茅埔莊楓樹腳築埤引大甲溪水源，與本圳、老圳共同灌溉揀東上堡內大茅埔莊、新佰公莊、東勢角莊、校栗埔莊之田。

　　下溪州圳位於今神岡鄉大甲溪溪南一公里處，一八二三年（道光三）至一八二六年間（道光六），由陳天來、陳奎、陳策、陳薦等「陳五協」出資一千六百兩開築而成，灌溉約兩百甲。

　　八寶圳水源引自大甲溪，自揀東上堡永居湖莊築埤引入，最早於一八二四年（道光四）由蔡政元所開鑿葫蘆墩街放屎溝上游，後將埤圳主

權讓給軍功寮之林秋江（一說由潘姓開鑿，後讓渡林姓，由北屯林秋江管理；一說由軍功寮林洪辰改修），一八九二年（光緒十八）爲灌漑今潭子鄉聚興一帶之土地，由阿罩霧林朝棟投資工費五萬元，開鑿放屎溝至聚興間之圳路，於一八九四年（光緒二十）完工，是爲「八寶圳下埤」，灌漑區域擴及土牛、樸仔口、翁仔、葫蘆墩、上湳坑、下湳坑、烏牛欄、鐮仔口、聚興等莊。

　　由於八寶圳圳路至葫蘆墩街東南側街頭即止，因此形成不流通的臭水溝，「放屎溝」因而得名。同治年間，有人提議在水溝西側開鑿水溝，以疏通死水，並集資開發接八寶圳及葫蘆墩圳上埤圳路，形成後來所謂的「放屎溝」（今豐原排水門）。

第四節　北部地區與蘭陽平原的水利開發

　　臺灣北部地區在清代係指大甲溪以北區域，大甲溪向來被視為臺灣南、北的界線。一七二三年（雍正元）以後，大甲溪以北屬淡水廳的行政區；一八七五年（光緒元）設臺北府後，即屬臺北府的範圍，下轄新竹縣、淡水縣、基隆廳和宜蘭縣；一八八五年（光緒十）臺灣建省後，苗栗縣畫歸臺灣府，其他乃舊屬臺北府，但行政府調整為新竹縣、淡水縣、基隆廳、宜蘭縣和南雅廳。一九二〇年（大正九）五州三廳的行政區畫後，本區屬臺北州、新竹州的範圍。今日的行政區畫則包括苗栗縣、新竹縣、新竹市、桃園縣、臺北市、臺北縣和宜蘭縣。

　　北部地區的地形大部是丘陵、台地與山地，平原地形較少。在丘陵、台地方面，包括苗栗丘陵、竹南丘陵、竹東丘陵、湖口台地、桃園台地和林口台地等；在山地方面，主要是由雪山山脈、大屯山系和中央山脈構成；在平原方面，有苗栗河谷平原、竹南沖積平原、新竹平原等。由於本章第一節介紹瑠公圳時，已詳盡說明臺北盆地的水利開發情形，因而本節將針對桃竹苗丘陵和蘭陽平原的水利開發歷程做介紹。

一、桃竹苗丘陵

（一）苗栗丘陵

　　清代苗栗漢人的開發最早在一七一一年（康熙五十）開始，清軍北路分派駐守中港汛（今竹南），官兵招募墾民來此墾荒，福佬人墾首張徽揚率眾開墾海口、公館地區（今竹南）。一七一三年（康熙五十二）客籍墾首黃豪賢帶領十二人入墾二湖（今西湖）；同年，清軍駐守後龍汛營官教

導平埔族漢人農耕技術，並招徠福佬人佃農來此拓墾，漢人遂開始在後龍沿海一帶開拓，而後再漸次往貓盂社（今苑里）、吞霄灣（今通霄）等地拓展。

一七三七年（乾隆二），客籍墾首謝昌仁率墾民開墾貓裡社附近地方（今苗栗）；另一客籍墾首張盛仁帶領幾十個墾民拓墾崁頭（今頭屋），築屋在當地，形成崁頭屋，即頭屋地名的由來。二年後，閩籍墾首林耳順率領墾民三十多人，抵達中港社附近，拓墾後莊一帶（今頭份）。同時期，今苗栗、公館地區有客籍墾首謝永江、張清九、藍之貴等接續入墾，開墾的田園多達八百多甲。

十八世紀下半葉，客籍墾首陳立富進墾泥陂子（今公館），導致平埔族後龍社人遷到潭內、牛欄湖（今造橋）附近開墾，後來漢人接續進入此地。十九世紀初，原來開墾貓裡社附近的六大莊墾首集資成立「陸成安」墾號，並向原住民承租土地耕種及伐木；「陸成安」墾號後來被黃南球接手，成立「黃南球」墾號，於一八八九年（光緒十九）和竹塹社、北埔姜家共同出資成立「廣泰成」墾號，開墾今大湖、卓蘭一帶土地。今南莊、大湖等內山地區的開墾較晚，始於一八八六年（光緒十二），是年劉銘傳裁撤「金廣福」墾號後，另組「廣泰成」墾號，開墾南莊。

分布在苗栗丘陵的河川主要有大安溪、西湖溪、後龍溪、三灣溪、頭份溪及中港溪水系等，這些河川也是區域內埤圳的主要水源，見表4-4。清代本區開發的埤圳大概有近六十處，其中規模最大者是光緒年間開鑿的蛤子市圳（在今公館），引河頭溪水，灌田九百餘甲。一七五五年（乾隆二十）開鑿的貓裡三汴圳，又稱龜山水陂圳，該圳是墾首謝惟仁為灌溉貓裡社（今苗栗）一帶土地而興建，灌田八百八十甲。另一七六五年（乾隆三十）由墾首林耳順、陳曉理開鑿的隆恩圳，灌溉今頭份、竹南一帶，由於興建過程，有向軍方商借營運的隆恩銀，即官方有出資，後來轉為股份，因此命名為隆恩圳，在南投、新竹也都有埤圳以此命名。在開鑿隆恩

圳的過程中，相傳在鑿山引水時，因工程艱鉅，多有捐軀者，爲了感念這些人，因此在水源之隆恩埤側，建有「隆恩伯公」，至今每逢農曆七月二日，當地居民仍依例舉行「龍門祭」，以慰先人之靈。

除埤圳的開鑿外，本區在清代已有堤防的修築，一八三七年（道光十七）在中港溪左岸（今苗栗）建堤防，長一百八十公尺，高三‧五公尺，保護附近一百三十甲的土地；十九世紀末，又在中港溪及後龍溪修築堤防。

表4-4　清代苗栗丘陵各水系埤圳引水一覽表

河川水系	埤圳名稱
大安溪水系	公館坪圳、六份坪圳、楓樹坪圳、新開網形塹缺
西湖溪水系	二湖圳、三湖東圳、三湖西圳、四湖東圳、四湖西圳、蔗廍坪圳
後龍溪水系、汶水溪、大湖溪	貓裡三汴圳（龜山大陂圳）、八份坪圳、下坪田圳、四寮灣下圳、四寮灣上圳、四寮坪圳、芎焦坑圳、水頭寮上圳、水頭寮下圳、大窩圳、大快林圳、淋漓坪圳、小邦圳、炮珠棟水圳、炮珠棟山塘、馬拉邦圳、壢底寮圳、後龍北圳、後龍中圳、後龍南圳、泉水埤、新港寮圳、關爺埔圳、水尾坪圳（穿龍圳）、五股圳、濫湖圳
中港溪水系	隆恩圳、南灣水圳
三灣溪水系	內灣圳、三灣圳、腰社角圳、茄苳阬圳、茄苳阬陂、牛欄堵圳
頭份溪水系	番佃圳、流水潭圳
其他水源	蛤子市圳、頭渡溪坑、鹿廚坑陂、湳坑陂、古亭笨圳、苑裡莊圳、西勢莊圳、內湖圳、竿草湖圳

（二）竹塹地區

竹塹地區的地形可分爲新竹平原、湖口台地和竹東丘陵，整體形狀像畚箕，西面開口向海，匯聚由海上吹來的風，造就自古以來有名的「竹風」。早期新竹平原是平埔族道卡斯族（Taokas）的活動區域，竹塹社是道卡斯族最大的社，新竹的舊地名竹塹因此得名，沿山丘陵則是泰雅族和賽夏族的居住空間。清代竹塹的開發約略可分成三個時期：第一個時期是

一七一一年（康熙五十）到一七二四年（雍正二），係以閩人的移墾為主；第二個時期是一七二五年（雍正三）到一八三三年（道光十三），是客籍的移墾為主；第三個時期是一八三四年（道光十四）到日本領臺前，此時期係沿河往近山丘陵開拓的時期。

　　文獻上紀載，較早來到竹塹拓墾的閩人是王世傑，一七一一年（康熙五十），他帶領一百八十餘人到暗街仔（今新竹市）的地方開墾，後來有一些墾民往竹塹社附近（今新竹）聚集，拓墾的勢力逐往溪水下游發展，並越過鳳山溪往紅毛港（今新豐）南邊發展，因而形成竹塹北莊、竹塹南莊兩個墾區；一七一八年（康熙五十七），王世傑和佃戶共同開築四百甲圳，為竹塹地區第一條埤圳。《淡水廳志》記載：「四百甲圳，在廳治東門外，業戶王世傑置，後被水衝，溫明源招佃重鑿，其水由二十張犁溪引導至東門外，流轉而北，灌溉隆恩息莊及北莊田四百餘甲，故名，中有一陂，名曰為公陂，上承下分，又灌溉水田莊、樹林頭等莊之田。每年業主、佃戶，共納水租為修費。」此圳在王世傑過世後，後代因缺銀經營而向駐紮官兵借隆恩銀，後無力償還而抵押此圳，因此改名隆恩圳。

　　雍正年間之後，客籍移民從中國原鄉渡海從竹塹港或紅毛港上岸，來竹塹地區謀生。一七二五年（雍正三），客籍墾首徐立鵬來西北側的紅毛港、新莊仔（今竹北）開墾，範圍擴展到離竹塹社稍遠的丘陵地帶。乾隆年間，客籍潘復和、王德珪合營的「潘王春」墾號，進墾濫仔莊（今竹北）；墾首彭開耀進墾六甲山（今新埔），他的後代成立「金惠成」墾號，開墾樹杞林（今竹東）。一七五二年（乾隆十七），客籍墾首林先坤在六張犁（今竹北）一帶拓墾，並開鑿六張犁圳，灌田一百六十餘甲。一七七二年（乾隆三十七），其子林泉興組「林合成」墾號，向竹塹社人承租金山面（今新竹市）一帶土地，後開墾面積達一千餘甲。

　　一七三三年（雍正十一），清朝築竹塹城時，將竹塹社民遷移到東門外城郊，稱為舊社（今新竹），由於舊社靠近竹塹溪，時有水患，於是在

一七四七年時，舉族又遷往新社（今竹北）。竹塹社人以新社為中心，持續往田寮坑（今橫山）、竹東地區推進，並發展農業，開築數條埤圳。

　　第三個時期的開墾以「金廣福」墾號為中心，金廣福的取名意指閩、客合作的象徵，金是賺錢之意。官府准許金廣福墾號在新竹東南丘陵開墾，並構築防禦工事，搭建隘寮，即今寶山、峨眉、北埔一帶，在墾首姜秀鑾的帶領下，東南丘陵附近的平原大多開墾殆盡，聚落街莊也漸次形成；金廣福墾號在開墾東南丘陵的同時，也興築了不少埤圳，較著者如南埔圳（在今北埔）、北埔嵌下圳（在今北埔）、南埔溪底圳（在今北埔）、中興圳（在今峨眉）等。

　　竹塹地區的水利開發時程同土地開發進度，整個清代開鑿的埤圳總共有一百〇九處，其中以一七一八年（康熙五十七）的隆恩圳最早，之後的埤圳開鑿集中在乾隆、嘉慶、道光年間。乾隆年間，興築斗崙圳（在今新竹市）等二十二處埤圳，灌溉面積計一千三百〇七甲；嘉慶年間，興築了振利圳（在今新竹市）等十七處埤圳，灌溉面積計九百八十四甲；道光年間，興築了中興圳（在今峨眉）等三十六處埤圳，灌田一千三百五十三甲，此三個時期亦是土地開發最積極的時候。埤圳的分布亦同土地開發的空間推移，先由竹塹社慢慢往東、東南丘陵推移。本區的埤圳水源係以引河水為主，主要河川包括九芎林溪、油羅溪、上坪林溪、鳳山溪、客雅溪、新莊子溪、隙子溪等，各水系引水埤圳情形如表4-5。

表4-5　清代竹塹地區各水系引水埤圳一覽表

河川水系	埤圳名稱
九芎林溪（頭前溪）、油羅溪、上坪林溪水系	隆恩圳、為公陂圳、澎湖窟圳、番子埤圳、東興埤圳、後湖埤圳、湧北湖埤圳、新社圳、埔心圳、新莊仔陂圳、翁厝圳、高梘頭陂圳、白地粉陂圳、大埒圳、何勝圳、麻園堵圳、九甲埔圳、青埔子圳、頂員山圳、下員山圳、七分子圳、隘口圳、南埔圳、北埔圳、下山埤圳、斗崙圳、下番子陂圳、下山埤圳、振利圳、

（續下表）

	下員山埤圳、番子陂圳、三嵌圳、下嵌圳、二十張犁圳、九芎林下山圳、五塊厝圳、石壁潭圳、茶頭寮圳、旱溪子圳、六張犁圳、新陂圳、曾六圳、魚寮圳、坪林埤圳、南埔溪底圳、北埔嵌下圳、中興莊圳、月眉圳、畚箕窩圳、內灣圳、牛欄堵圳、茄苳坑圳、鹹菜甕嵌頂圳、鹹菜甕嵌下圳、灣潭圳、蛤子窟圳、石岡子圳、水汴頭圳、新埔圳
鳳山溪水系	貓兒錠圳、枋寮埤圳、五分埔圳
客雅溪水系	謀人崎圳、猴洞圳、坪林圳、樹杞林圳、雞油林圳、隙子埤、振湖埤、上公館埤圳、社官爺埤圳、龍鳳髻埤圳、灣橋坑埤圳、香山阬圳
新莊子溪水系	波羅汶陂圳、王爺壟陂圳、下勢北圳、上勢北圳、三七圳、糞箕窩圳
隙子溪水系	烏瓦窯圳、土地公埔圳、塗溝子圳、樹子腳圳、田心子圳

（三）桃園台地

　　桃園台地係東北的林口台地一部分及中央的桃園台地所構成，兩台地在最早期是大科崁溪沖刷下來的泥土所堆積，表面有數公尺的紅土所覆蓋，當中夾有礫石層，地方貧瘠，區域內缺少較長及穩定的河川，需要灌溉。

　　桃園台地早期是平埔族凱達格蘭族（Ketagalan）的活動區域，漢人來此開墾最早在一七一三年（康熙五十二），墾首賴科等四人成立「陳和議」墾號，開墾坑仔口（今蘆竹）一帶，後來此地發展成坑仔口莊。雍正年間，墾首郭光天向官府申請墾照，開墾大坵園（今大園）地方，後其子郭龍文接續往石觀音（今觀音）、舊明（今中壢）一帶開墾。一七三二年（乾隆二），墾自薛啓龍帶墾民從南崁登陸，沿南崁溪推進，開墾虎茅（今桃園）莊地方。

　　清代桃園台地的開墾可以分三個時期：第一個時期是十八世紀前期，以桃園台地的南崁、竹圍（今大園）及竹北二堡（觀音、新屋）等沿海地

區爲範圍；第二個時期是十八世紀後期，主要拓墾口地的中部及南部的桃
澗堡一帶（今桃園、中壢）；第三個時期是十九世紀前期，往大溪及山區
開墾。

　　桃園台地上雖有大漢溪、南崁溪、新街溪、老街溪、大崛溪、社子溪
等溪流遍布，但台地地勢呈東南向西北傾斜，台地中央地勢高亢，再加上
許多溪流的上源被大漢溪給襲奪，導致河流流量稀少，失去供水能力，因
此移民在台地上構築許多溜池（池塘），如陳培桂在《淡水廳志》所言：
「凡曰陂，一作埤，在高處鑿窪，瀦蓄雨水，寬狹無定，留以備旱。」清
代時台地上埤塘有四千多口，後來最多曾達八千多處，但規模均不大，每
處埤塘平均灌漑面積不到五甲，成效有限。

表4-6　清代桃園台地各水系引水埤圳一覽表

所引水源	埤圳名稱
南崁溪 茄苳溪	霄裡大圳、紅圳、東圳、西圳、中圳、山仔頂圳、內厝上下圳、山鼻仔圳、大竹圍公圳、赤土圳、牛角圳、山尾圳、十四份圳、大汴圳、柴頭翁圳、崁子腳公埤
大漢溪	三層圳、新舊溪洲圳、十三添圳、下崁圳、月眉圳、陂頭圳、五十圓埤、南興新埤、阿姆坪頂圳、阿母坪下圳、合興大圳
新街溪	泉州厝圳、伯公潭圳、內壢大埤、水頭仔埤
老街溪	龍潭陂、烏樹林泉水圳、八字圳、雙連埤、圓林埤、水汴下圳、橋頭圳、崩崗潭圳、大園大公埤、番仔圳、石頭圳、大崙大埤、興南大埤、八股埤、烏樹林湳埤、半看埤、土地公潭埤、崙後埤、中壢大公埤、紅墓埤、紅塗埤、沙崙大埤、尖山大埤、三坑子中圳、三角林大圳、楓櫃口埤、竹窩仔埤、大坪莊大圳、淮子埔圳
大堀溪	店仔崗圳、公田圳、埔頂溪頭圳、大公缺公圳、龜子墓圳、紅塘埤、大湖埤、北勢大埤
社子溪	三七圳、三七北圳、伯公岡埤、大陂大埤、後湖埤、後面埤、後湖新埤、大牛欄新埤、水碓圳、蚵殼港埤、員笨大埤
十五間溪	十五間尾公埤
十里溪	紅塘陂、大潭陂、紅塵陂

　　從表4-6中得知，清代本區有不少埤圳的水源是引用河水，其中以引老街溪、南崁溪及茄苳溪最多，這三條溪都是屬於南崁溪水系，但由於本區水文條件並不理想，埤圳雖都引河川水，但受到溪流本身流路短淺的影響，埤圳的規模都不大。

　　清代本區最大的埤圳是合興大圳（在今大溪），本圳興建於一七四一年（乾隆六），灌溉番仔寮、員樹林莊、南興莊等田園五百九十一甲。其餘規模較大者有：三七圳（在今新屋），灌溉田園二百六十六甲；霄裡大圳（在今八德），灌溉田園二百四十五甲。《淡水廳志》：「霄裏大圳，在桃澗堡，距廳北六十餘里。乾隆六年，業戶薛奇龍同通事知母六集佃所置。其水由山腳泉水孔開導水源，灌溉番仔寮、三塊厝、南興莊、棋盤厝、八塊厝、山腳莊共六莊田甲。水額十分勻攤，番佃六、漢佃四。內有陂塘大小四口。乾隆年間，因新興莊田園廣闊，水不敷額；佃戶張子敏、游耀南等向通事別給馬陵埔陰窩，開鑿一圳引接之。」另外，龍潭陂（在今龍潭）也灌溉田園一百三十三甲。合興大圳、霄裡圳和龍潭陂之所以規模較大，主因是此三圳位於台地邊緣，有較豐富的泉水可引用。

　　以現今區域來看，受灌溉的地區以今大溪鎮一千二百〇一甲最大，其次是平鎮市六百七十七甲、新屋鄉六百二十一甲、楊梅鎮六百〇九甲，反而是漢人集中入墾的地區，如桃園市、中壢市、龜山鄉這些區域，埤圳的規模較小。也因此，清道光年間的淡水廳同知曹謹曾提議在中壢附近開水圳，但此想法一直到日本治臺時才得以實現。當時曹謹的想法在《淡水廳志》中有詳細的記載：

　　中壢為塹北、淡南適中之區，地高亢而不曠，間有小陂而瀦水甚少，
　　半為旱田。前同知曹謹探得水源在大姑嵌後山之浦仔莊，蜿蜒約三十
　　餘里；引其流以達中壢，可灌溉數千甲。計議舉行，苦於發源處生番
　　出沒，遂中止。比來開墾日廓，生番遠匿，絕無滋擾患矣。惟大姑嵌

之居民屬漳者多，而中壢又多粵人；欲引漳人之水以溉粵人之田，非民所能自辦也。所以弭畔端、拓廢土為百世無窮之利，應俟後之君子！

二、蘭陽平原

（一）土地拓墾及水利開發

嘉慶初年，吳沙招募漳、泉、粵三籍移民入噶瑪蘭拓墾，開闢之初，為防「番」害乃議設鄉勇，採結首制從事拓墾，係由結首領佃人分別拓墾噶瑪蘭各地荒埔。在從事拓墾荒埔成園後，也多試圖開鑿埤圳以利耕作，來提高土地的經濟價值，但大多只有工力而缺乏開圳的資本，所以興築水利的構想未能實現。直到一八〇五年（嘉慶十），頭圍的抵美簡圳築成，蘭陽平原才出現第一處埤圳，此時整個蘭陽溪以北地區（以下簡稱溪北）的開發已有相當程度，漢人已取得較優勢地位，水利興築可順利進行。但開發水利需要浩大的工本，拓墾初期大多是無貲的流民，故難籌得資本，且初期局勢亦不太穩定，資本家尚不敢貿然投資。所以在一八一五年（嘉慶二十）未設廳治以前，本區僅有六處水利設施。

從設廳治到嘉慶末年期間，所開發的埤圳多達十八處，是本區水利開發的高峰時期，其中灌溉面積超過百甲以上的埤圳就有十一處，多數集中在蘭陽溪以南地區（以下簡稱溪南）。究其原因，因為設廳以前溪北的開發已相當發達，故設廳之後，隨著統治力量的推進，土地拓墾及水利開發亦進入溪南。整個嘉慶年間，蘭陽地區的埤圳開發了二十四處，占本區水利設施數的五成以上；灌溉區域面積近七千甲，占整個清代蘭陽平原灌溉面積的百分之七十五。

從道光年間到一八九五年（光緒二十）日本治臺前，本區前後共興築

了二十一處水利設施，其分布多爲低窪地或近山地區，且水利規模已不如嘉慶年間的大規模，本時期的埤圳多爲田主自行開設，不像前時期有較多業主或墾戶在水利設施上投資。

　　本區的埤圳有三分之一的水利設施是引用湧泉，另有三分之一是用引溪水，其他爲陂塘或引其他圳水。本區的埤圳平均規模和密度在清代應居全臺之冠，從自然環境的角度來看，主要是水源的充沛。就氣候條件而言，本區雨量豐富，年雨量高達二千六百到三千六百公釐，爲沖積扇提供豐富的水源，形成含水豐富的湧泉帶。湧泉區地下水面極高，便於開築埤圳，因此奠定了蘭陽平原的水利基礎。

表4-7　清代蘭陽平原水利設施一覽表

所在堡名	埤圳名稱	修築年代	修築方式	灌溉面積（甲）
溪州堡	紅柴林佃圳	光緒十七年	合築	40
	十九結佃圳	同治年間	合築	70
	阿里史莊佃圳	道光六年	獨資	270
	金復興圳	嘉慶十六年	合股（六股）	160
羅東堡	金瑞安甲圳	嘉慶二十二年	合築	190
	埤頭陂門圳	咸豐年間	合股（三股）	206
	打那岸陂門圳	光緒年間	合築	85
	八仙莊埤圳	光緒年間	合築	50
	金合順圳	光緒十三年	合築	45
利澤簡堡	林和源圳	嘉慶年間	不明	80
	金榮發埤圳	嘉慶十九年	獨資	165
	金豐萬圳	嘉慶十九年	合股（十二股）	379
清水仔水結寮溝茅堡	金漳成圳	光緒二年	合股（一三股）	50
	萬長春圳	嘉慶十六年	合股（二〇股）	2020
	林德春圳	嘉慶十九年	獨資	43
紅水溝堡	金長安埤圳	嘉慶二十二年	獨資	173
	八寶圳	嘉慶十九年	合股（三股）	320
	林寶春圳	嘉慶十七年	合股（二股）	504

（續下表）

	火燒圍圳	嘉慶十二年	獨資	90
	沙仔港陡門第一圳	道光年間	合築	235
	沙仔港陡門第二圳	道光年間	合築	70
	沙仔港陡門第三圳	道光年間	合築	-
員山堡	金源和圳	光緒十六年	獨資	95
	金大安埤圳	嘉慶十九年	合股（十一股）	172
	鼻仔頭圳	光緒十五年	自築	35
	番仔圳	嘉慶年間	合築	60
	大三圍圳	嘉慶年間	合築	15
	芭荖鬱圳	嘉慶年間	合築	29
	金大成圳	嘉慶十二年	合股（四股）	981
	泰山口圳	嘉慶十二年	合股（一二・五股）	537
民圍壯堡	金結安圳	嘉慶十三年	合股（一〇股）	380
	金新安圳	嘉慶十六年	合股（一〇・五股）	130
頭圍堡	抵美簡圳	嘉慶十年	獨資	30
四圍堡	金長源圳	道光十四年	獨資	30
	四圍軟埤圳	光緒年間	合築	175
	林源春圳	道光元年	合股（二股）	250
	三十九結圳	道光二年	獨資	55
	李寶興圳	道光十九年	合築	100
	辛永安圳	咸豐四年	合築	300
	金同春圳	嘉慶十六年	獨資	270
	充公圳	道光十年	獨資合股（六股）	22
	金慶安圳	嘉慶二十五年		22
合計	埤圳四二條			9,326

表4-8　清代蘭陽平原水利興築時間統計表

朝代	嘉慶	道光	咸豐	同治	光緒	總計
數量	24	8	3	1	9	45
灌溉甲數	6,939	1,225	454	70	654	9,342

（二）水利開發模式

　　清代蘭陽平原所興建的埤圳都為民間自行投資開發，官府未有在本區投資或捐助水利事業。蘭陽平原民間投資興建水利設施的模式可分為：1.獨資開鑿者；2.合夥投資開築者；3.眾佃或業佃合築者；4.平埔族開鑿者等四類。第一類及第二類是蘭陽平原地區最具特色的水利開發模式，總計二十四處。茲舉金同春圳、埤頭陡門圳、春源春圳三個埤圳說明：

　　金同春圳，即原吳惠山圳，在四圍堡。嘉慶十六年四月，四圍辛仔罕等莊墾戶吳化，結首賴岳同眾佃人等，因乏水灌溉，難以墾築成田耕種，乃公議請出吳惠山等出首為圳戶頭家，自備資本築大圳。至嘉慶十六年九月十八日，改為懇請吳惠山個人出資開鑿圳道，於嘉慶十八年十月竣工，圳水疏通，約定各佃田畝，逐年每甲完納水租穀四石二斗。並由噶瑪蘭撫民理番海防同知糧捕分府翟發給執照遵照。灌溉面積二百七十甲。

　　羅東堡埤頭陡門圳，咸豐年間，由陳、練、康三姓共同開設，起初不收水租，自由灌溉。後因圳水不足，練、康二家田園無水灌溉，故由練、康二家合出工本另築陡門，規定灌田一甲繳納水租兩石。本圳後來分為武煙、三堵兩圳，武煙圳灌田六七甲，三堵圳一三九甲，合計二〇六甲。

　　金源春圳，在四圍堡。原由眾佃將辛仔罕之大溝，自行鑿築埤圳，通流灌溉。迨至嘉慶二十三年，被水沖崩，兼埤頭低下，灌溉不周。眾佃欲鳩資填築，奈力不齊，缺乏工本，恐致田地拋荒，上誤國課，下乏民食。眾佃乃商議，僉請吳惠山出首為圳主。至二十五年，開築未成，不幸惠山身故，其子幼年不能任事作埤圳。道光元年二月，眾佃再商議，僉請周士房、周天喜同出首，自備銀本七十大員，向惠山之

子吳福成，買出埤圳底木料石頭，並自備本工力器具，改移埤頭，接
引舊圳通流灌溉。每甲逐年納水租粟二石四斗，另巡水圳岸，每甲逐
年納粟二斗，每甲合共納水租粟二石六斗。灌溉古亭笨、新發莊田甲
約二百五十甲。

　　就上述三個例子來看，蘭陽平原的水利開發有營利性質的比例甚高，
且以合股經營占較大多數，有十五處；獨資經營者有九處；非營利性質的
有十七處；一處性質不明。

　　綜觀清代蘭陽平原的水利開發，有幾個特色：

　　一是就水利開發的時間來看，清代蘭陽平原的水利開發時間多集中在
嘉慶年間，在嘉慶年間的二十餘年中，蘭陽平原共開發了二十四處水利設
施，總灌溉面積為六千九百三十九甲，本時期為蘭陽平原水利開發最發達
的時期。

　　二是從蘭陽平原水利開發的空間分布來看，本區的水利開發是溪北早
於溪南，這是漢人入墾本區的方向有關。若以廳治的設立來看，廳治設立
以前，水利開發以溪北地區為主；廳治設立以後，則漸漸移往溪南地區，
這自然與統治力量的推移有關，官府的力量伴隨著拓墾者的腳步進入溪
南，最大的保障即是治安及「番」害的防杜。

　　三是就水利設施的開發模式來看，本區的水利設施有很多是營利性
的水利設施，達二十四處，灌溉面積平均達三百餘甲；非營利性的水利設
施有十七處，灌溉規模僅九十三甲；其他的性質不明。可知本區水利設施
是以營利性大規模的水利設施為主，這顯示出本區水利開發資本龐大、灌
溉區廣闊、一般田園業或佃戶不易開發，故大多由富於貲力或具備社會地
位，且有開鑿水利設施經驗者來投資經營。

　　四是從水利設施興建者的背景來看，有不少在臺灣西部地區有資本
且有水利開發經驗者，以西部的拓墾經驗在嘉慶年間來蘭陽平原投資開發

水利。據王世慶的研究，蘭陽平原有二十七處的水利設施，是水利企業者獨資或合夥投資者所興築。如由張閣一人獨資所開鑿的金長順圳；張閣又與人合資開鑿金大成、金復興二圳。又陳奠邦也合夥投資開築泰山口圳、金結安圳與長慶源圳。而投資開築二圳者，有張致遠、吳惠山、張坎、郭媽援、鄭喜、吳順、林妙、沈開成等人，這些合夥開築者大多冠「金」字者，是本區水利開發之一大特色。其中金大成圳，至一八六一年（同治元），股夥六股再立合約以杜弊時，已稱圳戶股夥為「公司」，約定應收分之水租粟，除公司應出工費外，所剩各石另按股均分，各不得增加減少，是為清代臺灣水利投資「公司」制最早出現之地方。

第五節　後山及澎湖的水利開發

一、後山的土地拓墾與水利開發

　　中央山脈以東的區域，早期俗稱爲「後山」，在一八七四年（同治十三）牡丹社事件發生前，清廷將它視爲「番」地，之前只有少數零星漢人前往開墾。清代後山的開發可以分爲三個時期：第一個時期爲封山禁令時期，本時期漢人除了少數社商進入本區與「番」民進行鹿皮貿易外，絕少有漢人入後山拓墾。然本區在漢人大量入墾前，「番」民就已經有簡易的水利設施，但興建的年代及水圳名稱多不可考，但在劉銘傳清丈時所留下的《魚鱗圖冊》中，「番」民的村落周遭常有「水圳」的標示，可知早期「番人」已有水利設施，但功能並不一定是灌溉，可能是當作部落間勢力範圍的界線。

　　第二個時期爲封山禁令至光緒解禁以前，由於同治以前，東部地區處於封山的狀態，故此時漢人冒險至本區開墾的人數有限；同治光緒之際，清廷基於治安的考慮，禁止漢人前往番界貿易開墾，僅允許「番民」自攜貨物自行至前山交易，對「番」社之招撫也未因而停止。封山的政策主要是針對漢人，將允許「番」人至前山貿易視爲一種懷柔的手段，以「番」社是否歸服而予彈性運用。另一方面，此時期爲全臺各方面快速發展時期，入墾東部已成爲莫可阻遏之勢，惟清廷官方昧於此一趨勢，一味堅持土牛之禁，但求眼前無事，並無長圖東部發展之計。

　　第三個時期爲開山「撫番」時期，此時期後山地區在沈葆楨、丁日昌及劉銘傳等人刻意的經營之下，墾者日眾，闢地日廣，並設官分治，至一八九五年（光緒二十一）時已有漢人三千二百一十四人，墾地二千二百二十五甲，歲納銀一千一百四十二兩。

　　就清代漢人在後山的開發過程，可以發現水利的開發情形與土地的
拓墾情形相似，在漢人大量入墾以前，是以原住民所開築的水圳為主，但
規模都較小，且資料較不完備，故胡傳在《臺東州采訪冊》的〈水利〉
最後云：「其餘小圳，或灌數甲、或灌數畝者甚多，不勝記錄，合併聲
明。」東臺灣原住民所興建的水利設施大都為阿美族所建，地點多位在海
岸脈右側，如新港圳、小港圳等（在今成功）。目前可考證最早的埤圳為
一八五二年（咸豐二）興建的秋林圳，位於今花蓮的東里地區，該圳長度
約九餘里，灌溉面積約四百餘甲，水源係引秀姑巒溪溪水。同治年間興築
的水利設施有阿眉圳及長濱圳二處；光緒年間興建的水利設施最多，計有
玉里圳（在今玉里）、麻松圳（在今玉里）、拔子莊圳（在今瑞穗）、池
上圳（在今池上）等埤圳。

　　總計整個清代後山的水利開發共有五十二處，見表4-9，這些埤圳可
以歸納出幾個特點：

　　一是就興築的時間來看，有四十九處水利設施是在光緒年間所興建，
這說明了受牡丹社事件的影響，一八七四年（同治十三），沈葆楨開始對
東部進行「開山撫番」，東部地區的開發逐漸展開，土地開始經營，當然
水利開發亦漸漸開展。

　　二是就水利設施的開發者來看，有四十五處水利設施為原住民所開
發，六處為漢人所開發，一處為漢人與原住民合築，這意謂著二個意義：
1.水圳對於原住民社會具有深遠的意義，不單是在農業發展上對水已能掌
握，更可能是部落勢力範圍的象徵；2.雖同治以後東臺灣已逐漸開發，但
此時移民東部的漢人尚在少數，且移民者或許尚以貿易為生活型態，土地
開墾尚屬起步階段，此一現象在日治以後有了明顯的轉變。

　　三是就水利設施的規模來看，東臺灣的水利設施規模都不太大，較大
的有秋林圳、玉里圳及池上圳（大陂圳）。其餘的水利設施規模都甚小，
多為灌田二十到三十餘甲，甚至於有灌田二甲而已。從這些水利設施的規

模來看，說明清代東臺灣由於受到地理環境及資金技術的限制，水利開發非常不易，縱使有水利設施，但由於水源取得不易，故規模都甚小，故本區的農業發展程度有限，與同時期的西部地區比較起來，已落後許多。

四是從水利設施的空間分布來看，可能是圍於資料所限，東海岸地區的水利設施最多，反而是花蓮平原、臺東平原的水利設施甚少；但此點可說明東海岸地區的阿美族原住民已有成熟的農業技術了。另外，花東縱谷中段地區的水利設施亦有相當的數量，這說明了地理環境與農業發展的關係密切，由於縱谷中段平原是東部最肥沃的土地，故農業發展有一定的程度，這從水利設施有一定數量可以證明。

五是從水利設施的水源來看，雖然東部地區有幾條大河川，但由於水源不穩定，故無法作為水利設施的經常水源，本區的水利設施水源最多的為海岸山脈附近的無名小溪，因其海岸山脈受地形的影響，蘊藏豐富的水量，然受技術的影響，雖有水源，但水利設施規模不大。

綜觀清代後山地區的水利開發，由於受限於地理環境的阻隔，交通不便，再加上政治環境的考量，故不論在開發時間或規模上，都不及西部地區，但原住民在水利開發時扮演的角色，卻營造出本區獨特的風格。而有組織、大規模的水利開發，則遲至日治時期方才展開。

表4-9 清代東臺灣水利設施一覽表

水利名稱	時間	開發者	今日位置	水源	灌溉面積（甲）
秋林圳	1852	原住民	花蓮、東里	秀姑巒溪	417
阿眉圳	1868	原住民	花蓮、東里	阿眉溪	75
長濱圳	1868	原住民	臺東、長濱	海岸山脈小溪	
城前圳	1875	十六人合資	花蓮市	竹窩灣埤	97
城後圳	1875	十六人合資	花蓮市	竹窩灣埤	47
軍威圳	1875	十六人合資	花蓮市	美崙溪	2
麻松圳（麻儒圳）	1875		花蓮、玉里	阿美溪	187

（續下表）

玉里圳	1875		花蓮、玉里	拉吉拉古溪	519
高原南北溪圳	1876	原住民	臺東、泰源	馬武窟溪	
都蘭圳	1877	原住民	臺東、東河	海岸山脈小溪	
大馬圳	1877	原住民	臺東、東河	海岸山脈小溪	
都歷圳	1877	原住民	臺東、成功	海岸山脈小溪	
呂範圳	1877	原住民	花蓮、玉里	馬太果溪	93
呂仔岸圳	1877	原住民	花蓮、玉里		
舊田圳	1877	原住民	花蓮、玉里	馬久答溪	63
池上圳（大陂圳）	1878	漢人與原住民合築	臺東、池上	新武呂溪	200餘甲
鹽滇圳	1878	原住民	臺東、成功	海岸山脈小溪	
新港圳	1878	原住民	臺東、新港	海岸山脈小溪	
小港圳	1878	原住民	臺東、新港	海岸山脈小溪	
寧埔圳	1878	原住民	臺東、長濱	海岸山脈小溪	
城山圳	1878	原住民	臺東、長濱	海岸山脈小溪	
眞板圳	1878	原住民	臺東、長濱	海岸山脈小溪	
三間圳	1878	原住民	臺東、長濱	海岸山脈小溪	
大俱來圳	1878	原住民	臺東、長濱	海岸山脈小溪	
樟原圳	1878	原住民	臺東、長濱	海岸山脈小溪	
八里圳	1878	原住民	臺東、東河	海岸山脈小溪	
佳里圳	1878	原住民	臺東、東河	海岸山脈小溪	
大峰峰圳	1882	原住民	臺東、長濱	海岸山脈小溪	
末廣圳	1882	原住民	花蓮、玉里	秀姑巒溪	131
城仔埔圳	1882	原住民	臺東、長濱	海岸山脈小溪	
掃別圳	1882	原住民	臺東、長濱	海岸山脈小溪	
竹湖圳	1882	原住民	臺東、長濱	海岸山脈小溪	
八桑安圳	1882	原住民	臺東、長濱	海岸山脈小溪	
僅那鹿角圳	1882	原住民	臺東、長濱	海岸山脈小溪	
咀曼圳	1882	原住民	臺東、長濱	海岸山脈小溪	
大濱圳	1882	原住民	臺東、成功	海岸山脈小溪	
都威圳	1882	原住民	臺東、成功	海岸山脈小溪	
美山圳	1882	原住民	臺東、成功	海岸山脈小溪	

（續下表）

白守蓮圳	1882	原住民	臺東、成功	海岸山脈小溪	
芝田圳	1882	原住民	臺東、成功	海岸山脈小溪	
跋便圳	1882	原住民	臺東、成功	海岸山脈小溪	
叭嗡嗡圳	1882	原住民	臺東、成功	海岸山脈小溪	
香蘭圳	1882	原住民	臺東、太麻里		
太麻里圳	1884	原住民	臺東、太麻里		
樂合圳	1885	原住民	花蓮、玉里	下勞灣溪	104
電光圳	1887	原住民	臺東、關山	新武呂溪	
鹿寮圳	1887	原住民	臺東、鹿野	鹿寮溪	
迪佳圳	1892	原住民	花蓮、玉里	太平溪	143
大莊圳	1893		花蓮、富里	阿眉溪	30
萬人埔圳	1893		花蓮、富里	阿眉溪	20
拔仔莊圳	1894	海防屯兵原建，民人修復	花蓮、瑞穗		10

＊由於資料所限，各水利設施的興築年代及灌溉面積數字待商榷。

二、澎湖群島的水利開發

　　澎湖群島共由六十四座島嶼組成，土地總面積爲一百二十七方公里。各島地勢平坦，無山嶺與河川，氣候多風乾旱，缺少灌溉水源，所有耕地全爲旱田，生產力極低。

（一）地理環境

　　澎湖群島爲玄武岩熔岩的蝕餘平臺，地形低坦而單調，各島之海拔高度，自數公尺至七十餘公尺不等。原始侵蝕面大致自西南向東北緩斜；西南角的貓嶼，最高之海拔高度爲七十九公尺。澎湖群島各島之上，沒有山嶺，也沒有河川。澎湖本島的拱北山不過五十二公尺，不具山形。僅在夏

期雨水較多時，地表低窪之處暫時流水，一入多期，即告枯楇，居民飲水之取給甚為困難，灌溉更是不易。林豪在《澎湖廳志》中云：

> 大城山之水分為五條，石隙微泉涓滴而下。若雨多則溪中有泉可導，一由大城北鯉魚潭至港底之中溝（大旱時，里人常至此求雨），一由蚱腳嶼西流，一由東衛，一由萊園，一南過雙頭掛。皆涓涓細流，緣溪彎曲而行，入於海。

澎湖除了沒有河川之外，降雨量為全省最少的地區，馬公的年平均雨量為一千〇三十四公釐，歷年來最大之年雨量不過一千六百七十一公釐，最少年雨量僅三百二十三公釐。且雨量的季節分布很不平均，夏期半年，雨量占百分之八十以上，多期半年則不及百分之二十。且澎湖夏期的雨水是以颱風雨為主，不易儲存。再加上澎湖蒸發量為降雨量的二倍，水源根本無法保存，故本區的水利開發無法進展，農業相對不發達。

（二）水利開發

由於澎湖的地形平坦，全境無山川，季風強烈，蒸發量大，水源不易保存，給水乃成一大問題，島民用水，不論飲用或灌溉，全賴鑿井；各島水井除馬公的井外，所有水井概屬淺井，深不過數公尺至十數公尺，乾旱稍久，即行枯竭，而水質又多帶鹹味。胡建偉在《澎湖紀略》中提及：

> 澎湖一嶼，孤懸瀛海之中，四面汪洋，水盡鹹鹵，又無高山大麓，澗溪川流，以資匯注。澎之人，其需井而引也，較諸他郡為獨亟焉。然鑿井于澎，則更有難者焉；或地中多石，井將成而為盤石所硬者有之；或地脈無泉，鑿至數尋終為棄井，虛費人力者有之。或即得泉，

而水性鹹苦，而浮鐵膜而不可食者有之。或一澳而得一井焉，幸也，或一澳而得二、三井焉，則更幸矣。嶺南記載：鬱林有司命井；今澎湖之井，不誠為澎民之司命也哉！

　　清代澎湖的水利開發最主要是井的開鑿，水質無鹹味的井計有八個，分別是：

東衛社村前井，水最清冽，且泉流甚旺，即亢旱亦不乾涸。距廳署三里，署中煎茶必取此水。實澎湖之第一泉也。

文澳社書院內井，此井係乾隆三十二年新鑿，水亦清潔。形家云：此處地脈最正，故井水最清云。

嘉蔭亭井（俗名五里亭），此井泉流極，亦無鹹鹵之味。凡往來商船、戰艦，皆赴此井取水。井身甚淺，舉手可汲；實乃山凹流泉，故亢旱亦不涸焉。

媽宮社大井，康熙二十二年靖海侯施琅率師討鄭逆，先克澎湖，駐兵萬餘於此。先時，水泉微弱，不足以供眾師之食；侯虔禱於天后神，甘泉立湧，汲之不竭，兵無竭飲。至今此井水泉亦甚旺焉，但水味略覺有些鹹氣耳。

協鎮署內井，此井水亦清冽。然在署內，取汲未便，不能資濟居人。

觀音廟前井，井在媽宮澳之西，逼近海邊。而泉流清澈，味甚甘美，與東衛井相彷，亦井中之佳者也。但此井旱久略鹹，東衛之井雨多則味略帶士氣；二井於晴雨亦各有不同焉。然均之，非他井所能及也。

鎮海澳西寮井，水亦清潔，味甘甜，無鹹鹵之氣。土人云：亦可比美於東衛井云。

西嶼外塹社井，此井在半山之腰。水亦清甜，無鹹氣，亦井中之略佳者。

澎湖其他島嶼或多或少都有水井，但水質含鹹味，當地人深以爲苦。綜觀澎湖地區的水利開發，可以發現幾個特點：

1. 由於受到地理環境的影響，本區的水利開發與土地開發成反比，即本區的開發雖然很早並發達，但水利開發卻非如此。
2. 本區的水利設施主要是井，澎湖地區並沒有埤、圳等水利設施，此點與臺灣本島地區有很大的差異，主要是受到地理條件的限制，沒有河流，地下水含水量不足，再加上蒸發量大於含水量所致。
3. 關於水利設施的功能，本區的井主要是提供居民飲用水，非用來灌溉，除非有多餘之水，否則灌溉是不可能，故本區的農業主要是以旱作物爲主，如花生、甘薯等。

第五章　清領時期水利開發的特色及影響

　　清代臺灣的水利開發被學者稱爲「第一次農業革命」，水利開發最直接的影響是稻作的普及，稻米產量的增加，養活更多的人口，而人口的增加，聚落也隨之擴大；在生產方式上，由於水源的充足，再加上新作物的引進，促使產物的種類增加，貿易圈因而擴大與增多；亦由於水源的固定，人口的增多，勞力供應的充沛，土地分配的面積變小，耕作亦由粗放轉變爲集約制，生產方式改變，促使土地價值因而提高，間接使土地制度發生變化。在社會發展方面，由於水利設施的灌溉，同一水利設施的居民漸漸形成水源地緣的關係，這種水源的地緣關係使人群關係重新組合；又由於水稻普及耕作方式轉爲集約，使得農村邁向以小農經營制爲其基礎型態，造成農村社會的階層化。在宗教信仰方面，祭祀圈和水利灌溉區合而爲一，共同的信仰和經濟上的利害攸關，促使農村社會秩序產生新的變化。

第一節 水利開發的特色

一、自然環境的角色

在本書第二章中，曾討論臺灣各地區地理環境的特色和水利開發的關係，清領臺灣時期，受限於水利技術及資金等因素，水利開發受制於自然環境的影響更鉅。首先，地勢和氣候決定了墾區水利的開發條件，和水利的開發型態，如清領前期，位居政經中心的臺灣南部雖地勢平坦，但降雨分布極端不平均，使雨則潦、旱則涸，非常不利於當時人力、材料、技術條件下埤圳的開發。其次，是臺灣多颱風、地震、降雨不平均的氣候條件，增加了水利開發的難度，也增加了水利設施投資及維護上的成本負擔。最後，以濁水溪為界，臺灣島內由於南北氣候、雨期的差異，影響到水源的豐枯，也影響到埤圳的開發型態，及水利投資的形式與大小。南部以莊民合作模式較常見，北部則以企業化經營的型態較多。

二、水源利用

清代臺灣的埤圳水源主要有泉水與雨水；潭、湖、池；溪水及河水等三種。隨著水利技術的改變，水源的汲取也隨之改變。荷治及鄭氏時期的水利設施係以小型的陂為主，其水源率皆截引泉水、雨水，因而灌溉面積有限。十八世紀初以前，臺灣的土地開發主要集中在南部，埤圳的水源雖大多改採溪水、河水，但受限於氣候及地勢的影響，水圳系統不易發展，故埤圳型態仍是埤多圳少的現象。

隨著漢人土地開發慢慢往臺灣中、北移動，水量較穩定的溪流漸次成

爲埤圳的主要水源，如康熙末年的濁水溪、大肚溪；雍正年間的大甲溪、
九芎林溪；乾隆年間的淡水河及其支流；嘉慶年間噶瑪蘭地區的濁水溪
（今蘭陽溪）等。據蔡志展的統計，如以一七一九年（康熙五十八），半
線（今彰化）施世榜開發的施厝圳完成爲分界年，往前推至一六三六年荷
蘭人設立穀倉獎勵稻作開始，約八十四年的時間，埤圳類型以「陂」數量
最多，約占百分之八十四，「圳」約占百分之五‧六。而後至一八九四年
（光緒二十）約一百七十五年時間，埤圳類型轉以「圳」爲最主要型態，
約占百分之六十八‧九二，「陂」約占百分之九‧七四，顯示清領中後期
埤圳的水源從雨水、泉水轉變爲河水、溪水爲主。

三、水利開發者的背景

　　私人修築埤圳的風氣雖早在荷治時期即出現，但大規模的開發則自
清代。蔡志展認爲一七〇二年（康熙四十一）是清代臺灣水利開發的轉捩
點，在此之前，拓墾的重心集中在臺灣南部，受地形、氣候、水源、耕作
習性，及經濟效益等因素的影響，埤圳大多是莊民合築的集體開發模式完
成。之後，因臺灣「疊際凶荒」及中國缺米的原因，導致稻米商品化價值
提高，資本家願意投資水利開發，再加上官方倡修水利及鼓勵種稻，當時
臺灣掀起一股「水田化」的浪潮，資本家往濁水溪以北開發的結果，帶動
臺灣的水利開發有濃厚的趨利性格，或「企業化」經營特性。

　　清代臺灣的水利開發，眞正的主導者在民間。從開發模式來看，莊
民合築合作開發的模式占絕對多數。而以開發者的背景來看，南部以莊民
合築者最多，中北部則以企業合夥或獨資者最多。許多投資者從南部到中
部，再由中部到北部及蘭陽平原，不僅是累積了經驗，培養了許多水利開
發的專業人才，也形成不少水利經營企業化的家族。這些經營者中，便有

很多屬於士紳、通事，利用其特殊的身分地位建立了政、商關係的知識分子。

四、水利開發的技術

十七世紀以前，受限於自然條件，及市場上蔗糖商品性高於稻米，時臺灣並沒有開發大型水利設施的誘因。一七一九年（康熙五十八），施世榜利用「石笱堰」興築施厝圳，是臺灣埤圳堰堤築成法的濫觴，而後不少埤圳沿用此法築堤攔水，「石笱法」又稱「埤」。一八三八年（道光十八）和一八四二年（道光二十二），鳳山縣知縣曹謹倡修的「曹公舊圳」和「曹公新圳」，因地制宜，改用「草埤」，說明水利開發技術有因時、因地的特性。

五、官府態度與水利開發──兩個時期的比較

清朝官府對於水利開發的態度為何？此觀察需要比較才容易判斷。所謂「官府角色」，日人玉城哲認為：「國家的財政資金對農業水利事業的投入，並對於事業的立案、計畫，一直到與地方政府及農業團體的協議、合作，均能在其權力掌握之中，中央政府扮演其集權的管理機構。」[1]意即政府對於水利事業的支配，權能上，中央是集權的，但在某些方面，地方分有其權力，而資金的投入與否是重要的關鍵之一。日人川野重任認為，

---

[1]　玉城哲、旗手勳、今村奈良臣，《水利の社會構造》（東京：國際連合大學，1984），頁33-34。

臺灣水利事業的成就，是由於日本政府的強力支配所造成，「在灌溉排水事務的發展上，應特別記述的是日本政府的支配力量，積極地或消極地發揮極為強大的作用。以臺灣的氣候特性來看，降雨的季節偏倚極為顯著，使灌溉技術發生特別困難，而將雨期降下的雨水直接用於雨期的灌溉，這種河川灌溉形式所具有的意義自然相當有限，除了雨期的灌溉問題外，還要解決乾燥期的給水問題，因此，以雨期的水來解決後一問題所需要的技術體系，必須採取或大或小的水庫、貯水池等引水灌溉型態的灌溉設施。而且這在水利工事上，需要高度的技術與巨額的資本。這到底不是臺灣本地農民的技術以及經濟能力所能負擔，而須以總督府所表現的日本資本主義的技術及資本始有完成的可能。在這方面，日本政府對於臺灣水利事業奠定了強力支配的基礎。」[2]

相對於日本殖民政權對水利開發的努力，似乎顯示中國傳統政權對於水利開發的表現，過於漠不關心。但事實是否如此？茲舉清代中國華南及臺灣嘉南平原的水利開發來比較說明，在明代中葉以前，華南的水利設施都是由官府所興築，亦即官辦的水利設施。但在明末以後，由於地方缺乏財力，水利開發逐漸轉移到民間。中國在宋代時，雖然地方政府財力也很有限，但用於興修水利的財力卻是頗為充裕的。如福建蒲田縣〈曾公陂記〉云：「錢出於公家者百五十萬，傭夫六千，不以煩民。」但明清之後有很大的轉變，地方官不僅沒有興修水利的經費，一般也沒有用於官辦水利的官田。明代，閩南沿海有些規模較大的水利工程，尚可奏請撥款修建，而清代則未有此舉。

就清代嘉南平原的水利開發而言，康熙年間，知縣周鍾瑄助修水利三十二處，捐穀近二千石，捐銀近百兩。就其經費來源，其所捐助的經費

---

[2]　川野重任著，林英彥譯，《日據時代臺灣米穀經濟論》（臺北：臺灣銀行經濟研究室，1969），頁18。

應不是當時存留的經費，因爲清代之初，並未留存大筆建設經費給各縣，各縣的留存經費，均是官員俸薪和差役工食之類的人事費占最高比例，其次爲社會救濟費，再次爲文教祀典費，最後才爲建設費。且建設費中以修理府縣衙、廟壇、倉監爲主，未編有積極的水利建設費用。就此點來說，清廷並未積極介入水利開發，周鍾瑄在嘉南平原的助修水利應視爲個人勤政愛民的表現，不能代表官府角色的表現。

　　上述乃就經費問題來看官府角色，其次就清代地方官的職責來看：基層地方官通常負有「撫養」子民之責，因此稱爲撫治。所謂撫治，其主要任務在休養生息，改善百姓的生活，使之民生富裕，地方繁榮，財源充沛。在各項撫治的事務中，地方官最易爲地方百姓稱頌，被視爲政績的，則是興學及社會福利事業賑濟救災工作的推行；其次才是勸農及興修河渠堤壩等灌漑工程，蓋此類措施能使人民文化程度提高，及改善其經濟狀況安定社會。故上述兩項亦被清代視爲地方官中政績必要條件。但就實例來說，地方官留意於賑災救濟、勸農興水利的人數並不多。根據周天生的研究，清代地方官留意於興修水利的情形，從順治到乾隆年間，知府百人中，平均四‧四人；知縣中，平均三‧七人。而嘉慶之後，知府降爲三‧七人；知縣降爲二‧四人。其整個趨勢是關心水利的地方官所占比例甚小，造成此一現象的原因可能有二：一是清代在財政上是行中央集權制，地方無財力興築水利工程。二是大興土木，其估計、造報、請款，呈轉手續繁瑣，而書吏造報上級委員復勘在在需款，稍一不愼，往往虧累，須地方官自行賠償；甚至完工之後，如有倒塌不安之處，地方官亦須受罰或賠修，故寧願與民休息也不願大興工程建設。

　　不論就經費或是官員的態度來說，清朝官府在水利開發過程中所發揮的力量極爲有限。但事實上，清廷對於水利開發的介入是相當積極的，只是在表現的形式上，不像日本政府直接有計畫罷了。日人森田明認爲，中國官府是透過地方組織來介入水利開發，尤其是里甲制度及鄉紳。他認

為，官府直接掌握水利開發是不可能的，但為了確保租稅的收入，中國官府結合了地主與鄉紳，維護地主及鄉紳的權利，以便於對農民收稅。

　　就以清代嘉南平原的水利開發來說，前期除了周鍾瑄的倡修助修之外，其水利開發一般都是由莊民合築，意即里甲宗族組織功能的發揮；而後期則透過業戶來推行。不論在前期或後期，地方官一直居於監督、策劃的地位，而讓莊民、士紳或業戶來執行。事實上，地方官如此的表現，在清代可謂積極地關心水利開發，且在意義上，多少含有一點近代資本主義的意味。官府角色介入農田水利事業，在日治時期表現十分顯著。惟所謂「官府力量介入」，在比較上有一基本困難，亦即國家背景不同，其所表現的形式亦不同。清朝政府對臺的治理政策基本上是消極、放任的，其興趣只在課稅，故表現在農田水利上，是一種幾乎不干預的態度，而是間接透過墾戶制來發展，此種形式對清朝政府而言，或許已是高度的介入；然而對於日本政府，卻是消極的，因日本政府對臺政策是積極的農業殖民政策，故表現在水利事業上是積極的參與。在了解官府角色的同時，必須認識比較是相對的。另外，必須強調的是，歷史是一脈相承的，由於日本政府有資本主義式的投資和管理，使臺灣農田水利具有現代規模，然此發展亦必須奠基在清代的埤圳開發之上。就如嘉南大圳的興築而言，其基礎是建立在清代原有的水利設施之上。清代臺灣漢人建立的水利基礎及成就，是不容抹煞的。

第二節　對農村經濟的影響

　　水利開發促使水稻耕作的出現，把清代臺灣農業發展帶入一個新的局面，因此有學者將它稱爲臺灣農業史上第一次革命。而其發展過程是自平埔族原有的輪耕休田的農業，經由蔗園爲主的旱田之拓展，最後才導引進中國高度發達的水田農耕進來，因此，在清領臺灣之後不到四十年的時間，臺灣全島已呈現一片繁榮。就經濟史的角度來觀察水利開發對農村的影響，水利開發最直接的影響是稻作的普及，稻米產量增加，除養活更多的人口外，同時，亦促使與中國的米穀貿易隨之頻繁。在生產方式上，由於水源固定，促使耕作制度由粗放轉而集約，土地價值因而提高；生產方式的轉變，促使土地制度複雜化，租額亦隨之發生變化。

一、土地制度之轉變

　　清代臺灣最普遍的土地制度，即所謂「墾佃制度」，意即由富豪士紳或其他強有力者，藉由霸占購買或請領開墾執照等方式取得土地。因其擁有相當實力，諸如有相當群眾基礎，與官方有相當良好的關係等，不論是因霸占購買，或因請領墾照所得之土地，其面積至少也有十餘甲，甚有多達千餘甲者。由於彼等所擁有的土地面積廣大，非一人之力所能開墾，勢必委之他人，乃有分墾招佃之事出現，此乃所謂「墾佃制度」。前者謂之墾首及墾戶，後者謂之佃戶。若是番地，則由一人向番社租來土地而後招佃開墾。招佃隨土地開墾而產生，於是租佃制度隨之應運而生，地主（自耕地主及半自耕地主）和佃人的關係也隨之產生。租佃關係開始複雜，惟地主與佃農之間皆訂有契約，多由地主給以農具、兵器，畫分墾區，令其開墾，並防禦「番」害，墾成之後，墾戶即爲業主，有收租之權；佃戶有

長期耕作之權，但須繳納田租。此種墾佃關係，久而久之漸漸發生變化：即不少佃戶將土地全部或部分出租他人，使整個租佃關係由二級變為三級，即墾戶、佃戶以及佃農。於是在同一土地上，發生二種佃租，即所謂「大租」、「小租」。墾戶因收大租，故曰大租戶，有大租權；佃戶因收小租，故曰小租戶，有小租權。由於在拓墾的契約內，通常載明佃戶有灌溉田地的責任，水利則由地主、佃戶、官府等共同來負責，故其租權的變化與水利開發有密切的關聯。此種土地保有形式至少為一種兩層式的，通常為一種三層式的分配，所招募來的佃戶被認為具有某種特定的土地所有權，與一般土地之租賃不同。

　　佃戶每年支付租金，由地主將土地之表層（田皮）權交給佃戶，而地主本人仍保留下層土（田骨）之所有權的名義。佃戶的權利可擴展至將其田皮權，予以出租或甚至於出售。上述為清代臺灣之土地制度，若就其時間畫分，大概十七、十八世紀，即康熙、雍正、乾隆三朝時最盛行，墾佃制度最普遍。

　　然自十八世紀末葉後，土地所有權轉就陸續轉變，轉變的原因除了與地主的不從事農耕有關之外，水利的開發是重要的因素之一。由於水利的開發使水源固定，耕作由粗放制轉變為集約制，土地價值因而提高；生產方式的轉變，亦使土地制度發生變化：在水利未開發前，土地只能粗耕，效用小，所以佃戶向官府請墾的土地較廣闊，等到水利開發後，在集約耕作下，土地利用的價值增高，再加上單位的生產人數減少，領有數甲以上的田地者，顯然非一家之力所能耕作，於是將多餘的田地佃耕他人，所以大佃戶就成為小租戶，現耕佃人必須繳納小租穀給小租戶，在農民和官府間產生了所謂小租戶階層。在租稅關係上，由原先的官府－墾首－佃戶三級制，不少轉變為官府－大租戶－小租戶－現耕佃人四級制，部分在水利設施修築後所承墾的佃戶，則必須同時向墾首繳納大租、小租及水租。

　　另從旱田墾成水田的過程中，大租的繳納方式也跟著由活租，即「抽

的租」，轉變爲死租，即「結定租」。原來，臺灣的慣例是墾戶將土地交
給佃戶開墾時，大租額均行「一九五抽」，即從土地的實際收穫量中，每
一百石業主得十五石，佃人得八十五石，稱爲「抽的租」。同時，在遺留
下來的契約中，均言明：「未成水田，照莊例一九五抽的，業主得一五，
佃耕得八五。……若成水田，奉文丈甲，每甲納租八石。」此爲「結定
租」。若行抽的租，則租額將依每年作物的豐歉而有不同，業主與佃戶一
同負擔此風險。或說開墾之初，水利設施不普遍，因此無法保證一定收穫
量。而水利開發之後，顯然此種情形改觀，而以趨向於「結定租」方便。
人類學家羅斯基（Evelyn S. Rawski）認爲，結定租是稻作地區的一般公
式，而活租則大多行於中國華北麥作地區，但他認爲結定租對地主比較有
利，因爲如此地主可以不必跟佃戶一齊負擔風險。但從清代臺灣稻作的推
行來看，此一說法卻另有解釋之處：即結定租的推行，除了與地主的風險
負擔有關外，水利開發無疑是形成結定租的主要原因，因水利開發造成土
地制度的轉變，蓋土地多一層結構，則活租推行的可能性就愈小。

表5-1　清代臺灣五等田地等則

等則	畫分標準
上上	平疇沃野，水泉蓄洩不憂旱潦。
中上	中無停蓄、上有流泉，出其人力障爲陂圳，入於畎畝，尖斜屈曲無所不通。
中中	附近溪港，多秔少粟，臺之農惰矣。
中下	蹂墊無泉，雨集而澮、潦盡而涸，陂曰涸死，田之逢年者十不二、三也。
下下	廣斥而磽、低不可園，雨霽田石，逢年者十不一、二也。

二、農業生產結構的改變

中國自明清以來，人口快速成長，華南地區面臨強大的人口壓力。由
於經濟繁榮，逐使本區的人口成長甚快，人口稠密，產生人口壓力，如經

濟不能繼續繁榮，勢必人口過剩，難以為生，轉而趨於貧窮，問題叢生。在農業社會，經濟繁榮與人口問題實相輔相成。傳統中國社會對於解決人口壓力的方法，最主要有四種：一是墾荒，增加耕地面積；二是增產，改良品種及耕作技術，增加單位面積生產量；三是栽培經濟作物，以農業商品化來增加農家的收入；四是注重農家副業，使剩餘勞力或依賴人口得以投入生產。臺灣西部地區在十八世紀中葉前，耕地面積就已達飽和，墾荒的成效有限。時改良品種及耕作技術以增加糧食產量，是最可行的方式，如康熙年間，諸羅縣知縣周鍾瑄勸興農田水利，其目的即在增產。

　　更因農田水利的興修，水源充足，經濟作物才有得發展，農業生產結構逐漸改變。從康熙年間的《臺海使槎錄》中的〈番俗六考〉，可以看出當時平埔族及高山族簡單的農牧情形，而這時漢人所墾植的地區，除原有的甘蔗及稻米外，其他農作物雖亦有大量的栽植，但產物種類不多，且稻類的種類主要為旱稻。康熙年間之後，由於水利設施興築，再加上作物栽培積極，產物結構逐漸呈現多樣化，稻穀類已經有二十八種，比鄭氏時期多出近二十類品種，其中不乏水稻種類；雜糧類的麥類有三種、黍稷類有五種、菽類有十三種、蔬菜類有五十一種、水果類有三十六種，均較荷治及鄭氏時期豐富。這些產物中有不少是新作物的引進，也不乏因水利開發而產生的作物，如蕭壠社（今臺南北門地區）的浮留藤；諸羅縣的西瓜、龍眼；臺灣縣的西瓜、番石榴、刀豆、波羅密等。再加上旱作作物落花生、地瓜的引進，使得臺灣的田園可以輪種，地力可充分培養。

　　水利開發對農業生產的影響最大，其中當以水稻耕作影響更深。十八世紀中葉，臺灣西部地區的稻穀收穫已由原來的一年一種區，變為一年二種區，《諸羅縣志》中所記載的稻穀種類大多為旱稻，如百日早，「五月間即熟，但不多有。」可見十七世紀末時尚以百日為早，後已發展出七十日早、三杯、內山早、清游早等旱稻。穀種的早晚依性質各有不同，早稻者六月可以收穫，晚稻者九月才可以收穫。鄭氏時期為避開冬季的乾旱時

期，稻作以晚稻為主，必須要晚禾豐收，民食始不致匱乏，可是此種情形至康熙之後已逐漸改觀，因水利的興修，此時早禾已由次級的角色逐漸提升，而重要性與晚禾同。《鳳山縣志》有記載：「自淡水溪以下，各莊早稻所收，幾不歉晚收矣。」這種由側重晚禾到早晚禾同重的變化，正可顯示水利開發對其產業結構的影響。

三、米糖地位之轉變

荷治及鄭氏時期，由於蔗糖的利潤較高，再加上當時人口稀少，對水利設施不太講究，故在利之所趨及人工缺乏，和土地自然條件的限制下，對於甘蔗的栽種多於稻米的種植，造成清初園多田少的現象。清領臺之初，有意放棄臺灣，故對臺灣採取較消極的政策，如限制移民赴臺，且不准攜眷，農民每於春耕時前往，秋收後回籍。再者，限制糧運。受到政策的限制，使得稻米生產供過於求，米價長期低平，稻作無利可圖。再加上延續荷蘭時期的耕作型態，臺灣農民乃競相種蔗，形成「米糖競爭關係」，康熙年間此情形即相當嚴重。雖有臺灣道臺高拱乾等官員鼓勵種稻（參閱文獻5-1），但因當時田賦數倍於內地（中國），「鄭氏當日分上中下三則取租。開臺之後地方有司即照租徵糧，而業戶以租交糧致無餘粒。」再加上水利未興，所有田園缺乏堤岸的保障，大雨時山洪奔瀉，衝田園為澗壑，而橫流壅積，熟田亦成荒廢，是故田的增加速度有限。臺灣縣從一六八四年（康熙二十三）至一七三五年（雍正十三）間，田只增加七百八十甲；而諸羅縣同時期田只增加六百六十甲。同時期園的增加速度遠比田要快，日人森田明指出，從一六八五年（康熙二十四）到一七一五年（康熙五十四），諸羅縣園的面積增加了百分之一百五十，而田的面積只增加了百分之三十九，旱園增加的速度遠比水田為快，康熙末年時園的

面積約為水田的八倍。造成這種趨勢的主要原因有三：一為糖價比米價昂貴，且蔗糖可以外銷，市場較大，而米則禁止外運。二為在種植的技巧上，水田開發須有水利灌溉設施及高度的精耕技術，而蔗園的經營卻十分粗放，故在早期的自然環境下，種蔗較種稻容易。三為水田的稅賦較重，因而隱田較多。

這種情形到了康熙末年後，逐漸起了改變，因為水利設施陸續興築，水田迅速成長，再加上稻米商品化的出現。一七二六年（雍正四），閩浙總督高其倬奏請開臺灣米禁疏，陳撤裁其禁制之四益（參閱文獻5-2）。自臺運米開始後，年年均有臺米糴運內地。臺灣之稻作市場開展，是時水利開發業已大致完備，原本插蔗的農民遂逐漸轉為稻作。同時康熙末年，朱一貴事件平定後，蔗糖外銷受蔡牽之擾，運費大為提高，蔗糖業受到打擊，部分農民轉而從事水稻耕作。臺米開放運往內地，不但促成稻米商品化，且促成西部沿海港口的興起，如鹿港、八里坌。據《廈門志》中〈台運略〉的記載：「康熙二十四年以後，臺灣則壤成賦。船隻往來，在內地惟廈門一口。乾隆四十九年，復開鹿仔港口，與蚶江對渡。五十三年，復開淡水廳轄之八里坌口，對渡五虎門、斜渡蚶江。自此三口通行，臺灣、鳳山、嘉義、彰化四縣供粟內應運內地兵米、眷穀勻派三口撥配。除應配澎湖兵穀一萬三千三百石有奇外，每年額運內地兵穀四萬三千七百四十石有奇，遇閏加穀一千九百七十餘石；又眷穀二萬五千八百九十石；遇閏加穀二千一百餘石；福州府倉兵米七千八百七十五石，合穀一萬五千七百五十石；又侯官縣倉米五百四十三石六斗，合穀一千○八十七石二斗：合計內地各倉兵穀、眷穀及兵米，合穀共八萬六千餘石。內鹿耳門耳歲運穀四萬九千餘石，鹿仔港口歲運穀二萬二千餘石，八里坌口歲運穀一萬四千餘石。」

從清代臺灣對福建米糧供輸的關係中，可以了解水利開發對稻作及貿易的重要性，雍正之後，臺灣會成為中國重要的稻米生產地之一，和八堡

圳、瑠公圳等水利設施陸續興築有關。蔗、稻地位的轉變，及稻米商品化的出現原因，除水利的開發，及官方的提倡等因素外，還包括：臺灣與中國之間的區域分工，臺灣本身手工業不發達，又不產棉花、桑蠶，同時開墾之初所需的日用品，都須自內地供應，然臺灣所產的米糖卻是內地所需要的，所以形成一方供應農產品，一方供應手工業產品的「區域分工」，這種分工使臺灣的勞力能專注於農業生產。再者，早期以甘蔗爲主的農耕，一方面促成了耕地之擴展，另一方面也由於人口的增加，對米糧的需求增大，而以糖業累積的資本，轉而投資於稻田水利灌溉系統之修築。對於清代臺灣水利開發和稻作經濟間的發展，李國祁有很精彩的詮釋：「稻米因關乎民食，是臺灣併入清版圖後，最爲地方當局所關注的。由於水利的興修與品種的改良，再加以大量的開墾水田，故能打破鄭氏時代的局限，使稻由僅能一作，而進步爲年可二作，生產量大增，年有剩餘輸出，接濟閩省軍食。蔗糖是經濟作物及手工業作坊的產品，於荷據時代極被注重。清代官府注重蔗糖的程度雖不及稻米，但遠好於鄭氏時代，爲臺灣主要輸出品。」

文獻5-1　高拱乾〈禁飭插蔗幷力種田示〉

為嚴禁申飭插蔗幷力種田，以期足食，以重邦本事。照得臺灣孤懸海外，止此沿邊一線堪以墾耕。地利、民力，原自有限，而水陸萬軍之糧與數萬之民食，惟於冬成稻穀是賴也。雖此地之煖甚於內地，然一年之耕種僅止一次收穫。總因多風少雨，播種、插秧每有愆期；故十年難必有五年之穫。加以從前蝗虫之後、繼以颶風，稻穀歉收，鮮有蓋藏。……不謂爾民弗計及此，偶見上年糖價稍長，惟利是趨。舊歲種蔗，已三倍於往昔；今歲種蔗，竟十倍於舊年。蕞爾之區，力農止有此數。分一人之力於園，即少一人之力於田；多插一甲之蔗，即減收一甲之粟。……數萬軍民需米正多，則兩隔大洋，告糴無門，縱向

內地舟運，動經數月，誰能懸釜以待？是爾民向以種蔗自大利者，不幾以缺穀自禍歟？本道監司茲土愛惜爾民，其足食邦本不得鰓鰓過慮也。合就出示禁飭為此示，仰屬士民人等知悉：務各詳繹示飭至意，須知競多種蔗，勢必糖多價賤，允無厚利。莫如相勸種田，多收稻穀，上完正供、下贍家口；免遇歲歉，呼饑稱貸無門，尤為有益。除行縣確查，將過蔗園按畝清查、通報起科外，倘敢仍前爭效插蔗，以致將來有誤軍○，自干提究，噬臍莫及！其凜遵之，勿忽！

文獻5-2　高其倬〈請開臺灣米禁疏〉

臺灣地廣民稀，所出之米，一年豐收，足供四五年之用。民人用力耕田，固為自身食鮮，亦圖賣米換錢。一行禁止，則囤積廢為無用。既不便於臺灣，又不便於泉、漳。究竟泉漳之民勢不得不買，臺灣之民亦勢不能不賣。查禁雖嚴，不過徒生官役索賄私放之弊。臣查開通臺米，其益有四：一、泉、漳二府之民，有所資藉，不苦乏食；二、臺灣之民不苦米積無用，又得賣售之益，則墾田愈多；三、可免泉、漳、臺灣之民，因米出入之故，受脅勒需索之累；四、泉漳之民，既有食米，自不搬買福州之米，福民亦稍免乏少之虞。至開通米禁，有須防之處二端，亦不可不加詳慮。其一於冬成之時，詳加確查。若臺灣豐熟，即開米禁；倘年成歉薄，即禁止販賣。雖年歲稍豐，而一時偶有米貴情形，亦即隨時查禁。其一泉、漳之民，過臺買米者，俱令於本地方報明，欲往臺買米若干，載某處販賣，取具聯保，詳報臣等衙門。即飛行臺灣及所賣之府縣，兩處稽查。如有不到，即係偷賣，必嚴懲聯保，究出本船之人，盡法重處。如此查防，自不至接濟洋盜矣。疏入，從之。漳泉之民深以為德。[3]

[3]　連橫，《臺灣通史》（臺北：臺灣銀行經濟研究室，1962），頁649。

第三節　與農村社會的關係

　　水利開發對農村社會產生鉅大的影響，首先就分類械鬥而言，因水稻與水的關係密切，農民對水量的分配非常敏感，極易引起糾紛，所謂「連塍爭水」，即是分類械鬥的導因之一，「塍」即灌溉的土溝。再者，就民間信仰來說，祭祀圈和水利灌溉區合而為一，莊廟成為農民共同的社會生活中心，共同的信仰和經濟上的利害結合使莊民充分的整合，而形成一個高度的自治團體，如日人木原圓次所言：「水利支配和自治精神的訓練關係密切。」如就社會組織來觀察，由於水利設施的灌溉，同一灌溉區的居居民漸漸形成水源的地緣關係，這種水源的地緣關係可以強化祖籍地緣，亦可打破祖籍地緣意識，把不同地緣關係的居民團結起來。

一、水利糾紛

　　清代臺灣的特色之一即分類械鬥，所謂械鬥，即是聚眾持械私鬥，因械鬥常含有地域觀念或族群意識，所以臺灣方志中稱之為「分類械鬥」。清吏熊一本在〈條覆籌辦番社議〉中云：「況兩類肇端，每在連塍爭水，強割占併，毫釐口角，致成大畔。」戴炎輝認為，械鬥之根本原因為爭水及地利：「械鬥之根本原因，在於異類人爭奪經濟上之利益，尤在清代農墾階段，以爭地搶水為其最。先直接以爭利為原因而械鬥，其餘恨舊怨未消，動輒因細故而開始械鬥，前人概以習尚為械鬥之原因，但此不過為潛在意識。個人之爭鬥，容許因有此習尚而爭鬥；但分類械鬥，則斷不致擴大。蓋械鬥所惹禍害之大，若非有切害關係，則不能驅同類人一致行動。惟不可否認，結仇之後，因細故亦械鬥。又當械鬥醞釀之先，官能予以開

導；開始之後，能予彈壓，則不致發生，或可予制壓。官之無能無為，人民不予信任，甚至無視文武官員之存在，亦有以致之。」[4]

　　清代在臺灣農村裡亦常見水利糾紛，引起水利糾紛的原因甚多，究其原因有：1.侵占田園土地充為圳路；2.爭圳權；3.霸占水圳；4.爭水源；5.爭水分；6.水圳過境之爭執；7.關於水租之問題；8.水利開發為害墳墓等。茲舉例說明於後：

　　一八二七年（道光七）西螺堡（今雲林西螺）鹿場埤發生破埤放筏之事，官府出諭示嚴禁，以杜絕端事。諭示內容為：「案據西螺堡業戶廖靖忠……埤長游典成、廖魁等稟稱：緣西螺堡鹿場埤原就觸口築筍，攔水入圳，灌溉四十餘甲莊田禾；上供課帑，下資民生，所關非淺，久載府志，凡有竹筏由溪經過，從不敢沖犯課圳。向定以四月半後為期，必有溪水滿過埤岸，始許過筏；稍能傷礙，則應折筏抬過，歷來如斯。無奈溪頭巨姓，聚集匪徒，結黨立股，凡有過筏，必向買路，由淺入深，竟成利藪；無論有水無水，只要筏夫多錢，即行破埤放筏，任水別流，害及田苗枯槁，日久成慣，不能阻止。歷年以○符之風，相續於道，即次示禁，並親臨焚毀，未能鋤滅。此二月二十日，巨魁張夏、張察再行破埤害禾，埤長向阻被毆。眾佃望水情迫，於三月初九，截獲張夏、張察，同筏夫張婿、黃保稟解究辦。蒙堂訊將張察、張夏刑責枷示，併令張察、張夏賠資修築，出具以後不敢破埤甘結邀案；一面出示嚴禁該處人處務須依照水時，必有滿過埤面，始准過筏。忠等敢不凜遵。惟該處習惡成性，移時即違，非蒙就示勒石，豎立埤所，以垂永遠，恐無以杜復萌。合亟瀝情僉懇，伏乞電察國課攸關，恩准勒石示禁，以垂永遠，沾感切呈等情到縣。據此，案查先據業戶廖靖忠等僉稟張夏、張察等擅破課埤，當經差獲到案，分別

---

[4]　熊一本，〈條覆籌辦番社議〉，收錄於丁曰健，《治臺必告錄》（臺北：臺灣銀行經濟研究室，1958），頁236。

責懲，茲據前情，除批示外，合行出示嚴禁。為此，示仰附近居民人等知
悉：爾等務須各安生業，毋許結黨包抽筏費，所有竹筏，俟圳水通流滿過
埤面，方許順水撐載，不得再掘毀埤，復滋事端；倘敢故違不遵，仍在溪
頭等處截索筏費，掘毀埤圳，一經察出，定即嚴拏辦，不稍為寬貸，各宜
凜遵，毋違，特示。道光七年五月　給立石。」[5]

　　從此示諭可知，張察等破埤放筏，害及田禾，被眾佃扭往稟官，不
但處罰甚重，還要賠資修築，出具甘結。另勒石示禁，豎立埤所，以垂永
遠，是清代處理水利糾紛的特殊方式，其目的是籍石碑之堅，永為憑據，
從臺灣所遺留的爭水示禁碑甚多可知曉。另從禁約中，亦可了解水利糾紛
的原由，茲舉一八八八年（光緒十四）佳里興莊（今臺南佳里）的〈禁截
水路碑記〉來說明：

緣本莊中水路通流，由港西北至營頂莊轉東，由北至塚轉透西、再
北，乃由東北營後莊前透草溝底口去。又本莊外東畔水路一條，直流
東北，過港仔尾前，仍出東北，由海埔寮西，透客仔寮西而去。邇來
壅塞不通，蒙本震興宮李府千歲暨列位尊神乩指，著將兩港疏通，源
流□□□□□□限一丈，不許堆土壅蔽，並不許截流而漁。倘敢故
違，□□□□各人凜遵，毋違！特約。光緒十四年十一月，同立石。

　　從此禁約中可以發現幾個現象：1.此禁約不是經由官府諭示立約，而
是紳董莊左源等，經由莊內震興宮李府千歲及列位諸神神示而立禁約。
2.禁約內容為禁截水路而漁，似非爭水糾紛。3.如有違約，大都以罰戲為
主，蓋民間禁約本無強制之權力，罰戲則犯者破財，公眾娛樂，無傷大

[5] 臺灣銀行經濟研究室，《臺灣私法物權編》（臺北：臺灣銀行經濟研究室，1963），第七冊，頁1329-1330。

雅。如林仔埤的合約字有批明：「……不得恃強生端滋事；如有恃強不遵者，議以盜水同，罰戲金十二元充公，批炤。」水利興修本為善舉，然水源所在，競爭在所難免，糾紛於是發生，而官府對於開圳糾紛大都採取息事寧人的態度，但如水利開鑿危及莊社、田園、墳廬，官府亦採取嚴禁的立場。茲以一七六〇年（乾隆二十五）諸羅縣安定里西保漚汪莊築圳糾紛來說明：「照得臺灣府諸羅縣安定里西保漚汪莊文衡殿關聖帝墾置荒埔新所，址在廟西畔，名曰『公採埔』也。丈數計有三百二十甲……緣由詹曉亭妄開圳道，放於莊社田租墳廬等項，恐有衝激無邊之害，因而滋鬧不休。周才爰邀莊眾公議，再於乾隆十七年間復與詹曉亭上控，諭批在案。後詹曉亭於該莊草地欲在東勢大溪邊橫開圳路，冀圖厚利以為貪肥，裕益其子孫。周才等目擊不平，隨同莊眾人等，赴諸羅令僉呈喊控詹曉亭肆行開圳，叩乞諭止……。本府查：漚汪莊地方，如就文衡殿關聖帝墾置之埔地旱園堪為水田，於農業實有利濟，但漚汪莊一帶莊社田園墳廬列於其下，水性自上奔放，保無衝激及難以堵築之勢。查其處荒蕪，居民甫耕，詹曉亭等只顧一己之利，罔思眾姓貽害，毋怪乎周才等與為角逐。一經諸羅令訊明詹曉亭十七年間之圳已經停工。而諸羅令復提詹曉亭等訓誡，詹曉亭等自限一月將圳填塞。似應俯如該縣詳請，飭限一個月內，著令詹曉亭等填塞舊圳；並准周才等勒石示禁，以垂永遠……」**6**

　　一般而言，官府處理開圳糾紛有兩種方式，不是嚴禁，就是諭飭協力修築，共享開圳之利益。水利開鑿原為美舉，若不妨礙他人生命財產及墳廬之安全，官府通常採取鼓勵之態度，就是發生糾紛，官府亦以仲裁者的立場，促兩相合力，分霑水澤。臺灣為水利糾紛常發生之地區，而爭水糾紛通常發生於久旱缺水之際，清代臺灣埤圳在平時水源足夠，大都按水分

6　〈嚴禁漚汪莊開鑿水圳示告碑記〉，收錄於臺灣銀行經濟研究室，《臺灣南部碑文集成》（臺北：臺灣銀行經濟研究室，1966），頁389-392。

或輪灌等習進行水的分配；但如逢旱魃肆虐，水源枯竭，禾苗萎頓，恃強爭水的情況則不免發生，水利糾紛時有所聞。

二、水利規約

清代臺灣的水利糾紛主要是爭水分、爭水權、爭水源、破壞埤圳、占地開圳，及水圳過境的爭執等。對於占地開圳糾紛，官府多半承認既開圳之事實，因開圳有利於灌溉，裕民利國，盡量予以調解，給被占地之業主補貼水租穀等以償其損失，讓雙方和息。對於爭水、分水糾紛的處理，從史料多為「示禁碑」的性質來看，可了解官府為息訟端，同時確保埤圳順暢，多勒石示禁，豎立碑所，想由籍石碑之堅，永為憑據，這是清代官府處理水利糾紛的特殊方式。

道光年間，鳳山知縣曹瑾對於水利糾紛則採取比較積極的態度，他除「官督民修」曹公圳外，並將曹公圳灌溉區畫分成三十五區，選出奮勉督工人員二十五名為「甲首」，成為該區圳務的總負責人，負責管理田甲，輪流放水灌溉田畝，另按甲徵收銀兩繳納公局以供築溪及疏通圳道之費用，並將所轄工區田園歸請管理。為表揚甲首開圳的勳勞，規定甲首為世襲，再由該區甲首與地主公推熟識圳務一人為「總理」，管理所有圳務，並訂立水利規約。圳約內容共有十條，其中第四條：「在圳頭應定各條引用水之分量，若發生不足，『總理』有詰責工首之責任。」與第五條：「圳水初到時，先注蓄蓮池潭，內惟埤等埤池，一個月後再輪灌各圳，每汴轉輪五日。輪值之『甲首』應巡檢各該所管之田甲。」其目的在消弭臺灣農村社會連腔爭水的現象，將容易引發糾紛的引水、分水問題加以規範。

曹瑾及曹公圳的發展在清代臺灣是少見的個案，清代臺灣埤圳的經

營是靠一種自治性的合約團體，並無組織團體之名，但有組織之實。它是由埤圳關係人，包括供水人如埤圳主或圳戶，引水人如業戶、地主、佃人等訂立共同規約，俾以遵守。依埤圳開發的模式，可分為營利性組織及非營利性組織兩種，營利性組織又可分為合股經營及獨資經營，不論是哪一種類型，營利性組織視水利設施為一個事業體，埤圳主及引水人之間的權利義務關係以明確的契約來規範，埤圳主專司供水及設施的維護，而引水人只須依所引的水付出水租，不必負擔其他事務。而非營利性組織的性質與營利性組織就不太相同，非營利性的埤圳是由地主或佃戶為了灌溉土地而獨自開築或眾佃合築的，關係人只要分擔開圳工本，圳路取得等事項，並不用負擔水租，權利義務關係較不重要，是否需要訂立明確的契約，並不嚴謹，對於權利義務的規範，大多是藉由莊民公約來約束，並無實際組織來運作。據王世慶的研究，清代臺灣埤圳規約的內容大致可歸納成十六項，分別是：

1. 埤圳圳戶開鑿者及其開築之經過情形。
2. 埤圳之總理、管事、陂長、圳長、甲首、水甲、巡圳、圳差、工首等之遴選、解雇辦法及辛勞銀粟。
3. 標示埤圳路之深度、寬度，以及圳岸的寬度。
4. 應納水租額及繳納方法。
5. 埤圳損壞時之修築辦法及修築工銀之分攤辦法及出水之規定。
6. 每冬瀉水清圳，清開圳路之辦法及春頭出水事項。
7. 水分、汴份及灌蔭之規定。
8. 禮祭廟神，演戲申禁水規事項。
9. 算帳及定期取出合約字公炤閱覽、收存事項。
10. 禁不得掘壞圳路、圳岸、車路；挖汴腳、汴耳；不許照水分外偷水，又不許私賣水分，不許用水車撸水，牽牛蹈害圳路，圳路不

　　許放柴料、火柴等，違者或公罰銀元，或罰銅鑼，或罰酒筵，或
　　罰戲。

11.水租不得藉端掛欠，否則塞絕水分，封密私汴。

12.水甲不得私匿水粟銀，否則察出照顧充公並罰大銅鑼一面。

13.莊內當革濁揚清，不許窩藏勾引匪類、閒游、賭博等項。

14.番民等耕食斯土，務宜一視同仁，守望相助。

15.修築埤圳，社番照舊規同往護衛民番。

16.若恃強違規，不願照章程受罰，則呈官究治，花費按水甲均攤。[7]

　　從規約內容來看，除非有重大的違規事情，否則官府不會介入，清代臺灣的水利運作可說具有高度的自治性格，自然形成獨特的水利秩序。此種合約組織，不但對基層行政組織薄弱的清代臺灣有極大的幫助，也為爾後日治時期及戰後的水利組織奠下良好的基礎。

　　水利規約大多和分水有關，當埤圳完成之後，因園墾成田，需水量增加，再加上時有旱潦，故爭水截流之事，時有所聞，此種情形在雨量不均勻的南部地區尤為嚴重，如分水輪灌得宜，不但可以消弭紛爭，甚至可以凝聚莊民意識，一八一四年（嘉慶十九）立的〈觀音埤公記〉是最佳的例子。今臺南縣柳營地區長期苦於乾旱，幾次的埤圳開鑿，未完成即被河水沖毀，後辛苦完成觀音埤，莊民更加珍惜，因而公議立訂條規，對水分及灌溉的次序有詳細的規範。

　　蓋聞人資於穀，穀資乎水；而水非有修築之功，則無以昭素蓄時出之
　　宜。此埤圳所由興也。我果毅後田土高下不齊，前築「楓仔林埤」未

7　王世慶，〈從清代臺灣農田水利的開發看農村社會關係〉，收錄於氏著，《清代臺灣社會經濟》（臺北：聯經，1994），頁188-190。

竣，已被衝壞。乾隆二年，眾等呈請縣主戴，仍就原處填築設閘，開圳之規。嘉慶四年，復被衝壞。連年禾苗曝槁，見者心傷。嘉慶十七年二月，眾等僉議填築，依舊開圳，設立閘門，一時踴躍成功。顧善始尤貴善終，公議立定條規，臚列水分，俾免截水、挖汴、混爭之弊。良法美意，堪垂久遠，爰勒石以紀其實。……

一、楓仔林埤水分原係一百二十分，凡費工料俱照水分分派。茲有無銀可出，即將水分付與水分內之人承坐，照份出銀頂充，以濟公費。若恃強違約，眾等呈官究治。

一、放水須先放至各汴底週滿，然後作三鬮為準：一汴至四汴為首鬮，五汴至八汴為二鬮，九汴至十二汴為三鬮。若要再放，以三汴尾鬮為首，二汴次之，頭汴為三鬮。又欲再翻放，以二汴為首鬮，頭汴為二鬮，三汴為尾鬮。如此定例，週而復始。至埤水短少，應會眾公議，不得恃強亂放。若塞涵時，圳底所剩之水仍歸各汴均分，不得混爭；違者議罰。

一、分水立石定汴分寸，派定不易，不得易改。若恃強紛更，截水挖汴，藉稱滲漏，被眾察出，罰戲一檯，仍將水分充公。

一、築埤以資灌溉，若帶水分之田園有種旱苗被曝，亦應放埤水以濟急需；但當照汴分放，不可混爭。至塞涵之費，就早冬灌溉之田甲多少公鳩，毋容推委，違者議罰。

一、欲放水，埤長須先傳知眾佃修理公圳各溝明白，然後照汴分放；倘有不到者，將其水分漸寄公汴。

一、約□遇亂規，當會眾議罰；倘有不遵，即當呈官究治，費用銀兩就水分內公攤，不得推委，違者罰戲一場。

〈觀音埤公記〉規約內容可分成三個部分：一是說明議訂規約的背景；二是明列規約內容，包括放水及計量的方式、違規的處罰、工本費的分攤

等；三是水分的分配，每個引水人引哪一汴多少水量都有清楚的交待。經由莊民共同討論議定的條規，不但可以消弭引水糾紛，也可藉此凝聚莊民的意識。

三、宗教活動

清代臺灣之移民，自康熙年間以後，民間建廟祭祝神祇，鳩資建醮、演戲、賽神，備物致祭，敬神之禮極盛。而在農業社會水利問題爲全莊人民所關心，當時的工藝技術無力改善的實質狀況，於是人們乃求之於超自然，所謂窮則呼天則也。與灌溉有關之村民、圳戶、地主、佃人，除求神明賜予灌溉順利，農作豐收，並祈求神明守護水利設施免被洪水天災破壞。又除以公約，法律管束所有水利設施之關係者外，並借神明之權威，每年舉行禮祭，或重新訂定規約，或在神明公閱公約，或在結算帳項，以免作弊，以維公正。故清代臺灣水利設施之圳戶、陂長、業戶、地主間，亦有各種宗教活動。

清代臺灣水利與宗教活動的關係可以分三個方面來看：一爲祭祀開圳有功先賢者，最著者如開鑿八堡圳有功的林先生和施世榜、興築曹公圳的曹謹，詳見本書第四章第一節，另外如周鍾瑄、蔡貓東有都人奉祀；二是和臺灣人民生活息息相關的土地公；三是宗族發展和水利開發的關係。

（一）周鍾瑄

周鍾瑄在一七一四年（康熙五十三）任諸羅縣知縣，在其任內助民興修水利，在一七一四年（康熙五十三）至一七一七年（康熙五十六）間，共助修水利設施三十二處，捐穀近二千石，捐銀近百兩，可謂深知治民之

道。在其去職後，邑人念之，立其肖像於龍湖巖而祀之。連雅堂在《台灣通史》詳述其事蹟：「周鍾瑄，字宣子，貴州貴筑人。康熙三十五年，舉於鄉。五十三年，知諸羅縣事。性慈惠，為治識大體。時縣治新闢，土曠人稀，遺利尚巨，乃留心咨訪，勸民鑿圳；捐俸助之。凡數百里溝洫，皆其所經畫；農功以興。又雅意文教，延漳浦陳夢林修邑志。當是時諸羅以北，遠至雞籠，土地荒穢，規制未備。鍾瑄於其間，凡可以墾田建邑、駐兵設險者，皆論其利害。稿成未刊，尋擢去，後多從其言。邑人念之，肖像於龍湖巖以祀。」

（二）蔡貓東與十股圳

　　在今嘉義縣大林鎮的十股圳，在圳頭和鹿骨溝尾各有一座神廟，壁題「蔡葉二將軍」的金字做神位及福德正神一尊。每年中秋節時，莊民會帶牲禮來祭祀。所謂「蔡葉二將軍」，乃指蔡貓東。蔡貓東為大莆林大湖莊人，年輕時在大莆林頭家莊薛萬里家做掌櫃，因精通天文、地理，愛好游俠，於是偷了薛萬里的一把寶劍後浪跡各地。年老後回到大湖定居，看到村民每年只播種一次水稻，乾季荒著，於是領導莊民在三角仔東北修築水埤，引導石龜溪上游的水灌溉三角仔、潭墘、橋仔頭、大湖等莊的農田，於是大湖等莊成為大莆林地區的糧倉。使得大湖莊因此而繁榮，官府、天主教堂都設在大湖，商鋪林立，當時有「有大湖厝，無大湖富」的諺語。一八六二年（同治元），蔡貓東中了別人的圈套，輸了一筆賭款，於是把圳水分為十股，留下四股給原農戶灌溉外，其餘的六股分為頂三股和下三股。頂三股賣給下埤頭，下三股賣給排仔路，還答應圳路由他負責。其中鹿骨溝尾的工程甚為艱難，所賣的錢不夠工程開支，但蔡貓東仍然持續將其工程完成。完成之後，蔡貓東就將佩劍丟入鹿骨溝中，宣布退穩。莊民為感念其修圳的恩德，仍於今十股圳頭建廟祀之。

（三）土地公

　　福德正神又稱爲土地公，是社稷之神，爲農民田頭田尾及村莊之守護神，臺灣俗語有：「田頭田尾土地公」諺語；亦爲水利設施的守護神，一般村莊必有祭祀土地公的小祠，而村莊大多有灌漑水路通過，位於水路上流的道路，成爲村莊的入口，下流則有入口的小祠，防禦惡鬼疫病入侵村莊，出口的小祠稱「守水尾土地公」，守護村莊的水利設施水源充足，灌漑順利。土地公爲村民所共同信仰之神，亦爲水利設施的圳戶、陂長、引水人等衆業佃所奉祀之神明，因此，水利設施附近大多有奉祀圳頭圳尾之土地公。或抽佛銀元，充爲土地公之油香、香燈費，或祭祀辦酒會，或祭祀其千秋生日。並齊到當年處算帳，庶不致有弊，以及取出合約字等公炤。除祈求福運，感謝水利灌漑之順利外，藉神前算帳，以免作弊，以維持公平公道。

　　就以最需水源灌漑的嘉南平原來說，本區所祭祀的神祇多達七十餘類，廟宇一千一百四十間，其中以祭祀土地公的廟宇就多達一百九十八處，占百分之十七‧三%，其次才是王爺及媽祖。爲何嘉南平原的土地公信仰如此普遍？究其原因有三：一是嘉南平原係以農業生產爲主的地區，土地公的廣布意謂人民與土地的關係密切。二爲水利開發與農業發展相輔相成，土地公廟的分布多與水利開發有關，如斗六堡（今雲林斗六）的福德廟，「在縣城中大街，兩進，西向。閤堡公建，光緒年間重修。」閤堡公就是投資該地通濟圳的業戶，可見水利開發與土地公信仰的關係。三爲嘉南平原的土地公廟分布主要在各村莊的輻軸之地，其位置是基於自然流域、水利灌漑系統的考量，如位於嘉義市的福德爺廟，其位置就在諸羅山大陂的圳頭上。

　　再以桃園台地爲例，南桃園台地各主要埤圳沿線也多設有伯公（土地公），新屋、楊梅的三七圳沿線從上段到下段皆有公廟存在，水源在楊梅

水美里七分子處有水龍伯公，下楋榔的伯公汴在水汴處也有伯公。中壢石頭莊石頭圳有水頭伯公及水尾伯公。龍潭埤圳沿線共有多個水汴，各水汴處多設有伯公，如斗倉下出水口、蜆子圳頭、虹橋等處。這些伯公的設置多依水路流向分布，各個伯公的設置以及祭祀圈的範圍和灌排水路的分布關係密切。

（四）宗族發展與水利灌溉

在中國華南地區，尤其是福建、廣東兩省，許多村落是由一個宗族所組成，宗族組織相當發達，這種宗族發達的原因，人類學家費德曼（Maurice Freedman）認為，稻米經濟是促成宗族發達的原因。由於水稻耕作與高度發展的水利灌溉系統，是促成宗族發展的一個重要潛在因素，水稻的栽培提高人口的扶養力，容許人口發展，而水利灌溉系統的建立需要更多的勞力合作，因此促成土地的共作與宗族的團結。另外，邊疆地區是促成宗族發展的重要因素，因在邊疆移民者為了防禦外來的攻擊，很容易促成宗族的團結。一般而言，在傳統中國社會最重要的人際關係是血緣關係，因此，宗族往往成為中國社會結構的基礎，這種情形在閩、粵農村尤其明顯。一個移民社會要有足夠的人口建立宗族，在理論上必須具備兩個條件：舉族遷移或足夠的世代繁衍，一般都認為，臺灣漢人社會沒有舉族遷徙的例子。就嚴格意義而言，此種說法是正確的，在中國傳統觀念中，一個已經充分發展的宗族，除非面臨重要的威脅，否則不可能舉族遷徙到一個情況不明的邊疆地區，從事不安的拓墾工作，所以，臺灣漢人社會之宗族唯有透過長期的繁衍及發展始具規模。

宗族的發展並非一成不變，有些地區的宗族發展是經過一個長時期的繁衍而建立的，如嘉南平原，其發展的原因如費德曼所提出的水利灌溉系統、稻米種植，及邊疆情境三個變數所造成。但另一位人類學家帕斯特

耐克（Burton Pasternak）卻有不同的看法，他根據兩次在臺灣的田野調查經驗，對費德曼的華南宗族發展理論加以反駁。帕斯特耐克研究嘉南平原的中社及屏東平原打鐵兩個村莊，發現這兩個村子有不同的宗族發展。中社是閩南人的村落，已有兩百餘年的歷史，雖然是個多姓村，但其中以賴姓為大姓，占全村人口百分之二十八。而打鐵則是個客家村，一八一一年（嘉慶十六）漢人才開始大量移入，也是個多姓村，其中無明顯的大姓或宗族的存在。何以兩個村子會有不同的宗族發展？帕斯特耐克認為，現代化、族群關係、日本人的統治，都不是主要的原因，一種處於競爭對手環伺的邊疆情境，才是最主要的原因。因為打鐵村的客家人移民時間較晚，還沒有足夠的時間發展出宗族組織。他們處在與閩南人、原住民競爭水田的邊疆情境下，打鐵的客家人必須發展非親屬、跨越村落的合作。相反的，中社的閩南人就處在一個閩南人為主的嘉南平原中，故宗族得以發展。另一個使得打鐵宗族不發達的原因，則與水利灌溉系統有關，在打鐵村，不同姓、不同村的人不得不合作來建立水利系統，同時，這樣的合作亦遏止一個大姓攫取大量的土地。而在中社村，在嘉南大圳興建之前，由於宗族成員的土地大多集中在一起，因此灌溉池塘促成宗族的團結。而嘉南大圳興築之後，共同的灌溉問題引起各種衝突與合作，供水時間延長，勞力需求不再集中，換工的可能性促使分家，核心家族因而增加。

第六章　日治時期埤圳的公共化

　　日本統治臺灣期間，初期致力於秩序的安定，及對臺灣展開土地、資源等基礎調查，一九○○年前後，臺灣總督府確立了「農業臺灣」的產業方針，以發展米、糖兩大作物爲原則。爲確實執行「米糖政策」，土地開闢、水利建設、種籽改良、病蟲害防除，和農具改善等相關條件就必須配合。以臺灣的自然環境而論，「水利支配」對發展農業無疑是最重要的，整個日治時期的農業發展政策基本上是以水利爲重心。而過去臺灣的水利設施都屬私人產業，其經營管理不是由類似今日公司的組織負責，就是由眾引水人共立合約字自主管理，不論是公司組織或眾人自主組織，都具有高度自治的性質。日人來臺之後，如何將私人產業的水利設施納爲公共財產，並建立屬於總督府自己的水利事業，這是本章即將要探討的課題。

第一節　日本內地的水利發展

　　一九○一年（明治三十四）七月四日，臺灣總督府公布「臺灣公共
埤圳規則」，內容的第四條之二規定：「公共埤圳之利害關係人，得經行
政官廳之認可，組織組合。」這是臺灣歷史上水利組織第一次在法律條文
中出現，亦即水利組織的組成及運作為政府所保障。由於水利組織攸關水
利事業能否正常運作，總督府會想藉由水利組織來支配灌溉用水這樣的想
法，絕不是憑空想像，其做法和概念除了參考臺灣的水利舊慣外（本書第
五章第三節），許多概念是來自於日本內地的水利經驗。

　　日本的農業水利史以明治維新為中心分為兩個時期，之前可以說是
水利傳統時期，之後為近代水利發展時期，而分期的關鍵是以近代國家的
形成與否來界定。水利傳統時期的水利發展又可依時間分為古代、中世及
江戶時代，這段時期較重要的水利發展為在十世紀時，由於莊園制度的發
達，使得早期由國家提供灌溉的權利轉移到莊園手中，莊園將舊有的水利
系統分割，形成分權式的灌溉秩序，水利權於是形成。

　　從十七世紀以來，由於受到人口增加的壓力，如何開發新耕地及有效
地利用既有土地，成為當時農業發展重要的責任，也因此刺激了土木技術
的發達，及大規模水利設施的出現。到十八世紀時，由於水資源有限，屢
屢發生農民為爭奪水資源而發生紛爭，幕府及諸藩為解決紛爭，欲藉用水
的組織來統制水資源的分配，以「村的組合」為灌溉單位的自治用水組合
於是形成。村落與水利灌溉的關係連結早在十四世紀間就已形成，當時村
民利用小河川共同灌溉，為防止枯水期發生缺水或爭水，村民間已有默契
協調用水，此為十八世紀村的組合與灌溉體系的原型。這種型態的用水組
織有三個特點：

　　一是「村落」等同灌溉用水區，村落不但是地域名詞，亦是用水分配

的主體，具有高度的自主及自治性格。二是「上游優先」，確定位居河川
上游的農民或村落較下游的農民或村落有優先用水權的慣例，下游的農民
或村落欲向上游引水，必須贈予米、酒、金錢等物品，此即「金穀授受」
的習慣。此一用水權的確立，說明了此時日本的「水」仍是私有化，但又
不是商品，欲引水者，在道德上須有感謝及報恩之心，而回饋一些實物或
金錢於上游的供水者，在明治維新以前的用水權其實是相當複雜的。三是
「古田優先」的引水習慣，藩主為確保田賦徵收的穩定，早已墾成耕作的
田較新墾地有優先用水權，而新墾地的用水標的以舊田為衡量標準。

　　另外，日本傳統的水利開發還具有幾個特徵：一是水利開發的型態
是以「河川」為主軸所建構而成的灌溉網絡，水源取自河川，水利統制亦
是以河川為中心來分配。二是水利開發的主導者或推進者，在江戶時期幕
府或諸侯的行政體系中，有土木技術專門的官僚負責大型水利工程，地方
上則是商人或富農負責開發水利，水利權則掌握在這些富農或是村落共同
體手中。三是日本在水利開發的條件上，自然環境提供農業生產穩定的水
源，特別在稻作方面，雖然日本的河川規模都不大，但流量穩定，灌溉能
有效利用。

　　明治維新之後，由於近代國家體制的形成及土地制度的變革，私有
財產予以法制化的規範確立，用水組織及習慣的法制化問題亦同時受到重
視，一八八四年（明治十七），由於「區町村會法」的修改，其內容第
八條是：「與全町村或數町村利害關係密切者，可以成立相關組合來處
置。」與水利有關的「水利土功會」因而產生，規則的裁定受制於地方官
廳。水利土功會的性質是明治政府欲以地方官廳來取代「村的組合」，掌
握河川行政，但由於中央行政權的局限及財政困難的因素，導致水利土功
會只是過渡的性質。為配合「町村制」地域及權力的擴大，水利組織及水
利事業的範圍也有擴大的傾向，一八九〇年（明治二十三）六月，「水利
組合條例」五十八條頒布，水利組合成立，水利土功會廢除，水利組合

有其自己的事業範圍及組織，長期依附在行政組織之下的水利事業正式脫離行政體系，水利組合成立最主要的目的為「用於灌溉排水等專門土地保護事業而設置」（後臺灣在一九〇八年（明治四十一）二月二十九日律令第四號所頒布的「官設埤圳規則」第一條內容所揭示的目的、用詞和此完全相同），水利組合的成立只要區域內有土地者、自耕農五人以上具名提出，經府縣知事認同即可設置，規約改正、區域變更、組合營運、組合員的選舉、組合費的賦課等重要事項，由組合議決即可，水利組合自此為一獨立的公共團體。水利組合的行政層級與市町村平行，受內務省管轄，行政管理依序為內務大臣—府縣知事—郡長，受到國家強力的監督，和過去「村的組合」時期，具有高度自治性格的性質已有很大的轉變。

　　一九〇五年（明治三十八）日俄戰爭之後，在國力增強政策的前提下，水利組合再次調整，一九〇八年（明治四十一）四月，法律第五十號頒布「水利組合法」九十條，原「水利組合條例」廢止，水利組合的功能慢慢增強，依法可以擁有徵收組合費、為特定目的可以成立基金會、變更區域、可以成立組合議會等權利，公法人的性格確立，但同時被政府支配的趨勢更明顯，組合管理者的產生通常由郡長任命，或由市町村長兼任。

　　另外，在制定「水利組合法」的同時，亦制定「耕地整理法」配合土地改良事業的推行，以灌溉排水體系來改良土地，以增進土地的利用。明治維新之後，為加強農業發展，除制定灌溉排水直接相關的「水利組合條例」、「水利組合法」、「耕地整理法」外，在一八九六（明治二十九）及一八九七年（明治三十）兩年內，又制定了「河川法」、「砂防法」及「森林法」的治水三法。至此，日本與水有關的法源、法令及水利行政輪廓大致形成。

　　近代日本的水利發展，顯然受到自然環境變遷和近代國家形成的影響，而逐漸走向具有政府機制的性格，早期自治色彩濃厚的性格已不復存在。影響水利發展的因素，政治上中央集權的發展趨勢，使政府欲透過水

的掌控來控制地方農民；經濟上由於人口增加導致糧食增產壓力日增，用水需求急增；社會上水利糾紛頻傳，為安定社會秩序，公權力必須適時介入；再加上日俄戰爭的刺激，在求國力增強政策優於一切時，都迫使日本傳統的用水習慣改變，而改變的主軸則是朝對水統制的方向發展。

水利秩序的形成必須有水源、水系、水利習慣、水利設施、水利組織及運作等條件，再配合適當的契機予以建構，適當的契機包括特殊和具體的契機，特殊的契機如法令、用水型態；具體的契機即自然環境，如此交互影響下，水利秩序自然形成。臺灣在日本統治以前，農村社會的水利秩序已形成，從水利開發的過程，到引水灌溉的分配、水利設施的維護、水利的經濟運作等，都有一套完整的模式在運作，差別只在沒有組織之名，和它是一個高度自治的無名組織而已。

其實，日本在明治維新以前的水利發展與傳統臺灣或中國有很大的相同處，諸如對水掌控的歷程都是由公到私，中國是由於地方財政的缺乏，以致水利事業改由里甲或鄉紳來主導，日本則是因為莊園制的力量成長，導致水利權的分割，到後期由村落擁有對水的支配權，而不論是村落或是里甲，都是一種有實無名的合約組織，具有高度自治的性格。

明治維新之後，日本近代國家的機制形成，與國家息息相關的權利逐漸被政權歸併支配，而水利良窳攸關農業生產，農業生產攸關國力強弱，自然是被納入體制的要項之一。所以，日本內地在二十世紀以前，政府已擁有水利的支配權，故為日本殖民地又被視為農業生產地的臺灣，其水利權的被整編只是時間早晚的問題。

日本在統治臺灣之初，由於治安未靖，對地方的經營有限，因此一切制度暫按舊規，而為了治理之便，積極進行一連串的舊慣調查，埤圳的調查工作亦在此時期展開。在一九〇一年（明治三十四）公共埤圳規則公布之前，臺灣總督府及地方政府對既有埤圳的情況已大致能掌握，並將調查結果彙編成埤圳臺帳，內容包含水源地名、經過地名、終點地名、建造時

間、出資方式、灌溉甲數、年水租額、管理方式、維修方式、管理者與官
府及街莊關係等。調查的結果發現，臺灣埤圳的舊慣和日本傳統的水利發
展有很多相似處，如此要將臺灣水利納入日本的水利秩序中，就待契機出
現而已，而契機隨即很快形成，「農業臺灣」的政策確立農業發展以米、
糖爲中心，爲增加米、糖產量，對於水的開發和掌握刻不容緩。

　　綜上所述，一九○一年（明治三十四）之後，臺灣出現的水利組織
（公共埤圳）其淵源應該有二：1.水利組織的實際運作，包括埤圳開發模
式、分水輪灌、水利糾紛仲裁、水租繳納等，其觀念應來自臺灣傳統的埤
圳組織及運作模式。2.水利組織之名及水權問題，包括水利組合名稱、水
權公有化、公法人及法令保障等，這些觀念爲總督府自日本內地所引進殆
無疑問。同時期的朝鮮，其水利發展的過程與臺灣相似，水利組織中有朝
鮮的水利傳統，也有近代日本國家的影子。

第二節　法規與組織的演變

一、水利行政機關的遞變

　　日本統治臺灣初期，由於治安未靖，總督府無暇著手水利相關規劃。直至一八九六年（明治二十九）才於總督府下設臨時土木部，以因應大型工程。一八九八年（明治三十一），水利行政事宜由民政部土木局接手，水利事業的管理較為明確。一九〇七年（明治四十）土木局頒布規章，其執掌包括：

　　1.關於道路、軌道、上、下水道、港灣及不屬於他課之土木工程計畫施行事項。

　　2.關於營繕工程之計畫施行事項。

　　3.關於前項各土木營繕技術事項。

　　4.關於渡船及水道施用事項。

　　5.關於土木營繕行政事項。

　　6.關於埤圳事項。

　　7.關於河川、運河及其他水利事項。

　　8.關於水利工程計畫施行事項。

　　9.關於所屬水利技術事項。

　　10.關於所屬事業會計事項。

　　一九一一年（明治四十四），民政部土木局雖仍然執掌「埤圳行政監督事項」，但灌溉與排水工程，則另由臺灣總督府臨時工事部主持，至一九一九年（大正八）臨時工事部撤銷為止，是年改土木局為二級機關，直隸總督府將埤圳行政移轉於民政部內務局，一直維持至一九二四年（大正十三）。

一九二四（大正十三）至一九三七年（昭和十二）期間，埤圳及其他水利土木有關事項與技術、水利組合、埤圳組合、灌溉排水事項，均歸內務局土木課主管；但土地改良事項移轉於殖產局農務課，機電移歸交通局遞信部。一九四二年（昭和十七）將土木課畫歸國土局，主管水利事項，其執掌爲：

1.河川調查及防洪計畫事項。

2.河川工程施行事項。

3.河川行政事項。

4.灌溉排水調度計畫事項。

5.灌溉排水工程施行事項。

6.上水、下水、及工業用水事項。

7.大甲溪開發事項。

一九四三年（昭和十八），總督府內新設礦工局，而再次將土木課畫歸於該局，這是日治時期水利行政機關最後一次的變動，此次的變動較值得注意的是，將農田水利部分移歸農商局耕地課主管，其他執掌有：

1.河川事項。

2.上水、下水，及工業用水事項。

3.大甲溪開發事項。

4.水害預防組合事項。

二、公共埤圳規則與組合

臺灣在日治時期水利事業的發展可以畫分爲舊規、公共埤圳、官設埤圳和水利組合四個時期，見表6-1。

表6-1　清領及日治時期臺灣水利組織名稱及法規沿革表

時期	時間	組織名稱	法源	主管機關	監督機關	管理者
清領	1684～1895	無組織名稱	諭告、圳照、戳記	無	地方官府	埤圳主
舊規	1895～1901	無組織名稱	1899：臺灣地租規則	臺灣總督府	地方政府（縣、廳）	埤圳主
公共埤圳	1901～1921	公共埤圳組合	1901：臺灣公共埤圳規則	臺灣總督府	地方政府（廳）	埤圳主
官設埤圳	1908～1921	官設埤圳組合	1908：官設埤圳規則	臺灣總督府	地方政府（廳）	主事
水利組合	1921～1945	水利組合	1921：臺灣水利組合令	臺灣總督府	地方政府（州）	組合長

　　一九〇一年（明治三十四）七月四日，臺灣總督府以律令第六號頒布「臺灣公共埤圳規則」十六條，而後又陸續公布「臺灣公共埤圳規則施行規則取扱手續」七條、「臺灣公共埤圳規則施行規則」二十八條、「臺灣公共埤圳聯合會規則」三條，臺灣正式開啓水權公共化及水利法制化的時代。

　　「臺灣公共埤圳規則」經兩次修正，內容主要為：凡與公眾利害有關者，均指定為公共埤圳，由行政官廳監督管理，所有公共埤圳都要登記於埤圳臺帳，臺帳內容詳載水源、經過地方、終點、新設或變更路線的年月日、投資方式、管理人姓名、修繕方法及水租等；政府對於埤圳之改善或新建工程之補助，亦規定以公共埤圳為對象。一九一三年（大正二），修正規定公共埤圳的利害關係人得經行政官廳的認可組織組合，確定公共埤圳組合為法人，以管理人為對外代表人，由行政官廳於利害關係人中指定適當人選五至二十人為籌備委員，擬訂組合規約申請組合組織，經認可召開組合會協議決定之。公共埤圳組合除管理者外，下設理事、書記負責事務部門，技師、技手負責技術部門，監視員負責巡視埤圳運作。依規約所

定，可依「臺灣國稅徵收規則」賦課徵收水租及費用。如有違背或損害水利者，各按情節予以懲戒處分或罰金及刑罰。

「臺灣公共埤圳規則」的制定對既存埤圳的意義有三層：第一層給予律法保障，爲國家的公益給予特別的保護管理，爲公共埤圳的本質；第二層給予法人地位；第三層即給予整編，以期收最大的利用效能。臺灣總督府認爲清國政府對於埤圳的管理政策過於消極，任由民間發展，但民間往往荒廢埤圳設施，使其無法發揮功能。但事實上，所謂最大的利用效能，意指提供母國日本最大的經濟利益，一九○二年（明治三十五），總督府頒布「臺灣糖業獎勵規則」，對於新式製糖廠給予肥料、蔗苗，以及灌溉和排水的補助，公共埤圳的功能得以彰顯，臺灣總督府水利政策目的亦得浮現。

公共埤圳組合爲法人組織，自此可以從日本勸業銀行等金融中心獲得定巨額的貸款融資，開闢了土地改良投資之路。在此誘因之下，被認定的埤圳每年增加，一九○三年（明治三十六）被指定爲公共埤圳者計有六十九處，灌溉面積約四萬○三百九十甲，至一九二一年（大正十）公共埤圳數量多達一百八十一處，灌溉面積達二十四萬七千三百甲，各州廳的公共埤圳數量分別是：臺北州二十五處、新竹州六十七處、臺中州三十五處、臺南州二十處、高雄州三十一處、臺東廳二處、花蓮港廳一處。。

關於公共埤圳的認定過程，茲舉臺南州公共埤圳組合中興圳的認定及整編過程來說明，見表6-2。當「臺灣公共埤圳規則」頒布之後，一九○二年（明治三十五）一月，嘉義廳即依規則第一條及第二條之權利，認定六斗圳、中興圳爲公共埤圳及畫定灌溉區域，以確保其存立及法令規約，同時著手調查該埤圳的大、小租情形及業主權。而後陸續於一九○七年（明治四十）十一月認定海豐埤及宮口埤爲公共埤圳，及變更中興圳及六斗圳的區域，並加入認定外埤圳雙環埤，將這些埤圳整合成公共埤圳組合中興圳，而舊有埤圳的業主權同時被取消，此即公共埤圳從認定到整合的過

程。

　　另外，關於公共埤圳組合的組織，茲以臺南州的虎頭山埤為例說明，公共埤圳組合虎頭山埤的管理者為臺南廳長，埤圳負責人稱主事，負責事項有：1.處理緊急災害；2.與臺南廳總務課文書憑證往來、資金處置；3.監督指揮書記、司圳及傭人；4.保管組合簿冊及各類證書；5.其他由臺南廳委任事項。書記一名負責組合內庶務，司圳一名負責埤堤、圳路、水門等水利設施監視及維修。虎頭山埤的人事編制不到五人，與清代水利組織的編制相當，但所負責的埤圳及區域規模均較前期為大，政府介入產生的效率可見一斑。

表6-2　嘉義廳公共埤圳中興圳組合認定區域、流程

公告日期	埤圳名稱	支圳名稱	區域（堡名）	區域（街莊名）
1902年1月20日	六斗埤圳	九甲涵圳、北勢涵圳、空仔涵圳、翁字圳、大崙圳、新圳仔圳、寮前圳、寮後圳、加義涵圳、奄豬厝圳、學仔涵圳。	牛稠溪堡	月眉潭莊、茶公厝莊、外六斗莊、大竹圍莊、過溝仔莊、大客莊、番婆莊、奄豬厝
1902年11月1日	中興圳	咬狗竹圳、茶公厝圳。	牛稠溪堡	港尾莊、羅厝莊、三間厝莊、內六斗莊、後厝仔莊、中央仔莊、月眉潭莊、咬狗竹莊
1907年11月27日	中興圳	自打貓東下堡牛稠溪之上流牛稠溪堡三間厝、羅厝、港尾、中洋仔、內六斗、後厝仔、茶公厝、咬狗竹、茶公厝尾堰堤防圳路水門排水路水汴及其他附屬物。	牛稠溪堡	三間厝（舊名三間厝、羅厝、港尾）、中洋仔莊、內六斗、後厝仔、茶公厝（舊名茶公厝、咬狗竹）

（續下表）

		於牛稠溪堡中洋仔莊中興圳之水尾起經月眉潭、奄豬厝、大客、潭仔墘、大竹圍、外六斗、番婆、大崙之末端尾堰堤防水汴及其他附屬物。	牛稠溪堡	月眉潭莊、溪北莊（名奄豬厝）、大客莊、潭仔墘莊、番婆莊、大崙莊
1907年11月27日	六斗圳			
1907年11月27日	海豐埤	自打貓南堡雙援莊、番仔溝之石頭埤仔起經同堡竹仔腳莊，打貓西堡後底湖、新港街境界之海豐埤堰堤堤防圳路排水路水汴及其他附屬物。	打貓西堡	後底湖莊、新港街之內
1907年11月27日	宮口埤	自打貓西堡後底湖之境界海豐埤之下流起，經過打貓西堡新港街，至同堡埤頭莊堰堤堤防圳路排水路水汴及其他附屬物。	打貓西堡	新港街之內、埤頭莊土名埤頭

三、官設埤圳組合

　　官設埤圳的指定與登記工作完成後，總督府對臺灣的埤圳概況已大致能掌握，此時欲就尚未完全開發的土地進行開發工作，惟大規模的灌溉工程，並非農民及地方政府所能負擔，同時日本政府亦想開發水力發電，遂於一九○八年（明治四十一）二月二十九日以律令第四號，頒布「官設埤圳規則」九條，而後又陸續公布「官設埤圳規則施行規則」十九條（1909）、「官設埤圳補償審查委員會規則」八條（1909）、「官設埤圳水利組合規則」九條（1910）。所謂官設埤圳，即是由官方直接經營，凡是大規模工程而地方人民不勝負擔者，皆可由官方經營，官設埤圳的設立除考慮灌溉功能外，水力發電亦是當時的考量之一。

　　為管理官設埤圳，在每一官設埤圳區域設置官設埤圳水利組合，以區域內蒙受水利的地主、佃戶、典權人，及為動力或其他目的使用官設埤圳者為組合員。水利組合設置時，應由廳長就組合員中遴選委員五名以上，議定規約，呈經臺灣總督認可，概由臺灣總督府土木局或廳長管理之，規約規定得賦課徵收費用及役夫。對於埤圳的管理，如欲接連埤圳至私有土地的水路，變更或廢止，或沿埤圳或穿越埤圳等設施，都必須經由土木局或廳長許可，官設埤圳組合本身的權力有限。另對於埤圳的保護，訂有多項罰則，其管理較公共埤圳嚴格許多。此外，對於私人經營之埤圳，經政府核准後，仍可由私人經營，稱之為「認定外埤圳」。

　　當時進行官設埤圳工程者有九處，但成立官設埤圳組合者只有新竹州的桃園大圳，臺中州的后里圳、荔仔埤圳，及高雄州的獅仔頭圳四處，各官設埤圳興建情形將於第七章說明。嘉南大圳的工程規模龐大，原應屬官設埤圳工程，但在興工前，總督府認為由民間組織組合，負擔大部分工費，則一切可自動節約而不會刺激物價，故先組織民營性質濃厚的「公共埤圳官佃溪埤圳組合」，而後更名「公共埤圳嘉南大圳組合」，因此不在官設埤圳之列。

四、水利組合

　　一九一九年（大正八），田健治郎成為臺灣的首任文官總督，為爭取臺灣人的認同而推動有限度的自治，除了制定市、街莊制外，也賦予地方公共團體有自營公共事業之權。一九二二年（大正十一），蓬萊米在臺移植成功與普及之後，為了推動稻米增植計畫，使得臺灣總督府對於水的掌控更為殷切，曾任職公共埤圳嘉南大圳水利組合的藤黑總左衛門即明白地說：「水利組合經營的目的為水第一、收穫第一。」一九二○年（大正

九），公共埤圳官佃溪埤圳組合事務所成立時，臺灣總督府總務長官下村宏在致詞時，特別強調水利組合和地方自治制度的意義，同是爲臺灣島民帶來最大的利益，減輕島民的負擔。在地方自治及對水利掌控的雙重使命下，一九二一年（大正十）十二月二十八日，臺灣總督府以律令第十號頒布「臺灣水利組合令」四十二條，使臺灣的水利組織進入徒具自治之名而無自治之實時期。

　　日治時期，臺灣總督府的水利政策是採漸進變革的方式，公共埤圳與官設埤圳原是相互配合的，一九二〇年（大正九）以後，官設埤圳改制爲公共埤圳，並讓渡給所在地的州、廳經營，這些公共埤圳又於一九二一年（大正十）之後逐漸改組爲水利組合。

　　「臺灣水利組合令」頒布之後，臺灣總督府又相繼在一九二〇年（大正九）頒布「州市街吏員服務紀律」三條，一九二二年（大正十一）頒布「臺灣水利組合令施行規則」五章六十七條、「水利組合規約準則」六章四十二條、「臺灣水利組合吏員服務規律」二條、「臺灣水利組合吏員懲戒規程」五條（一九二二），一九二七年（昭和二）頒布「水利組合及公共埤圳組合關於囑託、雇員採用職務相關文件」二條，一九三五年（昭和十）頒布「臺灣水利組合吏員的賠償責任及身元保證相關文件」、「市街莊吏員等的賠償責任及身元保證相關文件」八條、「臺灣水利組合更員事務引繼規程」、「街莊長及市街莊吏員事務引繼規程」九條等十種水利組合相關法規，這些法規建構起日治時期最完整的水利組織體系。

　　就水利組合令與前時期的公共埤圳規則和官設埤圳規則比較，可知臺灣總督府對於水利事業的範圍及區域的掌控逐漸擴大，而對於民間水利事業的管理更加嚴密，例如，水利組合明言灌溉排水或排水水害預防均可設置水利組合。此爲後來若干區水害預防區組合的張本，而灌溉排水水利組合則逐漸有被歸併的趨勢，水利組合令公布十年間，將一百八十一區的公共埤圳組合、官設埤圳組合、新設公共埤圳嘉南大圳組合、臺東池上及關

山兩組合，合併成一百〇八個水利組合。

　　關於水利組合的組織，依「臺灣水利組合令」及「臺灣水利組合令施行規則」的規劃，水利組合下設組合長一名，由知事或廳長任命，任期四年，除負責綜理組合事務，並兼有：1.為評議會議長；2.召集及關閉議會；3.缺席時指定代理議長；4.選舉評議員時，任選舉長；5.以組合員大會代替評議會時，非組合員之組合長視為組合員。可知水利組合之一切實權都操之於組合長，而組合長又為政府所任命，政府操控水利組合的意圖非常明顯。

　　水利組合除組合長外，組織又分評議會及吏員兩系統，評議會為組合長之諮詢，其組成半數由組合員互選，半數由政府指定。而吏員系統則又分事務及技術兩部分，事務方面包括理事、出納、書記及監視員，技術方面包括技師及技工。

　　事實上，水利組合的組織及運作幾乎是政府機關的縮影，這可從兩方面來看：一是組合的人員稱之為吏員，及規範這些吏員的人事規章皆引用州市街吏員的人事規章，這半官半民的人事布局，影響至今。二是組合無法單獨議決執行事項，當評議會通過議案後，都還必須報請臺灣總督府認可才能執行，如一九二三年（大正十二）十二月，嘉義郡水利組合欲修改道將圳及大林圳工事，評議會通過後，由嘉義郡郡守兼水利組合長河東田義一郎呈報給臺灣總督府，呈報內容包括設計書（事業出資方式、工期、預期成效、管理及費用負擔）、樣式、圖面等，總督府認可後才開始施工。

第三節　水利組織的運作——嘉南大圳的例子

一、公共埤圳嘉南大圳組合

一九一九年（大正七）八月爲建設嘉南大圳而成立「公共埤圳官佃溪埤圳組合」，由於組合初期需要管理的埤圳有限，故組合的組織初期偏重在工程建設方面，組合的管理者由臺灣總督府土木局長山形要助擔任，副管理者由臺南州知事枝德二擔任，依「公共埤圳官佃溪埤圳組合規約」的規劃，組合業務分設事務部及建設兩部及技師長，下轄理事、技師等若干名，但實際的組織卻有二部十八係，可見工程規模的龐大。

一九二一年（大正十）四月，公共埤圳官佃溪埤圳組合改稱爲公共埤圳嘉南大圳組合，直到一九四三年（昭和十八）再改爲嘉南大圳水利組合至終戰。其間組織架構經歷了九次的變革，組織編制逐年擴大，當中只有二次縮減員額：一次是一九二三年（大正十二）十二月，因受日本關東大地震的影響，工程預算緊縮，編制員額也裁減三分之一；第二次是一九三○年（昭和五）五月，嘉南大圳工程完工，除保留管理之必要職務外，其餘均予解雇。其他較重要的調整有三次，第一次是一九二一年（大正十），隨著組合業務的繁雜，及烏山頭堰堤工程的進行，增設臺南出張所負責徵收及用地事宜，烏山頭出張所則掌理貯水池堰堤等工程。第二次是一九三○年（昭和五）六月一日，嘉南大圳灌排體系完工，組合開始經營其灌溉區域內的事業，爲維持水利設施的正常運作及指導用水，乃設置五十餘所的水路監視所，及一百一十餘所的灌溉監視所，而事業區畫則依行政區畫郡街莊來管理，依一九二八年（昭和三）十月修正的〈公共埤圳嘉南大圳組合規約〉第二十三條之二的內容爲：「本組合爲處理地方事務依郡之區域，區畫爲郡部，郡部內再以街莊之區畫爲區，郡部設部長，區

設區長，郡部長由管理者、區長由郡部長聘任之。」第三次為一九四〇年（昭和十五）三月新設林務課專門掌理防砂造林事務。

從上述組織的三次變革來看，可以發現幾個特點：一是初期的組織編制偏重硬體建設，如烏山頭出張所的設置，即是完全為了烏山頭貯水池堰堤及烏山嶺隧道工程而設，使工程能更有效率及就近監工；一九三〇年（昭和五）嘉南大圳完工後，組織隨事業區擴大而增設地方管理單位「郡部及區」，以方便營運及管理；當營運上軌道之後，便開始致力永續經營及擴大事業區域，如增設林務課，負責在烏山頭水庫及土地改良區造林，目的是為延續烏山頭貯水池的生命，及從事土地改良事業，包括植防風林防砂再配合築堤防洪、開溝排水等措施。二是其組合雖然是公共埤圳的型態，但事業區的畫分依然以行政區畫為範圍，顯示其組織運作和其他水利組合有很大的相同處，屬於嘉南大圳系統的「虎尾郡部」和獨立系設統的「虎尾郡水利組合」，都是以基層行政區為範圍，這樣的組織調整對為一九四四年（昭和十九）合併改組奠下基礎。

二、嘉南大圳水利組合

一九四一年（昭和十六）四月，日本政府頒布「農業水利調整令」，臺灣亦同時頒布「臺灣農業水利臨時調整令」十五條及「臺灣農業水利臨時調整令施行規則」十八條，目的是為了因應戰爭的需要，依「國家總動員法」第八條為增產糧食，以節約用水來增加灌溉用水。「農業水利調整令」在日本內地的實施效果很好，但臺灣由於水源尚不缺乏，而暫時沒有調整。但為方便管理及控制水源起見，乃於一九四一（昭和十六）至一九四四年（昭和十九）間，對全臺的水利組合進行合併，全臺原有一百〇八個水利組合及公共埤圳，陸續合併成五十個水利組合。一九四三年

（昭和十八），公共埤圳嘉南大圳組合和其他六個水利組合合併成嘉南大圳水利組合，合併後的組織略有調整，較一九四〇年（昭和十五）的組織龐大，此一組織系統一直到一九四六年國民黨政府時期仍持續沿用。

三、組織結構

　　日治時期，嘉南大圳組織如何管理如此龐大又複雜的灌排體系？整個來看，公共埤圳嘉南大圳組合的組織結構可以區分為三層：最上層為決策階層，即「組合會」；中間層為行政管理階層，即組合內部各單位及分散於各郡部及區的工作人員；最下層為實際執行人員，即實行小組合。

　　首先，關於組合會的組織及運作，茲以一九二八年（昭和三）的組合會為例來說明，依〈公共埤圳嘉南大圳組合規約〉第五條規定：「本組合設組合會以左記之議員組織之：1.於每區域內從組合員中由組合員選出；2.第二項之議員為與公共埤圳有利害關係土地百甲以上之所有權者或質權人，及經管理者認為與本組合事業有重大利害關係者，得免經選舉成為議員，但該人為法人或有特別情形時得以其代表人為議員。」第五之二條：「由前條之議員中設置十六名之常務委員，其中十名由議員互選決定，六名由管理者指定之。」[1]是年九月，依規約第五條第一項選出八十名議員，其中常務委員有八名，三名為指定常務委員；依第五之二條產生的議員有二十八名，常務委員有八名，包括明治、臺灣、鹽水港、大日本、新高製糖株式會社代表五名，指定常務委員三名。從這份組合會議員及常務委員產生的法源及結構來看，可以發現幾個現象：一是水利事業的進行以日本

---

[1]　枝德二，《嘉南大圳新設事業概要》（嘉義：公共埤圳嘉南大圳組合，1930），附錄頁1-2。

資本家的利益爲優先考量，製糖會社有五個代表，全部都是常務委員，足見嘉南大圳要照顧的是日本資本家，即製糖會社，臺灣農民並非首要考量。二是依規約第五之二條規定，有二十八名的組合員不是經由選舉產生，是由官派產生，且十六名常務委員中只有四名是各由選區選舉產生，經由互相推選產生，象徵管理者對水利組織擁有絕對操控權，這與日本內地的水利組合有明顯的不同；日本內地的組合員全數都是由會員選舉產生，且日本內地的組合員有議決權及質詢權，不似臺灣的組合員只有被諮詢權而已。表面上，水利組合的精神雖具有高度自治的特性，但事實上，它與一九二〇年代臺灣地方自治的情形同出一轍，即徒具自治之名，而無自治之實。

其次，關於行政管理階層，根據一九四二年（昭和十七）公共埤圳嘉南大圳組合的員額編制，如表6-3，其編制尚不包括管理者、理事及技師，人數已達七百二十七人，組織相當龐大。其中，郡部以上的辦事人員有三百三十七人，水利系統幹支分線的監視人員有三百九十人；屬於技術工程人員有二百七十六人，管理事務人員有四百五十一人，占百分之六十二。如此的人事結構誠如前面所敘述的，在嘉南大圳工程完工後，組合的組織偏重在管理營運，技術工程人員只留下基本員額，故行政及管理人員數目眾多。行政管理階層有二個問題值得注意：一是管理者的選任，組合剛成立時，由臺灣總督府土木局長爲管理者，臺南州知事爲副管理者，以求事業推展阻力的減小。一九三一年（昭和六）後，廢除專任管理者制度，由臺南州知事兼任管理者；另外，又以總督府的內務部長充任理事，而郡部部長多由郡守兼任，管理人事被統治者掌控，水利組合缺乏自主性。二是日臺差異的問題，公共埤圳官佃溪埤圳組合剛成立之初，從管理者到二部十八係的主管、技師共二十三人，臺人只有一人，管理階層全都是由日人擔任。日治時期嘉南大圳水利組織的人事結構，除員工大多數爲日人外，較高的職務亦多由日人擔任，臺人能擔任的最高職位爲監視所

的所長（工作站站長）而已，如同樣的職務，臺人的薪資亦較日人少六成，顯示水利組織中亦存在著日臺差異的問題。

表6-3　一九四二年公共埤圳嘉南大圳組合員額編制表

區分	本部	支部	郡部	幹線監視所	支分線監視所	灌漑監視所	計
書記	26	1	19	—	—	—	46
技手	21	3	44	3	—	—	71
監視員	2	2	—	14	37	116	171
雇員	48	1	17	—	—	—	66
技手補	5	1	3	—	—	—	9
事務補	27	2	—	—	—	—	29
工手	13	16	23	13	18	26	109
工夫	—	18	8	19	38	—	83
巡視	—	—	—	—	—	116	116
測夫	4	—	—	—	—	—	4
給吏	9	—	9	—	—	—	18
小使	4	1	—	—	—	—	5
計	169	45	123	49	93	258	727

最後，關於實行小組合的組織及運作，實行小組合為水利組合最基層的自治性灌排組織。其起源乃因一九二四年（大正十三）嘉南大圳濁水溪幹線開始通水，公共埤圳嘉南大圳組合就將分線以下的小給水、排水路交由土地使用者管理，在虎尾地區開始組織實行小組合。後依一九二八年（昭和三）修正的〈公共埤圳嘉南大圳組合規約〉第二十九之二條規定，實行小組合的區畫依給水區來畫分，由事業區內的組合員組織之，成立的目的及功能是對於小給、小排水路的維修及管理、圳水的分配、耕地的交換、共同苗代（秧苗）的委託經營等。實行小組合設小組合長一名，小區長三名，顧問三名，均為榮譽無給職，選任以能通日語及年輕力壯為原則。嘉南大圳灌溉區域則配合三年輪作區來規劃，即五十甲設區長，由區

內關係小組合員互選，三區設小組合長，由小組合員互選，一九三六年（昭和十一）時實行小組合有一千〇二十七個，人數不詳。六個水利組合事業區則以埤圳爲區域，區域面積或二十甲、三十甲不等，組織則同嘉南大圳事業區，但設小區長若干名，其中實行小組合數量以嘉義郡水利組合最多有六十一個，新化郡水利組合則尚未設置，每個實行小組合人數平均約一百人不等。較特別是新豐郡的農事實行組合亦是以埤圳爲區域畫分許縣圳、依仁圳農事實行組合共十區，和水利實行小組合的區域及任務完全重疊，可說互相推動農事運作。

　　實行小組合在水利組織的指導下，和郡街莊的農事實行組合保持密切合作關係，共同推動產業政策，如舉行水稻、甘薯增收競賽等，使農民的基層組織緊密結合，利於政策的推動。另爲使實行小組合能積極運作，各水利組合訂有各種獎勵辦法，如嘉義郡水利組合設有獎勵金、水利改良費的補助、優良小組合的表彰等；公共埤圳嘉南大圳組合甚至將優良實行小組合幹部事蹟以專著介紹。

　　由於實行小組合長及小區長均爲榮譽無給職，常無法處理小組合事務，乃以監視所爲單位在其轄區之內組織實行小組合聯合會，置辦事所於監視所內共同處理各小組合事務，聯合會置會長一人，由監視所內各實行小組合長互選擔任之，乃爲義務職，但設有有給職辦事員二到三人協助聯合會事宜。

四、灌排體系的運作

　　關於嘉南大圳灌排體系的用水管理，在每期作物種植前，擬定輪灌用水計畫，依照適時、適量、依序的原則，由監視員（水路管理員）及巡視（灌溉管理員）執行水源及幹支線輸配水量之操作調配，屬於各幹線、支

分線及灌溉監視所負責。監視員專司水源之控制，依照配水計畫，測量水路及水量配送各輪灌區，將輪灌區應得之水量，通知巡視，依時記錄並核對各輪區水門的取水量。調節水門及督導輪區內掌水人員（水利實行小組合）的田面灌溉，與給水路田埂等的保養工作，依照計畫將輪灌區應得水量、及各單區的灌溉時間公告於現場，並通知掌水人員依時輪灌各單區。當水源流量降低時，由監視員通知各巡視，依輪灌區之需水量降低比例，在規定應整地或插秧的時間上，由掌水人員通知水利實行小組合轉告農民依時工作，以免影響下次配水。

綜上所述，日治時期嘉南大圳的水利組織雖經歷三次的整合，但組織的結構、編制在一九二〇年（大正九）公告「公共埤圳官佃溪埤圳組合」時就已建立，而組織運作的結構網絡則如同嘉南大圳的灌排體系是綿密完整的，使龐大事業區的水利運作能從不間斷地進行。

清代時的水利組織雖無組織之名，但卻是臺灣農村最大、最普遍及唯一的經濟性組織。日治時期，總督府欲掌握水資源以積極發展農業，遂順勢運用臺灣舊有埤圳慣習，及引入日本內地的水權觀念，逐漸將水權公有化和法制化，並賦予水利組織更大的權力和任務，總督府的水利事業於是展開。

水利事業要能順利運作，端視水利組織的結構是否健全，日治時期的水利組織結構雖分決策、行政管理和執行三個層次，但真正使水利功能維持正常運作是最低階層的水利實行小組合，因為他們是由農民所組成，灌排體系運作能否順暢，和他們自身能否能溫飽切身相關，但他們對水的運作方式常和決策者或管理者的意見出入，農民意識因此凝聚，形成農村社會一股新興的力量。

表6-4　臺灣水利相關法規一覽表

法令名稱	發布機關	發布時間
臺灣公共埤圳規則	臺灣總督府	1901年7月4日・律令第6號
臺灣公共埤圳規則施行規則取扱手續	臺灣總督府	1901年8月7日・訓令第263號
臺灣公共埤圳規則施行規則	臺灣總督府	1904年2月19日・府令第13號
臺灣公共埤圳聯合會規則	臺灣總督府	1908年7月30日・府令第64號
臺灣官設埤圳規則	臺灣總督府	1908年2月19日・1907年府令第11號
臺灣官設埤圳規則施行規則	臺灣總督府	1909年3月28日
官設埤圳補償審查委員規則	臺灣總督府	1909年3月28日
官設埤圳監視規程	臺灣總督府	1909年3月28日
官設埤圳灌漑地臺帳及水租徵收規則	臺灣總督府	1910年3月8日
官設埤圳水利組合規則	臺灣總督府	1910年4月・府令第25號
臺灣水利組合令	臺灣總督府	1921年12月28日・律令第10號
臺灣水利組合令施行細則	臺灣總督府	1922年5月22日・府令第123號
水利組合規約準則	臺灣總督府	1922年11月・訓令第199號
水利法	國民政府	1942年7月7日公布，明令於1943年4月1日起施行
水利法施行細則	行政院	1943年3月22日
臺灣省農田水利協會章程	臺灣省行政長官公署	1945年制定，未公布
臺灣省各地水利委員會設置辦法	臺灣省政府	1948年1月13日・參柒子元祕法字第6470號令
臺灣省各地水利委員會辦事細則	臺灣省政府	1948年6月3日・參柒已江府綜法字第47241號令
臺灣省各地水利委員會選舉規程	臺灣省政府	1948年10月22日・參柒酉養府綜法字第65858號令
臺灣省私有耕地租用辦法第七條水租負擔補充規定	臺灣省政府	1949年10月13日・參捌西元府地丙字第1811號令
行政區域調整後水利委員會水利行政系統	臺灣省政府	1950年10月19日・參玖酉皓經水字第8223號令

（續下表）

臺灣省各地水利委員會組織規程	臺灣省政府	1950年10月19日・參玖酉皓經水字第8223號令
臺灣省各地水利委員會徵收會費辦法	臺灣省政府	1950年11月18日令
各地水利委員會自有或使用他人土地之水路、使用辦法	臺灣省政府	1953年5月29日・肆貳府建水第5052號公告
臺灣省各地水利整理委員會業務接管辦法	臺灣省政府	1953年7月8日・肆貳府建水第58715號令
實施耕者有其田後清理各地水利委委員會會員欠繳會費注意事項	臺灣省政府	1953年7月20日・肆貳府建水第67039號令
臺灣省各地水利委員會工程督導辦法	臺灣省政府	1953年9月29日・肆貳府建水第95016號令
臺灣省各地水利委員會改進辦法	臺灣省政府	1955年9月17日・臺建字第5534號令公布
臺灣省農田水利會組織規程	臺灣省政府	1955年11月17日・府祕法字第94230號令
臺灣省各地農田水利會選舉罷免規則	臺灣省政府	1956年5月12日・肆伍府建水字第30160號公布
臺灣省農田水利會人事管理規則	臺灣省政府	1956年7月26日・府建祕字第84335號令公布
臺灣省各地農田水利會選舉糾紛處理辦法	臺灣省政府	1957年9月2日・府建水字第36517號令公布
臺灣省各地農田水利會附屬機構設置辦法	臺灣省政府	1957年9月2日・府建水字第36517號令公布
臺灣省各地農田水利會會議規則	臺灣省政府	1960年1月19日・府建土字第103079號令
農田水利會組織通則	總統	1965年7月2日
臺灣省加速農村建設時期健全農田水利實施要點	臺灣省政府	1974年9月26日・府建四字第103804號函頒布
臺灣省各農田水利會財物購置定製變賣實施要點	臺灣省水利局	1979年4月23日・六八水政字第21168號函頒實施

（續下表）

臺灣省排水設施維護管理辦法	臺灣省政府	1979年9月19日・府建水字第85366號令發布
臺灣省灌溉事業管理規則	臺灣省政府	1980年2月22日・府建六字第13115號令修正
臺灣省各地農田水利會各項費用征收要點	臺灣省水利局	1980年12月4日・水字第4619號函頒布
臺灣省各地農田水利會灌溉畜水池管理要點	臺灣省政府	1981年5月21日・七〇府建四字第42962號
臺灣省各地農田水利會財務處理辦法	臺灣省政府	1982年7月3日・府法四字第45441號令修正
臺灣省各地農田水利會辦理工程注意事項	臺灣省水利局	1982年9月21日・357號函
臺灣省各農田水利會事業區域內土地灌溉、排水受益變更處理要點	臺灣省政府	1983年1月25日・七二府建水字第142200號
臺灣省各地農田水利會預算執行要點	臺灣省水利局	1989年3月10日・水會字第1541號函修正
臺灣省各地農田水利會資金管理運用要點	行政院農委員	1991年8月23日・八十第0140259號
臺灣省各地農田水利會財產有效處理要點	臺灣省政府	1991年9月3日・八十水政字第45649號函
農田水利會會長遴派辦法	行政院農委會	1993年3月18日・八二農林字第2112879A號訂定全文17條
農田水利會會務委員遴派辦法	行政院農委會	1993年12月24日・八二農林字第2030783A號訂定全文30條

第七章　日治時期農業水利的建設

　　日治時期臺灣總督府除頒布「臺灣公共埤圳規則」，將臺灣舊有埤圳轉移成公共埤圳外，也規劃興建各種水利設施，以期「農業臺灣」政策得以實現。總督府進行的水利工程，包括灌溉工程、土地改良工程、排水工程、舊有埤圳修復工程及引進新的水利技術等，其中以桃園大圳及嘉南大圳的規模最大。日治時期各項的水利工程，不但增加土地灌溉面積及米糖生產，也奠定了臺灣農業發展的基礎，其影響至今仍然深遠。

第一節 桃園大圳的興建及影響

一、桃園大圳興建前的水利環境

　　日治初期臺灣總督府曾進行全臺舊埤圳的調查，調查各埤圳的沿革、產權轉移、經費運作的情形，在桃園大圳興建以前，整個桃園廳（包括今臺北縣部分鄉鎮）的公共埤圳共有十處，灌溉面積為二千七百四十三甲，認定外埤圳有六千六百七十五處，灌溉面積有三萬○二百○四甲，桃園廳的埤圳數合計六千六百八十五處，是當時全臺灣各行政區中埤圳數量最多及密度最高者。雖然埤圳的數量為全臺最多，但平均一處水利設施的灌溉面積不到五甲。再加上水利設施的種類多半是陂塘，水源相當不穩定，無法常年供水。雖然陂塘的灌溉功用有限，但因桃園台地的地面緩斜，只須挖一點紅壤的表土，在下面築一條土堤，即可留水成池，方法簡便，不必多大的資本與勞力，因此造成本區陂塘遍布。

表7-1　一九○一年桃園廳水利設施與水系關係一覽表

所引水源	埤圳名稱
南崁溪 茄苳溪	霄裡大圳、紅圳、東圳、西圳、中圳、山仔頂圳、內厝上下圳、山鼻仔圳、大竹園公圳、赤土圳、牛角圳、山尾圳、十四份圳、大汴圳、柴頭翁圳、崁子腳公埤
大漢溪	三層圳、新舊溪洲圳、十三添圳、下崁圳、月眉圳、陂頭圳、五十圓埤、南興新埤、阿姆坪頂圳、阿母坪下圳、合興大圳
新街溪	泉州厝圳、伯公潭圳、內壢大埤、水頭仔埤
老街溪	龍潭陂、烏樹林泉水圳、八字圳、雙連埤、圓林埤、水汴下圳、橋頭圳、崩崗潭圳、大園大公埤、番仔圳、石頭圳、大崙大埤、興南大埤、八股埤、烏樹林湳埤、半看埤、土地公潭埤、崙後埤、中壢大公埤、紅墓埤、紅塗埤、沙崙大埤、尖山大埤、三坑子中圳、三角林大圳、楓櫃口埤、竹窩仔埤、大坪莊大圳、淮子埔圳

（續下表）

大堀溪	店仔崗圳、公田圳、埔頂溪頭圳、大公缺公圳、龜子墓圳、紅塘埤、大湖埤、北勢大埤
社子溪	三七圳、三七北圳、伯公岡埤、大陂大埤、後湖埤、後面埤、後湖新埤、大牛欄新埤、水碓圳、蚵殼港埤、員笨大埤
十五間溪	十五間尾公埤
十里溪	紅塘陂、大潭陂、紅塵陂

　　陂塘數量雖多，但灌溉的成效卻甚低，試問一處水利設施的灌溉面積不到五甲，其在農業上能發揮的成效有多大？一九○一年（明治三十四）「臺灣公共埤圳規則」公布後，桃園台地的陂塘隨即有六處被指定為公共埤圳，見表7-2，但總灌溉面積竟只有一千五百四十五·七五甲而已，成效有限。桃園台地約六萬五千甲的土地，對推行「農業臺灣」的臺灣總督府而言，是一處很可以拓展的地方，但前提是要有大規模的埤圳來改善灌溉的問題。

表7-2　日治時期桃園廳公共埤圳概況

公共埤圳名稱	灌溉區域（街莊）	灌溉區域（今地區）	灌溉面積（甲）
合興大圳	八塊厝、下莊仔、員樹林、埔頂南興、蕃仔寮、泉水空	大溪、八德、龍潭	545.01
三七圳	笨仔、楝榔、社仔、員笨、上陰影窩	新屋、楊梅	267.60
霄裡大圳	霄裡、東勢	八德、平鎮	248.62
坡寮大圳	白沙墩、坡寮、坑尾、下青埔	觀音	214.69
龍潭埤	烏樹林、黃泥塘	龍潭	192.42
赤牛欄大埤	石牌嶺、下田心仔	新屋	77.41
小計			1545.75

二、桃園大圳的興建與特點

　　一九〇八年（明治四十一）二月臺灣總督府頒布律令第四號「官設埤圳規則」，而後又陸續公布「官設埤圳規則施行規則」、「官設埤圳補償審查委員會規則」，以推動官設埤圳建設，一九一〇年（明治四十三）則頒布「官設埤圳水利組合規則」，以建立管理組織。在官設埤圳規則頒布後，總督府亦提出特別事業費預算三千萬圓，以十年之連續計畫推行之。意圖以官方力量興築大規模的水利工程，增進灌溉，並且開發水力。總督府在全臺四個地區樹立修改及擴張埤圳的計畫，並將計畫分為三類：一是工程費在二十萬圓以上者；二是比較容易施行者；三為效果顯著者。官設埤圳事業一方面乃由於日本國內需求，二方面則是臺灣財政穩定，於是有此大力推動水利興築的以圖農業增產之政策。當時一共提出十四項計畫，如表7-3。

表7-3　一九一〇年（明治四十三）官設埤圳計畫預定表

計畫名稱及地區	預定灌溉甲數
叭哩沙羅東方面	4,950
宜蘭河北頭圍方面	5,000
八塊厝中壢附近（桃園大圳）	20,000
后里大甲附近	3,000
葫蘆墩、上下八堡圳	11,000
八堡十五莊圳	21,000
濁水莊附近	900
清水溪	2,000
斗六附近	3,000
鹿場課圳	4,500
安溪圳	4,000
二層行溪蓄水池	20,000

（續下表）

曹工五里新舊圳	15,000
獅子頭圳	4,000
總計	118,340

　　桃園台地的水利環境符合官設埤圳補助條件，因此，將本區列為官設埤圳計畫的地區（八塊厝中壢附近）。但一九一二年（大正元）臺灣中部發生暴風雨，全臺河川氾濫，濁水溪尤為嚴重。總督府將心力先置於河川整治工程，水利工程因而停頓。

　　一九一三年（大正二）全臺發生大旱災，臺灣總督府深受警惕，一九一五年（大正四）「官設埤圳八塊厝中壢附近工程計畫」隨即被擬定，當時計畫在新竹州所屬的桃園台地興建灌溉工程，準備取大嵙崁溪上游溪水，灌溉台地標高三百六十公尺以下耕地二萬二千甲，總督府乃派土木局技師狩野三郎、八田與一等進行設計。八田與一等技師進入桃園山區進行調查、測量並完成了基本設計書，八田與一後來表示，此項工程不易進行，因為在大嵙崁溪上游建取口，取水過多會影響下游的灌溉。工程經過修訂之後，決定在取水口後端的二十公里長引水路上留存或整理，新建蓄水池，利用大嵙崁溪溪水及雨季儲水，經幹線、支線、分線進行灌溉。

　　桃園大圳的工程內容為：引水於大嵙崁溪上游之石門，於岩壁上鑿一進水井及引水閘二座、進水閘一座、沉澱池一處。隧道八段為馬蹄形，高寬各三‧六公尺，長十五‧七公里，水橋五座，明渠十一段，共四‧五八公里。自此接幹線二十五‧三公里；支線十二條，共長一百一十四‧七公里；分線六條，共長二十六公里；蓄水池進水線二百四十一條，共長一百四十六公里；小給水路共六百八十六公里，原計畫灌溉面積為二萬二千甲，後擴充至二萬三千餘甲。

　　桃園大圳的工程分兩個部分，一是官設埤圳部分，動工於一九二二年（大正十一），完成於一九二四年（大正十三），是年即開始通水灌

溉。二是水利組合的部分，包括陂塘的興建、改良陂塘及分水路等工程，始於一九一六年（大正五），至一九二八年（昭和三）全部完工。總工程費一千二百萬餘圓，其中總督府補助七百七十萬餘圓，水利組合分攤四百七十萬餘圓，受益耕田每甲負擔工程費五百四十三圓。

桃園大圳的工程設計有二個特點：一是保留一部分的舊陂塘，調節水源，以減輕幹渠之負擔，依灌溉面積按每秒灌二十五‧五甲計，則輸水量應爲九百個單位，不但隧道、幹線的負荷會增加，且大嵙崁溪的水源無法時時保存此進水量，因此保留陂塘二百四十一處，於灌溉需水較少時引入溪水，灌溉需水較迫切時，以陂塘水補充溪水的不足。

第二個特點即回歸水的利用，由於桃園台地地勢較陡，經灌溉放流之水，乃有局部水流歸天然溪澗中，故於各溪築河水堰二百一十一處，攔截流失之水，使之導入支分線、陂塘、或直接作灌溉之用，以桃園大圳的灌溉面積，依計畫流量，爲每秒立方公尺達一千一百四十三甲。

三、桃園大圳的影響

（一）耕地型態改變

旱田水田化是水利設施興建後，最明顯可以看出的變化。桃園大圳通水後，水田的面積明顯增加，特別是一九二八年（昭和三）桃園大圳全部通水後，灌溉區內的水田都明顯地增加，大園、觀音等地區的水田面積增加甚至超過百分之四十以上，可見桃園大圳利用地勢及回歸水的設計，使位於地勢較低的沿海地區亦可得到灌溉水源，多少改變「風頭水尾」（形容沿海地區土地貧瘠，海風造成土壤鹽分很高，灌溉又不易，耕作困難，人民大都出外謀生）的傳統印象。旱田面積明顯減少，大園、觀音、桃園

及中壢等地區旱田急遽減少。而非桃園大圳的灌溉區，水田增加的速度甚慢。另外，就一九三〇年（昭和五）全臺灣的水旱田比例來看，當時全臺水田所占耕地面積約百分之四十九，但桃園大圳灌溉區的水田面積所占耕地面積已高達百分之八十四了，見表7-4，足見桃園大圳通水後對台地最明顯的變化，即水田面積激增，旱田面積銳減。

表7-4　桃園大圳通水前後桃園台地水旱田面積變化表

街莊	旱田面積（單位：甲）					水田面積（單位：甲）				
	1921	1926	1931	1921-1926 增加%	1926-1931 增加%	1921	1926	1931	1921-1926 增加%	1926-1931 增加%
龍潭莊	3,930	3,980	3,682	1.3	−7.5	1,660	1,683	1,748	1.4	3.9
平鎮莊	1,456	1,402	1,316	−3.7	−6.1	2,111	2,146	2,228	1.7	3.8
湖口莊	1,279	1,255	1,217	−1.9	−3.0	2,296	2,335	2,368	1.7	1.4
紅毛莊	646	606	578	−6.2	−4.6	2,104	2,111	2,152	0.3	1.9
大溪街	1,459	1,624	1,633	11.3	5.5	2,428	2,547	2,706	4.9	6.2
八塊莊	726	695	622	−4.3	−10.5	1,885	1,984	2,030	5.3	2.3
桃園街	499	126	107	−74.7	−15.1	1,871	2,424	2,468	29.6	1.8
中壢街	2,047	1,335	1,141	−34.8	−14.5	3,839	4,677	4,897	21.8	4.7
楊梅街	2,857	2,711	2,327	−5.1	−14.2	3,492	3,602	3,777	3.2	4.9
新屋莊	999	592	531	−40.7	−10.3	4,712	5,411	5,651	14.8	4.4
蘆竹莊	748	582	385	−22.2	−33.8	3,389	3,871	3,992	14.2	3.1
觀音莊	1,963	661	414	−66.3	−37.4	3,396	4,967	5,497	46.3	10.7
大園莊	1,668	469	311	−71.9	−33.7	4,089	5,767	6,191	41.0	7.4
灌區合計	12,966	8,795	7,471	−32.2	−15.1	29,101	35,250	37,209	21.1	5.6
總計	20,277	16,038	14,264	−20.9	−11.1	37,272	43,525	45,705	16.8	5.0

＊框底部分為桃園大圳灌溉區範圍。

（二）土地價值提高

　　旱田水田化後，作物種植的選擇性變大，農民可依市場價格來決定種植作物，特別在一九二〇年代蓬萊米品種產生之後，相對帶動農業產值的提高。桃園大圳通水後，稻米的產量每甲增加二·三倍，稻米收購價格每公斤增加二·八四倍，土地買賣價格每甲更增加四·〇六倍，見表7-5，亦即桃園大圳通水後，土地獲得改良，作物收穫量提升，即土地生產力提高，土地價值自然提高。

表7-5　桃園大圳通水前後土地種類、生產力及價格之變遷表

時期別	地目別	面積（公頃）	總收穫			每甲土地收穫		
			糙米（公順）	金額（萬圓）	土地價格（萬圓）	糙米（公斤）	金額（萬圓）	土地價格（萬圓）
通水前	水田	13,308	23,408	310	1,254	1,759	233	942
	旱田	6,619	—	58	—	—	88	—
	陂塘	4,677	—	—	—	—	—	—
	合計	24,604	23,408	368	1,254	1,759	185	629
通水後（1936）	水田	22,034	89,010	1,171	5,679	4,040	531	2,577
	旱田	274	—	2	11	—	88	413
	陂塘	2,296	—	—	—	—	—	—
	合計	24,604	89,010	1,173	5,690	4,040	526	2,551

資料來源：桃園水利組合，《事業概要》（新竹：桃園水利組合，出版時間不詳），頁26-28。

（三）作物生產結構改變

　　在桃園大圳通水前，受限於灌溉水源的不足，桃園台地的作物主要是茶樹及旱稻，桃園大圳通水後，旱田水田化，再加上茶葉的產值降低、日本農業政策，及蓬萊米出現等因素的影響，本區農民在作物的選擇上更自由，選擇種植水稻的農民逐漸增加，水稻栽培面積不斷擴增，茶樹種植面積逐漸減少，屬於灌溉區的觀音、大園等地區，茶園甚至全面放棄，見表7-6。

表7-6　桃園大圳通水前後桃園台地水稻與茶樹種植面積變化表

街莊	水稻種植面積（甲）					茶樹種植面積（甲）				
	1921	1926	1931	1921-1926 增加%	1926-1931 增加%	1921	1926	1931	1921-1926 增加%	1926-1931 增加%
龍潭莊	3,008	3,143	3,239	4.5	3.1	3,796	3,861	3,649	1.7	−5.5
平鎮莊	3,697	3,970	4,174	7.4	5.1	755	1,439	1,164	90.1	−19.1
湖口莊	3,685	3,588	3,809	−2.6	6.2	310	439	464	41.6	5.7
紅毛莊	3,151	3,311	2,999	5.1	9.4	0	0	0	0	0
大溪街	4,383	4,716	4,868	7.6	3.2	1,146	1,435	1,329	25.2	−7.4
八塊莊	3,533	3,694	3,840	4.6	4.0	538	542	542	0.7	0
桃園街	3,356	4,228	4,764	26.0	12.7	71	5	4	−93.0	−20.0
中壢街	7,012	8,202	8,904	17.0	8.6	1,340	1,564	850	−16.7	−45.7
楊梅街	6,379	5,761	6,887	−9.7	19.5	2,073	1,924	1,817	−7.7	−5.6
新屋莊	8,257	9,462	10,556	14.6	11.6	47	53	31	12.7	−41.5
蘆竹莊	6,137	6,848	7,254	11.6	20.5	194	160	188	−17.5	17.5
觀音莊	5,735	8,154	10,050	42.2	23.3	36	1	0	−97.2	−100.0
大園莊	7,498	9,443	11,469	25.9	21.5	48	0	0	−100.0	0
灌區合計	52,290	60,508	68,592	15.7	13.4	5,493	5,684	4,761	3.5	−16.2
總計	65,831	74,520	82,813	13.2	11.1	10,354	11,423	9,574	10.3	−16.2

（四）聚落機能的加強及台地中心的轉移

　　桃園大圳通水後，農民作物種植的選擇雖然多元化，但受市場價格及日本政策的影響，農民作物耕種的選擇逐漸被納入日本的經濟分工體系，以致維生農產品漸被經濟作物所取代，即使糧食作物也有一部分轉化成商品，農產商品化，導致其生產專門化；作物愈商品化，農民受市場的支配愈深，農民愈來愈無法自給自足，不只在市場購買農具、肥料，連生計所需的一大部分也必須從市場購買，傳統市場的機能擴大，間接也影響聚落型態的改變。

　　與農業發展關係密切的聚落主要是鄉街，一九二〇年代後桃園台地的

聚落的行政層級有郡、街、莊三個層級，鄉街的功能在街、莊行政層級中
均能涵蓋。桃園大圳通水後，經濟分工趨於明確，使聚落的性質也逐漸在
改變，本區所有的街莊都具有市場機能，過去本區以農業村落為主的聚落
型態逐漸轉變成具有商業機能聚落型態。

　　為有效管理灌溉用水以發展農業，日本政府透過嚴密的水利組織來
掌握臺灣的水資源，水利組織的特性是對各個層級的布置如同行政區畫一
樣分明。就桃園大圳而言，行政上有組合會，議員產生來自各灌區，或是
土地利害關係人；其下再依各灌區分成數區，每個區之中，又分為數個監
視區，並有監視所及監視分所為辦公處。就桃園大圳水利組合的組織層級
來看，監視所相當於轄區內所有給水區的行政中心，除負責分配管理給水
外，亦是實行小組合聯合會的辦事處，為方便運作及連繫，監視所的地點
通常選定於位置適中的大集村，是最底層的中心聚落，茲檢視目前尚存的
監視所（今水利工作站）位置，現在這些監視所都位於街莊的中心位置，
或莊內最大的大字（地段）。

　　另外，桃園大圳綿密的灌排體系，藉由幹線、支線、分線、給水路、
塘陂及田間水路等水利設施，將桃園台地的空間結構更緊密地結合，從清
朝鬆散的小區域水利空間，逐漸演化成具有支配功能的空間結構。

　　清末開港後，大嵙崁（今大溪）由於是淡水河上游茶、樟腦的集散轉
運地，一直至一九二〇年代仍是桃園台地最繁榮的街市，一八九八年（明
治三十一）時已名列全臺第二十大城鎮，人口已近五千人，全盛時碼頭高
達三百艘以上的船舶停靠，船員加上碼頭的搬運工人大約有一千多人依賴
大嵙崁溪航運維生。

　　茶、樟腦過度的種植及採伐，造成山地原本覆蓋的森林日漸減少，
土壤的吸水能力降低，雨水沖刷而下的土石，使淡水河及大嵙崁溪日漸淤
積，大嵙崁溪的航運衰退。桃園大圳的興築更直接衝擊大嵙崁溪的航運，
桃園大圳的引水口在石門截取大嵙崁溪溪水，造成水量遽減，航運自此一

蹶不振，輕便鐵道及鐵路取代河運成為桃園台地的交通動力，沿線早期因
河運而興起的聚落，因而沒落。

　　鐵路取代河運，桃園台地的經濟、政治發展重心，也漸漸由東南山
區的河港城鎮轉移到西北陸路交通節點。從一九○五（明治三十八）到
一九四○年（昭和十五），整個桃園地區的人口增加率約為六成，但大溪
僅三成。而人口成長率較高的地區依序是桃園、中壢、楊梅、觀音、大
園、新屋等地，見表7-7。

表7-7　一九○五～一九四○年桃園地區各街莊人口概況表

街莊名	1905年	1920年	1930年	1940年	1940/1905年增加率（%）
龍潭	17,740	17,048	17,469	18,690	5
大溪	23,016	24,619	26,920	29,930	30
八德	9,608	9,449	9,813	10,285	7
桃園	13,439	17,272	21,777	28,401	111
蘆竹	11,986	13,246	15,230	17,255	44
大園	11,675	13,350	16,124	20,974	80
中壢	14,669	18,337	23,610	30,635	109
平鎮	10,206	11,302	12,137	13,691	34
楊梅	14,942	19,950	23,860	27,495	84
新屋	13,194	14,991	18,780	23,084	75
觀音	11,121	11,650	15,677	20,322	83
合計	151,596	171,214	201,397	240,762	59

第二節 嘉南大圳的興建及影響

一、計畫的擬定

　　明治末期以來，日本國內稻米產量不敷所需問題日趨嚴重，對朝鮮及臺灣的稻米依賴愈深，臺灣總督府受到稻米增產的壓力極大。而總督府民政部土木局為增加臺灣島內的稻米產量，乃積極尋找可栽培水稻的水田用地，建設灌溉工程。原本十年計畫的官設埤圳工程，接連受到大正初年自然災害的影響，官設埤圳工程一再變更，最需要水的嘉南平原在官設埤圳工程方面可說沒有進展，但一九一六年（大正五），桃園大圳的許可卻刺激了嘉南大圳的出現。

　　桃園大圳開工後，嘉義廳長相賀照鄉曾要求土木局在嘉南平原仿照辦理，再加上先前總督府有意在臺灣南部尋求可供發電的水源，遂實地從事調查研究，調查工作委由總督府土木局技師八田與一負責。調查結果發現，由於嘉南平原降雨量分配不平均，且年平均溫度高、蒸發快，地勢過於平坦，沿海地區排水亦有困難，無法如桃園台地一樣，可以利用貯水池來建造大型水利設施。但發現官佃溪及龜重溪流域上游有各自建造大型貯水池的可能，乃計畫除了此二大蓄水池為水源供給灌溉用水外，並對其區域興建造排水設備，可使七萬五千甲土地得到充足灌溉用水，此即「官佃溪埤圳計畫」。工程的主要部分由官設埤圳計畫變更的特別事業費撥付，細部部分則由地方的相關人士負責籌措經費處理。在這個階段，雖完成了實施計畫，但預算尚未經議會通過。

　　依據《臺灣日日新報》的說法，這次計畫經報導批露後，地方上農民莫不視為福音，希望早日付諸實施。農民並表示若因預算有限而產生困難時，願承擔經費及勞力，或由土地每一甲負擔兩百圓充作工程費的一部

分，以減輕國庫負擔。為求工程能早日實施，一九一七年（大正六）一年中，農民透過地方廳向總督府所呈送的請願書就有六十五件，請願者達一萬一千五百餘人，分布遍及各街莊，另有不少是對地方官廳陳情者，如一九一八年（大正七）十月，灣裡支廳（今臺南善化）農民乃推選總代表向臺南廳長枝德二請願，請求速辦。

請願內容大概是：灣裡支廳下的田園約六千餘甲，本來肥沃但近年來受到天候久旱的影響，致使農業生產不順遂，如一九一六年（大正五）甘蔗一甲田可收成六千萬斤，但次年只收成三千萬斤，其他米作、番薯等作物亦同，如此看天吃飯農民苦不堪言，近聞總督府欲投資數千萬圓建設官佃溪埤圳，我等農民日夜歡喜，但知總督府有各項事業要處理，經費有限，我等農民願分擔政府之負擔，田園一甲分擔五十圓，希望廳長閣下能體恤農民所需，盡速進行該工事。

總督府於是就原「官佃溪埤圳計畫」再進一步調查，訂定三項方案：

1.在官佃溪及曾文溪上游的前大埔溪築壩，設置兩個大蓄水池，水源取自同是曾文溪上游的後大埔溪，灌溉面積七萬五千甲，行三年輪作制，即每年種甘蔗者三分之一，水稻三分之一，均予給水；其他作物三分之一，不給水，以三年為一輪。事業費預算近二千萬圓。

2.擴大第一案，灌溉面積增加到十五萬甲，仍實行三年輪作制，事業費預算四千二百餘萬圓。

3.擴大第一案，灌溉面積增至九萬九千甲，仍實施三年輪作制，事業費二千六百餘萬圓。

經討論最後採用第三案，並決定盡量擴大其灌溉區域，水源也由最初預定的官佃溪及龜重溪二貯水池，改以官佃溪貯水池為主，因龜重溪土質較差，所需工程費較多，而貯水量較少。並計畫調查其他方案，遂擬定「濁水溪直接引水計畫」，一九一九年（大正八）十月，因日月潭發電工程完成，調節濁水溪的水量，濁水溪的水量增加，於是第三方案又修正增

加嘉南平原北部的五萬一千甲，總工程費也增至四千二百萬圓。

一九一九年（大正八）八月，成立「公共埤圳官佃溪埤圳組合」。爲何嘉南大圳工程不用桃園大圳的官設埤圳方式？主要是總督府認爲如由民間來負擔大部分的工事費，則可以節省費用及避免刺激物價，意即交由埤圳所有關係者組成的組織來負責，而總督府則給予部分財政補助及負責監督指導。總工程費四千二百萬圓，由總督府補助一千二百萬圓，相關人士分擔三千萬圓，總督府所補助的經費從一九二〇年（大正九）以後分六年編列預算，在日本的第四十二次帝國議會的國庫預算審查中提出，但因議會解散而無下落。是年七月的臨時議會中再度提出，並追加預算通過。在預算審核通過之後，總督府即將計畫大要及實施方針交由臺南、嘉義兩廳廳長來做準備工作，一九二〇年（大正九）四月臺南、嘉義兩廳分別成立嘉南大圳創立準備會，由臺南廳長枝德二、嘉義廳長相川茂鄉二人擔任創立準備會委員長，庶務、警務、財務等各課課長、支廳長、相關職員充任準備委員，關係製糖會社代表者、廳參事、區長、大地主等爲創立委員。同年八月十八日，由相關人士總代表陳鴻鳴等一百二十四名提出新設埤圳的請願。八月二十三日，新設埤圳計畫獲總督府認可，八月二十五日，依「臺灣公共埤圳規則」第二條認定公共埤圳及事業區域，正式公告。

二、興建過程及工程內容

（一）經費問題及籌措

一九二〇年（大正九）九月起，官佃溪的埤圳工程即開始籌建，原本預定於一九二六年（昭和元）竣工，但由於受到一九二三年（大正十二）的關東大地震、世界經濟不景氣，及土地徵收等問題的影響，工程因此延

宕了近四年，至一九三〇年（昭和五）才完工，經費並增加了一千三百餘萬圓，總工程費達五千四百餘萬圓，總工程費支出分兩大項：一是工事費，包含水源工事費、幹線工事費、支線工事費、用地費、調查費等五項，共計四千七百餘萬圓，占百分之八十七；二是事務費及其他，計近七百萬圓，占百分之十三。兩項合計五千四百餘萬圓，每甲的工程費爲三百六十圓，而經費來源有三：一是國庫補助金有二千六百餘萬圓；二是工程期間組合費的賦課金，有近九百萬圓；三是貸款，包括向國庫借貸一千八百餘萬圓，向勸業銀行借貸一千一百餘萬圓，兩者合計含利息共三千餘萬圓，所有經費共計六千六百餘萬圓。

（二）重要工程內容及通水灌漑時程

　　一九一九年（大正八）「公共埤圳官佃溪埤圳組合」成立，八田與一任烏山頭工務所所長兼監督及工務課長，統籌嘉南大圳的工程。嘉南大圳灌漑系統中較重要的工程主體有官佃溪貯水池、烏山嶺隧道、取水口、給水設備、排水設備，及防洪防潮設施，各項主要工程內容爲：

1.官佃溪貯水池

　　即烏山頭水庫，利用今臺南縣官田、六甲、大內、東山鄉間的低窪谷地爲集水區，在官佃溪上游烏山頭堵塞其流，形成一大人工貯水池。土壩壩體最大高度爲五十六公尺，壩頂標高爲近六十七公尺，滿水位標高五十八公尺，壩頂長一千二百餘公尺，壩頂寬九公尺，壩底寬約三百〇三公尺。集水面積約六千甲，滿水面積約一千甲，完工初期的有效貯水量約一‧五億立方公尺，水深達三十二公尺。原有被包圍在潭中的二十餘座小山峰，均成爲潭面之島嶼，潭岸曲折如一珊瑚狀，因此當時臺灣總督府民政長官下村宏將之稱爲「珊瑚潭」。

圖7-1　一九二九年烏山頭貯水池餘水吐併送水工事起工式紀念

2.烏山嶺隧道

　　本工程爲所有嘉南大圳工程中最困難的部分，目的是將官佃溪的水導引入烏山頭貯水池，隧道長約三千一百一十公尺，高及寬各約五‧五公尺，斜度爲一千二百分之一，計畫流量爲五十秒立方公尺。

3.取水口

　　嘉南大圳灌溉區域共有四個取水口，一個是曾文溪取水口，另三個是濁水溪取水口，分別是林內第一取水口、林內第二取水口及中國子取水口，四個取水口都是鋼骨水泥建築之上捲式水門。

4.給水設備

　　嘉南大圳的灌溉渠道，依其性質分爲幹線、支線和分線三種，總長

度約一千四百一十公里。幹線自北而南有濁幹線、烏山頭北幹線、南幹線。引濁水溪水的濁幹線，自林內第一取水口起，沿北港溪右岸而南行，止於北港溪北岸，縱坡五千五百分之一至二千四百分之一，灌溉北港溪以北四萬六千甲土地，另有北港溪暗渠和烏山頭北幹線通水，長總計四十‧三公里，沿線有結構物九十四處，支線十六條，分線三十四條。引烏山頭水庫水源的北幹線自烏山頭北行，跨急水溪、龜重溪、八掌溪及朴子溪，止於北港溪，縱坡七千分之一至二千四百分之一，灌溉北港溪以南至烏山頭貯水池間的五萬六千甲土地，北幹線長四十七‧五公里，有結構物一百七十一處，支線二十二條，分線三十一條。南幹線自烏山頭南走，跨官佃溪、曾文溪至茄拔附近，縱坡三千分之一至二千六百四十分之一，灌溉烏山頭以南約四萬二千甲土地，長十公里，有結構物三十八處，支線六條，分線二十二條。幹線的總長度含導水路約一百公里，寬約二‧四至十八‧二公尺，水深約一‧二至三‧六公尺。支線主要有北港支線等五十二條，總長度約四百二十八公里。分線則是從支線分出來的較小渠道，分布整個灌溉區域，總計有一百四十六條，長度約七百二十九公里。除此之外，還有水利實行小組合開設的小給水路約七千四百公里。

5.排水設備

為排除灌溉餘水，及藉以改良土地而興建的排水路，大排水路長度約九百六十公里，小排水路長度約六千公里。

6.防洪及防潮設備

為防止灌溉區域溪流的氾濫，選擇必要地點建築防水堤，總長度約二百三十公里；又為防止潮水浸淹，乃於沿海若干地點築防潮堤，長度約一百〇四公里。

嘉南大圳的工程期從一九二〇年九月到一九三〇年五月，花費了將近十年的時間，其中濁水溪的三個取水口、導水路、濁幹線、支線等給水路，陸陸續續於一九二四至一九二六年間完工，預計可灌溉北港溪以北，

圖7-2 烏山頭儲水池通水前

圖7-3 烏山頭儲水池通水後

濁水溪以南的雲林平原約四萬六千甲的田地。至一九三〇年，嘉南大圳烏山頭系統的設施完成後，預計可灌溉嘉南平原中南部區域的約九萬八千甲土地，合計近十五萬甲，原本以為離官佃溪埤圳工事計畫最初所設定的十五萬甲灌溉面積相近，但通水後一年，經實際調查發現，最後的灌溉面積只有十三萬六千餘甲。

三、嘉南大圳的特點

　　嘉南大圳的興建從興建背景、工程過程，到設施本身，對當時的臺灣或東亞而言，都是令人注目的焦點，這個灌溉工程的完成，具有很多象徵意義及特點：

（一）工程經費最高

　　嘉南大圳在一九二〇年（大正九）最初計畫中，預計以六年四千二百萬圓的經費來興建，其中由總督府補助一千二百萬圓，其餘由相關利害人負擔。之後受到一九二三年（大正十二），日本關東大地震及工事期間施工不順遂的影響，迫使計畫改變，工程延至一九三〇年（昭和五）五月才完工，工程經費追加至五千四百餘萬圓，總督府的補助金提高至二千六百餘萬圓。不論是總工程經費或是總督府的補助金金額，在整個日治時期都是最大規模的支出，在嘉南大圳之前的桃園大圳，總工程費不過一千二百餘萬餘圓，總督府補助金為七百七十四萬餘圓。從一九〇八年（明治四十一）「官設埤圳規則」頒布到一九三五年（昭和十），總督府所支出的水利事業經費共五千餘萬圓，而嘉南大圳所占的經費就超過一半以上，可知嘉南大圳是總督府在臺灣投資最大的水利設施。

（二）工程歷時最久，過程最為艱辛

嘉南大圳的工程前後歷經十年，桃園大圳官設埤圳工程歷時八年，其餘的舊圳修復工程，大都一、二年時間，嘉南大圳工程歷時十年，為日治時期臺灣水利事業進行最久的工程。嘉南大圳工程的延宕，除受關東大地震等大環境的影響外，工程本身的困難度，亦是工程耗時的原因。其中以烏山嶺隧道工程及烏山頭水庫大壩最困難，烏山嶺隧道工程在一九二二年（大正十一）六月開工，在當年十二月六日即發生爆炸事件，導致傷亡超過五十人，致使計畫一再變更，短短三千一百一十公尺的隧道工程前後進行六年才完工。烏山頭水庫大壩的土堰堤長一千三百五十公尺，堤體體積有二百九十七萬立方公尺，相當於中規模的貯水池容量，由於本區是黏重土質，為了壩堤的施工，八田與一採用「半水成填充式」（Semi-hydraulic Fill）的方法興建壩堤，雖是如此，工程期從一九二一年（大正十）發電所施工開始到一九三〇年（昭和五）完工，亦進行近九年的時間。從前述的兩個事例來看，嘉南大圳的興建過程相當艱辛，不但工程經費最高，工程期很長，甚至有人員傷亡。

所謂「半水成填充式」工程，亦可稱「湮式土堰堤」，是當時世界上相當先進的築堤工法，本工程法是將石礫、土砂、黏土等混合土壤堆置於土堰堤的兩側，中央引水為溝，再由巨大馬力的唧筒射出強大水力向混合土壤沖洗，使大石殘留，其他的中石、小石、砂礫、小砂、黏土等順序流入中央，最中心部係為含有極微粒黏土之濁水，這些黏土沉澱後形成了中心黏土壁，簡單的說，即堰堤是用土來砌成，而非水泥，謂之「半水成填充式」。

（三）灌溉面積最大

嘉南大圳完工之後，雖然離十五萬甲的灌溉面積差距尚有一萬餘甲，

但單一水利工程的灌溉面積高達十三萬餘甲，是全臺灣最大的灌溉設施。在一九三一年（昭和六），全臺只有二個公共埤圳，一是嘉南大圳，一是花蓮港廳的興泉圳，但興泉圳的灌溉面積只有四百三十甲，當時整個臺北州水利組合的灌溉面積不過三萬七千餘甲，臺中州水利組合的灌溉面積亦不過八萬三千餘甲。

由上述規模的宏大，設計的周延，均可看出必須是一個現代化國家，有效率的行政組織才能完成，亦由此可以了解，這些均不是管理組織粗疏，國家不夠現代化的清帝國所能辦到的。

（四）對自然及人文環境的衝擊最大

在嘉南大圳興建之前，本區的水利設施雖然數量很多，但囿於技術和資金，對於水資源的汲取只能順應自然環境做最低程度開發，如用傳統的龍骨踏車取水，並沒有改變水源的地形地貌；圳路亦只是簡單的土溝而已，遇崩塌可能就不再修復，地形很容易恢復舊觀。但嘉南大圳的興建，不僅各項工程對當地自然環境的衝擊相當大，並由於硬體設施本身多是混凝土構造，因此在地形地貌上便留下巨大的景觀。嘉南大圳完成後，對人文環境的影響亦相當深遠，如聚落的型態及機能逐漸改變，耕作方式受到制約等。

四、嘉南大圳對經濟社會的影響

（一）預定成效

曾任公共埤圳嘉南大圳組合土木課長的藤黑總左衛門認為，嘉南大圳完工後所產生的最直接影響為看天田、鹽分地的改良，土地利用價值增大

及農業生產量增加；其他的間接影響，如河川工事、碾米工場的興盛、衛生改善，及社會風氣的矯正等。[1]在嘉南大圳完工前，嘉南平原的土地利用較粗放，土地價值相對較低，但嘉南大圳通水後，本區的土地利用型態及土地價值產生很大的變化，其預估成效如表7-8。

表7-8　嘉南大圳完工前嘉南平原的土地利用型態及收益表

土地利用型態		面積（甲）	總收穫量	平均每甲收穫量	總收穫量價值（圓）	平均每甲收穫量價值（圓）
水稻種植		13,160	107,162石	8.14石	1,543,133	117.26
甘蔗種植		31,486	1,379,897,838斤	43,826斤	6,347,535	201.60
雜作		89,682	—		6,089,333	67.89
養魚池		8,833	—		185,328	20.98
荒地		13,400				—
共計		156,570	—	—	14,165,329	90.47
土地稅（年額）	地租				816,621	5.22
土地稅（年額）	水租			—	51,690	0.33

　　嘉南平原（臺南州）在嘉南大圳完工前的耕地面積已高達近二十六萬甲，為全島各地耕地面積最大之區域，但偌大的耕地面積對農業生產的實際效益卻遠不如其他地區。以一九二五年（大正十四）來看，當時每戶農家的平均農業生產額是四百七十四圓，為五州中最低者；每甲耕地的平均生產額也只有二百二十三圓，亦是五州中最低者。嘉南平原的耕地面積為臺中州的近二倍，但農業生產總額卻只有臺中州的百分八十三，每戶農家的平均農業生產額也只有臺中州的百分之六十，每甲耕地的平均生產額更只有臺中州的百分之五十，嘉南平原在各項農業生產額都較臺中州或全島

---

[1]　藤黑總左衛門，〈嘉南大圳事業の齎たる影響〉，《臺灣の水利》，第4卷第1號，1934年1月，頁7-10。

其他地區低了許多，見表7-9。造成這種情況的可能原因有：1.嘉南平原種植的農作物經濟價值較低；2.受到日本政府糖業保護政策的影響，刻意壓低甘蔗的收購價格，而甘蔗又是嘉南平原最大宗的農作物，導致農業生產額偏低。

表7-9　一九二五年（大正十四）臺灣各地農家農業生產額

州及廳	農家戶數	農業生產總額（圓）	每戶農家平均生產額（圓）	耕地總面積（甲）	每甲耕地平均生產額（圓）	每戶農家平均耕地面積（甲）
臺北	47,399	35,000,753	738.43	89,810	389.72	1.89
新州	51,938	45,700,254	879.90	139,720	327.08	2.69
臺中	89,071	69,957,849	785.42	158,791	440.57	1.78
臺南	122,207	57,884,509	473.66	259,334	223.20	2.12
高雄	65,046	37,891,291	582.53	125,361	302.26	1.93
臺東	4,866	2,116,487	434.95	14,149	149.59	2.91
花蓮港	6,836	4,336,919	634.42	19,622	221.02	2.87
澎湖	8,455	1,054,843	124.76	7,758	135.97	0.92
合計	395,818	253,942,906	641.06	814,546	311.76	2.06

＊嘉南平原範圍為臺南州行政區區域。

　　其實，這二項因素都可以歸因於嘉南平原的耕地利用有其局限性，即缺乏灌溉，水田所占的比例甚低。就所種植農作物的經濟價值來說，一九二○年代以後，蓬萊米的價格帶動了米的收購價格急速上漲，但嘉南大圳未開通以前的嘉南平原，由於水田所占的比例甚低，使之無法普遍栽植蓬萊米。在一九二五年（大正十四），嘉南平原所種植蓬萊米的面積只占全島的百分之一‧七，同時期的臺中州高達三十六‧七，臺北州占百分之三十二‧六，新竹州占百分之二十八‧四，意謂著蓬萊米增產所帶來的利潤，嘉南平原並沒有太大的受益，此時嘉南平原的水稻種植乃是以土種的烏殼和白殼早仔為主，收益自然無法和蓬萊種相比。就一九二六年（昭和元）嘉南平原重要作物栽種及收穫量的統計來看，見表7-10，得知嘉南

平原栽種面積及生產額最大的作物是稻米，但嘉南平原的稻米在全島種植面積、收穫量及生產額三方面，在全島所占的比例卻不到二成，其他五項作物在全島所占的比例都超過三成以上，豆類及甘蔗更超過四成以上，顯示嘉南平原是臺灣最重要的旱作物生產區，稻米在全島的重要性反不若上述這些旱作物重要，而嘉南平原稻米的重要性是在嘉南大圳完工後，才日趨重要。

表7-10　一九二六年（昭和元）臺南州主要農作物栽種面積及收穫量統計表*

	米	豆類	落花生	胡麻	甘藷	甘蔗
栽種面積（甲）	109,788	12,849	10,448	2,200	44,559	55,152
占全島比例%	18.8	53.2	38.5	54.6	34.7	44.5
收穫量（石、斤）	1,113,225	39,248	175,785	4,306	788,554,836	3,922,095,440
占全島比例%	17.9	44.8	38.7	43.7	40.9	40.5
生產額（圓）	22,959,510	695,846	1,000,788	117,300	7,502,904	21,446,018
占全島比例%	15.9	42.2	36.8	45.3	34.6	41.3

*本表所指重要農作物係以栽種面積超過二千甲者。

再從稻米的栽種時間來看本區缺乏水利灌溉的事實，一九二一年（大正十），臺南州栽種水稻的戶數總計有六萬二千六百三十五戶，占全島的百分之十六‧四，其中栽種第一期稻作的農家有一萬五千七百六十一戶，占全島的百分之九；第二期稻作的農家有四萬六千八百七十四，占全島的百分之二十二‧三，第二期稻作的農家明顯較第一期稻作的農家增加不少；且第一期稻作的農家平均栽種面積為○‧八八九甲，較第二期稻作的一‧○一五甲低。第一期稻作的插秧時間為一至四月，是本區多春缺雨的時期，第二期稻作的插秧時間為五至六月，是本區梅雨及夏季降雨豐富的時期，適合水稻插秧。

　　廣大的平原缺乏灌溉，在當時是嘉南平原農業發展最大的限制，而嘉南大圳的興建，是改善本區缺水灌溉可立見效果的唯一途徑。「官佃溪埤圳計畫」的擬定，最重要的目標即是擴增灌溉面積，預定灌溉臺南州內縱貫鐵路以西的平原地區，包括農耕地或可能開墾成農耕地的土地十五萬甲，其中又以灌溉旱田的十萬甲最多。預定灌溉的十五萬甲土地中，官有地計一萬二千餘甲，占百分之八，其中又以未開墾的土地為最多，有八千多甲，見表7-11。這些未開墾地大多是給予日資會社、街莊役場、退休日籍官員或地方有力人士，而引水灌溉的目的著重在土地的改良，增加荒蕪地的開墾利用。

　　灌溉十五萬甲的土地，在農作物收穫額及土地價格兩方面，預定可以增加近一億二千萬圓的收入，其中稻米每年增加四十六萬斤，砂糖每年可以增加二億四千萬斤，農作物每年的收穫約可增加二千萬圓，每甲土地的生產額由九十圓增加至一百三十九圓；土地價格因地價上漲，每甲原本三百一十三圓的地價，上升至每甲九百六十三圓，土地價值增加共九千五百餘萬圓。

表7-11　嘉南大圳區域內土地總面積及預定灌溉面積（甲）

地目	水田	旱田	養魚池	未開墾地及其他	小計	含圳路及其他工事面積	灌溉面積
土地總面積	31,339	112,530	10,820	17,751	172,460	6,379	—
可能灌溉面積	30,283	103,484	8,739	13,234	155,761	5,761	150,000

（二）耕地型態的變化

　　一九三二年（昭和七）以後，嘉南平原的耕地型態起了重大的變化，首先來看耕地面積及水田、旱田面積的變化，嘉南平原的耕地總面積在日治時期大概都維持在二十五萬甲左右，耕地面積最大為一九四○年（昭和

十五），是二十七萬餘甲，較二十五萬甲增加不過二萬餘甲，變化不大，一九三○年（昭和五）嘉南大圳完工之後，耕地總面積並沒有明顯的增加。但水田、旱田面積在嘉南大圳通水後，就產生明顯的變化，嘉南大圳通水後一年，即一九三二年（昭和七），嘉南平原的水田面積就突然增加二萬三千餘甲，較前一年增加了近百分之九的耕地面積，旱田面積則減少了二萬一千餘甲，較前一年減少了近百分之九的耕地面積。到一九三六年（昭和十一）之後，嘉南平原的水田面積一直占該區耕地面積的百分之七十左右，較嘉南大圳通水前增加了一倍；旱田面積至一九三九年（昭和十四）之後，只維持在八萬甲左右，較嘉南大圳通水前減少了近十萬甲，只占該區耕地面積的三成上下，見表7-12。嘉南大圳通水後，本區最明顯的變化即許多旱田轉變成水田。

表7-12　嘉南大圳完工後嘉南平原水、旱田面積變化表

時間	耕地總面積（甲）	水田面積（甲）	水田所占比例（%）	旱田面積（甲）	旱田所占比例（%）	全島水田比例（%）	全島旱田比例（%）
1930	261,745	90,412	34.5	171,334	65.5	48.8	51.2
1931	261,985	90,644	34.6	171,341	65.4	49.2	50.8
1932	263,891	113,773	43.1	150,118	56.9	52.3	47.7
1933	264,613	119,379	45.1	145,234	54.9	53.3	46.7
1934	264,541	125,215	47.3	139,326	52.7	54.4	45.6
1935	265,868	152,658	57.4	113,209	43.6	57.6	42.4
1936	271,808	187,585	69.0	84,223	31.0	61.2	38.8
1937	273,150	191,915	70.3	81,235	29.7	61.6	38.4
1938	271,704	191,223	70.4	80,481	29.6	61.4	38.6
1939	272,827	193,026	70.8	79,801	29.2	61.7	38.3
1940	276,089	195,161	70.7	80,928	29.3	61.6	38.4
1941	272,661	192,918	70.8	79,742	29.2	61.4	38.6
1942	268,444	190,274	70.9	78,170	29.1	62.8	37.2

（三）看天田、鹽分地的改良

　　八田與一在構想嘉南大圳設計之初，除計畫灌溉工程之外，同時也計畫排水工程，想藉用完備的灌排體系，來改良近十萬甲的土地，並一舉解決洪水、乾旱、鹽害等問題，使嘉南平原成爲稻米產地。後來八田與一提出以「三年輪作給水法」配合現代農業技術，改良土地和生產方式。而三年輪作法要能順利推行，除農民的觀念要能配合外，看天田及鹽分地的改良是首要的工作。

　　嘉南平原的土壤特性是中央地帶是沖積土，西側的土壤是鹽分地，東側的土壤是擬磐層土的看天田，鹽分地及看天田均須加以改良才能利用，所以，土地改良是嘉南大圳事業重要的目的之一。嘉南大圳灌溉區內的看天田約有二萬九千甲，鹽分地有二萬三千甲，再加上溼地，合計約有近六萬甲土地需要改良。

　　日治時期，看天田主要分布在東石、新營、曾文、新化、新化等郡內，若降雨得宜，每甲約可收穫稻米三千斤左右，但若降雨不均，則往往一種難求。由於看天田土質細黏，排水不良，故地下水位甚高，不利於甘蔗種植，在嘉南大圳尚未完工時，各製糖廠即用爆破的方式來破壞土層下的硬盤，改良看天田，以利甘蔗種植，但成效有限。後來逐漸改用蒸氣犁，並勸誘及補助農民改良土地，而農民所負擔的金額亦改由蔗作代金支付，後來甚至免費代犁，對局部的看天田改良有一定的成效。而嘉南大圳通水前，公共埤圳嘉南大圳組合即在曾文郡官田莊的烏山頭、虎尾郡崙背莊的崙背，及新化郡新市莊的番子寮三地進行水利試驗，包括三年輪作、看天田及水田種植比較、普通耕及深耕等試驗。試驗結果發現，看天田每甲米的收穫量只有水田的百分之七十左右，而且只能一種，水田尚可二種。

　　嘉南大圳通水後，即開始對看天田實施根本的土地改良，利用二百

到二百五十馬力的大型蒸氣犁進行深耕，翻土深達地表下二‧五尺，並建造農道輔助給水、排水路，大量使用堆肥、綠肥，以提高土壤中氮及燐酸等肥料的含量。一九三○年（昭和五），由東石郡開始展開看天田的改良，試種甘蔗，其結果甚佳，甘蔗每甲收穫量高達十五到二十萬斤；稻作每甲收穫量增爲最高八千六百斤，平均約五千二百斤。一九三二年（昭和七）起，又陸續改良新營、曾文、新化、新豐等郡的看天田，至一九三四年（昭和九），改良面積已達二千餘甲，改良成功後即實施輪作制。一九三五年（昭和十）底，改良面積又增爲五千餘甲。由於看天田的改良攸關農民及製糖廠的利益，故改良工作除了嘉南大圳組合在推動外，明治、鹽水港、大日本及新高等幾個製糖廠亦積極配合看天田的改良。

　　鹽分地係指耕地以外的原野、養魚池及旱地等，嘉南平原的鹽分地帶分布在雲嘉南沿海一帶的二萬三千餘甲土地。鹽分地帶的環境特色，即土壤鹽分含量高，石礫遍布，冬季季風盛行，風強砂多，因此，要改良鹽分地必須經過築堤防洪、開溝排水、植防風林、防砂、去除石礫等過程，方能成功。一九三○年（昭和五），嘉南大圳通水後，即在北門郡七股莊進行一百餘甲的鹽分地改良，鹽分地的改良由嘉南大圳的監視所、郡役所及農會支會等單位共同執行，經費補助來自州農會及公共埤圳嘉南大圳組合。自一九三○（昭和五）至一九三四年（昭和九）嘉南平原共有五千餘甲鹽分地被改良，花費金額三萬五千圓。

　　鹽分地改良的目的使原本只可以作養魚池用途的土地，也可以種植作物，甚至可以種植蓬萊米，是鹽分地改良的成效，改良前的鹽分地地目是養魚池，收支每甲虧損九圓，改良後可以種植水稻，每甲有餘額三十九圓。同樣是養魚池的地目，改良前每甲買賣價格爲四百五十圓，改良後每甲買賣價格爲六百五十圓，較改良前多兩百圓。

　　至一九三七年（昭和十二），嘉南大圳灌溉區內看天田及鹽分地的改良面積總計近二萬五千甲，尚有二萬五千餘甲尚未完成土地改良。除了看

天田及鹽分地的改良外，利用嘉南大圳灌溉排水路的通水時機，同時進行土地及耕地的再整理，包括田間農路的整理、墓地的整理、土地高低的整地、養魚池及荒地的整理、砂質地或砂礫地的整理等，使本區的土地增加其利用價值。

（四）土地價值的提高

　　嘉南平原在嘉南大圳興建前的土地利用型態，主要是種植稻米、甘蔗及雜作，養魚池和荒蕪地。嘉南大圳興建前嘉南平原的土地生產力，稻米平均每甲可生產八石多，甘蔗平均每甲可生產四萬三千八百斤。嘉南大圳通水後，稻米平均每甲可生產十一石以上，甘蔗平均每甲上升到十三萬三千六百斤。

　　嘉南大圳通水後，嘉南平原耕地型態最大的變化是旱田水田化，同時也使耕地的農業生產收益增加。耕地生產力上升會吸引更多的耕種者，在耕地面積並沒有增加的狀態下，相對地會造成耕地買賣及租佃價格上升。一九三四年（昭和九），整個臺南州的土地買賣及租佃價格，較嘉南大圳完工前並沒有上升太多，甚至有下降的現象。二是區域間的差異甚大，北港溪以北的土地不論是買賣或是租佃價格漲幅都在百分之百以上，即價格都上升一倍以上；而北港溪以南的地區，土地買賣及租佃價格不但沒有上升，反而下降。何以嘉南大圳完工後，並沒有全面帶動土地價格的上升？究其原因有二：一是與土地的調查時間有關，由於嘉南大圳濁幹線在一九二六年（昭和元）就全面通水，北港溪以北的雲林平原，已經過十年的灌溉耕作，土地生產力的成效逐漸浮現並開始為人所接受，土地買賣及租佃價格相對會上升。而北港溪以南的嘉南平原，嘉南大圳的全面通水要到一九三二年（昭和七），初期不但享受不到嘉南大圳帶來的好處，而且還要繳納特別水租及普通水租，地主的負擔頓時加重許多，可說「未享其

利，先受其害」，故農民對嘉南大圳的功效仍心存懷疑，土地一時乏人問津，甚至傳出要將土地贈予他人也沒人要的事情，導致土地買賣及租佃價格沒有明顯的變化。二是和原來的耕作環境有關，北港溪以北的土地狀況在嘉南大圳通水前，原本就較北港溪以南惡劣，嘉南大圳通水後的土地改良對本區的農民而言受益較大；而北港溪以南的土地很多已有舊有埤圳在灌溉，但在嘉南大圳工程時或已被破壞，或埤圳功能退化，因此對嘉南大圳亦缺乏信心，導致土地價格短期內呈下降的趨勢。

但長期而言，嘉南大圳的通水是有帶動土地買賣及租佃價格的上升，灌溉方便的上則田上漲的幅度最大，一九三七年（昭和十二）之後的價格較嘉南大圳興建前上升一倍以上，而缺乏灌溉的田或園，土地買賣及租佃的價格雖有變動，但變動幅度不大，可見灌溉是決定土地價值的重要因素，見表7-13。

表7-13　嘉南大圳通水前後土地買賣及租佃價格表（圓／甲）

區域	價格	土地買賣價格			土地租佃價格		
		上則	中則	下則	上則	中則	下則
北港溪以北	灌溉前	585	424	263	54	39	23
	灌溉後*	1,195	959	640	109	84	62
	漲幅（%）	104	126	143	102	115	170
北港溪以南	灌溉前	1,442	1,099	732	122	94	62
	灌溉後	1,365	1,094	777	118	94	70
	漲幅（%）	-5	-0.5	6	-3	0	13
全區平均	灌溉前	1,228	931	615	105	80	52
	灌溉後	1,323	1,060	743	116	91	68
	漲幅（%）	8	14	21	11	14	31

*灌溉後資料係以一九三四年的調查為依據。

嘉南大圳通水後，使嘉南平原的旱田水田化，土地的單位生產力提升，土地的買賣價格及租佃價格亦同時提升，相對地，屬於國家財政收入

的土地稅也增加不少。土地稅是總督府重要的財政收入之一，而土地稅的課稅標準基本上是以耕地的收益來計算，故土地稅其實是在反應一塊耕地的農業生產價值，即當耕地的性質或者耕地的生產力有明顯改變或增加時，耕地的收益會增加。

　　日治時期，土地稅制度總共經歷五次調整及變遷，分別是一八九六年（明治二十九）六月，總督府以律令第五號頒布「臺灣地租規則」，其內容大體是沿用清代的舊規。而後經歷了土地調查及大租權整理，於一九〇四年（明治三十七）十一月頒布「臺灣地租規則」，為第一次的土地稅改正。隨著經濟發展及財政需要等變化，陸續於一九一五年（大正四）、一九三〇年（昭和五）及一九四二年（昭和十七），著手進行三次的土地稅率調查及調整，並分別於一九一九年（大正八）、一九三五年（昭和十）及一九四四年（昭和十九），開始實施新的土地稅率與制度。

　　土地稅的納稅義務人為地主，每次的土地稅率調整時，一塊土地的收益額經由前數年的平均值估算後，即被認定為一定值。每種土地依收益額的多寡由高而低被分成數個等則，如一九〇四年（明治三十七）後水田與旱田分別有十個等則，一九一五年（大正四）後分別有十七個等則，一九三五年（昭和十）後各有二十個等則，一九四四年（昭和十九）已增到二十六個等則；其中每一等則每甲土地所需繳納的土地稅額為一固定的數額，即表面上雖是依土地收益的多寡來定稅額，但實際在執行上是一種定額租。

　　嘉南大圳通水後，對嘉南平原的土地稅值產生多大的影響，就以一九三五年（昭和十）前後的土地稅變動來看，一九二二（大正十一）到一九三五年（昭和十），嘉南平原水田的平均土地稅額為每甲五・七九圓，旱田平均土地稅額每甲為三・三三圓，一九三五年（昭和十）以前，嘉南平原的土地稅額呈現一個相當穩定的狀態。從一九三五（昭和十）至一九四二年（昭和十七），嘉南平原水田的平均土地稅額上升至每甲八・

三五圓，較前一個時期上升百分之四十四‧二，旱田的平均稅額上升至每甲五‧二六圓，較前一個時期上升百分之五十七‧九，同時期臺灣全島的水田平均土地稅額只有上升百分十七‧八，旱田的平均土地稅額上升了百分之六十八‧九。這表示嘉南平原的水田土地收益較全島上升甚多，除了共同性的耕作技術改進，及土地稅率的調整等因素外，嘉南大圳的通水是最重要的因素。

（五）三年輪作的推行

　　一般論者都認為，嘉南大圳的灌溉方式，與其他的灌溉區域頗不相同，因本區之灌溉水量不足，對於耕地給水必須有所限制，而欲使整個區域全部有水灌溉亦不可能，所以，必須以有限的水源行最大的經濟利用，而有三年輪作之制。更有甚者認為，嘉南平原的三年輪作制是八田與一在計畫大圳建設之初所設計的一套完美的辦法。事實上，在嘉南大圳完工前，嘉南平原的灌溉水源就已嚴重不足，農民早以採取自然輪作方式在耕種，如平埔族採取簡單的休耕方式，利用草類植物覆蓋土壤，再藉本區強烈的日照使草枯萎腐爛，以增加來年的地力，而土地的肥瘠程度，則決定本年輪耕和休耕時間的長短。除休耕外，或採混種的植栽，在同一塊耕地上種植多種作物，以期獲得最大的經濟效益。在嘉南大圳通水以前，總督府農事試驗場、各地農事組合（今農會前身）及嘉南大圳水利組合等單位，都曾對全島輪作狀況做過調查，發現嘉南平原早已存在輪作的耕作方式。

　　以嘉南平原的自然環境而言，欲以一個水利設施讓全灌溉區的耕地都可以有水灌溉無虞，事實上有其困難，八田與一在設計嘉南大圳之初，就已考量此項灌溉計劃的局限性，並了解當地農民的耕作方式，覺得三年輪作制是最適合嘉南大圳灌溉區的耕作方式，所以，原「官佃溪埤圳計畫」的三項方案，不管灌溉面積大小，都採三年輪作制度，這並非八田與一偉

大的創見，應是囿於現實及參酌當地舊慣所做的折衷方式。

　　嘉南大圳灌溉區採三年輪作的灌溉方式，除了自然環境的因素外，另有四個重要的原因：一是土壤及地力維持的考量，如利用輪作的作物來驅除蟲害，利用綠肥來恢復地力等；二是農村勞力得以充分利用，由於各種作物的播種、生長及收穫期各不相同，所需勞力得以充分調配利用；三是經濟上的考量，除甘蔗及稻米外，另選擇經濟價值較高的雜作物，如落花生及豆類等來種植，以提高土地的價值；四是水利技術及農業技術上的考量，灌排體系的便利與否及耕種地點的適宜性，採輪作方式是最合宜的耕作方式。

　　在嘉南大圳施工的同時，嘉南大圳組合於一九二二年（大正十一）在烏山頭、崙背及番子寮等三地進行五年的三年輪作試驗，特別是對稻米、甘蔗及甘藷的試驗，結果證明三年輪作的方式，對土地利用多元化及施肥合理化最有利。

　　三年輪作制度的內容大致有四點：1.根據地勢及灌排水路系統，畫定一百五十甲為一給水區，而以水利實行小組合負責管理，自行管理小水路的維護及灌溉用水之分配。2.每一給水區，再以五十甲為單位，畫分三小區，其中一區於夏季栽培水稻，一區種植甘蔗，此二區按時給予必要之灌溉，其餘一區為雜作區，不給水。依照此方式按次循環利用，以三年為一週期，見圖7-4。3.灌溉水的分配數量與時間，概由監視員依照農地土質、氣候、作物需水季節，以及其他有關因素決定，例於每年年初，調查並計算該年度之灌溉面積及農地性能，擬訂全年之灌溉計畫綱要。由各管理所在每月二十五日，向嘉南大圳組合陳報各給水區下月各旬所需水量，嘉南大圳組合審查此項報告，再根據當時實際之降雨情況，調整各給水區之給水。4.灌水量之供給，主要係配合水稻和甘蔗生長的需要，然後決定給水時間，這方面濁水溪幹線灌溉區和烏山頭水源灌溉區略有不同，二者概以北港溪為界，北港溪以北的水稻給水時間為五至十月，甘蔗為九月到翌年

灌溉順序與耕種作物標準　甘蔗 ── 綠肥 ── 水稻 ── [甘藷 小麥] ── [綠肥 落花生 陸稻 大豆 其他] ── 甘蔗 ── 綠肥 ── 水稻 ── [甘藷 小麥] ── [綠肥 落花生 陸稻 大豆 其他] ── 以下順次輪流

年別		1951	1952	1953	1954	1955	1956
月別		1 2 3 4 5 6 7 8 9 10 11 12	1 2 3 4 5 6 7 8 9 10 11 12	1 2 3 4 5 6 7 8 9 10 11 12	1 2 3 4 5 6 7 8 9 10 11 12	1 2 3 4 5 6 7 8 9 10 11 12	1 2 3 4 5 6 7 8 9 10 11 12
第一區	作物別	甘蔗　　綠肥　水稻	甘 小　藷 麥　綠肥 落花生 陸稻 大豆	甘蔗	綠肥　水稻　甘 小 藷 麥	綠肥 落花生 陸稻 大豆 甘蔗	
	放水預定時間	←→　　←→	←→	←→	←→		
第二區	作物別	綠甘 肥蔗　水稻　甘 小 藷 麥	綠肥 落花生 陸稻 大豆　甘 蔗	綠肥　水稻　甘 小 藷 麥	綠肥 落花生 陸稻 大豆	甘　蔗	
	放水預定時間	←→	←→	←→	←→		
第三區	作物別	甘藷 小麥 綠肥 落花生 陸稻 大豆	甘　蔗　綠肥　水稻	甘 小 藷 麥 綠肥 落花生 陸稻 大豆	甘　蔗	綠肥　水稻　甘藷 小麥	
	放水預定時間		←→	←→	←→		

圖7-4　日治時期嘉南大圳輪灌時期及耕作標準圖

一月；北港溪以南水稻給水時間為六至九月，甘蔗給水時間為十一月至翌年四月。

　　三年輪作實施的前四年（一九三一～一九三四），由於農民對制度的不了解及有所疑慮，未能達成預定效果，如甘蔗前四年的栽種率依序是百分之七十六、百分之六十六、百分之六十二、百分之八十一，但雜作及稻作仍有相當的成績。之後在強制配水的運作下，三年輪作制逐漸成為農民耕作的習慣。

　　嘉南大圳通水後配合實施的三年輪作制度，對嘉南平原的影響有：
1.土壤及耕地得以維持一定的地力，使本區的耕地地力不致急速失衡。
2.本區的植物景觀有所改變，一些經濟價值較低的作物被迫退出嘉南大圳灌溉區，如各種水果作物，取而代之的是形形色色的綠肥作物，如田菁、

太陽麻等。3.動物生態改變，三年輪作的主要作物水稻及甘蔗其莖葉繁茂的程度都較小，原本賴以莖葉躲藏或維生的動物，如野兔、野鼠，甚至一些蜘蛛類，無法繼續依存而自然消失。4.農民的耕作習性被強制支配，無法按照自由意志或市場價值自由種植作物。5.農民的意識被凝聚，藉由水利實行小組合的配水，使同一給水區內的農民形成共同耕作模式而形成共識；另一方面，三年輪作的制度缺失，亦使農民凝聚共同意識來對抗制度。6.衛生環境的改善，輪作物使蟲害法賡續，對衛生環境的改善有一定的成效。

（六）嘉南大圳與人文環境的改變

　　嘉南大圳的工程及土地改良的結果，除直接影響農業生產外，同時也間接改變了一些人文環境。1.勞力薪資的上漲，過去沿海地區的居民（俗稱海口人）由於土地不利耕作，大多外出他地工作，外出勞動人口增加，使勞力工資偏低；但今土地改良之後，沿海居民均回鄉從事農耕，勞力人口減少，相對使工資上漲。2.水利設施構造物費用的下降，由於嘉南大圳工程累積的各種工程經驗及構造物圖樣，使得爾後有相關設施的建造不須再重新設計，構造物的費用得以降低。3.碾米廠得以運作，過去沿海地區是以甘藷為主食，碾米廠的生意有限，土地改良後米亦成為主食之一，碾米廠的運作較過去熱絡。4.環境衛生的改善，嘉南大圳通水和防風林的種植，使得砂塵逐漸減少，對於防止眼睛和呼吸道疾病的罹患有一定的助益。另外，排水路的排水功用，對於積水區域的衛生改善有一定的功效，積水排除，使病媒蚊蟲不易滋生，傳染病較不易發生。5.社會風氣的矯正，過去海口居民不是從事漁業即是至外地工作，男性工作者獨自在外，心情浮動，鬥毆傷害事件頻傳；而女眷在家則常傳出通姦問題，今土地改良後，外出工作者減少，傷害通姦事件相對減少，有助於社會風氣的矯正。

五、臺人抗拒嘉南大圳的興建

　　嘉南大圳興建後，不但改良嘉南平原的土地，使本區的土地價值提高，且改變農民的耕作方式及作物選擇，使農民的收益提升，這樣的結果，嘉南平原的農民理應額手稱慶，感謝總督府的德政才是。但事實卻不然，從興建之初到完工後數年，本區的農民對嘉南大圳的興建始終持反對的態度。

　　嘉南大圳規劃之初，嘉南平原的農民對於工程本身就存有相當的疑慮，雖然送達總督府要求盡速興建大規模灌溉系統的請願書有高達一萬五千餘人署名，但實際上，這些農民大多數是被說服，或在地方警察人員半強制的要求下才簽名。而農民反對興建的理由，主要是會造成水租負擔的增加，及對三年輪作制的排斥，由於嘉南大圳的工程費是由利害關係人負擔，如此預估地主每年每甲皆須繳交十圓的負擔款項，農民恐怕繳交款項被中飽私囊。而且種植甘蔗的農民不須太多水量，不願繳交不必要的水費。甚至原本灌溉不足的農民，對嘉南大圳也不一定歡迎，因灌溉水一到，農地自然必須作為水田耕作，未擁有足夠資金和稻作技術的農民，還是占本區農民的大多數。而且縱使興建，也不敢保證整個灌溉系統可以完成。

　　農民對於嘉南大圳的疑慮及排斥，到嘉南大圳通水後不但沒有減低，抗爭反而更升高。首先，就三年輪作而言，在一九二四年（大正十三）濁水溪幹線通水前後，雲林平原地區的農民對於三年輪作制就已經無法接受，崙背莊的農民認為：

> 將來烏山頭的灌溉區域，或者他的水量有些不足亦未可知，現在崙背方面的水量是十分足的，組合故意要三個年灌溉一回，不過是為擁護製糖會社的利益起見而已。大日本製糖會社靠著這個區域，歷年的純

益平均不下五百萬圓，哪裡還有保護他的必要呢？又三個年間要輪作不輪作甘蔗的問題，這是我們的自由，組合哪裡有干涉的權利呢？[2]

代表臺人喉舌的《臺灣新民報》認為，嘉南大圳組合這種作法是「武斷，無視著公共團體的精神，實在是自將紛爭的線索埋伏的，他日定有爆發之一日。」「嘉南大圳將來必變成犯罪者的製造所，輪作的做法，妙雖妙，但輪作制自體已含了許多禍根，何況三年輪作之動機不全在水量的問題！」「三年輪作的罪惡犧牲農民的生命」等。

　　由於三年輪作制是一種以區域為基準的地區型輪耕法，不是以市場經濟或農家多角化為目標的農家型輪耕法，背離本區傳統的耕作習慣，農民較無法接受。三年輪作的實際耕作情況，區域內各地有所差異，就每戶農家在輪作區的耕地分布狀況而言，靠山的舊農耕地帶較靠海的新改良地為佳；曾文、新營及東石等郡因開發較早，耕地區畫較細緻，且自耕農較多，耕地的分布型態較佳；而北門及新豐等郡多為新開墾區及集團式經營，耕地面積較大而佃農較多，因佃戶資本的不確定性及長期的租佃契約訂定不易，農民通常選擇對自己最有利的作物。而三年輪作制影響農民資金、勞力的變動頗大，且單一作的風險大，收益無法有效掌握；而強行的推動三年輪作，農民只能在僅有的土地上種植著被水制約的作物，對三年輪作制無法適應自然極為反感。

　　再者，關於農民水費負擔的問題，從嘉南大圳工程之初到完工通水後，農民的水租負擔大致有三種，一是一九二○年（大正九）到一九三○年（昭和五）工程期間，農民所繳納的各種水租及費用；二是通水之後，用以維持嘉南大圳營運的水租及償還借款的特別水租；三是通水後土地生

---

[2] 〈嘉南大圳的灌溉問題〉，《臺灣民報》，第75號，1925年10月18日，第2版。

產力提高,農民間接必須增加的土地稅及所得稅。就嘉南大圳直接相關的第一、二項水租來討論,在嘉南大圳興建期間,農民要繳交的最基本費用是「臨時賦課金」,每年每甲為五圓,農民尚未享受嘉南大圳帶來的任何利益,就要開始負擔部分的建設成本。一九二四年(大正十三)起,濁水溪幹線完工局部通水,接受灌溉的耕地必須繳交「既成埤圳維持費」,目的是作為每年埤圳的維修費,其繳納方式為第一年接受灌溉者每甲五圓,灌溉第二年以上的耕地每甲八圓,而接受灌溉三年以上的耕地者,嘉南大圳灌溉的成效已見到,農民開始享受農業生產收益增加的好處,所以必須繳納每甲十圓的「特別賦課金」。而如原先無法收穫之耕地,經由嘉南大圳的灌溉而變成有收穫的耕地,則須特別繳納「加入金」。

一九三○年(昭和五)嘉南大圳完工之後,農民每年均繳納組合費,組合費分為「普通水租」(經常費)及「特別水租」(臨時費),普通水租主要作為維持組合平常的營運,及埤圳的固定維修等費用,每年每甲負擔八圓;而特別水租則是用來償還工事期間,向臺灣銀行、勸業銀行及臺灣督府所借入的債務。

雖然嘉南大圳使本區的農業生產力提升,但沉重的水租負擔使農民的收入並沒有增加,農家的生活並未獲得實際改善,就以地主的收入來說,嘉南大圳通水後,一甲的看天田地主只有七圓二十錢的純利而已。甚至傳出貧困的地主在入不敷出的狀態,典當、賣子、賣妹以納水租的新聞。對新耕種方式的適應不良及沉重的水租負擔,使得「咬人大圳」(福佬話音似嘉南大圳)、「水害組合」等對嘉南大圳的謔稱接續出現,成為嘉南大圳組合事業推動上的隱憂。

三年輪作法的廢止,減輕水租及貸款利率等問題,成為本區農民急須要解決的共同課題。一九三○年(昭和五),新化郡善化莊的農民組織「業佃協和會」,向嘉南大圳組合抗議土地被納入嘉南大圳區域、強制宣告實行小組合的成立,及限期繳納水租,迫使嘉南大圳組合派技師說明及

動用警察干涉。一九三一年（昭和六）二月，嘉南大圳通水後，開始徵收普通水租及特別水租時，本區的地主成立「臺南州地主會」，參與的地主有數千人，所屬土地有五萬甲，占嘉南大圳灌溉區域的三分之一，「將用合法的手段，要求嘉南大圳的改革。」並向嘉南大圳管理者永山止米郎及總督府提出十點要求決議文，內容是：1.反對三年輪作制度；2.要求水租輕減；3.要求灌溉方法改革；4.要求工事費負擔金延長五十個年分納；5.要求自昭和六年度起工事費五個年延長；6.嘉南大圳事業要排除不適地；7.要求政府放棄債權；8.要求節約人事費；9.要求組合爭取降低貸款利率；10.反對排水利用之禁止。[3]此事導致永山管理者去職，由臺南州知事橫山吉規兼任，並減輕一半的特別水租以為回應。雖是如此，但嘉南大圳所引發的三年輪作制、水租負擔過重等問題，仍是無法解決，一九三一年（昭和六）十二月，嘉南大圳組合評議員籌設「嘉南大圳問題研究會」，希望「根本的調查嘉南大圳事業，積極的鞭撻組合改革。」本會被期望為「該會的出現，亦可謂是嘉南大圳區域內的農民地主們一個有力的意思實現機關了。」

　　嘉南大圳的興建，理應讓灌溉區內的農民感到欣喜萬分，但由於受到水量不足的影響而推行三年輪作制，及為減輕總督府的負擔而將利害關係人納入經費分攤的對象，而發生農民的水租負擔增加但卻又無水可灌溉的窘態，引起農民相當大的不滿，導致嘉南大圳對農民長遠利益雖有諸多意義，但卻為當時的農民所不能接受。

---

[3] 〈地主會向大圳理事者提交要求的決議文〉，《臺灣新民報》，第353號，1931年2月28日，第2版。

六、嘉南大圳之父：八田與一

　　一八八六年（明治十九）八田與一於日本石川縣金澤市出生。一九一
○年（明治四十三），剛從東京帝國大學工科畢業的八田與一，選擇距離
東京兩千公里遠的臺灣，貢獻所長。因為當時日本帝國統治臺灣已十五年
的光景，正戮力想把臺灣建設成為向各國列強展示日本國威的櫥窗，於是
廣徵優秀人才來到臺灣；再加上世紀大創舉的巴拿馬運河開通，對學生時
代的八田與一衝擊很大，常常夢想著參與偉大的工程。他常覺得人不應該
為了作官或地位而工作，而應該是為了造福後代。

　　求學時期的八田與一不只成績優異，平常研究事物時，也總會仔細調
查事物的過去及過程的變化，而且往往能推翻別人認為理所當然的觀念與
見解，因此顯得與眾不同，是同學眼中的特異分子。之後，他懷抱著遠大
的志向與理想，決定前往臺灣，接下總督府土木部技手的工作。「像你這
樣的年輕人，需要為臺灣做些現代化的大工程才對。為了讓你了解如何開
發那些地方，希望你能在視察各地後提出自己的想法……而以高雄為據點
開發南部，是開發全島的捷徑……期待你的報告。」因為當時總督府土木
課山形課長的一席話，八田與一開始著手來臺的第一個計畫案：解決高雄
的淹水問題。他很快地提出填高整個市街的計畫書與預算案，計畫書獲得
極高的評價，但因預算編列高得嚇人而被駁回，還因此換得「狂言八田」
的封號。然而，計畫經修正實施後卻發現八田技手是對的，這也證明了他
的魄力與專業。山形課長因而大讚：「任何人都不可能想出像這樣近乎瘋
狂的企畫與天文數字般的預算，八田將來必定是土木工程界的人鬼才。」

　　殖民統治下的臺灣社會漸趨穩定，殖民政府也大力推動各項建設，於
是新任務一件接一件；已由技手升任技師的八田與一又投入臺灣主要都市
的上、下水道工程，目的是提供安全的民生用水，以防止瘧疾、霍亂、鼠
疫等傳染病的發生。正因為這個經驗，八田技師對於曾文溪以及嘉南平原

的地形相當熟悉，也奠定日後設計嘉南大圳的基礎。「只要找到能增產稻米的田地，補助金不設限！」在總督府的政策下，臺灣全島上下都爲著增加農田灌溉面積而動員。而要增加稻米產能，首先要增加耕地面積，這時總督府又想到八田與一，於是緊急調用還爲著臺南上水道工程努力的八田技師，要他負責桃園大圳灌溉工程。

桃園大圳工程計畫利用大漢溪的溪水，首先在石門設置取水口，建造導水路，然後將桃園平原八千多個埤塘串連起來，作爲灌溉用水。這個計畫的成果被肯定了，此時八田與一已經不再是同事口中的「狂言八田」了，而是一個專業備受肯定、可以獨挑大梁的水利工程技師了。

桃園大圳工程未完工，八田技師就接獲土木局山形局長的召見令，指示他進行兩件調查：一是尋找適合水力發電的水源；二是勘查在嘉南地區的急水溪是否可以興建灌溉水壩。隨即八田與一開始進行水源地與急水溪水壩用地的大調查，結果發現日月潭最適合作爲水利發電的水源地。而在得知這個結果的過程中，八田技師有個意外的發現：嘉南平原上有超乎想像的一大片土地，但農民卻苦於沒水可用，如能灌溉這片土地，那增加糧產就有希望了。

八田與一完成山形局長交付給他的調查任務，總督府上下正熱烈討論著他所交出的計畫書。這時已過中國人所謂「三十而立」之年的八田技師，趁著工作空檔回到日本完成婚姻大事，度完蜜月後又立即回到臺灣，而等待他的是一個嶄新的世紀大工程。

嘉南大圳的工程並非只是導水灌溉系統本身，想要招攬大批的專業人手到這個窮鄉僻壤工作，一項項的基礎建設與設施都得從頭開始，例如，從番子田到烏山頭必須鋪設鐵路線以方便運送物資，工程事務所、土壤實驗室、攝影室、員工宿舍等等都須設置；另外，爲了方便照顧家眷而設立的學校、醫院、公共浴室、福利社、娛樂設施等，也要同時進行。八田與一堅信不尊重技術人員便無法做好工程，因此他認爲「工程不允許失敗或

馬虎，所以有家人的一定要跟家人同住，才能安心做事。為了吝惜一點點
的費用而影響工程品質，才是浪費」。

　　日本工程師從來沒做過如嘉南大圳這樣巨大工程的經驗，八田與一
特地赴美國等地考察，參考先進國家興建水壩的工法，並引進大型土木工
程用的機械；他不僅經營工事的技巧令人佩服，人性化的管理與平等待人
的態度更是令人印象深刻，他甚至敢給有經濟犯前科的人再生的機會，交
付他處理工程款的工作，大膽的作風令人嘖嘖稱奇。一個亞洲絕無僅有的
世紀工程，歷經十年的水利建設，在八田與一的帶領下，歷經十年的水利
建設，在八田與一的帶領下，克服技術、經費、設備等種種困難，終於在
一九三○年（昭和五）完工開始運作，八田技師一步一腳印地完成他的人
生大夢。

　　嘉南大圳完工通水後，八田技師又馬不停蹄地花了六年多的時間進行
「全島土地改良計畫」，使得土地的生產力不斷創新高。而「大甲溪電源
開發計畫」又是隨即而來的另一項挑戰。為了勘查大甲溪電源開發計畫，
八田與一沿著大甲溪流域，由西而東穿越中央山脈，行走於三千公尺以上
的山脈間，為的是尋找適當的堰堤所在。這個計畫因第二次世界大戰爆發
而停擺，最後由戰後的國民黨政府完成，就是現在中橫公路上的德基水
庫。

　　一九四二年（昭和十七）八田與一奉詔前往菲律賓做棉作調查，所搭
大洋丸被美軍潛艦炸沉，葬身東中國海。一九四五年（昭和二十）九月一
日，其妻外代樹擔憂將被「引揚」遣返日本，在烏山頭貯水池放水口處投
水自盡，一部分骨灰即葬在烏山頭水庫旁。八田與一夫婦相繼死亡的消息
因戰爭的關係，知道的人並不多，但當時嘉南大圳水利組合的員工已將訊
息釋放給農民，八田與一被稱「嘉南大圳之父」的聲名逐漸為當地農民所
肯定。戰爭結束後，嘉南農田水利協會為感念八田與一的貢獻，特別在烏
山頭水庫旁為八田與一夫婦建造一座純日式的墓園。

　　戰後，在一段「去日本化，就中國化」的時期中，雖然嘉南平原的農民感念八田與一，但總是無法表達，這從八田與一銅像在三十七年後才出現可知其端倪。在嘉南大圳即將完工之時，共同參與工程的人員為紀念這有意義的工程及能保持連繫，乃組織「交友會」，八田與一被推舉為會長。交友會在一九三〇年（昭和五）三月建立殉工碑，紀念為此工程而殉難的一百三十四名人員。而後為表彰八田與一的功績，於一九三一年（昭和六）委託日本石川縣的雕刻家都賀田勇馬氏製作八田與一的銅像，並於七月八日送達烏山頭水庫旁。戰爭時期，由於戰爭物資缺乏，金屬製品都必須送繳再熔，以製成新成品，銅像亦不例外。戰後，當大家都認為八田與一的銅像被熔化之時，卻被嘉南農田水利協會職員發現在番子田車站內的倉庫之內，後由水利協會購回，但為避免麻煩，雖攜回烏山頭水庫，但並未放回原處，而放置在宿舍內，直至一九七五年才正式提出要將銅像放回原處的申請，但時值中日斷交敏感時刻，此議被擱置。一九七八年，水利會再提出申請，政府雖未明確答覆，但有默許之意；一九八一年，八田與一像才再度被放回原處。

　　從一九八四年開始，每年逢五月八日八田與一的忌日，嘉南農田水利會都會在烏山頭水庫旁八田與一的銅像及墓前舉行追悼儀式。日本八田與一的故鄉石川縣有組織「八田之友會」，每年在此時亦會從日本來臺參加紀念儀式，整個紀念儀式場面甚為浩大。八田與一在臺灣歷史上的角色以《自由時報》的評論最為貼切，內容為：

> 不論時空的改變、政權的更迭，這群臺灣人，總是默默地懷念這位來自寒冷北國的熱情工程師，在這裡，沒有國籍的分別，沒有政治正確字眼，只有永遠的感念，見證天地的無常。[4]

---

[4] 《自由時報》，2000年4月27日，第9版。

第三節　日治時期其他重大水利工程

一、新埤圳的興建

　　日治時期，臺灣總督府在財政編列中有「地方埤圳補助費」一項，作為「埤圳改修新設」或「災害修理工程」補助費而支出，主要用於公共埤圳。自一九○一年（明治三十四）起，至一九一三（大正二）年止，該項補助費共計支出八十六萬餘圓。其中重要的工程，如茄子埤圳、樹林頭圳（鹽水）、虎頭山埤（臺南）、後龍圳（苗栗）等的改修或整理。

（一）後龍圳

　　位於苗栗的後龍圳，圳頭設在後龍溪與莒田寮溪的交會處，自此開鑿水路長一萬四千八百三十六公尺，灌溉面積九百六十甲，總工程費十四萬圓。後龍圳於一九○八年（明治四十一）動工，一九一○年（明治四十三）完成。每甲分擔工程費一百四十六圓，由民間負擔的為每甲一百一十三圓。

（二）官設埤圳工程

　　官設埤圳，是官方所建設，而在一定區域內的民眾可以直接利用。在經營上，一方面政府是一個中心，而在民間亦有一個中心。政府徵收一定的水租，以為收入，有關係的民間，則組織組合，以維持這一個設施；所謂有關係的民間，是指地主、佃戶，及其他的利用官設埤圳者。官設埤圳的管理者，是總督府土木局長或廳長。民間的組合，則推選議員；而持有全灌溉區域的五十分之一以上土地的地主是組合的當然議員。組合議員，可決定規約及預算，承認決算。

　　一九一四年（大正三），每甲的水租因其所受利益的程度，分爲三等。第一等后里圳爲五圓、獅子頭圳爲四圓、荊子埤圳爲三‧四圓；上列三圳之二等者，各爲三圓、二‧五圓、二‧七圓；三等者各爲一圓、一圓與二圓。同年度的合作社費，每甲負擔最高爲七圓，最低爲三圓，平均爲五‧三四圓。

1.獅子頭圳

　　獅子頭圳工程是今高雄縣旗山地區的公共埤圳，一九一一年（明治四十四）完工，灌溉面積爲四千餘甲，工程費爲七十餘萬圓，每甲的工程費約一百七十二圓。進水口在荖濃溪，灌溉七百甲，新工程是把進水口搬移，俾每秒可進水三百五十立方尺。在荖濃溪設制水設備，以保護灌溉地區。計開鑿水路幹線一、支線六、分線六十五及排水路等。

　　獅子頭圳在今美濃鎮竹子門一帶另設水利發電工程，利用該處七十五日尺的水量落差發電，可發電兩千匹馬力。一九一〇年（明治四十三）開始送電到高雄，一九一一年（明治四十四）送電到安平（臺南），一九一二年（明治四十五）送電到阿緱（今屏東）。工程費爲九十八萬圓，每匹馬力的工程費折合爲四百九十圓。

2.后里圳

　　后里圳在今臺中縣，整合自大安溪進水的公共埤圳大安圳，及自大甲溪進水的公共埤圳星山圳而成，一九〇九年（明治四十二）動工。大安圳的進水口係利用隧道，新築隧道六、幹線水路一、支線八。進水口每秒鐘流量爲三百立方日尺。其中兩百立方尺用於灌溉，共計灌溉近三千甲，星山圳的進水口有六十處左右，取水極易，當時稍加修改，逕行利用。一九一二年（明治四十五）完工。埤圳工程費爲九十九萬圓，每甲工程費爲三百三十八圓。發電所是利用每秒流量一百立方公尺，落差一百三十公尺，發電一千二百匹馬力。一九一一年（明治四十四）起，送電於臺中、

彰化。這工程費爲一百二十七萬餘圓，每一匹馬力合計三百一十六圓。

　　后里圳建立以後，星山圳的進水隧道與新建的第一隧道間的溝渠，直接曝露於大安溪，如何保護圳道是一極重要的問題。因此，把圳頭的岩盤突出，再放下巨大的水泥塊，以制止水流，此方式頗爲成功，至今仍尚未損壞。此技術的特點，當時的設計者十川技師說：

> 因爲新築的鐵道和后里圳，都需要保護，我主張用凹岸導引法，故沿后里圳進水口的岸邊，在河心依照十七度的角度，放下十七塊鋼骨水泥塊，排成一列，水泥塊每塊重三十噸。水門的岸邊，一曲凹岸導引的方式，使衝擊來的水流轉流到鐵路橋下的中央部分。幸而接著來的洪水，對於堤岸沖刷甚劇，把前面的水泥塊，向上沖進六公尺，後列的水泥塊亦都沉下，這就和圳頭的堤岸相輔相成，成爲完全的凹岸導引方式。河川的坡度是七、八十分之一，大水時水深二十四尺，流速約在十四尺以上。假定流速爲十四尺，則隨之流轉的石塊，直徑約有二尺，圳頭的水壓，亦當然不小，故爲洪水沖動的水泥塊，自須如此之重。本來預定安置水泥塊時，要深掘二十尺，惟以經費不許，故只有利用自然的水流，以安定水泥塊的位置。[5]

3.莿子埤圳改修工程

　　莿子埤圳位於今臺中縣，自濁水溪引水，灌漑面積爲一千二百甲，初期設備不甚完整，年年受到旱害，因此，良田荒廢者不少，而當地人民缺少資金，無法改良。一九〇七年（明治四十），乃以埤圳水租、貸金、地方稅、埤圳補助費等進行改修工程。至一九一〇年（明治四十三），完成

---

[5]　惜遺，《臺灣之水利問題》（臺北：臺灣銀行金融研究室，1950），頁14。

幹線一、支線二十二、放水路四及進水口、水門等；工程費為二十八萬餘圓，每甲工程費計七十三圓，下流區域的排水設備不良，雨水因之停滯，故嘗試開掘一排水路。惟這一工程是作為官設埤圳，在修改前先已動工。改修後的莿子埤圳，進水量為每秒二百五十立方尺，灌溉區域包括附近的原野，共為水田近三千九百甲。

　　此一工程名曰改修，而大部分是新建。論規模，在當時是算大規模的水利工程。許多地方用的是鋼骨水泥，形式稍舊，但至今仍都存在。工程規模稍大，民間無力負擔，而由官方出資經營的，是以莿子埤圳排水路為嚆矢，這是臺灣第一個官設埤圳工程。

4.二層行溪（今二仁溪）埤圳工程

　　官設埤圳工程中建立的水電工程，有二層行溪的埤圳工程。其目的是要用作二層行埤圳工程的動力。後因埤圳沒有進行，於是就把電力輸送於南部地方。電力為四千匹馬力，工程費三十二萬圓，每一匹馬力的建設費合八百圓。

（三）下淡水溪（今高屏溪）堤防工程

　　本工程的目的在使下淡水溪水流能趨向右岸曹公圳進水口，同時，使左岸六塊厝一帶土地可以淤高，讓曹公圳的進水比較容易。從九曲堂進水口的對岸道上流的河底，坡度約為千分之一，都是細砂。在洪水時，堆砂極易受到沖刷。靠六塊厝一邊是軟岩；靠九曲堂一邊是黏土，而相當堅固，並且稍帶彎形，工程就利用這一點，使水流沖擊該處，將水導向曹公圳。

　　本工程的技術是決定法線的寬度為五千尺，在離鐵路線北六千尺處，和鐵路線平行，築一長三千八百尺的堤岸，使突出到法線。這堤岸的建築法，是用一尺平方、二十到三十尺長的鋼骨水泥樁，打下到洪水水位以下

七尺的高度,及樁腳為十三尺,樁間的距離是三尺。沿樁線的前後,到洪水而為止,堆上幾排蛇籠,堆積的方式是杉木的樹冠型。在這上邊,再堆上一段或兩段長度為四十八日尺的蛇籠,堆的方式是馬鞍型。這一層蛇籠就在洪水位以上。再從這堤岸的頂端開始,沿著法線,向下流的一萬三千尺之間,在打下一尺平方、二十尺長的鋼骨水泥樁,樁的高度仍為洪水位以下七尺。樁間的距離,亦是三尺。在鋼骨水泥的樁頭,上接六尺長四寸見方的木材。木樁高度是在洪水面以下三尺。在木材之間,橫結竹架。在各樁基部,前後接掛上一列蛇籠,以鞏固各樁的根本。再在其下流四千尺處,沿著法線,打下一排四尺長的松樹樁。松樁的切口徑為七寸,長度為二十四尺。松樁的高度是打下到洪水位下三尺。樁頭加竹架,樁腳加蛇籠,如上所述。

　　洪水流至該處,流速減低,水中的土砂就行沉澱。在完成之日,就成為完全的護岸。這工程的目的,是要使流心正對曹公圳的進水口,同時是使下淡水溪左岸靠近屏東的六塊厝方面,因土砂沉澱而土地增高,這帶有改良土地的意義。現在該處的土地,甘蔗甚為繁茂,而可以使用深耕犁了。這工程開始於一九一一年(明治四十四),完成於一九一三年(大正二),工程費為七十萬圓。

二、舊埤圳的改修

(一)宜蘭第一公共埤圳修改工程

　　宜蘭第一公共埤圳的修改工程,應是臺灣第一個應用鋼骨水泥的水利工程,用在進水口的旋轉機部分。工程報告書中說:

鋼骨水泥的利害得失，現在已經脫離討論的時代，而必須實行。在本
工程中，分水口的水門，其弓型的橋體，是用水泥鋼骨作成，因此所
獲利益甚大。……所用鋼骨的價值，不及水泥代價的十分之一，然其
利益，比之普通水泥減少甚多。

這一工程，是把以前的太山口、金德安、蕃仔、金大成、金新安等五
圳匯合，共用一個圳頭，設第一分線、第二分線，給水於各灌溉區，而使
兩分線的圳尾流入排水路中。工程費共為十二萬圓，資金借自勸業銀行，
分二十年償還。每甲約負擔工程費三十九圓。一九〇七年（明治四十）二
月動工，同年十月完成，灌溉面積為三十甲。進水量是每秒四十一‧七四
立方公尺。

　　當時擔任此埤圳修改工程的人員，是純粹的土木技術人員，故在決定
農業上必要的灌溉水量時，很費苦心，也因此留下灌溉用水的計算方式。
在現在，只要知道土性，就可知道水田的用水量，已成常識，但在當時，
是很大的問題。當時計算灌溉用水計算方式至今仍舊沿用，其計算方式
為：

　　消散的雨量並不是全部為植物生長所利用，一部分向地下滲透流失，
一部分向空中蒸發散失。植物所利用到的，是要從雨量中除去上述兩個部
分。關於滲透，到現在為止，雖有很多研究，結果尚不完全，其量與土
壤及密度關係甚密，故甚難決定。據英國吉利格（Gliege）二十三年的體
驗，在眞土的土壤中，蒸發量為降雨量的百分之七十三‧四，而滲透量為
其百分之二十六‧六。砂土反是，滲透為三十英寸，而蒸發只有七英寸。
故土質不同時，滲透量大不相同。

　　水田的完全乾燥期，是從晚稻收穫前的十一月中旬起，至二月上旬
為止之間，其餘時間絕不灌水。乾燥期後，要土壤溼潤，必須引進水分。
不過該一時期，因氣象關係，降雨頗多，土壤常帶溼氣，故需要的水量不

多。但以後要維持溼潤，估計約要七到八寸水量。而此項水量，一定要在作物生長要水以前，相繼引水，故應作爲作物的養水量而加算在內。田面蓄水三到五寸，毋須一時引入，大抵是隨秧苗的發育生長，在十五日內引進即可。實際上，在移植秧苗時，遲早之間，相差往往有十五日左右，故田面蓄水量，在十五日內引滿，並無障礙。田面引水以後，因其不斷消散，當然常常需要補充。現在把因滲透而消失的水量，每日平均作七公釐計算，則在決定養水量時，可作下列計算：

田面經常維持的蓄水深度　　　　　　0.3尺（約10公釐）
因蒸發及滲透而每日失去的水的深度　0.023尺
一甲的面積　　　　　　　　　　　　3000坪
V　　　　　每日每甲所要的水量
V'　　　　　每秒每甲所要的水量

$$V = \frac{0.3尺 \times 3000坪 \times 36}{15} + 0.023尺 \times 3000坪 \times 3$$

$$= 2.16 + 2.484 = 4.644立方尺$$

$$V' = \frac{4.644}{86400} = 0.0538立方尺$$

即一甲的養水量，要每秒鐘的流量爲○‧○五三八立方尺。故一秒鐘有一立方尺流量的圳路，約可灌溉水田近十九甲。[6]

（二）瑠公圳改修工程

一九○七年（明治四十），瑠工圳整合舊瑠公圳、霧裡薛圳、上埤及其他八埤爲瑠公圳。先前各圳水源各異，水路荒廢，改修時，把水源統

[6]　惜遺，《臺灣之水利問題》（臺北：臺灣銀行金融研究室，1950），頁10。

一，皆用舊瑠公圳的進水口，取新店溪溪水，同時並改築幹線，工程費為十三萬餘圓。中間橫斷景尾溪（今景美溪）的水橋改用鋼骨水泥的水路橋，上面都可利用為道路。景尾橋是臺灣第一座鋼骨水泥的橋，完成於一九〇八年（明治四十一），現在的景美橋已經改造，當時的舊貌並不復見。

一九一〇（明治四十三）至一九一四年（大正三）間，瑠公圳陸續整理並改修支線，包括整理上埤，開墾埤底三十六甲；改修下埤、雙連埤的引水路，開墾埤底計二十九甲；改修埤仔腳及大竹圍埤的圳路，開墾埤底七甲；延長興稚莊支線，改修上搭悠、下搭悠的圳路，開墾上、下土地公埤等。此外，並統一朱厝崙的上埤和霧裡薛圳，且開墾廢圳，灌溉一百八十三甲，其中有三十九甲，不用抽水機亦可灌溉。全部工程完成後，共開墾埤底六十餘甲，以為水田，作為瑠公水利組合的基本財產。一九一四年（大正三），洪水為患，圳頭堤岸皆有崩壞，該項修理工程即以基本財產的收益抵擋。

三、其他水利工程

（一）曹公圳進水口的抽水機

由於冬季下淡水溪（今高屏溪）的水量減少，每年十二月曹公圳會實施斷水。曹公圳的供水主要是用來灌溉第一季作物，至於第二季作物是憑藉雨水，故灌溉僅及於低地。一九一九年（大正八）臺灣製糖株式會社在舊圳圳頭，裝置兩百匹馬力的電動機二臺，以灌溉蔗田三千甲。同年，曹公水利組合在新圳頭裝置一百匹馬力的煤氣機二臺，以灌溉二千甲栽培第二季作物的田，曹公圳是臺灣最早使用大型的抽水機以行灌溉的水利設施。

（二）灌溉排水調查

　　「灌溉排水調查」是日治時期重要的水利工程之一。一九二〇年（大正九）開始，排水工程受到水利工程的重視，各式的排水調查陸續進行。自一九二六年（昭和元）起，對於五百甲以上的大型農地計十三萬餘甲，進行詳細調查，包括水量、工程、設計、負擔經費等事項，至一九三〇年（昭和五），總計完成調查者八千七百甲。一九三一年（昭和六）以後，又重新做最基本的調查，俾對於每一水利系統在工程開始前，可以判斷其是否應該動工。一九三四年（昭和九），調查完成。一九三五年（昭和十）後，一方面整理調查資料，一方面著手編製包括已成立的水利組合土地改良的根本計畫，見表7-14，此計畫於一九三九年（昭和十四）完成。同年度又開始河川流量調查及埤圳的總登記，前者為要確實把握水源水量，使在執行根本計畫時，不致有遺漏；後者則對於已有埤圳工程的情況，可以完全明瞭。

表7-14　一九四〇年前臺灣各地灌溉排水調查結果

地方名	調查種別	調查面積（單位：甲）	調查面積中受益面積（單位：甲）
三星地方	灌溉排水	4,351	2,041
廣興地方	灌溉排水	680	483
宜蘭北部	排水	12,452	3,248
宜蘭南部	排水	10,168	1,229
桃園台地	灌溉排水	36,087	24,114
竹南地方	灌溉排水	1,000	990
新莊地方	灌溉排水	1,700	1,060
公館地方	灌溉排水	13,500	2,000
北斗、二林	排水	10,000	7,000
員林、鹿港	排水	39,929	12,294
斗六地方	灌溉排水	5,000	4,200
歸仁地方	灌溉排水	2,000	1,400

（續下表）

崙背地方	灌溉排水	1,500	820
鹽埔地方	灌溉排水	15,36	12,931
恆春地方	排水	2,865	403
東港地方	排水	15,362	4,782
岡山地方	排水	2,865	2,501
卑南地方	灌溉排水	10,071	2,400
池上地方	灌溉排水	510	500
北埔地方	灌溉排水	1,000	853
吉野地方	灌溉排水	1,700	1,140
計		201,944	86,389

　　在進行農業水利工程的調查時，最重視的是經濟調查。普通的土木工程對象甚為簡單，往往不牽涉到經濟，例如河川工程或道路工程，其最重要的目的是求住民生活的安全和便利。但農業水利工程不然，如果離開農業經濟，便將失其意義。農業水利工程不特和農民生活有密切關係，並且至少有一半以上的工程費，是要由農民負擔，基本上是一個很大的經濟問題。因此，在每一工程之前，一定都要先做詳細的經濟調查。第一是先調查當地的經濟狀況，即統計最近五年間的農業生產。其次再調查地租、土地買賣價值、銀行鑑定的土地價值、田賦等項。再根據有水利區域的情況，推定一水利工程建設後的成效。此外，並蒐集所有農村計畫的基本資料，俾水利工程可進行無阻。故農業水利之是否可以順利發展，其判斷完全是根據經濟調查，如調查不詳細周到，農業水利事業將無法推動。

（三）水利組合前期施行的工程

1.宜蘭北部的排水工程

　　在宜蘭地區，橫跨壯圍、礁溪、頭圍等三莊，有三千七百餘甲土地，地勢低窪，積水停滯，其中有一部分兩季皆無收穫。對於這一部分土地，如能防止河川氾濫、講求排水、防止海水倒灌，則有一大部分土地可改變

成爲栽培兩季作物的水田。

　　爲防止河川氾濫，第一步是興建小礁溪的堤岸，並進行改築頭圍河堤的工程。爲要排水起見，就興築公館、土圍、塭抵、下埔四條排水線。爲防潮起見，在頭圍河河口和湯城港圳面對海邊的地方，設置防潮堤四千五百公尺。其中有九百六十公尺直接受到海潮的影響，用水泥塊設排水用的二五孔水門一處，每孔水門的大小爲四尺見方，總工程費爲五十八萬圓。

2.攔水壩的革新

　　一九一二年（大正元），鹽水廳的頭前溪圳改修圳頭的土堰。此堰堤地盤處爲岩盤，堤體爲水泥，或由石塊堆砌；地盤爲石礫或土砂處，是用石塊或草土堆積而成。地盤年年受水害，時時要補修，直到一九二二年（大正十一）乃開始築永久工程，以期一勞永逸。

　　此外，另有頭汴埤水利組合的二千甲灌漑區的進水口，這是把草港溪的土堰加工，工程費爲十八萬圓，但在完工後，一九二四年（大正十三）又復倒壞，倒壞原因是因對於砂礫地的認識不足。一九二五年（大正十四）又消耗工程費二萬五千圓，方獲完成。

　　一九二三年（大正十二），八堡圳水利組合改善埔鹽埤的堰上水門，將水門提高八尺許，排水時，有捲起水門的放流設備。同年度，在臺南改修茄苳腳圳、他里霧圳、將軍崙埤等。因上述兩工程的經驗，草土或石塊的擋水堰，皆逐漸改修爲永久性工程。另柳子溝圳的進水口堰堤本來是草埤，擋著三疊溪的水，地質是黏土和砂，每年流失很多，故改築一長約一百公尺、高三公尺餘的鋼骨水泥堰堤。這一集水區域有四平方日里，最大流水量預定有一萬八千個。在堰堤下流坦水部分插入厚一・五～二・五尺、徑半吋的鐵骨，其斷面爲百分之〇・〇〇二。堰堤地盤軟弱處，加樁補強。爲要緩和上、下流的水位，加打下六公尺長的鋼板樁三百九十塊

（計一百四十公尺）。在堰堤上又附加寬六尺（〇‧九公尺）的木製倒伏堰。其他較重要的攔水壩改修工程，如表7-15。

表7-15　日治時期重要水門攔水堰工程一覽表

年分	埤圳名稱	原來地質	修改工程	工程費（圓）
1923	斗六茄冬腳圳頭	草埤、土砂	築鋼骨水泥提135.6公尺，設置水門三，土砂	8,600
1923	斗六他里霧圳頭	草埤、土砂	築鋼骨水泥重力型的洗堰	90,000
1923	斗六將軍崙埤堰堤	草埤、土砂	築鋼骨水泥重力型堰堤43.6公尺，1934年加寬	36,000
1927	斗六霞包蓮堰堤	草埤、土砂	築鋼骨水泥重力型堰堤29.6公尺，設制水門及排水門各二	44,300
1928	新豐許縣溪舊社埤	草埤、土砂	築鋼骨水泥重力型堰堤115公尺	58,100
1930	嘉義十股圳圳頭	草埤、土砂	築鋼骨水泥重力型堰堤228.5公尺	45,580
1932	嘉義柳子溝圳圳頭	石磚	築鋼骨水泥重力型堰堤約100公尺	20,000
1933	斗六林子埤圳頭	草埤、土砂	築鋼骨水泥重力型堰堤，長48公尺，並附旋捲的水門	52,000
1933	斗六崁頭厝圳圳頭	草埤、土砂	築鋼骨水泥重力型堰堤65公尺，有排水門二	18,000
1934	麥嶼厝八堡圳排水門暨制水門	草埤、土砂	加高堰堤，水門水深1.5公尺，流量29立方公尺，水泥鋼骨，加用鐵板	16,156
1935	虎尾大義崙制水門	草埤、土砂	築鋼骨水泥制水門10個	8,000

（四）擴建工程的展開

1.花蓮吉野圳的興建及改修

　　吉野圳包括吉野圳及宮前圳兩大灌溉體系，吉野圳於一九一二年（大正元）開始興建，完工於一九一三年（大正二），從七腳川山麓引木瓜溪上游溪水，原計畫總工程費八萬餘圓，預定灌溉一千甲，但完工後實際灌溉面積約五百五十甲。灌溉設施包括取水口，原本位於木瓜溪右岸銅文蘭

附近（今文蘭），但恐受「蕃人」破壞而改設於左岸，並設警察官吏駐在所監視，渠道包括幹線四千二百三十二間（七千六百九十三公尺），支線二千三百五十間（四千二百七十二公尺）。吉野圳的灌排系統流經宮前、清水、草分聚落的耕地，吉野圳是吉野村最主要的水利設施，且木瓜溪上游水源豐富，雖溪水石灰質含量極高，但還不到危害農作物的程度。

宮前圳較吉野圳早完工，其水源從吉野村北方的七腳川、加禮宛山間，引沙婆礑溪上游河水自北導入宮前聚落，分成八條支線，灌溉吉野排水道以北約四百甲的耕地，宮前圳的水質相當清澄。吉野排水道從宮前聚落之北朝東流，是吉野村主要的排水道，平時水量稀少，但遇大雨驟至，則水勢猛烈，排水道堤防往往決堤造成災害。另排水支線從荳蘭移民指導所西方的山麓鋪設，集清水聚落水源地和吉野圳餘水，是吉野村東西向的排水道。宮前圳的取水口同時供應蕃人圳灌溉吉野村北方「蕃地」約一百八十五甲，由於吉野村的土地部分得自於荳蘭社及薄薄社，故「蕃」人圳的經費二萬圓由移民村補償金支付。

吉野圳完工之後，旋因取水口設置地點不佳，木瓜溪該河段流域多變化，沖淤不定，臨時攔水設施維護極困難，耗費極多，且每遇洪水，攔水設施必被衝毀，功能常無法正常發揮。再者，隨移民人口不斷增加，墾田一再擴大，要求擴大灌溉區之聲四起。總督府乃於一九三〇年（昭和五）十二月著手「吉野圳改修事業」計畫，除改善取水口外，並擴大灌溉範圍，此改修計畫總工程費預算四十四萬圓，實支四十二萬餘圓，工程分三年進行。工程內容首先是改變取水口位置，新取水口位於舊取水口上游約三‧五公里之銅門、榕樹吊橋上游，取水口下設沉砂池及排水門一座、溪暗渠一座、隧道四座，共長八百六十七‧二間（一千五百七十六‧六公尺），跌水工二十二座；其中第二座跌水工落差達十九‧六公尺，一九四一年（昭和十六），總督府利用此落差興建初音發電廠。吉野圳改修工程完成後，灌溉面積由原來的五百五十甲增加到一千一百餘甲。

從吉野圳改修工程的過程中，可以發現幾個特點：一是工程技術的改進，由於木瓜溪砂礫含量極高，攔水堰容易被沖毀，最初的臨時攔水堰就經常被沖毀，導致圳路經常無水供應。一九三〇年（昭和五）的改修工程已增建沉殿池及餘水吐，且以鋼筋混凝土建造，不但能改善水質含砂量高的問題，且減少攔水堰被沖毀的頻率。二是更能運用地形落差因勢利導灌溉水，取水口往上游推進三・五公里，不但水源較充足，且水流的高度落差後來被用來發電。最初設取水口時考量到「蕃害」的問題，但到吉野圳改修工程時，適逢霧社事件結束，總督府的「理蕃政策」有所調整，「蕃地」警察較過去嚴格，攔水堰位置雖接近太魯閣族活動區域，但已較無「蕃害」的顧慮。一九三一年（昭和六），頒布的「理蕃政策大綱」第五項更明確指出，要照顧「蕃人」的經濟生活，特別是農耕生活的改善，吉野圳改修工程後，吉野地區又增加里漏「蕃」人圳灌溉一百七十五甲耕地，再加上原來的薄薄「蕃」人圳，多少有將原住民定耕於農業的意味。三是改修工程最終的目的還是改善吉野村的農耕環境及移民的經濟問題，在吉野圳改修工程以前，吉野村農作物的收入平均每一戶是四百七十四圓，改修工程後，農作物的收入每一戶提升到一千三百餘圓。

2.大寮地方擴張工程

鳳山郡大寮莊下淡水溪（今高屏溪）右岸的區域，以前是下淡水溪的氾濫地帶，不是很理想的耕作地方。一九二一年（大正十）堤岸完成，下淡水溪治水工程頗有成效，氾濫情形有所改善。但因沒有水源，因此只能作為旱田，栽培甘蔗、甘藷、旱稻等，收入極少。另一方面，曹公圳的進水量仍有多餘，乃增加進水門，並擴張水路，每秒中增加進水量一百一十立方尺，以灌溉一千七百餘甲的田地，採用三年輪作制，預定每年以三分之一的面積種植甘蔗。引水路長一千二百七十公尺，第一幹線長七千八百公尺，第二幹線長三千八百二十公尺。支線六條，全長一萬四千六百公

尺，小給水路六十七條，全長八萬六千一百公尺。以上各線皆係新行開墾。排水路爲幹線一，長三千二百公尺，支線三，長一萬五千九百公尺，小排水路長六千五百公尺，亦係新闢。預定每甲每秒可排水〇·五立方尺。一九三二年（昭和七）動工，次年完成，總工程費五十二萬餘圓，其中受補助費近二萬圓，其餘額均爲貸款，每甲工程費計三百〇四圓。擴張水利工程以後，本地區每年加二十一萬圓的收入，土地價值的增加爲近十六萬圓。

3.宜蘭金同春圳的改修工程

　　金同春圳的灌溉，本來是依靠地下噴泉，灌溉面積爲六百六十五甲。但如持續晴天，則水量會減少，灌溉水極有不足之虞。連接的旱地尚有二百八十一甲，因水量不足，不能改做水田。調查後知道，如利用員山莊新城地下的噴泉，則問題可獲解決。於是於一九三一年（昭和六）底動工，次年七月完成。水源爲噴泉及設置在大交溪河底下三到五公尺處的集水暗渠（是鋼骨水泥管，上開小孔，以集積地下水）。集水暗渠長二百三十七公尺，支線暗渠長一百公尺。灌溉，設引水路二千二百五十五公尺，幹線水路一千三百〇一公尺，支線水路一萬一千八百四十二公尺，排水路長八百一十公尺，引進水量共計爲四十九立方尺。總工程費爲十二萬八千圓，每甲工程費計一百二十二圓，每年增產額爲四萬四千餘圓，增加地價三十四萬餘圓。

4.臺東卑南圳改修工程

　　一九〇七年（明治四十）完工的卑南圳，灌溉臺東平原八百甲的土地，但由於卑南溪的水量不穩，圳水滲漏嚴重，沙礫阻塞圳路，又因河川流心改變，使取水口廢置；再加上颱風豪雨常使圳路、取水口遭受破壞，至一九一二年（大正元）時，卑南圳的灌溉面積已減爲二百四十甲，且原兩期稻作也因圳水混濁而僅能進行單期作，同年進行支線改修。一九一八

年（大正七）新設貓山圳，於貓山東北設一取水口，但幾年後又因流心改變而廢棄。一九二四年（大正十三），臺東製糖株式會社曾提出改修計畫，灌溉面積二千一百甲田地，但沒有得到總督府的許可。

到了昭和年間，臺東平原的水稻生產愈來愈重要，再加上水利設施攸關移民村的成敗，卑南圳的改修計畫再度受到重視。在卑南圳改修計畫之前，知本圳則因美和本島人移民村設立問題，得以改進取水口不安全及水量不足的缺點，灌溉知本社附近的五百三十甲田園。而作為內地人移住地的旭村及敷島村，卑南圳的灌溉功能卻無法發揮，卑南圳的改修計畫勢在必行。

因預算問題而經波折的卑南圳改修計畫，在一九三三年（昭和八）開始動工，以工事費八十八萬餘圓，計畫兩年時間完成，改修計畫具體內容為：於舊卑南圳進水口的上游再設一取水口，為鋼骨水泥建築，寬一・二公尺，高一・八公尺，上下兩段，每段十門。每秒進水量為五百立方公尺，引水路長一千五百三十七公尺，沉澱池長二百二十八公尺，幹線一條，長一萬○一百六十七公尺；支線二條，長一萬三千四百五十五公尺；給水線二十九條，長四萬二千○三十九公尺，這許多線路大多為擴張或新設。完工後，灌溉面積為二千四百餘甲，總工程費為九十七萬餘圓，其中八十餘萬圓為國庫負擔，其餘十分之一的近十六萬圓為民間負擔，每甲工程費為三百九十八圓。工程內容為自卑南大溪右岸設取水口，進水量每秒五百立方公尺，預定灌溉卑南圳舊灌溉區及旭村地區，面積達二千四百餘甲的土地。同年十月在卑南大溪枯水期開始進行取水口和導水渠的工事，同時河川的岩灣堤防於是年底完工。次年要進行幹線、支線工程時遭遇到颱風的侵襲，一部分岩灣堤防潰決，使工事中的幹、支線被土砂埋沒，而其他的道路、橋梁、埤圳等都有災情，復原工作使勞力不足，完工日期延至一九三六年（昭和十一）才完工。一九三三年（昭和八），卑南圳灌溉面積為六百八十二甲，至改修工程完工後，灌溉面積增加到一千七百餘

甲，臺東廳的水田則由六千〇一十四甲增加到六千七百二十八甲。

卑南圳改修工事的進行有三個特點：一是資金籌措困難，由於受益土地的業主大多是卑南社及馬蘭社的原住民，他們的資金缺乏，因此資金來源百分之九十由國庫補助，百分之十經費由受益者負擔，這部分則由卑南水利組合以低利貸款借入資金予以代納。二是由於考量卑南大溪、太巴六九溪及呂家溪，遇雨即成急流，縱橫氾濫成災的特性，在卑南大圳工程進行的同時也配合「河川整理工事」，如卑南大溪岩灣堤防、太巴六九溪卑南附近堤防、呂家溪治水工程等。三是由於勞力缺乏，勞工工錢昂貴，所以工事一開始即透過警務機關，對臺東廳的「蕃人」進行全面統制，以十日交替方式每日出役，在卑南圳改修工程中，原住民提供了絕大部分的勞力。

（五）水利組合後期的水利工程
1.隘寮溪附近改修圳路及開鑿隧道工程

總督府自一九二七年（昭和二）開始大規模興建河道工程，許多堤岸接續完成，因此有許多地方要添設或改裝進水口。其中，規模最大的是隘寮溪岸完成後的新設進水口及開鑿隧道工程。因下淡水溪（今高屏溪）治水工程的結果，隘寮溪的主流，流出山腳後，就折向西北與下淡水溪合流。因此，直接以隘寮溪為水源的埤圳，灌溉面積為二千六百八十五甲，以及以隘寮溪下流的噴泉為水源的六千九百甲的區域，即共計九千六百甲的土地，喪失水源。因此，遂從堤岸基點向上流倒溯二千八百公尺處，選一地點設置進水口，而由此開鑿隧道一千五百公尺，與引水路相連接。

進水口為鋼骨水泥建築，寬一·五公尺，高一·八公尺，構造為六孔三段。隧道內徑為三·六公尺，斷面做馬蹄形。坡度為六萬分之一。裡面水泥厚三十到四十公分。在土質鬆軟處，插入鋼骨以行加強。在全部隧

道壁中皆注入灰漿，以填塞空隙。共用水泥一千六百袋，每公尺計用一袋餘。

　　凡挖掘隧道，不免有過度開掘處，而對於此過度開掘處，即以普通的土石填塞，至其間空隙，則任令自然，待土壓實。在開掘隘水寮隧道時，第一是竭力防止過度開掘，萬不得已有開掘過度處，便以卵石水泥打到結實，水泥收縮後的空隙，更注以灰漿。這是防止隧道受到因土石鬆弛而增加的土壓，此方式可說是一個頗為妥當的方法，另隧道的設計將來似可利用做發電水路之用。

　　此工程於一九三六年（昭和十一）動工，次年完工，總工程費為五十八萬餘圓，擴張引水路明渠的費用尚不在其內。治水工程完成後，下流就有沙洲一萬一千甲，計畫如放流隘水，則在土砂沉澱後，可成為耕地，再行以鹽分地的土地改良工程後，即可利用。

2.臺中新社白冷圳興建工程

　　白冷圳之建造工程，由日本工程師磯田謙雄進行規劃設計，總督府內務局負責施工，一九二八年（昭和三）開始建造至一九三二年（昭和七）完工，歷時三年半，總計工程費為一百〇四萬圓。十月舉行通水儀式時，由當時總督府殖產局局長殖田殖吉將大南莊蔗苗養成所工事導水路正式命名為「白冷圳」。

　　白冷圳在白冷高地的大甲溪左岸設置進水口，從進水口（海拔五百五十五公尺）開始，沿大甲溪左岸至今大南台地新五村圓堀〈海拔五百三十一公尺〉，全長十六・六公里，海拔高低落差只有二十三・四九公尺，所施設之導水路皆利用地質地勢變化產生落差原理的自然工法概念，將溪水翻山越嶺的引至新社台地，灌溉千餘甲的田園。水圳設施多設於山腰峻坡處，除明渠外，主要構造物有大小隧道二十一座、渡槽十四座及四座倒虹吸工等水利設施，在圓堀區分大南及馬力埔兩條支線流往新社

各區域灌溉。

　　白冷圳的興築有二個特色：一是在馬力埔地區白冷圳所滲透的地下水結合天然的雨水形成新社的重要溪流——食水嵙溪；二是由於進水口和灌溉區域高低落差不明顯，因此，倒虹吸工法的運用在當時的工程中實屬創舉。

3.土地改良及旱田改良事業的展開

　　關於灌溉和排水情形，自一九一八年（大正七）以來，已經詳加調查。根據這結果，有一部分工程業已完成。但選擇進行的結果，就有一部分地方永遠不能改良，而對於原有的埤圳亦無法改修。這從全臺灣的水利事業上來看，並不是很理想的現象，於是總督府土木局計畫就過去的調查結果，擬定一根本計畫，此根本計畫作爲以後土地改良事業的標準，各個不同的工程都要在同一標準下進行。特殊的設計，例如堰堤，雖不包括在內，但普通灌溉排水工程中必要的水路，則在任何計畫中，皆當以同一形式，同一數量計算。水路大小、建築大小，當然隨水量多少及坡度大小而調整，但一定要在已訂標準的範圍內。

　　根據此根本計畫，第一期的改良範圍是二十二萬餘甲，其中包括新近開闢的五百甲以上的區域，及原來已有埤圳的部分，這都被認定爲一經改良，必可有效的區域，工程預定持續兩年，此即第一期十一年土地改良計畫。

　　同時，在戰爭期間，日本力求糧食增產，故訂有農作物十年增產計畫。一九三四年（昭和九）以後，從臺灣輸到日本去的米，每年在八百一十二至九百〇二萬石之間。一九三九年（昭和十四）後，米的輸出由政府管理，於是把剩餘金額用於完全增產，增產的重心是米，而同時力求甘蔗、甘藷、黃麻、棉花、苧麻、篦麻等經濟作物間的調和。此糧食增產計畫，因事實上的必要，遂與十一年土地改良計畫相結合，該項土地改良計畫從一九四〇年（昭和十五）起開始執行。

　　自太平洋戰爭發生以後，日本人將器材勞力盡量用於戰爭方面，故工程的進行相對困難；只有一部分小規模的工程獲得完成，很多工程雖已經開始，但還是不得不中止。改良工程的費用半數是由「國庫」補助。工程的分配有三種形式：三星、高雄、鳳林、二林、大南莊等地方是官營；八堡、斗南、關廟等地方是水利組合；崙背、新港等地方則是臺灣拓殖株式會社。

　　水利工程擴張以後，旱田顯然減少。為要補充旱田，只有開墾新地，故一九四〇年（昭和十五）以後，一方面改良土地，而另一方面是開擴旱田。據十一年土地改良計畫，約可擴張水田十一萬甲，其中要將約六萬甲旱田轉化為水田。為要求增產農作物間的調和，旱田面積一定要確實保持，其結果就不能不開墾林野，以作成六萬七千甲旱田。在這六萬七千甲之中，預定開墾六萬甲，其餘等待自然增加。擴張旱田，就目前土地的利用狀況而言，在平地和海岸並無餘地，而大多要求之於山麓斜坡，故此項開墾係採用梯田方式，而為防止崩陷，保護工程也同時進行。

第八章　戰後農田水利組織的變遷

　　依據一九四二年訂定，二〇〇八年第九次修訂頒布的「水利法」第三條，水利事業的範圍包括：防洪、禦潮、灌溉、排水、洗鹹、保土、蓄水、放淤、給水、築港、便利水運，及發展水力等十二大項。本書主要探討和農業相關的水利課題，因此，所指涉的水利事業係以灌溉、排水為中心，水利組織係以農田水利會為中心，但由於法令及主管機關牽涉到層面較複雜，因此水利相關法規及主管事業單位的變遷及職權也一併論述。

第一節　水利法規及主管單位的演變

一、水利法

　　「水利法」為臺灣各項水資源運用的根本法令，最早的「水利法」是一九四二年國民政府時期所制定頒布，當時全文有九章七十一條。現行的「水利法」歷經九次修訂於二〇〇八年公布實施，全文總計有十章九十九條，各章的簡要內容為：

　　第一章「總則」（第一～四條），旨在確立水利事業的範圍和水利行政主管機關。第三條明確指出本法所稱水利事業，謂用人為方法控馭，或利用地面水或地下水，以防洪、禦潮、灌溉、排水、洗鹼、保土、蓄水、放淤、給水、築港、便利水運，及發展水力。第四條說明水利行政主管機關在中央為經濟部，地方為直轄市政府、縣（市）政府。

　　第二章「水利區與水利機構」（第五～十四條），旨在確立水利區與水利機關的畫分，及規範政府與人民興辦水利事業。其中，第十二條為主管機關得視地方區域之需要，核准設立農田水利會，秉承政府推行農田灌溉事業，前項農田水利會為公法人，其組織通則另定之。第十三條為政府興辦水利事業，受益人直接負擔經費者，得申請主管機關核准設立水利協進會。第十四條為人民興辦水利事業，經主管機關核准後，得依法組織水利公司。

　　第三章「水權」（第十五～二十六條），規範水權之定義，取得順序及有限水量情況下之分配處理原則。對於用水順序在第十八條有清楚的規定，依序為家用及公共給水、農業用水、水力用水、工業用水、水運及其他用途。如遇用水糾紛時，依第二十條規定，登記之水權，因水源之水量不足，發生爭執時，用水標的順序在先者有優先權；順序相同者，先取得

水權者有優先權，順序相同而同時取得水權者，按水權狀內額定用水量比例分配之或輪流使用。

第四章「水權之登記」（第二十七～四十五條），規範水權取得之程序及免作取得登記之項目。其中免爲水權的規定在第四十二條，包括家用及牲畜飲水、在私有土地內挖塘、在私有土地內鑿井汲水，其出水量每分鐘在一百公升以下者，用人力、獸力或其他簡易方法引水，但前項各款用水，如足以妨害公共水利事業，或他人用水之利益時，主管機關得酌予限制，或令其辦理登記。

第五章「水利事業之興辦」（第四十六～六十三條），水利建造物應核准之各項規定。其中第六十三條之三，對於灌溉事業設施範圍禁止以下行爲：一、填塞圳路；二、毀損埤池、圳路或附屬建造物；三、啓閉、移動或毀壞水閘門或其附屬設施；四、棄置廢土或廢棄物；五、採取或堆置土石；六、種植、採伐植物、飼養牲畜或養殖水產物；七、其他妨礙灌溉設施安全之行爲。

第六章「水之蓄洩」（第六十四～七十二條），水之蓄留及宣洩等相關事項規範。

第七章「水道防護」（第七十三～八十三條），明定水道整治、防護等各項規定。其中，第七十五條規定主管機關得於水道防護範圍內，執行警察職權。

第八章「水利經費」（第八十四～九十條），明定水利經費徵收的法源及標準。其中，第八十四條規定政府爲發展及維護水利事業，得徵收水權費、河工費、防洪受益費。第八十五條水權費之徵收，農業工業用水以每分鐘一立方公尺之供水量爲起點，水力用水以每秒鐘一立方公尺之供水量爲起點；其費率，由中央主管機關訂定公告之。

第九章「罰則」（第九十一～九十六條），違反水利法之罰鍰、行政處罰、拘役刑罰等規定。

第十章「附則」（第九十七～九十九條），明定施行細則及施行日期係以命令定之。內容依其類別可區分為水權、水利事業、水之蓄洩、水道防護等四大部分。

另依據「水利法」各項內容執行所需，陸續訂定「水利法施行細則」、「臺灣省灌溉事業管理規則」、「農田水利會組織通則」、「臺灣省農田水利會組織規程」、「臺灣省農田水利會人事管理規則」、「蓄水庫安全與檢查辦法」、「臺灣省水庫蓄水範圍使用管理辦法」、「臺灣省排水設施維護管理辦法」、「臺灣省河川管理規則」及「臺灣省海堤管理規則」等各種水利相關法規。

二、地方水利法規

根據「水利法」延伸而訂定的法規超過二百種以上，其中以臺灣省水利局訂定的法規最多，平均每年均有一種以上的法規頒布。戰後最早的地方水利法規是一九四八年臺灣省政府公布「臺灣省各地水利委員會設置辦法暨臺灣省水利委員會組織規程」，將全臺三十六個水利協會更名為水利委員會。

綜觀臺灣省水利局所訂定的法規，內容大致可以分成灌溉管理、河川管理、海堤管理及排水管理等四大項。其中，百分之七十以上都和灌溉管理有關，河川管理約占百分之二十，排水管理由於是一九六九年以後新增的水利項目，所以數量不多，約占百分之九。河川管理和海堤管理非本書探討的內容，在此不予討論；灌溉管理主要以農田水利會相關法規為主，將於本章第二節詳細說明；茲就和農田水利相關的排水管理法規的演變作介紹。

日本治臺後，以嘉南大圳的規劃為參考，依農作物耐浸程度而設計

「三日排水」的排水計算標準，即連續三日最大降雨於三日內平均排除之，以過去紀錄所發生爲對象。例如，嘉南大圳灌溉區的排水路，係以一九〇七（明治四十）至一九一九年（大正八），嘉南大圳動工前的十二年中，連續三日間最大降雨量五百六十一公釐於三日內排除之設計。戰後一直沿用此標準，並通用於農田水利會轄區各農田排水改善之設計，與新墾區之排水計畫。一九六〇年代末期，臺灣的產業結構及經濟型態開始改變，西部平原地區的人口愈來愈集中，都市化擴大，工廠林立，但早期都市計畫裡排水系統並不完善，造成都市與工廠排水大多經由農田水圳排棄，原來只要承受農田剩餘水排出之水路，增加了民生及工業廢水的排出。爲此，一九六九年「水利法施行細則」修訂時，將排水重新分類爲「農田排水」、「市區排水」、「事業排水」、「區域排水」及「其他排水」等五類，即今日「區域排水」之由來。一九七九年公布的「臺灣省排水設施維護管理辦法」，將原概括於農田排水之區域排水系統，由農田水利會轄下移轉至該管之縣市政府。

　　區域排水系統的排水標準從一九七三年開始有所修訂，是年將「三日排水」改爲「二至五年頻率之日暴雨量，以一日至三日平均排除之」；一九八六年又修訂爲「五年頻率之日暴雨量，一日平均排出爲原則」；農田排水在一九八六年修訂爲「十年頻率之日暴雨量，一日平均排出爲原則」。然每逢颱風或大豪雨，臺灣各地的淹水情形仍層出不窮，於是排水標準一再提高，從一九九二年的「五年至十年頻率之日暴雨量所發生洪流量」，至二〇〇六年已修訂爲「十年頻率之日暴雨量所發生洪流量」，將地表逕流量也考量進去，同時也進行農地重畫、農水路更新改善等措施，期盼改善長期淹水之情況。

三、水利主管機關

　　戰後臺灣的水利機構可分成水利主管機關、目的事業主管機關，與目的事業單位等三類。水利主管機關在國民黨政府來臺後，將水利部併入經濟部，初設水利署及中央水利實驗處，後改爲水利司，一九五九年設經濟部水資源統一規劃委員會。一九八四年，原經濟部農業局與行政院農業發展委員會，合併成立行政院農業委員會，部分農田水利事業移至該會辦理。

　　水利目的事業主管機關非常多，包括農委會、經濟部、內政部、衛生署、環保局、交通部等都是。其內政部負責自來水及都市排水之建設管理；農委會負責水土資源保育與農田水利會會務；經濟部主管水力發電及工業用水之建設管理；環保局主管水汙染防治；交通部主管鐵公路跨河橋梁或穿越河底隧道工程。省（市）及縣（市）爲所轄區域水利目的事業單位之主管機關，臺灣省則由建設廳水利局等單位負責，一九五六年臺灣省政府建設廳水利局改稱爲臺灣省水利局，乃屬建設廳，至一九九七年整併相關局處成立臺灣省政府水利處。一九九九年配合政府組織再造，將臺灣省政府水利處改隸爲經濟部水利處。二〇〇二年水資源局、水利處、臺北水源特定區管理委員會等水利機關整併成今日的經濟部水利署。

第二節　農田水利會組織的變遷

　　日治時期，臺灣總督府推行「農業臺灣」的政策，為臺灣的農業發展
奠定良好的基礎，特別是攸關農業成敗的水利事業，不僅有桃園大圳、嘉
南大圳等大規模水利設施的興建，更建構嚴密的水利組織體系，使臺灣水
利系統趨於完善，水利事業的發達堪稱東南亞之冠。

　　二次世界大戰期間，受限於物資的缺乏及管制，水利設施的維護非
常不易，再加上連續的災害，多數水利設施遭受破壞或無法正常運作。如
嘉南大圳的曾文溪進水口，由鐵線蛇籠堆積成的導水設施，鐵線已腐爛甚
久，但受制於鐵器材料的管制，只好用水泥補強，但一九四一年（昭和
十六）的洪水又將其沖毀，水利設施的修復成為戰後重大工作之一。

　　除水利設施的修復外，水利組織的接收與復員，亦是戰後初期的重
要課題之一。戰後臺灣政經環境急速變化，水利組織為求發展亦不斷調整
結構以適應環境的變遷。戰後各地方水利組織的發展不一，但歷程大同小
異，見表8-1，各地水利會的發展在此無法一一介紹，因此，選擇最具代表
性的嘉南農田水利會為對象，論述組織的變遷過程。

表8-1　臺灣水利組織沿革表（一九二○～一九四九）

縣別	1931年 水利組合	面積 （甲）	1941年水利 組合名	面積 （甲）	1947年農田 水利協會名	面積 （甲）	1949年水 利委員會名	面積 （公頃）
臺北	瑠公	2,995	瑠公	2,606	瑠公	2,115	瑠公	2,056
	八芝蘭	1,938	七星 (1940.2合)	3,042	七星	5,373	七星	2,680
	內湖	44						
	南港	281						
	大坉	62						
	芳泰	30						
	匠頭	167						
	溪州寮	26						
	社子	120						

（續下表）

臺北	龍泉	1,618	淡水 (1940.2合)	4,241	淡水	5,000	淡水	5,738
	大屯	934						
	成渠	933						
	八連	521						
	金泉吉	170						
	金山	858	基隆 (1941.3合)	1,449	基隆	7,025	基隆	6,759
	萬里	155						
	頂大	45						
	拔西猴	31						
	七堵	51						
	瑞芳	105						
	平林	105						
	宜蘭第一	3,400	宜蘭 (1940.1合)	9,768	宜蘭	9,860	宜蘭	10,566
	宜蘭第二	5,974						
	羅東	6,053	羅東 (1940.1合)	9,458	羅東	8,485	羅東	8,230
	三星	1,915						
	蘇澳	596	蘇澳	753	蘇澳	700	蘇澳	768
	大坪林	483	文山 (1941.7更名)	483	文山	2,337	文山	2,739
	永豐	794	海山 (1940.2合)	4,054 ×198	海山	3,933	海山	3,839
	大安	1,874						
	潭底	199						
	十二股	465						
	石頭溪	4,410						
	二甲九	119						
	後村	3,645	新莊 (1940.3稱)	3,583	新莊	3,530	新莊	3,498

（續下表）

臺北合計	34	37,146	10	39,635	10	48,358	10	46,873
新竹	桃園	21,577	桃園	22,950	桃園	22,355	桃園	22,838
	新竹	5,385	新竹 (1940.2合)	9,993	新竹	9,789	新竹	9,495
	新埔	892						
	貓兒錠	374						
	竹東	2,264						
	三七	267	三七	296	中壢	4,124	中壢	4,066
	霄裡	249	霄裡 (1940.2合)	2,545	湖口	2,850	湖口	4,549
	大興	512						
	龍潭	132						
	三層	150	三層	267	大溪	644	大溪	626
	大隘	224	竹南 (1940.2合)	3,373	竹南	5,064	竹南	3,371
	竹南	2,559						
	後龍	1,329	苗栗 (1940.2合)	6,459	苗栗	7,753	苗栗	7,596
	苗栗	2,726						
	富士	1,301						
	苑裡	2,306	苑裡 (1940.2合)	3631	苑裡	3,524	苑裡	4,180
	卓蘭	494						
新竹合計	17	42,741	8	49,514	8	56,103	8	56,721

（續下表）

臺中	八堡圳	23,254	八堡圳	26,191	八堡圳	25,086	八堡	24,645
	豐原(葫蘆墩改稱)	12,005	豐榮	18,130	豐榮	13,000	豐榮	17,565
	后里	3,263	后里圳	4,215	后里圳	4,270	后里	4,353
	阿罩霧圳	1,862	大屯(1929.1合)	5,801	大屯	5,000	大屯	5,311
	北溝圳	69						
	太平圳	216						
	東勢圳	805	東勢	1,928	東勢	1,890	東勢	2,015
	大甲	4,254	大甲(1939.6合)	1,858	大甲	10,719	大甲	10,998
	五福圳	3,734						
	大肚圳	2,174						
	彰化	6,764	彰化(1939.12合)	10,981	彰化	10,466	彰化	12,972
	頭汴坑圳	356						
	頭汴埤	2,068						
	溪頭圳	351						
	北斗	7,311	北斗	17,303	北斗	14,993	北斗	14,234
	北投新圳	2,210	南投(1939.1合)	7,906	南投	7,204	南投	8,519
	茄荖媽助圳	880						
	同源圳	1,360						
	成源圳	180						
	龍泉	919						

（續下表）

臺中	大圳	344	新高(1938.9合)	2,325	新高	2,356	新高	2,284
	拔社埔	175						
	隆恩圳	432	竹山(1938.11合)	3,673	竹山	3,260	竹山	3,428
	東埔蚋圳	273						
	清水圳(1938.8新設)	—						
	埔里圳	2,567	能高(1938.6合)	4,667	能高	5,350	能高	4,640
	福龜圳	138						
	×北港溪圳(見於1934年統計)	170						
臺中合計	27	77,964	12	114,978	12	103,594	12	110,964
臺南	*嘉南大圳	141,682	嘉南大圳	141,682	嘉南	175,456	嘉南大圳	164,037
	新豐郡	1,304	新豐	2,034				
	新化郡	778	新化	780				
	新營郡	2,804	新營	3,885				
	嘉義郡	10,032	嘉義	16,121				
	斗六郡	5,709	斗六	6,798			斗六	11,039
	虎尾郡	7,394	虎尾	7,281				
臺南合計	7	169,703	7	178,581	1	175,456	2	175,076

（續下表）

高雄	曹公	10,980	曹公 (1940.1合)	14,314				
	楠梓	1,348						
	岡山	2,263	岡山	4,674				
	旗山	1,885	旗山 (1940.2合)	6,725				
	獅子頭	4,171						
	六龜	41						
	新威	234						
	屏東	4,244	屏潮 (1940.2合)	27,614				
	高樹	1,491						
	潮州	2,836						
	里港	1,576			高雄	159,355	高雄	79,106
	枋寮	687	枋寮 (1940.2合)	2,260				
	枋山	73						
	楓港	117						
	東港	1,966	東港 (1940.3合)	9,521				
	萬丹	1,601						
	佳冬 (1938.11 新設)	1,931						
	恆春	907	恆春 (1939.9合)	2,900				
	車城	469						
	滿州	351						
高雄 合計	19	37,240	7	68,008	1	159,355	1	79,106

（續下表）

臺東	卑南	500	卑南(1941.9合)	2,336	臺東	2,555	臺東	2,774
	知本	320						
臺東	里壠(1940.2統計稱關山)	310	關山(1941.3合)	987	關山	1,575	關山	1,547
	新開園(1940.2統計稱池上)	450						
	×新港(1939.9新設)	—	新港	1,404	新港	3,000	新港	2,883
臺東合計	4	1,580	3	4,727	3	7,130	3	7,204
花蓮	＊興泉圳(1939改白川)	430 433	鳳林(1941.12合)	2,090	鳳林	3,856	鳳林	3,328
	×和田(1939.9新設)	1,657						
	×豐川(1939.9新設)	827	花蓮(1941.3合)	3,897	花蓮	3,000	花蓮	3,104
	×田浦(1939.9新設)	1,059						
	×吉野(1939.9新設)	1,143						
	×豐田(1939.9新設)	877						

（續下表）

花蓮	×玉里 (1939.9 新設)	2,140	玉里	2,140	玉里	3,537	玉里	3,682
花蓮 合計	1	430	3	8,127	3	10,393	3	10,114
總計	109	366,804		463,570		560,389		486,058

說明：有＊符號者是公共埤圳組合，有×符號者是一九三一年以後新設。

資料來源：守庸，〈臺灣水利組織沿革〉，收錄於惜遺，《臺灣之水利問題》，臺北：臺灣銀行金融
　　　　研究室，1950。

一、初期的接收與組織的沿用

（一）一九四五年的接收與復員

　　在一九四三年開羅會議之後，中華民國政府確定日本即將戰敗，臺灣光復爲期不遠，遂積極展開各方面的準備工作。一九四四年四月十七日，於重慶中央設計局內設立「臺灣調查委員會」，作爲收復臺灣的籌備機構，主要任務除調查臺灣的實際情況外，尚草擬「臺灣接管計畫」，翻譯當時臺灣所施行的法令，研究具體的問題等，在近一年的時間內，已完成《臺灣接管計畫綱要》，內容有通則、內政、外交、軍事、財政、金融、工礦商業、教育文化、交通、農業、社會、糧食、司法、水利、衛生及土地等十六項八十二條，相當周詳。同時，並編撰譯述十九種介紹臺灣概況的專書，及選譯七大類在臺灣施行的法規，印製多種臺灣地圖，設立三個研究會等各種措施，以期對接收臺灣有完整的配套措施。

　　關於臺灣的水利接管計畫方面，依據《臺灣接管計畫綱要》，與水利有關的接管原則有第一「通則」的第五條：「……日本占領時代之法令，除壓榨、箝制臺民、抵觸三民主義及民國法令者應悉予廢止外，其餘暫行有效，視事實之需要，逐漸修訂之。」第九條甲項：「接收當地官立公立

各機關（包括行政、軍事、司法、教育、財政、金融、交通、工商、農林、漁牧、礦冶、衛生、水利、警察、救濟各部門），依照民國法令分別停辦改組或維持之；但法令無規定而事實有需要之機關，得暫仍其舊。」第十條：「各機關舊有人員，除敵國人民及有違法行為者外，暫予留用（技術人員盡量留用，雇員必要時亦得暫行留用）……」第十四「水利」第七十四條：「接管後水利工作，應以迅速修復已破壞之工程為主。」第七十五條：「臺民私有之水利權益，經調查無違法行為者，仍准其繼續辦理。」之後並翻譯武內貞義的《臺灣》中水利的部分為《日本統治下的臺灣水利》一書，作為臺灣行政幹部訓練班的參考資料，本書內容分為灌溉事業之沿革、官設埤圳、公共埤圳、水利組合、嘉南大圳、河川工事等六部分，至此接收臺灣水利的準備工作大致完備。

　　戰後，在正式接收各水利組合之前，為避免日籍員工操作，各組合本身曾於一九四五年底自組監察委員，監督組合業務運作。以嘉南大圳水利組合為例，是年十二月十日，水利組合自組十名監察委員，推張會為主任委員。接收初期，因治安狀況不佳，烏山頭的造林常被人盜伐，建造物及物品常被人偷竊，再加上盜水案頻傳，為此嘉南大圳組合還請警察駐守，維護組合事業。正式的接收於一九四六年一月十日開始，由當時的大臺南縣長袁國欽邀集有關水利組合人士林蘭芽、張會、陳華宗、楊群英、蔡崔源等二十六人，組成「嘉南大圳水利組合接管委員會」；同年二月初成立理事會，由大臺南縣長袁國欽兼任組合長，選舉林蘭芽任理事長，暫依日治時期水利組合法規，積極展開接管工作，並留用十名日籍技術人員。接收時，嘉南大圳水利組合的人事員額共計一千一百○八人，其中技術人員七百七十四人、事務人員二百九十九人、工役三十五人。接收後一年之中，離職員工有三百九十二人，占所有員工的百分之三十五，其中有二百九十三人是日本人，占百分之七十五。可見接收初期的人事概況，符合《臺灣接管計畫綱要》所要求的「技術人員盡量留用」原則，其餘日籍

員工大多遣返，由於戰後日人已不大管事，大部分的業務多已由各單位的臺籍員工接手，所謂的接收並不困難，不過在形式上辦移交而已。當時負責水利、土木方面的接收者是監視員蔡崔源，形式上雖是臺南縣長袁國欽兼任管理者，但他因公務繁忙，一週只來視察二次，實際由負責接收水利協會的地方人士執行業務。

　　接收初期，各地水利組合的組織完全沿用日治時期的制度，只有將原郡部改爲區部。在人事布局上，此時期的人事更迭，是促成本土化趨勢最快的時期，原因是日籍的中上職務人員及員工大量離職，給予臺籍員工遞補進用的機會，而外省籍的人員並無法克服龐大組織的管理問題，所以重用地方領導階層及原組織人員，藉以穩定水利組織的正常運作。如曾參與接收及擔任過嘉南農田水利會會長的楊群英的回憶所言：

三十五年三月間遣送日籍員工返國時，曾聽到他們竊竊私語：「這群外行人高高興興地來接收，居時若無水灌漑，醜態必露」，言下之意，未來禍福難卜。這些評令余心生警惕，而思未雨綢繆之策，即時建議林（蘭芽）理事長立刻召開臨時幹部緊急會議，余在會議席上將所聽到的詳情提出報告，並即席建議，在幹部中凡有不動產者獻出作保而向合作金庫貸款充爲員工薪水，一方面呼喚員工立即歸隊，先行搶修戰時失修的輸水路，俾能在六月底開始灌漑。此案一經通過，所有員工立即歸隊，大家咬緊牙關，同心協力，分區分段，分配工作與負責範圍，日以繼夜，搶修水路，不旋踵大功告成，又蒙上蒼庇佑，適時普甘霖，該期稻作竟能如期施灌，且獲空前之豐收，會費亦能順利收齊，而使幹部信心十足，堪説是好的開始。[1]

---

[1] 楊群英，〈我與嘉南大圳〉，收錄於臺灣嘉南農田水利會編，《嘉南農田水利會七十年史》（臺南：編者自印，1992），頁244。

　　戰後嘉南大圳水利組合能迅速恢復灌溉及運作，臺籍員工的群策群力是主要原因之一，除此之外，古偉瀛教授認爲，還有三個因素是嘉南大圳能迅速恢復運作的原因：一是嘉南大圳的重要性，嘉南大圳是貫徹日本「米糖政策」的重要地區，爲應付戰後初期糧食缺乏的問題，迅速恢復糧食正常生產是當務之急，而水利設施的修復是糧食生產的首要工作。二是日治時期的水利組織經過數十年的演變，組織本身已經相當制度化了。三是日本雖然戰敗，「但日本負責水利之人員，對於水利事業，尚能努力，凡災害較大工程，發給補助金，同時設法取得器材，以供應急工程之用。」前述的因素再加上善用地方領導階層，使得戰後嘉南大圳水利組合在不到一年的時間，已能恢復戰前的經營運作了，其他各地水利組織的接收情形也大致相同。

（二）農田水利協會時期（一九四六～一九四八）

　　由於中華民國政府在大陸並沒有類似水利組合這樣的組織，因此，接收臺灣時承襲日治舊制的水利組合組織將近一年，後爲符合民主自治精神，擬將日治時期的組合長由「官派」改爲「民選」，臺灣省行政長官公署逐於一九四六年十月二十六日，令全臺各地水利組合選舉首屆民選組合長，但一切組織規章照舊。

　　依一九四二年國民政府所頒布的「水利法」第十二條規定：「人民興辦水利事業，經主管機關核准後，得依法組織水利團體或公司。」而於一九四六年，將接收的三十八個水利組合與五個水害預防組合，分別改組爲農田水利協會與防汛協會，農田水利協會的組織規程，大體是水利組合的翻版，其與日治時期較大的差異有二：一是名稱的改變，將組合改稱爲農田水利協會，以達成當時去日本化的要求。戰後嘉南大圳水利組合第一任組合長袁國欽在工作報告時，曾提及改名當時的情形：

組合名稱改換問題，原本本圳所用組合名稱，殊不符合我國法令，對
於組合二字，老早便擬改稱，因省內水利機構、各縣皆有必須有畫一
之規定，有關組合之改名，議論紛紛，莫衷一是，延至前月下旬，纔
奉公署訓令略以全省水利組合，限於十一月底，一律改稱為農田水利
協會，本圳遵於十一月三十日改稱完畢，至於詳細組織尚未奉到，故
內部編制，暫仍其舊。[2]

二是在水利組合時期的組合長乃由知事或廳長等上級機構任命，農田水利
協會會長則是由評議委員互選後由省農林處委任之，而評議委員完全由會
員互選產生，不同於水利組合時期的評議員須經知事或廳長的認可或選
任，亦即水利組織的運作已漸由官方的掌控轉移至地方的自治。關於會長
的產生，原本最早的規劃為會員直接選舉產生，但未及實施就發生二二八
事件，臺灣省行政長官公署即將直接選舉改為間接由評議員選出後由農林
處加以委任，第一任的會長於一九四七年八月選出，戰後水利會會長間接
選舉由此開始。

　　以嘉南大圳水利協會來說，一九四七年八月五日，臺南縣長袁國欽
經評議會選舉為第一屆會長，而嘉南大圳農田水利協會的組織架構與嘉南
大圳水利組合的組織架構幾乎一樣，除組合長改稱為協會長外，其他部分
完全沒有變動。此時，政府為積極參與水利事務，於一九四七年十一月
二十七日成立臺灣省建設廳水利局，受農林廳指導，掌理全省水利工程事
宜，全省各地水利協會直屬之並受其指導及監督，原本屬於民間自治的水
利團體已成為水利局的附屬機構。水利協會時期的組織架構基本上是延續
嘉南大圳水利組合的組織架構，有所變革的部分在於地方郡部改稱為地方

---

[2] 嘉南農田水利會藏，「民國三十五年第二回評議會會長報告」，收錄於嘉南大圳農田水利協會編，
　《民國三十五年評議會議錄》。

區部，並增加西螺區部及裁撤斗六地方土地改良建設事務所，員額編制同接收初期的一千一百〇八名。

二、水利委員會時期（一九四八～一九五六）

　　農田水利協會時期，由於戰後人力及物質缺乏等種種因素，全省各地的防汛協會無法獨立，導致業務停頓。從一九四八年一月起，臺灣省政府陸續頒布「臺灣省各地水利委員會設置辦法」、「臺灣省各地水利委員會組織規程」等規則，將各地防汛協會合併於農田水利協會，使水利組織又恢復具有灌溉排水及水害防治的雙重功能。並將原三十八個農田水利協會改組成水利委員會及增設斗六及屏東兩會，使全省水利委員會增加到四十個單位。斗六農田水利協會是因斗六大圳的興建，遂於一九四七年九月，從嘉南大圳農田水利協會範圍的斗六地區畫出事業區土地約有一萬一千甲。

　　水利委員會的組織以委員及經費來源兩方面的變革較大，委員的產生來自兩方面：一部分是由會員分區互選，名額地主與佃農各半；一部分由水利局就有關縣（市）、區（鄉、鎮）長來聘任，是所謂當然委員，及地方人士與水利專家中聘任，是所謂專家委員，然後再由委員選舉主任委員及副主任委員，由水利局加以委任，任期均為四年。嘉南大圳水利委員會於改組次日（一九四七年二月二十一日）即選出水利委員名單，委員總計有一百六十名，其中當然委員及專家委員共有四十一名，占委員會的四分之一。主任委員由水利委員選出，取代了戰後初期的會員直選。

　　水利委員會的會員依一九五一年修訂的「臺灣省各地水利委員會組織規程」規定，凡是合於下列各款之一者，均應加入：1.公有土地之管理或典權人；2.私有土地之所有權人或典權人；3.公有及私有土地之承租人或

佃權人；4.房屋或其他工作物設備之所有人；5.以該地主產物爲原料之當
地製造業者。嘉南大圳水利委員會此時期的會員人數爲近二十六萬人，其
中地主有十七萬餘人，佃農有八萬多人。

　　水利委員會的組織亦有所調整，取消總務部及業務部，將水利協會時
期的六課，調整爲總務、設計、灌溉、防汛及財務等五課，而地方區部改
稱爲地方分會。而水利委員會的基層組織，由於組織規程中並無規定基層
組織的設置，但各地的水利委員會都有「實行協會」的組織及運作，其所
發揮的功能和日治時期水利實行小組合相似；實行協會各水利委員會的名
稱並不相同，有實行協會、實行小組和維護會三種名稱，嘉南大圳等十一
個水利委員會採實行協會，大甲等三個水利委員會採實行小組，竹南水利
委員會採維護會，另有二十五個水利委員會則無基層組織。實行協會其實
就是日治時期水利實行小組合的翻版，惟在「去日本化」的政策下，對於
水利實行小組合的功能多所貶抑，類似「*實行協會是水利委員會附屬之獨*
立自治團體，對事業應以自主謀籌互相合作共策進行始能達到創立之目
的。惟日據時期僅以自治為名本末大多顛倒，不以諄諄善誘，徒事壓迫強
行，有名無實，無所作為，而造成不健全之狀態，孰堪痛心。」的說法時
常見到，名稱變革不失爲去日本化的方法之一。

　　水利委員會的經費，以向會員收取會費撥充，會費分爲特別會費及普
通會費兩種，特別會費係指特別工程費，爲水利委員會辦理工程除省府補
助之外，向農復會或銀行貸款興辦後向受益會員收取的會費。普通會費，
則是依一九五○年頒布的「臺灣省各地水利委員會徵收會費辦法」，事先
將徵收標準提交水利委員會議決通過，並報請該縣府核准後，方可徵收；
會員若不依限完納，則加徵滯納金，或酌情停止給水，或報請該管縣府依
法處罰。嘉南大圳水利委員會會費的徵收每年分爲兩期，繳費率都超過九
成以上。而會費的負擔則較日治末期爲輕，每甲約一百五十八到二百五十
石穀之間，日治末期則每甲約三百石穀。

三、農田水利會的改制時期（一九五六～一九七五）

　　一九五六年，因水利委員會的組織屬性不夠明確，對水利事業的運作甚感不便，且為了因應耕者有其田的順利推展，乃於九月間修改公布「臺灣省各地水利委員會改進辦法」，並於十一月頒布「臺灣省農田水利會組織規程」，將原有四十個水利委員會併成二十六個農田水利會，見表8-2。

表8-2　水利委員會改組為農田水利會之整併情形表

新農田水利會名稱	原水利委員會名稱	灌溉面積（公頃）	新農田水利會名稱	原水利委員會名稱	灌溉面積（公頃）
瑠公	瑠公、文山	4,423	大甲	大甲	12,068
七星	七星	2,829	彰化	彰化、八堡、北斗	60,025
淡水	淡水	5,242	南投	南投	9,366
基隆	基隆	6,502	能高	能高、新高之魚池灌溉區	6,001
新海	新莊、海山	7,066	竹山	竹山、新高之集集、水裡坑灌溉區	4,143
桃園	桃園、大溪、湖口	29,561	斗六	斗六	17,513
中壢	中壢	3,874	嘉南	嘉南	150,469
新竹	新竹	9,706	高雄	高雄	24,292
苗栗	苗栗	5,431	屏東	屏東	43,261
竹南	竹南	3,434	臺東	臺東、關山	3,219
苑裡	苑裡	5,698	新港	新港	4,237
豐榮	豐榮、大屯	21,400	花蓮	花蓮、鳳林、玉里	10,718
后里	后里、東勢	5,072	宜蘭	宜蘭、羅東、蘇澳	23,663

（一）改組的背景

　　水利委員會由於本身的性格不明確，且缺乏像日治時期水利組合令一類的制度配合，使水利委員會的問題叢生，較顯著的問題有三：一是經費問題及事業區問題，如遇到小水利會，會員人數少，事業區範圍小，會費

徵收就不盡理想，必須舉債維持會務，當時連嘉南大圳水利委員會的舉債額都遠大於日治時期的舉債額。二是法源不明確，水利委員會不具有公法人性格，無法徵收會費、徵工、徵地，使水利委員會負擔相對增加，但收入卻減少。三是議事機構與執行機構重疊，委員會為議事機構，委員所選出的主任委員卻是最高執行者，有議行合一之嫌，缺乏公平、客觀的的監督單位。

改組後的水利委員會，是政府欲學日治時期水利組合的特殊體制而急欲掌控水利事業，但由於缺乏法律依據及公權力，使水利委員會根本不被各部門承認，因此，省政府制定單行法賦予水利委員會的公權力幾乎被架空，致使水利委員會變成形式上擁有準公務機關的色彩，實質上卻被視為完全的民間組織，迫使這不官不民的水利委員會必須改變。

水利委員會由於是由臺灣省政府訂頒設置辦法而改組，因未經中央主管機關備案而不能取得法人資格，導致公權力無法行使而影響業務進行。行政院「三七五減租考察團」、「臺灣省實施耕者有其田聯合督導團」先後提出整飭的建議，行政院於一九五二年四月間，電飭省府會同經濟部商討確定水利委員會的性格。中國國民黨總裁蔣介石於是年八月在中央總動員運動會報指示：「為配合實施耕者有其田政策之推行，農會與水利會之改革至關重要，水利會組織龐大，且多虛大，臺灣省政府應研究具體改革辦法。」在以黨領政的時期，推動臺灣農村組織改組的工作並非政府部門，而是由國民黨主導。一九五六年，水利委員會改組農田水利會政策及工作的推行，係由國民黨中央委員會第五組（負責社會工作）執行。

（二）改制的內容

水利委員會改組為農田水利會的主要內容有八項：1.確定法律地位為公法人，使其具有向會員徵工、徵地、徵費及事業管理的權力；2.調整事

業區域，將四十個水利委員會合併為二十六個農田水利會，以一縣一個水利會為原則，以便水利事業的正常運作；3.畫分權能機關，採立法、監察、執行三權分立，以會員代表為最高權力機關，評議委員會為監察機關，會長為執行單位首長；4.樹立各項制度，如頒訂人事規則、規定事務人員與業務人員之比例為三比七，以及各級工作人員不得兼任其他公職；5.建立基層小組，按灌溉、排水設立水利小組、班，以健全基層組織，實施分層負責；6.釐定會費標準，頒布會費徵收辦法；7.清理舊有債務；8.明定監督權責等。

　　嘉南大圳水利委員會於一九五六年七月二十日成立「嘉南農田水利會籌備處」，由臺南市長楊請兼任主任，積極展開會員資格審定及編定、畫分水利小組、辦理及公告選舉水利會會員代表及評議員、會長、甄選原有水利會職員等改組水利委員會等工作。十月十四日，水利委員會依據「臺灣省各地農田水利會選舉罷免規程」舉行改進之後會員代表選舉；十一月五日，召開第一次會員代表大會，選舉評議委員及會長，由林蘭芽當選第一屆會長；十二月一日，臺灣省嘉南農田水利會正式成立。由於嘉南大圳的灌溉區域跨越兩縣以上，是屬於第一級的農田水利會，組織架構較其他農田水利會龐大，管理系統在會長下設總幹事、總工程師各一名，業務分工務、管理及財務三組，祕書、主計及人事三室，灌溉管理系統改稱為管理處，下轄一百七十七個工作站；另有烏山頭區及林內區水源管理處。

（三）改組的意義

　　水利委員會改組為農田水利會的原因，除前述的水利委員會本身地位不確定，導致運作困難，無法有效運用水資源的內在因素外。土地改革所引發的農村社會變遷是最重要的外在因素，一九五六年，農田水利會的改制是國民政府為進一步控制農村社會的手段，戰後國家力量由上而下推

行一連串的土地改革，瓦解了農村裡原有的大地主階級後，國民政府直接
與農民建立起連繫關係，進而得以有力地掌控糧食的來源。而水利會的改
進，即是爲了配合土地改革政策的實施，落實國民黨在農村社會基礎的另
一管道。

　　改制後的水利會，成爲地方水利自治團體，具有公法人的身分，可以
行使公權力，對於水利政策的執行及用水管理的運作更有效率。從水利委
員會改制爲農田水利會，從政府的角度來看，是很具有政治及經濟上的意
義。如臺灣省農田水利協進會在《水利小組手冊》中所言：

> 水利會改進的意義，就政治觀點說，是配合「三七五」減租公地放領
> 到實施耕者有其田的政策，改善農民生活，建立雄厚的民主基礎，充
> 實反共抗俄的力量。就經濟觀點說，是配合本省四年經濟建設計畫，
> 發展農業生產，由自給自足而爭取出口外銷。就社會觀點說，是配合
> 社會安全制度的推行，維護生產秩序，安定農村社會，以加強社會安
> 全的基礎。[3]

　　就改制的經濟面意義而言，爲使糧食增產極大化而推行輪灌制度，
水利組織的改組有利於政策的下達及執行。以嘉南大圳的灌溉區域來說，
從一九四〇年代開始，受到二次大戰的影響，本區的農民就很少配合三年
輪作制度來耕種；戰後，受到糖價低落、農民資金周轉困難、耕地面積縮
小、地勢過高的土地灌溉不足，及農民本身利益考量等因素的影響，輪作
制度受到破壞，在一九四六至一九五四年間，甘蔗的栽培總面積每年均不
及輪作面積，最高的一年亦僅達三萬二千四百八十三公頃，只占輪作面積
的百分之八十三；一九六六至一九七〇年間，甘蔗普遍被停植，甘蔗區的

---

[3]　臺灣省農田水利協進會專業研究委員會，《水利小組手冊》（臺中：編者自印，1960），頁18。

甘蔗栽植面積只有百分之三十五，農民反而都栽種雜作，三年輪作區的耕作制度已徒具虛名，由於一九六○年代臺灣對於糧食的迫切需求，水利會的改進讓此制度再度被提及而更具效率。

四、健全農田水利會時期（一九七五～一九八一）

（一）健全水利會方案

從一九五三年起，政府連續實施了五期的四年經建計畫，以「農業培養工業，工業發展農業」為發展主軸，在此發展策略下，工業發展的根基因此奠定，但農業發展卻有所困頓，農業資源轉移到工業部門。從一九六○年代開始，工業產值開始超越農業，大量農村勞力移向都市的工業，農村勞力日漸缺乏，工資提高，物價上漲；導致農業人口及耕地日漸縮減，造成農田水利會的財源困窘；再加上水利會事業區域多承襲過去，富有強烈的地方色彩，每遇同一水系不同事業區域的用水問題，常發生紛爭；此外，各個水利事業區域的灌溉面積相差懸殊，有高達近十五萬公頃的嘉南農田水利會，亦有僅二千四百七十三公頃的竹山農田水利會，造成管理的困難及不經濟。臺灣省政府為配合加速農村建設，有效改善農田灌溉、排水設施以增進農業生產，乃自一九七五年起，依據「臺灣省加速農村建設時期健全水利會施要點」，實施健全水利會方案，其內容共計有十九條，較重要者有：

1.會員代表暫不選舉。

2.會長由省政府就現任績優會長或水利會高級主管或公務員中遴派。

3.員額編制以灌溉面積每一百五十公頃設置一人為原則，以求人事精簡。

4.過去負擔過重之工程款,由政府一次予以補助三億元;今後水利會辦理的改善工程經費,由政府每年補助二億元。

5.成立「健全農田水利會指導考核小組」,由祕書長和民政、建設、農林各廳長及人事、主計處長、糧食局長等相關單位首長擔任指導委員,負責監督、審核水利會之預算、決算。

6.各水利會與會員間,凡涉及有關權利義務之重要案件或財產處分等,均須先報水利局核准,並經指導考核小組委員會審議通過,才能執行。

7.爲了便利水利業務的推展,將原有二十二個水利會調整爲十四個,並按照各灌溉面積分爲五萬公頃以上的甲等會,計有嘉南、雲林、彰化等三會;二至五萬公頃的乙等會,計有高雄、屏東、臺中、桃園、新苗及宜蘭等六會;二萬公頃以下爲丙等會,包括北基、南投、花蓮、臺東及石門等五會。不同等級的水利會各有不同的組織系統,以達到適地經營、人事精簡的目的。

綜觀此方案的內容可以發現二個問題:一是水利會的經費及經營出現了弊端,導致運作有所困難;二是原屬地方自治的水利會經營體系轉變由官方直接控制管理。首先關於第二點,由於一九七○年代臺灣的政經環境出現危機,政治上面臨退出聯合國、中(臺)美斷交、外交孤立等政局不穩定的危機;經濟上則面臨石油危機的全球性經濟大恐慌。在此環境下,政府希望藉由強化中央的權力,以達到內部的安定。而穩定內部的最根本就是農業,如何提高農業產值、鞏固農業生產環境,是政府亟須解決的問題,因此,與農業發展息息相關的農田水利會暫由政府代管,以期能發揮最大的功效。依「臺灣省加速農村建設時期健全農田水利會實施要點」第二條說明代管實施時期暫定三年六個月,即自一九七五年一月一日起至一九七八年六月三十日,但遲至一九八二年,健全方案才結束。

（二）嘉南農田水利會的健全方案措施

　　關於水利會的各種弊端及財務問題，嘉南農田水利會的例子是最好的說明，從一九五六年改組成農田水利會後，經過十幾年的運作，人事浮濫、會務弊端、選舉風氣敗壞，及債臺高築等問題陸續出現，最嚴重的問題是人事浮濫及債務問題。就人事浮濫而言，改組之後該會的員額編制在一九五六至一九五八年間，大概都維持在一千一百人上下，和水利委員會時期相同；但從一九五九年開始陸續擴編，一九五九年增加到一千三百六十六人，一九六〇年增加到一千四百三十四人，其中額外人員增加五十九人，一九六一年員工人數更超過一千五百人，一九六九年高達一千六百六十七人，額外人員最多時達八十一人，所謂額外人員，包括政府安插的轉業軍官。人事擴編，人事費用節節升高，幾占全年會費收入的百分之五十以上。龐大的員額編制及人事支出，但業務卻未相對增加，如小給水路修復及平時灌溉掌水，均由水利小組發動會員按出工方式辦理；濁幹線水源的分水問題，乃由臺灣省水利局組成分水隊來執行調節工作。由於水利局對於水利會會長的考核，係以會費徵收績效及還債能力為準，所以催徵會費變成主要的業務，半數的人力主要用來催徵會費及追訴舊欠，水利會因此被批評為「收錢會」。

　　另就嘉南農田水利會的財務問題而言，為改善各種工程、八七水災後水利設施的修復，及興建白河水庫等，向農復會、土地銀行、聯合基金、糧食局及臺糖公司等單位貸款，鉅額的工程貸款使本會幾乎無力償還。該會的負債從一九六〇年開始即超過一億，一九六九年更超過四億，負債金額之大，引起當局及輿論的注意。如當時的《臺灣日報》報導所言：

　　　臺灣省最大的嘉南農田水利會，最近傳出該會負債四億四千餘萬元，
　　每天付息九萬六千元，使省府官員震驚不已。一個農田水利會的正

常收入，除了基本會費外，就是工程受益費，除此外，沒有積極的收入。一個農田水利會的負債，達到四億四千萬元，要從上述收費中來清償負債，不僅談何容易，而日積月累的結果，一年就要增加三千餘萬元的債務，後果的嚴重性，自令各方注意。**4**

水利會的收入主要來自於會費及工程費，若這兩項費用的徵收不順遂，水利會的財務馬上就陷入困厄。以白河水庫的工程費來看，水利會負擔八千餘萬元的工程費，依規定得向受益的農民徵收會費工程費，但白河水庫灌溉區的會員，每公頃繳納的會費工程費多達五千餘元，依規定會費每公頃不得超過三百公斤的稻穀，換算大約一千二百元，會員的負擔無形之中增加許多，多次請求減免無效，引發集體拒繳會費及工程費風波。財務負擔日增，會費及工程費的徵收又遭抗爭，使嘉南農田水利會幾乎無法營運，一九七五年健全農田水利會方案的實施，對該會而言是一個轉機。

　　依「臺灣省加速農村建設時期健全農田水利會實施要點」，將全省二十二個水利會裁併成十四個水利會；其中，竹山及斗六兩水利會合併成雲林水利會，另將本會原屬的濁幹線灌溉部分約近五萬公頃土地畫歸雲林水利會管理。另配合人事精簡政策，從一九七五年起員額編制縮減為八百〇二人，裁減七百三十四人，裁減幅度高達百分之四十八，高於方案所提的三分之一。

　　組織架構方面，嘉南農田水利會雖屬甲級水利會，但由於濁幹線灌溉系統及所灌溉的近五萬公土地畫歸雲林水利會，故該會的組織仍有大幅度的調整，裁撤工務組的電訊股、管理組的保養股、總務組觀光股，與研考室及其下三股；財務組則增調度股；灌溉管理處所屬各區亦同時調整合併，如增設白河區管理處、烏山頭管理處下增設觀光股等。

---

4 沈匡時，〈改革農田水利會不宜遲〉，《臺灣日報》，1972年1月19日，第2版。

五、改進農田水利會時期（一九八二～）

（一）自治型態及問題的產生

　　一九八二年隨著政局的日趨穩定，水利組織的運作正常化之後，政府遂修訂「農田水利會組織通則」，水利會再度交由各水利會自理，恢復公法人的自治型態，會長改由政府遴選二到三人，由會員代表選舉。但隨著工商業的快速發展與社會結構的變遷，以及用水型態的改變等因素，使得農田水利會的營運又出現問題。問題的癥結主要在財務、人事及體制三方面：一是財務方面，前已述及農田水利會的財源主要來自於會費的徵收，一般會費因經濟環境的變遷，農村經濟不景氣，導致農業所得偏低，為減輕農民負擔，會費的徵收一直停留在一九五五年所訂定的標準，即每公頃不得超過三百公斤稻穀。且自一九九○年起，不但一般會費降為原來的三成，其有關工程費的徵收亦全部停徵。至一九九一年，會費的徵收更以最低標準每公頃二十公斤稻穀徵收，導致水利會的財源更形見絀。是年，會費完全停徵，水利會的經費完全依賴政府補助，水利會至此沒有穩定的財源。二是人事方面，水利會雖具公法人的身分，但並非公務機關，使得員工的升遷有所限制，難以網羅優秀人才；再加上人事的調整常受派系左右，致使業務品質難以提升。三是體制運作方面，會長與會員代表由選舉產生，難免受地方派系左右，會員代表掌控會長選舉，每每干預水利會的人事安排或包攬水利工程，致使財務已陷困境的水利會問題更為複雜。

　　鑑於水利會的問題叢生，政府自一九八五年起，即由農委會成立專案研究計畫，由臺灣省水利局針對水利會的營運、財務和政府補助三問題，研擬改善辦法。一九九○年，行政院彙集各方意見後，做政策性的核示，主要改進方向有二：一是會長及會員代表由選舉制改為政府遴選，其目的在減少地方派系，及代表對水利會的干預，使水利會的運作更趨專業化。

二是政府補助金額的妥善規劃，政府對水利會的補助額由原來的六成提升至全額補助，並嚴格規定一定比例限工程用款，不准移作人事經費，以利水利設施的正常運作。

嘉南農田水利會雖是臺灣最大的水利會，但所面臨的問題和其他水利會相同，甚至因爲該會資豐富而使問題更爲複雜嚴重，如會費徵收遭農民抵制事件層出不窮。除前述的白河灌溉區農民的拒繳工程費及會費外，又以一九九二、一九九三年，六甲鄉農民黃俊維的拒繳水利小組會費案喧噪一時，由於一九九三年省政府宣布停徵水利小組會費，但同年嘉南農田水利會仍發出通知單催討去年未繳者，農民相當不滿。事件在最後訴諸司法，經臺南地方法院判決黃某等「並未違法」而告落幕，從此事可知水利會的財源困難，及農民與之疏離的情形。其他，會長遴選拒絕政府官派等事情時有所聞。

（二）改制政府機構的討論

一九九〇年八月，行政院農業委員會再度提出「農田水利會改制爲政府機關問題之處理方案」，但行政院否定水利會改制建議方案，惟爲改進農田水利會組織，水利會長改由政府遴派，會員代表制取消。

一九九一年十二月，立法院其修法重點爲：「確定農田水利會爲公法人性質。中央主管機關修正爲農委會；將會員代表大會修正爲會務委員會；會長改由政府遴派；成立全國性農民團體；將通則原省市聯合機構修正爲農田水利會聯會機構。」

一九九三年間，農委會相繼完成各項改制之細則，立法院三讀通過「農田水利會組織通則部分條文修正草案」，在強調「水爲天然資源，爲國家所有，不因人民取得土地所有權而受影響。……所以開發運用水利資源來供應農業所需，這是屬於政府公共事務的一環，應由政府來接辦才

對。」的觀念下，將原本中央的主管機關由經濟部改成農委會，並規定會員代表制取消，改由省市主管機關擇優遴派會務委員。並新訂三十九條之一，規定一九九四年五月的會長選舉應予停止，改爲官派，並在三年內將農田水利會改制爲公務機關。其他相關的修正內容包括：

1. 農田水利會設會務委員會，置會務委員十五至三十三人，由全體會員分區選舉產生，均爲無給職，但得酌支交通費、郵電費。

2. 會務委員任期四年，連選得連任。

3. 農田水利會會長由會員直接投票選舉，農田水利會會長任期四年，連選得連任一次。

4. 明訂水利會會長、會務委員參選之條款，水利會會長、會務委員任期內受處分或感訓處分裁判確定等罪，應予撤離。

5. 農田水利會收入免徵營業稅及所得稅，水利會費未恢復徵收前，由政府編列預算補助。

一九九四年一月展開各項改制之準備工作，同年五月發布派令，選出會務委員三百四十五人。會務委員中，具有會員資格者二百一十六人，機關代表會務委員四十四人，學者會務委員五十五人。會長則於一九九四年五月完成遴派，並與會務委員同於一九九四年六月就職爲第一屆遴選之會長及會務委員，任期四年，即至一九九八年五月底止。

立法院一九九五年十月十九日再修正組織通則第三十九條之一條爲：「行政院應於本條文修正公布日起兩年內依據農田水利會『自治原則』，修正本通則有關條文，送請立法院審議。本通則完成修正前，水利會費由中央全額補助。」

二○○一年六月「農田水利會組織通則」再修正，將農田水利會會長及會務委員之產生方式進一步改爲由會員直選產生。臺灣省各農田水利會自二○○二年六月起，會長及會務委員乃改由會員直選產生。臺北市七星及瑠公兩農田水利會則自二○○四年十月起，會長及會務委員改由會員直

選產生。會長及會務委員之選舉罷免法，依農田水利會組織通則規定由農
田水利會聯合訂定，並報中央主管機關備查。

表8-3　農田水利會現今組織架構表

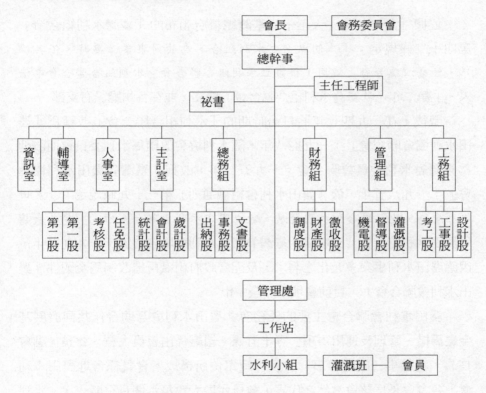

附註：1.灌溉面積5萬公頃以上之嘉南、雲林等農田水利會設有管理處。

　　　2.組（室）之下設股，視各會業務需要而設定之。

第三節　各地農田水利會簡史及現況

一、農田水利聯合會

　　依據一九二一年（大正十）臺灣總督府頒布的「臺灣水利組合令」第四十二條規定：「二個以上之水利組合，為共同事業必要時，依其協議，經臺灣總督府之認同，得設立水利組合聯合會。水利組合聯合會為法人。」第二年，「臺灣水利組合聯合會」成立，並在各州廳設有支部。

　　戰後，在一九四七年將日治時期的「水利組合聯合會」改稱為「農田水利協會聯合會」；一九四八年，隨水利協會改組為水利委員會而改稱為臺灣省水利委員會聯合會；一九五七年，改稱「臺灣省農田水利協進會」；一九八五年，依「農田水利會組織通則」第三十九條規定：「農田水利會為促進互助合作共同發展，設立農田水利會聯合機構。」將「臺灣省農田水利協進會」改組為「臺灣省農田水利會聯合會」；一九九九年，因應農田水利事業多元化之需求，及配合政府組織再造改制為全國性「農田水利會聯合會」，目前會址設於臺中市。

　　農田水利會聯合會主要的任務有「農田水利會互助合作共同發展基金之籌措、管理及運用事項」等十五條。組織係由會員大會、會長（副會長）、總幹事（副總幹事），及行政單位所構成。會員係各地農田水利會，各會會長為該會當然之代表，會員代表大會每六個月召開一次。水利聯合會從一九五四年五月開始即發行《農田水利》雜誌，提供農田水利知識、工作新知等訊息，為農業工程重要的文獻之一。

二、臺北市農田水利會

（一）七星農田水利會

　　一九三一年（昭和六），由八芝蘭、內湖、南港等九個水利組合合併成七星水利組合。戰後改組為七星農田水利協會、七星水利委員會，一九五六年改稱為七星農田水利會。目前轄下沒有任何工作站，會員人數六千多人。

　　七星農田水利會的事業區域為今臺北市北投、士林、南港、內湖等區，及臺北縣汐止市。由於都市化的關係，本區區域內農業活動幾乎停止，因此灌溉面積僅剩七百五十二公頃。原來區域內的灌溉渠道曾多達七十二條，主要水源為基隆河、磺溪、雙溪、貴子坑，與水磨坑溪，各圳路規模二百至七千公尺不等，但目前僅剩三十三條灌溉渠道，合計長度九萬四千公尺。

（二）瑠公農田水利會

　　瑠公農田水利會係一九五六年將瑠公、文山水利委員會合併而成。本會和七星農田水利會一樣，由於事業區位於大臺北都會區，都市化的過程中農業活動消減，以致區域內的灌排設施逐漸縮減；依據二〇〇六年的調查，目前本會現有灌溉排水面積只剩二百六十五公頃，其中新店地區一百二十二公頃，社子工作站所轄面積一百四十三公頃。事業區的灌溉水源主要是新店溪，其主要灌溉渠路集中在新店工作站轄內，包括：大坪林圳、廣興圳、灣潭圳和塗潭圳等，而社子工作站轄區則以排水渠道為主，灌排渠道總計有四萬餘公尺。目前會員人數為四千餘人。

三、北部地區農田水利會

（一）宜蘭農田水利會

一九○一年（明治三十四）後，蘭陽平原陸續設立了宜蘭廳第一、二、三、四等四個公共埤圳組合；一九二三年（大正十二）後，將宜蘭第一、第二水利組合整併成宜蘭水利組合，第三、第四演變為羅東、三星水利組合，兩組合於一九四○年（昭和十五）再合併成羅東水利組合，另成立蘇澳水利組合，意即在終戰前蘭陽平原共有宜蘭、羅東、蘇澳等三個水利組合。戰後水利協會、水利委員會時期，三個水利組合各自運作，直至一九五六年，三個水利會才合併成宜蘭農田水利會迄今。目前會員人數為六萬七千多人。

本會事業區的灌溉面積為一萬八千多公頃。主要灌溉水源有冬山河、宜蘭河、南澳溪、得子頭溪、新城溪、蘭陽溪等，灌排渠道總長度為三百三十萬二千三百六十五公尺；其中，灌溉渠道有一百九十一萬八千六百五十一公尺，排水路有一百三十八萬三千七百一十四公尺。從排水路的長度可以知道，蘭陽平原地勢較低且地下水豐富，需要有完善的排水系統。事業區內設有頭城、礁溪、壯圍、員山、宜蘭、三星、羅東、五結、冬山、蘇澳等十個工作站。

（二）北基農田水利會

北基農田水利會係一九七五年，由淡水農田水利會和基隆農田水利會整併而成，淡水農田水利會前身為一九二二年（大正十一）的臺北州公共埤圳組合；次年改分為龍泉、大屯、金泉吉、成渠、八連等五個水利組合；一九四○年（昭和十五）合併為淡水水利組合。戰後歷經淡水農田水利協會、淡水水利委員會、淡水農田水利會等變革。

　　基隆農田水利會一九二〇年（大正九）原為為臺北州公共埤圳組合；一九二二年（大正十一）分為金山、萬里、七堵、頂大、拔西侯、瑞芳、坪林等三十六個水利組合；一九三八年（昭和十三）合併為基隆水利組合。戰後則歷經基隆農田水利協會、基隆農田水利委員會、基隆農田水利會等階段。目前轄區內有淡水、金山、三芝、基隆等四個工作站，會員人數二萬一千餘人。

　　北基農田水利會事業範圍包括今臺北縣淡水、三芝、金山、石門、萬里、瑞芳、平溪、雙溪、貢寮九鄉鎮及基隆市。灌溉面積總共五千餘公頃，除九百餘公頃為單期作田，其餘四千三百餘公頃為雙期作田。轄區內引灌圳路多達二百六十九條、小給水路為數一千一百九十條，灌排體系的渠道總長度計八十九萬〇二百六十六公尺。主要水源有八連溪、大屯溪、公司田溪、石門溪、石碇磅、老梅溪、員潭子溪、基隆河、清水溪、貴子坑溪、磺溪、雙溪等。

（三）桃園農田水利會

　　一九一九年（大正八），公共埤圳桃園大圳組合成立；一九三〇年（昭和五）改組為桃園水利組合。戰後改為桃園農田水利協會、桃園農田水利委員會、桃園大圳農田水利委員會，一九五六年合併大溪農田水利委員會及湖口水利管理處，改組為臺灣省桃園農田水利會，一九七〇年再將新海農田水利會併入。初期灌溉面積達三萬四千餘公頃，受都市化和工業化的影響，農田面積日趨減少，二〇〇八年灌溉面積減少到二萬四千餘公頃。目前會員人數十一萬餘人。

　　本會灌溉區域涵蓋臺北、桃園、新竹三縣，依地勢將灌溉區域分為桃園、湖口、大溪、海山四個灌溉區。轄區內共有十二個工作站，分別為桃園、大竹、大崙、大園、草漯、新坡、觀音、新屋、湖口、大溪、新莊、

海山。其中，以湖口和新屋工作站的灌溉面積最大，都超過三千公頃；位於臺北地區的新莊和海山工作站灌溉面積最小，都只有五百餘公頃。本會主要灌溉渠道係由桃園大圳、光復圳、大漢溪流域，及各貯水池、河水堰組成，灌排體係水路總計二百七十六萬〇一公尺。

（四）石門農田水利會

石門農田水利會的由來，最早係在一九四〇年（昭和十五）大興、龍潭兩水利組合，併入霄裡水利組合，改組稱為霄裡水利組合；一九四二年（昭和十七）改名為中壢水利組合，但組合是位於今平鎮市。戰後改組為中壢農田水利協會、中壢農田水利委員會、中壢農田水利會，一九六四年併入成立石門農田水利會。目前會員人數近七萬人。

本會事業區域，涵蓋桃園、鶯歌、八德、大溪、觀音、中壢、楊梅、湖口、新豐及竹北市等十一鄉鎮市，規劃灌溉面積為二萬一千多公頃，實際灌溉面積為一萬二千餘公頃，東到鶯歌，西至新竹縣鳳山溪，南面為桃園台地之高原地帶，北面和桃園水利會轄區相銜接。本會下轄八德、中壢、過嶺、楊梅、富岡、湖口等六個工作站，其中，以富岡和八德工作站的灌溉面積較大，均超過二千五百公頃以上。灌溉體系由石門大圳為主幹，樹林、社子、東勢、中壢、埔頂、過嶺、南勢、平鎮、山溪、山麓、環頂、高山頂、長岡嶺、繞嶺及湖口等支渠所構成，總長度計五十四萬〇二百八十二公尺。

（五）新竹農田水利會

新竹農田水利會源自於一九二三年（大正十二）在新竹地區分別成立的新竹、竹東、貓兒錠及新埔水利組合；一九四〇年（昭和十五），竹東、貓兒錠、新埔水利組合併入新竹水利組合。戰後新竹水利組合改為新

竹農田水利協會，後歷經新竹水利委員會、新竹農田水利會；一九七五年，新竹、竹南、苗栗三水利會合併成立新苗農田水利會；但到一九八二年，新苗農田水利會又畫分爲苗栗水利會和新竹水利會迄今。目前會員人數四萬六千餘人。

本會灌溉區域爲新竹市及新竹縣竹北市、新埔、關西、竹東、芎林、橫山等鄉鎭，灌溉面積爲六千多公頃，其中，以竹北工作站的事業區二千三百多公頃最大。事業區內灌溉水源以引用頭前溪、鳳山溪、客雅溪地表逕流之自然水爲主，另以動力抽取地下水及地面水爲輔，灌溉排水渠道總長度爲八十九萬四千九百〇三公尺。本會下轄新竹、竹北、竹東、新埔等四個工作站。

（六）苗栗農田水利會

一九〇二年（明治三十五），臺灣總督府苗栗地區的龜山大埤圳、穿龍圳、田洋圳、樟樹林圳、隆恩圳、內灣圳、南龍圳等私設埤圳，和剛興建完成的後龍圳，指定爲公共埤圳；一九二三年（大正十二），這些公共埤圳組合合併改組爲苗栗、後龍、富士、竹南、大隘等水利組合；一九四〇年（昭和十五），將後龍、富士水利組合合併爲苗栗水利組合，竹南、大隘水利組合合併成竹南水利組合。一九四六年，苗栗水利組合改爲苗栗農田水利協會，竹南水利組合改爲竹南農田水利協會；一九四八年，苗栗水利組合改爲苗栗水利委員會，竹南水利組合改爲竹南水利委員會；一九五六年，苗栗水利組合改爲苗栗農田水利會，竹南水利組合改爲竹南農田水利會。一九七五年，將新苗農田水利會畫分爲新竹、苗栗（包括原竹南會）二會迄今。目前會員人數爲四萬七千多人。

苗栗水利會事業區域東至縣內的南莊、大湖鄉，西至後龍、竹南鎭，南至三義鄉，北至新竹縣峨眉、北埔鄉及新竹市部分地區，跨越苗栗縣、

新竹縣市等三十七個鄉鎮市。本會下轄苗栗、公館、銅鑼、後龍、大潭、頭份、竹南、大埔、崎頂等九個工作站，事業區內全部灌溉面積為近一萬公頃；其中，以公館工作站的灌溉面積最大，計一千九百多公頃。區域內主要的灌溉水源為後龍溪、西湖溪、中港溪，及攔截後龍溪支流老田寮溪蓄水之明德水庫、攔截中港溪支流峨眉溪蓄水之大埔水庫、攔截南港溪蓄水之劍潭水庫、攔截後龍溪蓄水之扒子岡水庫，灌溉排水路總長為一百五十五萬二千二百三十九公尺。

四、中部地區農田水利會

（一）臺中農田水利會

臺中農田水利會係一九七五年整併豐榮、大甲、后里、苑裡等四個農田水利會而成，會址設在原豐榮水利會的舊辦公廳舍。豐榮水利會前身為豐原水利組合；大甲水利會前身係一九三九年（昭和十四）整併大甲、五福圳、大肚圳等水利組合而來；后里水利會前身係日治時期后里水利組合；苑裡水利會前身係苑裡水利組合，一九四〇年（昭和十五），苑裡水利組合和卓蘭水利組合合併成苑裡水利組合。目前會員人數十六萬餘人。

本會的事業區涵蓋臺中縣、市全境，及苗栗縣苑裡、通霄、卓蘭、三義等鄉鎮，現有灌溉面積二萬八千多公頃。事業區內計有卓蘭、山腳、泰安、屯子腳、月眉、磁磘、苑裡、日南、大甲、大南、東勢、八寶、豐原、大雅、潭子、西屯、南屯、清水、沙鹿、大安、大里、王田、大肚等二十三個工作站，其中以清水工作站二千餘公頃的灌溉面積最大。事業區內主要的灌溉水源為大安溪、大甲溪、烏溪等三大河川，灌溉渠道有八堡圳、大肚圳、王田圳、五福圳、白冷圳、高美圳、頂店圳、葫蘆墩圳、虎

眼一、二圳、日南大圳、九張犁圳等，灌排渠道總長度爲三百七十三萬二千二百〇七公尺。

（二）彰化農田水利會

一九二一年（大正十）「臺灣水利組合令」頒布後，彰化平原前後設立了彰化、溪頭圳、頭汴圳、八堡、北斗、同源圳等水利組合；一九三八年（昭和十三）溪頭圳、頭汴圳、彰化水利組合合併爲彰化水利組合。一九四六年，原彰化水利組合改組爲彰化農田水利協會，而八堡、北斗、同源圳等水利組合則合併爲八堡水利協會；一九四八年，原彰化農田水利協會改組爲彰化水利委員會，八堡水利協會則改組爲八堡水利委員會；一九五六年底，彰化水利委員會與八堡水利委員會合併改組爲臺灣省彰化農田水利會。目前會員人數爲三萬七千多人。

本會事業區域面積核定有六萬多公頃，目前納入營運灌漑面積爲四萬餘公頃。主要灌漑水源爲濁水溪、烏溪和貓羅溪水系，其中濁水溪水系占百分之八十七，灌漑面積四萬餘公頃，包括同源圳一千餘公頃、八堡圳二萬餘公頃、莿仔埤圳一萬七千多公頃；烏溪和貓羅系水系占百分之十三，灌漑面積計六千餘公頃，包括溪頭上、下埤三百餘公頃、東西圳二千七百餘公頃、福馬圳近三千公頃，總灌排渠道長度爲四百八十九萬一千四百二十八公頃。轄下的工作站計有芬園、彰化、和美、伸港、鹿港、二水、田中、社頭、員林、大村、埔心、永靖、西湖、埔鹽、田尾、花壇、秀水、安東、福東、福興、溪州、埤頭、原斗、二林、萬興、大城、竹塘、路上、同源等二十九個工作站。

（三）雲林農田水利會

雲林平原地區的水利組織在日治時期原屬嘉南大圳水利組合斗六、

虎尾郡部；另靠山地的竹山地區有竹山水利組合。戰後因爲斗六大圳的興建，因而在一九四七年，從嘉南大圳水利協會中畫分出斗六農田水利協會，竹山水利組合改組爲竹山農田水利協會；後兩水利會都歷程水利委員會、農田水利會；一九七五年，竹山農田水利會與斗六農田水利會合併爲雲林農田水利會迄今。目前會員人數七萬九千多人。

本會事業區域涵蓋嘉義、雲林、南投等三縣二十八鄉鎮，灌溉面積爲六萬五千多公頃。灌溉水源爲濁水溪、清水溪及北港溪、虎尾溪等，主要的灌溉渠道有嘉南大圳濁幹線、斗六大圳、新虎尾溪別線、鹿場課圳、隆恩圳、集集大小幹分支線共計一萬〇九百四十九條，渠道總長度爲一千四百〇六萬八千〇二十公尺。目前轄下設北港、虎尾、西螺、斗六及林內等五處管理處，新街、鹿寮、土庫、中坑、元長、海豐、四湖、飛沙、水林、蔦松、頂灣、口湖、五塊、五豐、溝皂、虎尾、惠來、東屯、墾地、褒忠、新興、臺西、東勢、馬光、東光、埔姜、蒜桐、西螺、大義、九隆、崙背、麥寮、豐榮、麻園、引西、埤寮、湳仔、斗六、斗南、大埤、大林、古坑、林內、溝墘、竹圍、梅林、竹山、水里、三合、苧蕉、廉使、重興、內林等五十三個工作站。

（四）南投農田水利會

一九二三年（大正十二），南投郡、大屯郡、能高郡、新高郡各埤圳設立水利組合；一九三九年（昭和十四）實行水利統制政策，將原南投郡、大屯郡、能高郡、新高郡水利組合改名爲南投、大屯、能高、新高水利組合。一九四六年，南投、大屯、能高、新高等水利組合改名農田水利協會。一九四八年，南投、大屯、能高、新高等水利協會再改稱爲水利委員會。一九五五年，依「臺灣省各地水利委員會改進辦法」及「臺灣省農田水利會組織規程」，將「南投水利會委員會」分出不同水系之同源圳灌

溉區歸併於彰化農田水利會，烏溪灌溉區同一水系之阿罩霧各圳及北溝圳併入「大屯水利委員會」，而能高水利委員會則由「新高水利委員會」併入，同時畫出集集大圳、拔社埔圳、社子市南圳歸併於竹山農田水利會；是年改組成爲南投、能高兩農田水利會。一九七五年，南投、能高農田水利會合併爲南投農田水利會迄今。目前會員人數五萬餘人。

本會灌溉區域沿烏溪水系，跨越南投縣南投市、草屯、國姓、埔里、魚池、仁愛、臺中縣新社、霧峰、烏日，彰化縣芬園等十個鄉鎮，總灌溉面積有一萬二千多公頃，其中，草屯、霧峰兩工作站的灌溉面積均近二千公頃。事業區內主要灌溉水源爲烏溪水系和濁水溪水系，烏溪水系有能高大圳等六十條渠道，灌溉面積一萬一千多公頃，占百分之九十五；濁水溪水系則有新城圳等五處，灌溉面積五百六十七公頃，占百分之三·五；另有頭社水庫，水源來自日月潭及滲透雨水，灌溉頭社地區農田一百四十二公頃，占百分之一·二；草湖溪，霧峰站北溝圳一條，灌溉面積四十九公頃，占百分之〇·三四，灌排渠道總長爲一百一十九萬九千〇六十四公尺。轄下的工作站計有魚池、埔里、福興、國姓、土城、草屯、茄苳、霧峰、喀哩等九處。

五、南部地區農田水利會

（一）嘉南農田水利會

嘉南農田水利會的的規模不論在灌溉面積、灌排渠道總長、工作站數量及會員人數上，都是全臺灣最大的水利會。其歷史在本書的第六、七、八章中已著墨很多，此不再贅述。一九四七年，雲林地區另外畫分斗六農田水利協會之後，本會的事業區範圍縮小許多，目前總灌溉面積約有七萬

九千多公頃，會員人數二十七萬多人。

　　事業區內所有的灌排渠道總長為一千九百二十一萬六千八百五十七公尺，主要的灌溉水源有：

　　1.水庫：曾文水庫、烏山頭水庫、白河水庫、虎頭埤、德元埤、內埔子埤、鹽水埤、番子田埤等大小水庫埤池，共三十五座。

　　2.河川取水口：道將圳、中興圳、柳子溝圳、許縣圳等一百一十四處。

　　3.地面水補助水源：由河川排水路等設施取水口抽水機或自然導入方式，取水供作補助灌溉八十三處。

　　4.地下水補助水源：地下深淺井十二處。

　　嘉南農田水利會下畫分朴子、嘉義、新營、白河、麻豆、佳里、新化等七個管理處，另外還有烏山頭管理處。朴子管理處下有朴子、松梅、義竹、平溪、鹿草、樹林、蒜頭、下潭、梅埔、中安、六腳、竹村、光榮、下楫等十四個工作站；嘉義管理處下有嘉義、頂六、竹崎、興中、民雄、新港、過溝、大客、溪口、月眉、太保等十一個工作站；新營管理處下有新營、鹽水、重溪、歡雅、柳營、仕安、安溪、後壁等八個工作站；白河管理處下有白河和東山二個工作站；麻豆管理處下有隆田、中營、六甲、麻豆、下營等五個工作站；佳里管理處下有佳里、七股、子龍、塭內、學甲、漚汪及西港等七個工作站；新化管理處下有歸仁、新化、安定、西勢、新市、港口、安南、公塭、善化九個工作站；另外，烏山頭管理處則設置了水源工作站，包括東口、堰堤、西口；造林工作站，包括西口及大崎；幹線工作站，有送水、分歧、茄拔、東河、烏林、大堀、中洋、西莊、重橋及官田。

（二）高雄農田水利會

　　一九〇二年（明治三十五），下淡河地區依「臺灣公共埤圳規則」陸續成立了曹公圳等三十二個公共埤圳組合；一九〇八年（明治四十一），曹公圳、大埤、草埤等公共埤圳組合合併，改稱曹公圳公共埤圳聯合會；百甲圳、老公堀圳、三鎮埤、三爺埤、頂中埤、下社埤、客人埤、崗山腳等公共埤圳組合合併，改稱阿公店公共埤圳聯合會；一九二〇年（大正九），兩聯合會合併改稱高雄州公共埤圳聯合會；一九二四年（大正十三），高雄州公共埤圳聯合會改組為岡山、楠梓、旗山、獅子頭、六龜、新威、屏潮、東港、枋寮、恆春等十一個水利組合；一九四〇年（昭和五），楠梓水利組合合併入曹公水利組合，獅子頭、六龜、新威合併入旗山水利組合；一九四二年（昭和十七），岡山水利組合併入曹公水利組合；一九四三年（昭和十八），曹公水利組合改稱高雄水利組合；一九四五年（昭和二十），高雄、旗山、屏潮、東港、恆春、枋寮合併為高雄州水利組合。戰後高雄農田水利會的變遷和各水利會相同，歷經農田水利協會、水利委員會、農田水利會三個階段，但在一九五一年時，將屏東灌溉區域畫出獨立。目前會員人數有六萬三千多人。

　　本事業區依地理位置及水系，分為曹公、岡山、旗山等三個灌區，共十六個工作站，灌溉面積合計二萬餘公頃。曹公灌區係以高屏溪為主要水源，灌溉區域包括左營、楠梓、鳥松、鳳山、小港、大寮、九曲等地區；岡山灌區主要的水源是二仁溪和阿公店水庫，灌溉區域包括岡山、阿蓮、湖內等地區；旗山灌區的水源是以荖濃溪為主，旗山溪次之，排水則以旗山溪為主，灌溉區域包括旗山、中壇、吉洋、竹子門、月眉、六龜等地區。事業區內灌溉渠道主要有曹公圳、獅子頭圳、復興渠、零星埤圳等，灌排渠道總長為三百一十三萬八千七百七十四公尺。高雄水利會轄下計有十六個工作站，分別為左營、楠梓、鳥松、鳳山、小港、大寮、九曲、岡

山、阿蓮、湖內、旗山、中壇、吉洋、竹子門、月眉、六龜。

（三）屏東農田水利會

一九〇一年（明治三十四），下淡河南岸陸續成立屏東、高樹、里港、潮州、枋寮、枋山、楓港、恆春、車城等公共埤圳水利組合；一九〇七年（明治四十），合併改組爲屏東、枋寮、恆春、東港、佳冬、萬丹公共埤圳組合，屬於高雄州公共埤圳組合聯合會；一九二一年（大正十），改組成立屏潮、東港、枋寮、恆春水利組合；一九四五年（昭和二十），屏潮、東港、枋寮、恆春、高雄、旗山等十一個水利組合合併爲高雄州水利組合。戰後本區的水利會乃屬於高雄水利會轄下分會，直至一九五一年，屏東、潮州、東港、恆春分會脫離高雄水利委員會而獨立成立屏東水利委員會；一九五三年，屏東水利委員會改組成立屏東水利整理委員會；一九五四年改組爲屏東縣水利管理局；一九五六年改組成屏東農田水利會迄今。目前會員人數爲六萬六千多人。

本會事業區總灌溉面積爲二萬五千餘公頃，主要灌溉水源有濁口溪、隘寮溪、高屏溪、武洛溪、東港溪、林邊溪、楓港溪、四重溪等。灌溉渠道由北而南分別爲舊寮圳、里港圳、隘寮、鹽埔圳、崇蘭圳、永安圳、萬安圳、東圳、永順圳、泗溝水圳、九塊厝圳、大陂圳、中圳埤、新埤埤、昌隆上埤、內溪圳、車城埤等幹線，灌排渠道總長度二百五十一萬三千九百二十四公尺。事業區內設高樹、里港、屏東、社皮、萬丹、鹽埔、潮州、內埔、長治、竹田、萬巒、東港、林邊、新埤、佳冬、枋寮、恆春等十七個工作站，其中以高樹工作站的灌溉面積最大，有三千四百多公頃。

六、東部地區農田水利會

（一）花蓮農田水利會

　　日治時期，花蓮港廳原來只有興泉圳公共埤圳組合，後在一九三九年（昭和十四），將興泉圳公共埤圳組合改稱爲白川水利組合，同年也新成立和田、豐川、田浦、吉野、豐田、玉里等水利組合；一九四一年（昭和十六），白川和和田整併爲鳳林水利組合，豐川、田浦、吉野、豐田整併成花蓮水利組合，即在終戰前花蓮地區有花蓮、鳳林、玉里三個水利組合。戰後三個水利組合各自改組爲農田水利協會；一九四八年再改稱爲水利委員會；直至一九五六年三個水利委員會才合併爲花蓮農田水利會迄今。目前會員人數二萬二千餘人。

　　本會事業區下設新城、吉安、壽豐、鳳林、光復、瑞穗、玉里、富里等八個工作站，總灌溉面積爲一萬二千多公頃；其中以玉里工作站的灌溉面積最大，有三千公頃，新城工作站最小，灌溉面積只有六百餘公頃。事業區內主要的灌溉渠道有林田圳、平林圳、新城圳、北埔圳、大安圳、吉安圳、東富圳、南富圳、豐田圳、瑞穗圳、興泉圳、瑞西圳、太平圳、玉里圳、長良圳、迪嘉圳、大禹圳、玉東圳、秋林圳、竹田圳、富里圳等二十一條圳路，灌溉渠道總長度爲一百一十萬三千○七十四公尺。

（二）臺東農田水利會

　　日治時期，臺東廳水利組織的成立最早是一九一五年（大正四）的知本圳公共埤圳，後在一九一八年（大正七）卑南圳公共埤圳成立，新開園圳、里壟圳公共埤圳也陸續成；一九二五年（大正十四），卑南圳公共埤圳改爲卑南水利組合；一九三九年（昭和十四）新設新港水利組合；一九四○年底（昭和十五），知本水利組合併入爲卑南水利組合；

一九四一年（昭和十六），里壠（今關山）、新開園（今池上）兩水利組合合併成關山水利組合；一九四三年（昭和十八），卑南水利組合改組爲臺東水利組合。終日治時期，臺東地區有臺東、關山、新港三個水利組合。戰後初期，臺東水利組合改稱爲臺東農田水利協會，後改爲臺東水利委員會；關山水利組合則歷經水利協會、水利委員會，而在一九五三年改組爲關山水利整理委員會；一九五六年，關山水利整理委員會合併進來臺東水利委員會，改稱臺東農田水利會；再於一九七〇年，將新港農田水利會整合進來迄今。目前會員人數有二萬八千多人。

　　事業區內的灌溉面積總計爲近一萬五千公頃，主要灌溉水源以卑南溪水系爲主，灌溉面積爲九千六百多公頃；另利嘉、知本、太麻里溪水系引灌面積爲一千四百多公頃；成功地區之山坑水源，引灌面積爲三千一百餘公頃；秀姑巒溪水系灌溉面積只有一百餘公頃。主要的灌溉渠道有卑南圳、卑南上圳、關山圳、池上圳、鹿野圳、豐源圳、鹿寮圳、電光圳等渠道，灌排渠道總長度爲二百三十五萬四千九百三十七公尺。事業區內設有臺東、知本、卑南、鹿野、關山、池上、東河、成功、長濱等九個工作站。

第四節　農田水利會的轉型

一、用水標的的移轉

　　一九五三年開始的「經濟建設四年計畫」成功地以「農業培養工業」，奠定了工業發展的基礎，並帶動臺灣的商業化及都市化，加速臺灣經濟的繁榮。而工業化及都市化的結果，促使產業間對於水資源的需求增加，進而相互競爭導致嚴重的水資源分配問題。

　　隨著農業部門的重要性逐年衰退，取而代之的是工商業為主的產業結構，水資源如何在各部門間做最有效的利用，成為各部門間迫切解決的問題。若就水利法規定的利用優先順序為：「家用及公共給水、農業用水、水力用水、工業用水、水運、其他用途。前項順序，省（市）主管機關對於某一水道，或政府劃定之工業區，得酌量實際情形，報請中央主管機關核准變更之。」目前水資源的利用以農業灌溉為主，經常占百分之七十以上；若依水利法的規定而言，則是家用及公共給水為優先；若以經濟效益而言，則以工業用水效益最大。隨著農業部門生產效益逐年下降，其他部門不斷要求水利會釋出水權。

　　以嘉南農田水利會來說，烏山頭水庫從一九七四年曾文水庫完工後，歷年放水量的情形如表8-4，從表中可以發現，烏山頭水庫在一九七四年以前只供應農業灌溉用水，一九七五年開始供應公共用水，一九七六年開始供應工業用水。在一九八六年以前，灌溉用水量都還維持在百分之八十以上，之後降至百分之七十上下，灌溉用水分配比例逐年降低，其他標的用水比例逐年調高，意謂著嘉南水利會有受到現實環境壓力在調節各標的的用水量；一九八六年之後，灌溉用水比例降至八成以下，其實是受到政府的干預。水利會對此亦有所怨言：

曾文、烏山頭水庫系統灌區灌溉面積廣達六萬千餘公頃，其灌溉營運係按既定耕作方式與灌溉制度，並擬定年度灌溉計畫及配合現地實際需要執行，依此隨四季運行，周而復始，應為井然有序。惟，事非盡如人意，首先，水庫水源難以充分滿足所需，在政府於七十四年八月七日七四六字第一四○八八八號函一紙行政命令規定灌溉用水年分配量九億立方公尺下，迫使原按正常灌溉計畫應為年需十億立方公尺之灌溉用水，不得不經常施行間斷灌溉等節水措施來勉強克服。而水庫水源主要來自降雨，其多賴春梅夏颱所帶來雨水存蓄於庫，偏偏天候難測，尤以近幾年乾梅、乾颱或雨區不對或不配合農時等，各種不按牌理出現之狀況隨時會發生，例如七十九年夏季因雨豐滿庫後，接著八十年不管春梅或夏颱均未帶來霪雨，使得整年灌溉營運都在緊張、忙碌、因應又因應下度過。另外，因工商業及都市之發展，公共給水急劇增加，在民生用水至上之原則下，常須移用原即不夠用之農業用水，且其所帶來汙染又使部分回歸水難以利用，更增用水調配之困難。此外，現代社會變遷，民風日異，農民種植作物全憑己願，原來耕作方式毫無約束力，但見東一塊西一塊之各類作物零亂不一，造成用水管理上之困擾不堪。**5**

　　嘉南農田水利會被迫釋出水權，且比例逐年增加，其他各水利會也面臨同樣的問題。除政府及各部門的壓力外，農民對於水利會的配水亦多無法配合，再加上農民多自行開發地下水源，且水費由政府代繳，因此和水利會間的關係漸行疏遠，在耕種制度和用水管理上水利會愈來愈難掌握。
　　對於灌溉用水的移轉，嘉南農田水利會為配合政府政策，減少灌溉用

5　臺灣省嘉南農田水利會，《曾文—烏山頭水庫系統灌溉區灌溉營運六年成果報告》（臺南：編者自印，1992），頁1。

表8-4　烏山頭水庫歷年放水量運用情形（一九七五～一九九三）

年別＼項目	年總放水量	灌溉用水量		家用及公共用水水量		工業用水量	
		水量	比例（%）	自來水	比例（%）	工業用水	比例（%）
1974年	80,886	80,886	100	—	—	—	—
1975年	81,972	80,120	97.7	1,852	2.3	—	—
1976年	107,721	103,661	96.2	3,899	3.6	161	0.2
1977年	98,272	93,005	94.6	4,861	5.0	406	0.4
1978年	102,147	94,733	92.7	6,839	6.7	575	0.6
1979年	96,145	87,694	91.2	7,801	8.1	650	0.7
1980年	62,047	53,380	86.9	8,067	13.0	600	1.0
1981年	67,356	58,013	86.2	8,924	13.2	419	0.6
1982年	96,486	85,707	88.8	10,187	10.6	592	0.6
1983年	91,918	79,685	86.7	11,695	12.7	538	0.6
1984年	87,806	74,191	84.5	13,080	14.9	535	0.6
1985年	61,521	50,846	82.7	9,736	15.8	939	1.5
1986年	93,059	76,972	82.8	14,929	16.0	1,158	1.2
1987年	77,572	61,016	78.6	15,424	19.9	1,132	1.5
1988年	65,214	48,710	74.7	15,191	23.3	1,313	2.0
1989年	89,911	70,843	78.8	17,439	19.4	1,629	1.8
1990年	89,293	68,934	77.2	18,646	20.9	1,713	1.9
1991年	85,159	65,520	76.9	18,292	21.5	1,347	1.6
1992年	61,440	40,671	67.2	18,934	30.8	1,835	3.0
1993年	74,333	53,749	72.3	18,844	25.4	1,740	2.3

水，支援民生及工業用水，雖政府規定的計畫灌溉水量爲九億立方公尺，但實際上，水利會都只有計畫七億立方公尺，一九九二年甚至只有四億立方公尺。根據水利法第二十條之一：「水源之水量不足，依第十八條第一項第二款至第六款用水標的的順序在先，取得水權登記在後而優先用水之結果，致登記在先之水權人受有重大損害時，由登記在後之水權人給予適當補償，其補償金額由雙方協議定之；協議不成，由主管機關按損害情形核定補償，責由優先用水人負擔之。」嘉南農田水利會灌溉用水多移轉至自來水使用，於是和臺灣省自來水公司協議補償費，終不得結果。嘉南農

田水利會售水給臺灣省自來水公司，但自來水公司長期積欠水費，致使嘉南農田水利會代表不滿，甚至揚言如省自來水公司在一九九四年一月前，未償還先前所積欠的一億五千餘萬元的農業移轉水價，則斷絕自來水公司使用農業移轉水源，最後在臺灣省建設廳的協調下，訂出移用水補償費標準，於一九九四年起，移用水補償費單訂為每噸四‧二四八元。

　　釋出農業用水支援民生及工業用水，為政府及各部門既定政策，但又不能犧牲農民權益，且移轉其他標的之用水很難再收回供灌溉使用，權衡之下，收取合理的補償費用作為水利設施的維護或補償農民的費用，是唯一具體而可行的方式。

二、水利會的多角化經營

（一）多角化經營的背景及條件

　　目前臺灣所有水利會共同面臨的問題包括七大項：分別是農業占產業的比重下降、環境汙染、水資源缺乏、加入WTO 對農民的衝擊、水利設施範圍遼闊、稻田轉作或休耕造成農業用水餘裕的假象、農業用水水權與水量移轉。為克服這些問題，各農田水利會無不積極伸展多角化經營觸角，以求生存及發展。

　　其實，在戰後農田水利會所負責的業務就不只局限在農田的灌溉及排水，其受政府委託或配合執行的業務就已高達二百四十種。雖這些業務都是與水資源相關，並不背離農田水利會原有的功能，但隨主管水資源機關和職權的整合，農田水利會最初的功能及相關的業務日漸改變，再加上述的七項問題，及政府急欲改制農田水利會為政府機構的壓力下，迫使農田水利會必須自謀生路。

　　就農田水利會主管機關農委會的說法：「農田水利在生產、生態及生

活等方面，具有多樣化機能，提供多功能貢獻，使農民、地區住民及全體
國民受益。今後如何發揮農田水利多樣化功能，提供多功能貢獻，為未來
農田水利施政目標之一。農田水利會係秉承政府推行農田水利事業為宗旨
之營運單位，目前其所擁有之農業水資源、土地、水利設施、技術人力等
均不少，其主要任務為負責農田水利事業之興辦及營運。此外，為因應社
會之需求與配合政府推行土地、農業、工業政策及農村建設，亦提供事業
外之服務事項。近年來，由於社會發展及環境變遷，社會期望農田水利會
提供農田水利事業外之服務需求，日漸擴增，致農田水利會業務朝多角化
經營，成為今後可能發展趨勢及應努力之目標。」意即水利會多角化的經
營是環境使然，也是水利會要生存必然的趨勢。

農田水利會欲多角化經營，究竟有什麼優勢條件可以支持？首先，水
利會因都市化及工業化發展，早期興建埤圳所徵收的土地，或在都市及都
市邊緣報廢的水利用地，均可供建地或工業用地使用，即都市型水利會有
豐裕之土地處分資金，可供運用。其次，各水利會原本綿密的灌溉水源，
及完整的輸配水系統，可提供配水規劃，並有熟悉農村環境，及具水資源
管理專業技術經驗之優秀人力可以支援。最後，各種水利設施，包括水
庫、池塘、輸配水路等，具有親水空間、水邊環境景觀美及水體美，可提
供休憩景觀機能，具有生態性及生活性的功能。

（二）多角化經營的內容

農田水利會多角化經營的內容，基本上可以分兩個面向：一是水資
源的人力，水利會可運用其人力，接受政府委託辦理各項有關業務，如代
辦農地重畫、區域排水工程之規劃、設計、施工及維護管理。農田水利會
依事業區域配置農田水利管理及工程人力，可利用此專業人力從事有關
「水」事業之管理及技術顧問服務工作，如區域排水管理維護、水汙染防
治監測、節水旱灌推動、其他標的用水之代輸配服務、廢（汙）水搭排服

務等。二是土地和水利設施等硬體，規劃生活或親水空間及景觀，做觀光事業硬體、軟體建設之開發，提供休閒活動場所。

根據農委會及水利會的研究報告，對於農田水利會多角化經營的項目及範圍大概可以有十種類型，分別是：

1.就現有建地作有效規劃整理利用，興建建築物出租。

2.在不妨礙水利使用及維護管理條件下，水路可配合都市需要加蓋，作停車場、攤位或設廣告牌出租。

3.利用水邊空間及景觀美，辦理觀光事業、休假中心、休憩事業；必要時，可與毗臨土地合作規劃設置。

4.就現有技術人力資源從事相關工程顧問服務工作，如代辦區排工程、農村排水，以及農村汙水處理工程之測量、調查、規劃設計、施工。

5.提供用水管理顧問及服務工作，代辦水量輸送及水質保育管理工作。

6.利用現有清潔灌溉水源，經營礦泉水或製造具商品化之水。

7.水庫、貯水池之多目標使用，如水上高爾夫球練習場、遊艇出租、養魚、水上活動。

8.節約農業灌溉用水供給工業用水，收取節餘水使用費。

9.利用現有水路代輸送水，收取建造物使用費及用水管理費。

10.利用灌溉系統水之水頭，開發水力發電。

目前臺灣的農田水利會依所轄的區域可概分為都市型水利會及鄉村型水利會。都市型的水利會，如位於臺北市的瑠公和七星農田水利會，由於都市土地價值高，兩水利會即利用會屬土地興建大樓出租，其所得利潤相當可觀，也因此兩水利會的淨資產額是全臺所有水利會中最高者。

嘉南農田水利會雖屬於都市型水利會，但南部都市化程度及土地價值不若臺北市，因此規劃多方面多角化經營方向，最特別的是興建水力發

電廠。嘉南農田水利會與臺灣化學纖維股份有限公司，共同籌組設立嘉南實業股份有限公司，運用烏山頭水庫既有之水利設施、用地、水資源，加以規劃設計，建造裝置容量八千七百五十千瓦之水利發電廠一座，於二〇〇〇年開工，二〇〇二年完工及進行水力發電，併聯臺電線路商轉營運，初期每年收益約八百多萬元；現烏山頭水庫有烏山頭和西口兩座水力發電廠，年收已有七千餘萬元，有效改善水利會財務。

　　鄉下型的水利會，如雲林農田水利會，因轄區地處鄉村，雖擁有許多水利地或水利畸零地，但地價本屬偏低，雖有政府巨額補助，但財政仍然相當拮据，使水利事業經營困難。爲此，農田雲林水利會規劃十五項多角化經營方向，如利用水利設施之獨特景觀建立休閒觀光中心或大型量販店；興建蓄水池蓄存水量；將位於都市內的水利用地，以 BOT 之方式興建綜合性商業大樓；設置砂石廠、預伴混凝土廠等，期盼財務困難能起死回生。南投農田水利會的多角化經營似乎已有成果，包括開發埔里能高大圳餘水與溫泉資源，整修或新建的建築出租給民間，每年至少有上百萬元的收入。其他各水利會多角化經營的項目及成效，請參考表8-5。

表8-5　臺灣各農田水利會多角化經營情形

會別	計畫名稱及內容	投資金額 （含土地等不動產價值） （單位：千元）	預估目標及效益 （單位：千元）
宜蘭	川流式小水力發電廠	（全由民間企業投資）	充分利用水資源，並開發乾淨能源
桃園	桃園水利綜合大樓	2,120,000	70,000
南投	霧峰工作站辦公廳新建工程	22,192	1,176
	草屯工作站辦公廳新建工程	48,425	2,304
	永昌市場套房及中學西路住宅	15,856	889
	草屯套房住宅新建工程	33,626	1,044
	埔里住宅新建工程	20,574	1,080
	霧峰鄉峰東段住宅改建計畫	37,492	2,637
	中興新村華新段住宅興建計畫	19,358	2,436

（續下表）

	集集南岸聯絡渠道水力發電廠開發經營計畫	221,107	28,714
雲林 雲林	濁幹線川流式小水力發電經營計畫	2,500	（未估列）
	保健植物栽培及製造相關產品經營計畫	每公頃年投入770	4,266
	植物纖維環保用具製造經營計畫	62,736	12,352
	林內農田水利文物陳列館暨周邊景觀委外經營計畫		3,350
	養生沖調包及養生茶包研發經營計畫	年投入3,000	6,000
嘉南	烏山頭水力發電廠	179,949	36,141
	西口水力發電廠	345,100	38,765
	烏山頭竹炭窯及附屬建物工程	5,601	增加烏山頭風景區之遊客量及門票收入
	水資源多元化之調配利用計畫	370,000	87,600
屏東	1.小型水力發電 2.水資源生態教育休閒園區 3.水利技術委託服務產業	（評估規劃中）	充分利用農田水利會現有水、土及人力資源，並開發乾淨能源。
臺東	卑南上圳小水力發電廠（一廠）	120,000 （全由民間企業投資）	1,500
	卑南上圳小水力發電廠（二廠）	26,000	5,904
花蓮	吉安圳山泉水計畫	2,500	1,200
	微小型水力發電計畫（一廠）	6,000	回收年限6年，第7年起年收益2,000
	花蓮縣良質米產銷中心	40,000	3,000以上（逐年增加）
	微小型水力發電計畫（二廠）	60,000	回收年限5年
七星	七星民權水利大樓	281,741	16,139
	七星科技大樓	1,254,720	58,000
瑠公	會有基金運用計畫——投資金融商品	1,000,000	增加利息收益

第九章　戰後農田水利的發展

　　戰後臺灣農田水利的發展有相當大的轉變，一九七○年代以前先是急於修復受戰爭破壞的水利設施，緊接著為增加糧食生產，以養活更多的人口，各地灌溉工程如火如荼地展開；但到一九七○年代以後，受到經濟結構從農業轉變到工業的影響，及環境保護意識的抬頭，大規模的水利設施不再興建，水利工程係以提高既有設施的運作效能為主，水源的開發也由農業灌溉單一目標轉變成發電、給水等多目標功能，水利不單單是農田水利而已。水利開發除了帶來社會經濟的影響外，也對自然環境產生很大的衝擊，地景地貌直接改變，其他生態也陸續變遷。

第一節　灌溉排水工程的發展

一、水利相關詞彙

目前常見的水利設施詞彙，可分成水圳類型及水利設施兩方面。水圳類型又可分成樹枝狀圳系、放射狀水圳系、羽狀水圳系、平形狀水圳系、斷頭形水圳系等五種；水利設施則以取水口、圳頭等名詞最常見。相關名詞的意義如下：

（一）水利系統

1. 樹枝狀圳系：有如一棵樹的主幹及分枝，由水圳的圳頭開始，上游是主幹，下游是分支，主要分布在廣大的平原地區，如八堡圳、曹公圳。

2. 放射狀水圳系：通常位於獨立的山丘四周或是河口的沖積扇，由較高處的水源地向山丘低處灌溉，圳道的開鑿自然形成向四周放射的形狀，如七星山的水圳系。

3. 羽狀水圳系：指數條水圳的開鑿，沿著河川兩側分布，形狀有如一根羽毛而稱之。這種水圳系的形成以灌溉河川上游狹長的河谷階地為主，且多短小密集，只能自給自足。

4. 平形狀水圳系：為台地的地形所形成，因台地地勢高引水不易，所以水源自台地高處引水後，會先在傾斜的台地高處以主幹道橫行，再以分流的方式灌溉低平的地區，多呈平行排列，如石門水圳系。

5. 斷頭形水圳系：其水源為地表的逕流，並無攔水壩（圳頭），而是直接在山麓的下坡處攔截下雨時的逕流，故水圳是分成一段一段的，每一段都是一條斷頭水圳，並於圳尾處築一個大型的蓄水池，

於乾旱時作爲蓄水灌溉之用。

（二）水利設施

1. 水源：雨水、溪流、河流、山澗、泉水等。
2. 取水口：位於河川的上游取水源處的入口，或是攔水壩將水引出的出口，與灌溉區的相對高度差要大，才有辦法取水。
3. 攔水壩：又稱圳首，在河川中築壩攔水，目地在使水位升高，形成落差，利用虹管原理將水引出。
4. 圳頭（埤頭）：將水引入圳道的設施，設有閘門。
5. 閘門：閘門的設計最早多爲木造，現多爲鋼鐵材質，閘門間則用磚和石頭做成結構物。
6. 圳道：就是水流的通道，自圳首取水後，水路分爲渠道與壓力管道兩種。
7. 渠道：又分爲明渠、暗渠、渡槽、隧道，及部分滿管的水道。明渠只開放水面；渡槽指當水圳遇到河流或地塹等地形時，要搭建一條給水走的水橋，此橋稱爲渡槽；隧道是指水圳遇到山地阻擋又無法繞路時，於是便開鑿隧道讓水通過。
8. 給水路：係配合當地作物、土壤、氣象、水利灌溉系統，及地形地勢等布置的溝渠，以供給農地引水灌溉，分爲幹線、支線、主給、小給。所謂幹線水路是由水庫或水源起點直接引水流至灌溉地區之水路；支線是由幹線分水流至灌溉地區之水路；主給是由支線分水供一個輪區灌溉的水路；小給是由主給分水臨各土地坵塊直接灌溉之水路。
9. 排水路：係供排除農田內外多餘水量之溝渠，分爲小排、中排、大排。所謂小排是直接臨土地坵塊之排水路，也就是蒐集每坵塊多餘

水量的排水路。而中排是匯集輪區小排之水量流入大排之水路。至
於大排是匯集中排之水量流入河川之排水路。

10.調整池：作為貯蓄夜間停止灌溉的圳水，及雨季來臨時的河川水，
可避免水資源的浪費，更可以發揮調節水源使用的功能。

11.分水池：指支線向主幹線分水的池子，這樣的配水工程稱為分水
工，又稱水汴頭。又分為兩種：一種是穿過渠道填堤的管子，從主
渠道中引水；另一種是設置閘門，利用多個分水門的升降來調整支
流用水。

12.跌水工：在渠道中安置阻擋水流的石塊，或將渠道做成階梯狀，以
防水流自圳頭引水時，因落差大，而侵蝕圳頭與圳道。

13.混凝土內面工：指灌溉及排水渠道因土壤性質不佳，經水流後會產
生崩塌，為保護渠道之安全，並增強輸水功能，在土渠內側坡上用
人工鋪設混凝土。

14.混凝土U型溝：指採用混凝土灌注成U字型之溝渠，可增強輸水功
能，節省用地。

二、農田灌溉排水

戰後初期接收日治時期水利設施的灌溉面積約有近五十四萬公頃，
但不少設施受到戰爭的破壞，實際可以灌溉的面積只有一半左右；在以農
業發展為主軸的政策下，經中華民國農村復興聯合委員會（以下簡稱農復
會）、水利會（各時期農田水利會的概稱），及農民努力的重建後，至
一九五二年大概恢復到四十八萬公頃。一九四八年，水利局成為立水利開
發的專責機構，時將水利開發權責畫分成：一、大型工程，受益面積在
五百公頃以上者，由水利局主辦，經費由省庫及水利委員會分擔，西部各

半，東部補助百分之七十，地方百分之三十；二、小型工程，受益面積在
五百公頃以下者，由各水利委員會辦理，省庫比照大型工程補助；三、山
地水利工程，由山地鄉公所辦理，省庫補助其材料及技工工資，其餘由地
方負擔；四、所有地方之工程費用，先由水利局保證，向臺灣土地銀行或
農復會申貸，俟完工後，由水利委員會向受益人民分期徵收償還。

　　戰後到一九七〇年代臺灣經濟從農業轉型到工業之前，灌溉排水事業
的開發大概可以分成三個時期：一是一九六〇年以前的復舊階段，致力戰
爭中被破壞的水利設施；二是繼續辦理日人規劃未完成的工程，如一九四
〇年的十一年土地改良工程等，見表9-1；三是新辦理大型灌溉排水工程、
興建多目標水庫、開發地下水、海埔新生地，並積極推動輪流灌溉、農地
重畫等節流工程。

表9-1　戰後初期延續日治時期水利工程一覽表

工程名稱	灌溉方式	灌溉面積（公頃）	完成時間	計畫內容
鹽埔地方土地改良工程（鹽埔地方灌溉工程）	兩期作、單期作	14,900	1949	原計畫灌溉面積19,360公頃，灌溉方式為兩期作年輪作
三星地方土地改良工程（三星地方灌溉工程）	兩期作	717	1951	原計畫灌溉面積4,351公頃
高雄地方土地改良工程（鳳山地方灌溉工程）	單期作	2,000	1947	
二林地方土地改良工程（北斗路上厝及路口厝灌溉工程）	二年一作	路上厝3,726 路口厝　400	1952 1954	
八堡地方土地改良工程（員林大排水工程）	排水、兩期作	排水 19,229 灌溉　2,528	1955	
斗六地方土地改良工程（斗六大圳工程）	單期作	13,238	1954	原計畫單期作5,431公頃 三年輪作12,322公頃 共計71,750公頃

　　戰後由於急於恢復農業生產，因此，水利設施的增建是增加灌溉的工程為主，規模較大者，如三星灌溉工程、桃園大圳修復工程、北斗灌溉工程、北埔圳灌溉工程、萬長春灌溉工程、斗六大圳灌溉工程、關山大圳灌溉工程、太平渠灌溉工程、鹿野大圳灌溉工程、新城圳灌溉工程、曹公圳幹線內面工工程、石門大圳輪流灌溉工程、八堡圳內面工工程、二仁灌溉工程、大南灌溉工程、能高大圳灌溉工程、嘉南大圳內面工工程、長濱大圳工程、瑞穗旱作灌溉等，見表9-2。從這些新建水利設施的分布空間來看，可以發現花東地區的數量最多。由於西部臺灣平原地帶的水利開發在清代及日治時期已具規模，所以戰後的水利修築重點在修復而非新建；東臺灣早期水利開發規模有限，且戰後東臺灣有一批移民潮，農民對土地及水利的需求較大，因此戰後東臺灣的水利興築數量最多，但受限於地理環境及經費，規模也都有限。

表9-2　戰後重要灌溉工程興建一覽表

工程名稱	所在地	完成年分	增加灌溉面積（公頃）			改善灌溉面積（公頃）	共計（公頃）
			單期作	雙期作	輪作		
鹽埔灌溉工程	屏東	1949	2,067	2,068	8,885	2,880	149,000
三星地區灌溉工程	宜蘭	1951		1,901		3,136	5,037
光復圳灌溉工程	桃園	1951		2,910		770	3,680
高樹地區灌溉工程	屏東	1951	1,749	1,300		2,144	5,193
萬長春圳渠道工程	宜蘭	1953				2,166	2,166
北斗地區灌溉工程	彰化	1953			6,661	4,061	10,722
後村圳改善工程	臺北	1954				3,304	3,304
太平渠灌溉工程	花蓮	1954		690		460	1,150
北埔圳灌溉工程	花蓮	1954		827			827
斗六大圳灌溉工程	雲林	1955			6,661	4,061	10,722
復興渠灌溉工程	高雄	1955	1,848			299	2,174
青草湖水庫灌溉工程	新竹	1956				600	600

（續下表）

鹽水埤灌溉工程	臺南	1956					567	567
德元埤灌溉工程	臺南	1956	420				480	900
曹公圳幹渠內面工程	高雄	1956	1,540					1,540
吉興圳擴建工程	花蓮	1957		970			2,184	3,174
關山大圳灌溉工程	臺東	1958	2,643					2,643
鹿野大圳灌溉工程	臺東	1958	328				1,320	1,648
大埔圳灌溉工程	苗栗	1960		1,343				1,343
長安區灌溉工程	花蓮	1964		307				307
志學區灌溉工程	花蓮	1965			1,076			1,076
大南區灌溉工程	臺東	1966	486					486
薄薄圳灌溉工程	花蓮	1966					648	648
二仁灌溉工程前期	高雄	1968	615				1,403	2,018
新城灌溉工程	花蓮	1970		649				649
能高大圳灌溉工程	南投	1973	1,200				1,400	2,600
瑞穗灌溉工程	花蓮	1974			380			380
長濱大圳灌溉工程	臺東	1975					620	620
卑南上圳灌溉工程	臺東	1986						3,000

　　一九七〇年代以後，由於農業生產急遽衰退，水利部門對於農田灌溉排水設施係以既有設施改善為主，如小型水利及輪灌工程的繼續辦理、農地重畫等，新建的灌溉設施只有卑南上圳一處而已。

三、水庫水源開發

　　水庫興建是戰後水源開發最主要的方式，由於早年經濟發展至上，及環保意識尚未普及，因此，一九八〇年代以前，臺灣的水庫增加快速。有效容量在一百萬立方公尺以上、一千萬立方公尺以下較具規模的水庫，有高雄阿公店水庫（灌溉、給水、防洪）、臺南德元埤（灌溉）、屏東龍鑾

潭（灌溉）、新竹大埔水庫（灌溉，又稱峨嵋湖）等。有效容量超過一千萬立方公尺以上者，有桃園石門水庫（灌溉、發電、給水、防洪）、臺南白河水庫（灌溉、給水、防洪）、苗栗明德水庫（灌溉、給水、工業用水）、臺南曾文水庫等（灌溉、發電、給水、防洪），其中以石門及曾文水庫的規模最大。

　　一九七〇年代以後，興建水庫的目標非以農業灌溉爲考量，係配合臺灣經濟型態的轉變，民生用水及工業用水變成水庫開發的主要目的。一九七〇年代後興建的水庫，依完成時間有：基隆新山水庫（公共給水）、臺中大甲溪石岡壩攔河堰（公共給水）、澎湖興仁及東衛水庫（公共給水）、新竹寶山第一水庫（新竹工業區公共給水）、臺北翡翠水庫（公共給水）、苗栗永和山水庫（公共給水）、臺南鏡面水庫（公共給水）、高雄鳳山水庫（公共給水）、嘉義仁義潭（公共給水）、苗栗鯉魚潭水庫（公共給水、灌溉）、臺南南化水庫（公共給水）、屏東牡丹水庫（公共給水）、澎湖的赤崁地下水庫和西安水庫（公共給水）等，見表9-3。

表9-3　戰後臺灣興建主要水庫一覽表（依有效容量排列）

名稱	引用水源	位置	計畫有效容量 （百萬立方公尺）	功能
曾文	曾文溪	嘉義大埔	599.00	灌溉、發電、給水、防洪
翡翠	北勢溪	臺北新店	327.00	給水
石門	大漢溪	桃園龍潭	251.00	灌溉、發電、給水、防洪
德基	大甲溪及支流	臺中和平	183.00	發電、給水、觀光、防洪
鯉魚潭	景山溪	苗栗三義	122.78	給水、發電、灌溉
牡丹	四重溪	屏東牡丹	29.78	給水、灌溉
仁義潭	八掌溪	嘉義番路	28.64	給水、灌溉
永和山	中港溪	苗栗三灣	28.42	給水、灌溉
白河	急水溪	臺南白河	19.40	灌溉、給水、防洪

（續下表）

明德	老田寮溪	苗栗頭屋	16.50	給水、灌溉
南化	曾文溪支流	臺南南化	14.94	給水
阿公店	阿公店溪	高雄燕巢	13.50	防洪、灌溉、給水
鳳山	高屏溪及東港溪	高雄林園	8.50	給水
大埔	峨眉溪	新竹峨眉	8.05	灌溉
寶山	頭前溪	新竹寶山	5.35	給水、灌溉
新山	新山溪	基隆市	3.70	給水
龍鑾潭	天然窪地	屏東恆春	3.36	灌溉
德元埤	溫厝廍溪	臺南柳營	2.93	灌溉
石岡壩	大甲溪	臺中石岡	2.06	灌溉、發電、給水、防洪
鏡面	曾文溪	臺南南化	0.99	給水、灌溉
青草湖	客雅溪	竹市南區	0.80	灌溉
鹽水埤	茄苳溪	臺南新化	0.80	灌溉
興仁	雙港溪	澎湖馬公	0.64	給水
西河	峨眉溪	苗栗三灣	0.60	灌溉
劍潭	中港溪	苗栗造橋	0.56	灌溉
頭社	濁水溪上游	南投魚池	0.35	灌溉
東衛		澎湖馬公	0.16	給水

資料來源：

中華民國臺灣地區水庫水壩資料，http://wrm.hre.ntou.edu.tw/wrm/dss/resr/wk.htm

經濟部水利署水庫水情，http://www.wra.gov.tw/default.asp

四、防洪工程

　　戰後初期到一九五九年以前，防洪事業主要在堤防的復舊及加強。戰爭期間，全臺有超過四十萬公尺的堤防受到破壞，堤防受損，以致戰後幾次水災災情都相當慘重，如一九四八年臺中暴雨導致濁水溪、烏溪、大甲溪、大安溪溪水氾濫，房屋被沖毀七百〇五幢，土地被淹沒近一萬三千公頃，因此本時期防洪工程為趕工修復堤防，避免災情擴大。緊接著是針

對日人計畫未完成的工程，籌款逐步完成，並汰換老舊鉛絲蛇籠、強化堤身、鞏固堤腳。一九五九年的八七水災，臺灣中部災情非常嚴重，使得有關當局對於防洪觀念有所調整，將防洪事務分為治標與治本兩部分。治標方面，如妨害河流障礙物之加強取締、防汛演習之普遍舉辦及防汛情報網等建立等；治本方面，加強對集水區的整治及水土保持工作，對防洪的規劃，以每一流系為單元，同時提高其設計標準為洪水頻率五十年或一百年之流量。

一九七○年以後，「堤防修建」成為國家十二項建設、十四項建設、六年計畫之重要項目，如一九七六年二次十二項建設內容第九項是「修建臺灣西岸海堤工程及全島重要河堤工程」，此計畫由水利局辦理，內容有主要河川堤防、護岸之新建工程等。除堤防修建工程外，尚辦理許多河川治理專案，如臺北地區防洪專案計畫、大里溪治理專案計畫、八掌溪治理專案計畫、急水溪治理專案計畫、新虎尾溪治理專案計畫等。

五、糖業水利發展

日治時期以來，製糖株式會社（俗稱糖廠）即積極參與水利開發，特別是利用水利改良土地，及興建埤圳增加蔗田灌溉。戰後臺灣糖業公司（以下簡稱臺糖）接收臺灣、大日本、明治、鹽水港等製糖株式會社的土地及產業，延續日治時期水利開發政策。戰後臺糖的水利開發以地下水的開發、灌溉方法的改進為重點。

臺糖公司在一九四八年成立鑿井工程隊，專門辦理深井工程業務，和糖業研究及各地糖廠構成臺糖開發地下水的三個主要單位，歷年所開發的深井近二千口，遍及宜蘭、濁水溪沖積扇、嘉南平原、高屏溪流域等地區。一九五○年，臺糖委託美商莊士敦公司在屏東、虎尾兩區開鑿深井，

臺糖的鑿井工程隊即負責一部水井清洗擴水工程，並自行開發深井工程。後鑿井工程隊合併於農業工程處。綜觀臺糖地下水開發較重要的工程有：一九五六年，由農復會、水利局和臺糖公司合組地下水勘測隊，勘查濁水溪沖積扇之地下水性能，爲臺灣地下水研究的開端。後三年間，鑿井工程隊接受省政府委託開發雲林地區一百二十四口水井，彰化地區四十七口水井。一九五九年，接受高雄自來水廠委託，辦理幅射井工程，爲臺灣最早的幅射井工程。一九七〇年代初，陸續開鑿高屏溪下游地區三十口水井。一九七五年農工處改名機工處，一九八五年該處裁撤，轉歸屬新營總廠，一九九五年時又更名爲地下水開發保育中心。

　　除地下水開發外，臺糖公司亦投入土地改良工程，特別是鹽分地的改良（關於日治時期鹽分地改良，請參考本書第七章第二節）。臺糖公司自營農場耕地面積七百六十七公頃中，鹽分地面積達五百二十六公頃，必須設法改良才能種植作物，戰後初期的改良成效有限。一九六九年，臺糖公司採用聯合國亞經會專家建議之荷蘭式小口徑暗管排水，控制地下水位，改良鹽分地，防止鹽分上升；並選擇善化糖廠看西農場、蒜頭糖廠鰲鼓農場、北港糖廠植吾農場設置暗管排水試驗區。自引用地下暗管排水工程改良鹽分地後，在一九七八到一九七九年期，甘蔗生產實際調查增產率達百分之七十七，成效顯著。

第二節　水利工程個案

一、新建灌溉工程

（一）太平渠（觀音山大圳）

太平渠原名觀音山大圳，其灌溉計畫在日治時期臺灣總督府農商局耕地課時即有規劃，戰後臺灣省農林處農田水利局（後隸屬建設廳水利局）接收農商局的土地改良業務後，在一九四七年八月即進行興建工程，一九五三年完工。本工程位於花蓮玉里，計畫擬引秀姑巒溪溪水，灌溉玉里秀姑巒溪右岸，海岸山脈西麓的樂合里、觀音里、東豐里等地，預估效益可以改善四百六十公頃，增加六百九十公頃的灌溉面積，雙期作水田可達一千五百餘公頃。

本工程完工之初，因預定灌溉區域中多屬公有地、河川地，一時無法全部開墾成田，實際灌溉面積僅三百餘公頃，且多是海岸山脈獨立水溪為水源的玉東圳原灌區中尾段的現成水田。後隨灌溉環境改善、公地放領、放租、河川地築堤圍墾等措施陸續實施，實際灌溉面積不斷增加，目前已有八百公頃左右。

（二）光復圳工程

光復圳的灌區主要在今桃園農田水利會的湖口灌區，包括桃園楊梅、新屋及新竹湖口、新豐等地約三千公頃的農地，位於桃園大圳灌區的最末端。本區域原本就有三七圳及百餘口埤塘提供灌溉，但水源仍舊不足，旱災頻傳。戰後經臺灣省水利局位勘查後，認為該區域緊鄰桃園大圳，尚有餘水可資引用，乃設立湖口工程處，負責引導桃園大圳尾端下游之水流，並新建連絡渠道，此計畫由於距臺灣「光復」時期不遠，因此命名光復

圳。

　　光復圳的灌溉分爲兩種：完全灌溉及補給灌溉。完全灌溉是指部分原係灌溉不完全之兩期作田，經興建幹線後灌溉面積擴大爲二千六百七十六公頃；補給灌溉係就原三七圳及蚵殼港圳之面積加以補充改善，計三七圳原有三百〇一公頃，蚵殼港圳原有九百一十五公頃，分別加以補充改善。一九六四年石門大圳完工後，光復圳的水源更加穩定，除由桃園大圳供水外，石門大圳之尾水及石門大圳灌區內之滲水，皆由此伏流而出，使本區的灌溉更加順暢。

（三）斗六大圳

　　斗六大圳是戰後臺灣第一個大型灌溉水利工程，也是戰後臺灣人自行設計興建的水利設施。興建斗六大圳的構想始於一九二七年（昭和二），當時斗六地方人士籌組「斗六地方土地改良事業同盟會」，向臺灣總督府爭取興建大規模埤圳，但一直沒有結果。至二戰期間，臺灣總督府爲增加糧食生產，乃有籌建斗六大圳之議。一九四〇年（昭和十五）臺灣總督府責由嘉南大圳水利組合辦理籌建斗六大圳，並於一九四一年（昭和十六）成立「斗六地方土地改良建設所」，進行定線測量、擬定初步計畫書及預算書，同時進行一部分工程，預定五年完成興建。後因受戰爭影響，工程停頓，至戰爭結束，只有完成麻園支線、舊莊排水、竹子圍支線等。

　　戰後經地方人士奔走爭取，並由省府與地方各負擔一半經費，終於在一九四七年開始興建。斗六大圳的水源引自濁水溪與清水溪，其主要工程內容有：濁水溪進水口、清水溪進水口、斗六大圳幹線等。幹線在施工過程中，因糖廠有七百七十餘公頃土地受益，必須負擔三百餘萬工程費而不同意施工，導致幹線工程完成了百分之八十而停頓。意即只通水到古坑，斗六大圳末端的斗南、大埤、嘉義縣大林等灌區無水源可引灌，只能開鑿

地下水井灌救，長期以來造成地層嚴重下陷。二○○一年「斗六大圳幹線續建工程計畫」推行，二○○七年全部幹線才全部完工通水，前後工程時間超過六十年。

全部通水後的灌溉面積約六千公頃，提供斗南、大埤、大林等地區大部分農田灌溉用水。通水的效益包括：1.增加稻米生產，維持原有灌溉制度與耕作方式，引灌集集攔河堰濁水溪水源，因其含砂量高，可改善土壤土質，及直接改善稻米產量、品質與增加售價；2.節省抽水成本，地面水源供應充足穩定後，可減少抽取地下水，降低抽水成本；3.減緩地層下陷，因減抽地下水可使地層下陷速度趨緩，並降低沉陷量，相對的減少雲林地區淹水之害。

（四）關山大圳

關山大圳的前身為一九○五年（明治三十八）興築的里壟圳（後改稱關山圳），里壟圳由於工程簡陋，每逢颱風或洪水即被沖毀，日治時期雖數度改進水口位置，但成效仍舊有限。一九三七年（昭和十二），在原進水口導水地點（初來附近）新建鋼筋混凝土進水閘門一座、幹線內面工三百公尺，灌溉面積從原來的三十餘公頃增加到三百餘公頃，但關山地區仍有近三千公頃的土地缺乏灌溉。

一九四八年，當時的關山農田水利會向臺灣省水利局爭取興建自新武呂溪初來段引水的「關山大圳灌溉工程」。工程自一九四八年動工開鑿，歷時十年才完工。完工後的關山大圳幹線長近二十公里，進水量每秒十七‧七二立方公尺，灌溉面積高達二千餘公頃（包括大同農場的七百九十三公頃），促進關山、鹿野地區農地全面水田化。當時由於經費不足，未能配合開築小給水路，任由農民自行引水開墾，分水管理不善，且每年受颱風洪水侵襲，發生災害，而未能達到原來計畫之灌溉面積；後

由臺東縣政府成立墾田委員會，依輪流灌溉方式配合土地重畫，繼續辦理開墾工作。

臺灣埤圳的維護常常是由引水人或莊民共同承擔，此現象延續至今，日治時期關山圳動員地方農民的事例，有留下一些文字紀錄，值得著錄。如圳頭一旦發生阻塞時，每戶得出工一人（十八歲以上，耕作面積二甲以上者二名），待通知後各攜帶工具材料（「蕃」刀、砂靶把、畚箕、籐竹或稻草等），參加修復工作；在出動前後，埤長會到農戶附近，爬上大樹或屋頂大聲叫喊「明天要做水噢」。不論有何理由，一定要出工，否則將受團體制裁；若本身無法參加，一定得找人替代。隔日天未亮時，各自攜帶必備工具材料出門，步行一、二小時到圳頭。工作開始前點名分班，一班到溪流上游採拾木柴、樹枝、茅草等，放流到工作地以編造石籠，一班則清理進水口導水路之淤積砂石。另一班在附近採取石塊，並運放於導水路之盡頭。當一切準備就緒，由年輕力壯之人將石籠帶到進水口上游，再利用水力將其安置在進水口前預定地，再由其他人員以排成一列之方式，將石頭一個一個快傳入石籠內，其他石籠亦如法炮製。各石籠再以籐皮或鉛線連紮，並於籠間空隙處填入石塊，以防滾石之破壞，石籠前面以稻草或茅草填塞，直到取水滿圳為止。這種取水方法雖然原始，但頗實用，因河水不穩定，不能建造固定之構造物，每逢洪水便有一部或全部遭沖毀流失，於是一直沿用此法引取河水，至最近挖土機出現為止。工作結束後，全體一起到未參加工作（即怠慢者）之農戶，以徵取相當於數倍工資之現金作為處罰，無現金者以雞鴨或酒菜供大家飽食一餐來代替也可。如無錢也無酒肉，無法向社會大眾謝罪，只好將其耕地之取水口封閉，以停止給水作為處分，這種制裁方式在當時還非常有效。

（五）鹿野大圳

　　鹿野大圳興築於一九五三年，竣工於一九五七年，係引鹿寮溪水為灌溉水源。鹿野大圳的灌溉區又分為南北二部分，原計畫灌溉農田面積一千一百三十公頃，其中鹿野大圳灌區九百四十九公頃，鹿寮圳灌區為一百八十一公頃。鹿寮圳自一九七〇年起，因進水口河床刷深無法取水，同時因鹿野大圳進水口至鹿寮圳進水口河段於枯水期流量滲漏率高達百分之三十，為方便取水及提高水源利用效率，遂改由鹿野大圳進水口共同取水，並經由鹿野大圳第一支線供水，因此鹿寮與鹿野兩圳灌溉系統合而為一，鹿寮圳實際灌溉面積為一百六十三公頃。

　　鹿野大圳自通水營運以來，實際灌溉面積二百六十二公頃，僅占原計畫面積百分之二十八。鹿野大圳實際的效益和預期有所差距，其主要原因除水源不穩定外，農民一般習慣於水田耕作、旱田作物種類雜化、用水時程不一、耕作制度不符實際，再加上沒有執行旱田噴灌系統規劃等因素，使得完工之明渠工程系統閒置，無法發揮灌溉效益，灌溉用水也一直未獲改善，大部分農田荒蕪，淪為看天旱田。有鑑於此，前臺灣省水利局於一九八八年對鹿寮溪水源之灌溉區域做一通盤檢討，並進行辦理「鹿野大圳、鹿寮圳灌溉用水調配及其灌溉系統改善規劃」；而臺東農田水利會亦自一九九一年起，逐年編列經費施工，整個改善工程至一九九八年完工，此工程一般稱為「龍田噴溉區灌溉工程」。

（六）石門大圳

　　雖然桃園大圳的完成有助於農作物的灌溉，但是因為龍潭地勢比桃園大圳高，因此只能灌溉到楊梅、新屋和觀音等地勢較低的地方。後石門水庫設計興建時，即規劃同時興建石門大圳，一九五六年石門水庫開始興建，於一九六四年完成，為當時東南亞最大的水利工程，石門大圳則在

一九六三年開始通水。

　　石門大圳的計畫灌溉面積是二萬一千九百二十六公頃，但通水後實際可灌溉面積是一萬三千七百一十公頃，其餘分布在龍潭、中壢、楊梅、八德等地勢較高亢的茶園，是後來逐漸施工而通水，目前全部的輪流灌溉面積約三萬六千五百公頃。設施包括幹道一條長二十七公里，支渠及分渠計六十一條，總長二百七十七公里，攔河堰一百四十二座，區域內舊有埤塘四百四十九口予以擴建變為輪灌取水口。

　　石門大圳的興建有幾個特點：1.施工範圍廣大，地形複雜，範圍包括臺北、桃園及新竹等三個縣十二個鄉鎮；2.施工過程和斗六大圳一樣，有動用軍工協助，軍工協助最大的特點是潛力大，可以應付趕工需要，但較缺乏經驗為其缺點；3.對區域內既用三千多口埤塘給予規劃保留，選擇四百多口變為輪灌取水口；4.用地給予相當代價的補償；5.配合趕工及軍工施工，所有構造物均採標準設計；6.混凝土構造物之預鑄化，即將輪灌分水箱、人行橋板等設施先行混凝土預鑄，集中製造。

　　近年來，由於工業迅速發展，農業經營成本提高，且因工廠、社區、國際機場、高速公路等之興建，使原有水田逐年減少，灌溉面積日漸縮小中。區域內早期人工開鑿的埤塘遍布各地，後因石門大圳的開通，供應絕大部分的灌溉用水，因而降低了區域內坡塘的供水灌溉之功能，因此埤塘急速減少中。石門大圳除灌溉功能外，亦擔負民生用水供應及廢水排放的責任。目前石門大圳的取水高程固定在一百九十五公尺，當渾水層頂部高度高過此高度時，石門大圳之取水操作將被迫停擺。桃園地區百分之七十的民生供水量，主要是藉由石門大圳導引石門水庫原水至石門、龍潭、平鎮等淨水場進行處理，但在石門大圳的標高為一百九十五公尺的現況下，將無法引用符合供水標準的上層清水，此乃造成石門水庫目前無法正常供應民生用水的主要原因。

（七）大南灌溉工程

　　大南開發區（後改稱知本墾區）位於臺東利嘉溪下游右岸，土地約有一千餘公頃，在一九五〇年代後期被列爲東部河川地開發的重要地區之一。一九六一年，該河川地一千〇五十三公頃被選爲國軍退除役官兵的安置地點，提供一千五百位退除役官兵土地開發及農業生產，大南灌溉工程即在此背景下產生。

　　大南灌溉工程計畫分爲防洪、灌溉及墾田三部分，一九六二年開始配合美援，先治理利嘉溪河道辦理防洪工程。灌溉水源則依地形、地勢興築利嘉及卑南兩系統。利嘉系統由利嘉溪取水灌溉開發區上游段五百六十七公頃土地成爲單期作水田，後因水源不足而改爲旱作區；卑南系統則利用卑南圳引水灌溉下游段四百八十六公頃土地成爲雙期作水田。

（八）二仁灌溉工程

　　高雄二仁溪以南至曹公圳灌區之間，岡山、阿蓮等十二鄉鎮約近二萬公頃的土地，除部分利用阿公店水庫、二仁溪流域的埤塘及地下水外，大概有一萬三千餘公頃的農田均屬看天田或旱作地。一九五五年，岡山地方人士曾組「二層行水庫庫建設委員會」，建議在崗山頭上游建設二層行水庫，解決灌溉水不足的問題。但由於崗山頭上游集水區地質及地表覆蓋不良，易被洪水沖刷及崩塌，挾帶大量泥砂而減少水庫壽命，本計畫因而被擱置。

　　一九五九年，臺灣省水利局計畫全面開發高屏溪流域的水源利用，範圍包括鄰近的二仁溪、東港溪、林邊溪、牽芒溪等流域，面積達四千二百一十九平方公里，耕地面積達十一萬六千公頃。但此開發計畫並無法讓區域內的田地全面兩期作，枯水期之前作必須興建水庫攔蓄豐水期洪水，因此計畫興建六龜、大津、泰山、山地門等四個水庫，但水庫興建

計畫必須配合多目標興建綜合開發，始符合經濟效益，且所需經費龐大，因而遲遲無法定案；此時經費較低，較易辦理的「二仁溪引水灌溉工程計畫」因此被提出。

二仁溪引水灌溉工程係利用高屏溪支流旗山溪水源導入二仁灌區，因屬引水工程，無法蓄水，故僅能利用洪水期流量，灌溉後期作田，後經調查規劃在崗山頭上游大滾水興建溢流混凝土攔河壩，以抬高水位。二仁溪灌溉工程於一九六五年動工，一九六九年完工，總灌溉面積達一萬二千餘公頃。工程內容包括月眉進水口工程、旗山導水路工程、阿蓮抽水站、阿蓮灌區、湖內抽水站、湖內灌區灌溉工程等。後續本來還計畫興建四座小型水庫，以補注水源，但隨產業結構的改變，農業日漸沒落而終究沒有實現。

（九）能高大圳

能高大圳灌溉工程是戰後所有水利灌溉工程中，位置最居深山者。日治時期即有規劃引北港溪溪水灌溉埔里盆地的構想，但因二次大戰的因素沒有實施。一九五五年，臺灣省水利局組「能高大圳灌溉工程計畫規劃隊」，規劃勘查調查實地情形，後受一九五九年八七水災影響，遂停止規劃工作。一九六一年恢復規劃，並於一九六四年開始採邊規劃邊施工的方式進行工程。

本計畫興建的過程不甚順遂，初期原本計畫灌溉地區的有關農民即萌退出灌溉之意，後來新灌區內的臺糖二百四十三公頃土地即沒有加入，繼之新灌區內之合成里及一新里土地計四百七十公頃也提議退出，再加上山區並不適合水田稻作，因此本工程初步只完成幹支線工程，輪灌工程等設施並沒有施工，最後效益雖相當有限，但也解決了埔里地區缺水灌溉的問題。

（十）瑞穗地區旱作灌溉工程

花蓮瑞穗平原雖然有近九百公頃的土地，但大部分是紅葉溪的沖積扇河床地。一九四九年紅葉溪左岸堤防興建後，此地區受河水威脅減少，農民漸次來此開墾，其中七百五十公頃的較平坦地早已開墾為旱田，其餘百餘公頃的土地則為不易利用的荒地。本地區一直沒有水利設施，農民只能種植樹薯、甘薯等經濟價值較低的旱作物，且產量不穩定。

日治時期總督府即有意在本區興建埤圳，惟目標是水田雙期稻作，工程浩大，及經費無著落而作罷。一九七一年，臺灣省水利局將「瑞穗地區旱作灌溉」列入「中央加速農村建設措施」，並於一九七四年施工。計畫灌溉水源引自紅葉溪，但紅葉溪水源不足，因此只能採輪灌改善。灌溉方式考慮土地種類等因素後採噴洒灌溉方式興建，範圍包括瑞穗鄉之瑞穗、瑞西兩村共計六百〇八公頃的土地。

（十一）長濱大圳

早期東海岸沿岸地區的阿美族原住民水田稻作並不密集，所以海岸山脈的獨立小溪提供的灌溉水源即足以供應，隨著水田稻作的需求愈來愈高，獨立小溪就無法滿足農業耕作，臺東的長濱地區就是一個例子。一九七二年，省政府核定「新港地區長濱大圳灌溉補充水源工程計畫」，在省府願意負擔八成，地方配合負擔二成的經費下，於是年開工，工程計畫後改以「長濱地區灌溉改善工程」，工程歷經四年完成。本工程主要的設施有導水路一條、隧道一座、進水口等其他構造物二百一十九座。工程完成後移交臺東農田水利會管理，水利會後續又辦理水圳重整，以加強節水及輪灌功能，目前長濱大圳雙期稻作面積可達八百多公頃。

（十二）卑南上圳

　　卑南上圳工程是一九七六年以後臺灣唯一的大型灌溉工程，計畫在一九四八年即著手擬定，惟一直沒有定案實施。本工程計畫係以鹿野溪為水源之灌溉開發計畫，預計灌溉臺東、卑南平原三千公頃的土地。工程自一九七七年開始施工，至一九八六年完工通水，經費超過十億元。主要的工程內容有：攔河堰暨進水口各一座、導水隧道四千〇八十五公尺、幹線一萬二千七百七十公尺、支線四條、灌溉幹管三條，及其他灌排設施。本工程最大困難為攔河堰位居深山峽谷，流速湍急，每逢颱風豪雨時易夾帶土石衝擊壩面，造成設施損害，幾乎年年都得修繕；後臺東農田水利會將第一副壩鑿岩拓寬及壩面改採格柵式鋼版工法，進水口受損情形方才改善。

　　卑南上圳灌區全部為旱作灌溉，為全臺最大的旱作區，主要的旱作物有甘蔗、釋迦、菸花、菸葉、芒果、桃李及雜作等。工程完成後，農民不但可以自由意願種植旱作物，且因有水灌溉，收穫量大為增加，據臺東農田水利會的統計，通水後農民增加的收益約有十倍之多。

二、水利改善工程

（一）後村圳改善工程

　　後村圳位於在臺北樹林地區，在清乾隆年間即開發，引大科崁溪（今大漢溪）溪水，水量向來穩定。一九二八年（昭和三）桃園大圳整個通水灌溉後，大科崁溪的水源被瓜分，後村圳的水量開始呈現不足。一九四六年，臺灣省水利局針對大科崁溪水源問題辦理大科崁溪分水工作，後村圳的水源稍獲改善。

　　後村圳的取水地點在大科崁溪下游，爲所有取大科崁溪溪水埤圳最末一處，故進水常受上游引水之影響而減少，再加上河床日益淤積，使後村圳取水更加困難。後村圳原有之攔水堰，是以直立竹蛇籠阻擋於前，高與徑都是一公尺，後面則用長五公尺、徑一公尺的叉籠，總寬爲六公尺，全長計兩百公尺，再以草袋覆於蛇籠之上，中間塡土。此簡陋的攔水堰僅能攔取表面的水量，無法防止地下滲透，且每遇洪水即被沖壞。新莊水利委員會於一九五○年進行後村圳進水第一堰堤改築工程，建築固定性的混凝土堰堤，前堰壁以二‧八公尺厚度築造，後向並用木樁粢箱塡石，作沉床以爲支撐，堰堤中央部分上面設排砂缺口，長二十六公尺，高一公尺，此混凝土堰堤完工後，不但改善地層漏水現象，且使取入水源轉易。後又改善圳道內面工、增加排砂設施、大有抽水站擴建等工程，使新莊、樹林地區的灌溉漸漸穩定。

（二）八堡圳內面工灌溉工程

　　八堡圳在十八世紀初即興建，因設施常年被流水沖刷，斷面大小不一，渠道迂迴曲折，淤砂甚鉅，歷年進行浚渫，以致兩岸逐年增高，不但堤岸鬆軟常被沖決，而且渠道因土渠而滲漏嚴重，水量流失甚多，一九六○年左右，滲漏約占全水量的百分之三十六以上。爲改善此現象，減少輸水損耗及設施維護經費的損失，以及增加東北斗地區的灌溉面積，並減少用水糾紛，計畫從一九六三年起以七年的時間完成渠道內面工的改善。

　　此工程內面工的長度爲六十六公里，總工程高達三億多元，可以改善灌溉面積五千餘公頃，並增加一千三百餘公頃的灌溉面積。工程設計同時配合輪灌的施行，依輪灌工程設施原則，將直灌耕地畫分輪灌區，加給水門、量水設備等方便調節；並增設沉砂池，以減少渠道的淤積。

（三）嘉南大圳內面工灌溉工程

嘉南大圳幹、支、分線渠道總長近一千五百公里，戰後初期有鋪設內面工的渠道只有一百五十三公里，由於嘉南平原的地質疏鬆，導致土渠易漏水、崩塌而效率低，輸水時損失水量常高達百分之四十以上，估計年流失量幾乎是一座烏山頭水庫的蓄水量。戰後，烏山頭水庫淤泥日增，致有效蓄水量減少百分之二十以上。為了灌溉渠道能減少滲漏、加快流速、防止土壤糜爛，以及增加灌溉面積；也為了防止排水沖刷、崩堤及快速排水的需要，嘉南水利會從一九四九年開始，配合農復會補助及貸款，辦理「嘉南大圳灌溉渠道內面工工程計畫」，逐年辦理渠道內面工程，將各種圳路鋪設成鋼筋混凝土內面工，至一九六八年全部完成。

本計畫總工程費近三億元，實際鋪設內面工的渠道長度為一千○二十二公里，估計每年可節省的水量高達一億四百萬立方公尺。計畫完成後，烏山頭水庫灌溉系統增加春夏季輪植雜作區近二萬七千公頃的兩次輪灌，及二百八十公頃的鹽分地改良。濁幹線灌溉系統則配合地下水的開發作為補助水源，將區域內全部面四萬餘公頃之三年一作輪作方式，改為三年兩作，總受益面達十二萬餘公頃。

（四）曹公圳新建抽水機及幹線內面工工程

高屏溪由於含砂率高，圳頭及閘門常淤積而不堪使用，為改善此一問題，一九四九年底，高雄水利委員會在高屏溪西岸之大寮鄉磚仔窯段溪邊興建抽水機工程，設有抽水機室及一百五十馬力電動抽水機四臺。一九五五年再擴建抽水機室，除原有的抽水設備外，增建渠首工、抽水室、沉砂池，及三百馬力抽水機五臺。此工程除增加抽水量可供灌溉一萬一千餘公頃的農田外，另可減少攔水壩被沖毀，確保引水的穩定。

一九六三年開始高雄農田水利會針對曹公圳導水路、大寮圳導水幹

線、新圳幹線及舊圳幹線等，共計三十八公里長的圳路，分五期進行內面工工程，全部工程於一九七〇年完工，幹線內面工採梯型無筋混凝土內面工，厚度僅八公分。工程完工後，除節省每年疏濬全線淤積土方及清除雜草之龐大維護費外，且改善灌溉面積一萬一千餘公頃，所節省之水不但增加五百三十六公頃的農田灌溉，還補注澄清湖公共用水所需。

三、灌溉水庫

（一）龍鑾潭水庫

　　恆春龍鑾潭地勢低窪，每逢雨季潭水便無處排洩，附近農地即被淹沒，交通也因此受阻。一九四八年，政府在龍鑾潭興建水庫，不但附近三百七十三公頃的農地得到灌溉，排水問題及交通問題也同時解決。

　　龍鑾潭水庫主要的工程內容有土堤堰一座，長一千九百六十七公尺；堤頂高十八‧五公尺；有效蓄水量三百六十萬立方公尺；另外還有溢水壩、抽水站、排洪渠道等設施。水庫完工後，灌區內的稻穀總收量增加了二‧一六倍。一九八二年墾丁國家公園成立後，被畫入國家公園管轄，目前灌溉面積僅剩幾十公頃，但卻成為候鳥及水鳥的棲息地。

（二）西河水庫

　　為解決苗栗頭份、竹南一帶二千多公頃的農地遇雨成災、枯水則旱的問題，一九五〇年，政府在中港溪及峨眉溪上游苗栗三灣一帶興建西河水庫，為苗栗縣境內第一座水庫。水庫規模不大，壩型為混凝土壩，壩高五公尺，壩長一百九十公尺，壩頂寬一‧六公尺，蓄水量只有七十萬立方公尺。一九八五年因上游大埔水庫興建，西河水庫因功能式微及安全上的考

量而予以報廢，並於一九八六年拆除。苗栗農田水利會認爲現址仍有控制水源的功能，仍進行西河攔河堰重建工程之規劃。

（三）阿公店水庫

阿公店水庫位於高雄燕巢、岡山與田寮交界之阿公店溪上，主要功能爲防洪與農田灌溉，爲戰後臺灣最早完成之水庫之一。本水庫在一九四二年（昭和十七）即開始興建，後因洪水破壞及二戰影響而中止興建。戰後由臺灣省公共工程局接收續建，一九四七年建設廳水利局成立後加緊興辦，一九五三年完工。

阿公店水庫自完工運轉後，由於上游多泥岩，導致嚴重淤積，水庫有效容量由原來二千○五十萬立方公尺銳減爲五百九十萬立方公尺，不僅防洪功能不彰，亦嚴重威脅到大壩之安全，集水區內多養豬戶，亦導致水質嚴重劣化。因此，爲恢復水庫原有防洪供水功能，一九九七年開始執行「阿公店水庫更新工程計畫」，一九九九年騰空，進行大規模庫底浚渫，並興建越域引水路引旗山溪水，增設越域排洪道，將百年以上頻率洪水排放於二仁溪，並實施集水區養豬廢養；更新計畫目前已接近完成，二○○五年底恢復蓄水，二○○六年重新啓用，並在每年六到九月汛期時，實施「排空防淤」措施。

阿公店水庫除防洪、灌溉的功能外，本來還具公共給水功能，但因水庫嚴重淤積及集水區汙染，目前已停止公共給水。水庫湖面廣達六百公頃，溢洪口採「天井式」漩渦出口，經暗管隧道排向阿公店溪，凸出水面的喇叭口極具特色；阿公店水庫爲臺灣唯一以防洪爲主要標的之水庫，大壩全長二·三八公里，曾爲臺灣及遠東最長的壩長。

（四）鹽水埤水庫

鹽水埤位於臺南新化，引鹽水溪支流茄苳坑溪水，清道光年間即由莊民出資合築，後因土堤崩壞而廢棄不用。一九五四年因虎頭埤水量不敷灌溉使用，乃由嘉南農田水利會在鹽水埤現址興建土壩一座蓄水，以補充虎頭埤不足之灌溉用水。

（五）德元埤水庫

臺南柳營地區雖有埤圳灌溉，但埤圳規模有限，無法充足供應地方灌溉用水。一九五二年，柳營鄉長劉敏樹等十七位地方人士發起「德元埤水庫建設籌備委員會」申請，積極從事籌建工作，並勘查溫厝溪上游，該址在清咸豐年間即有劉德元等人興建的埤圳，後被沖毀。一九五三年，臺南縣政府核准「德元埤水庫籌建委員會」成立。

德元埤水庫係由臺灣省水利局設計，工程施設由嘉南農田水利會負責，於一九五五年開工，次年即完工，通水後可以灌田約九百甲。一九七四年以前，本水庫併入烏山頭水庫營運，屬三年輪灌區，依三年輪值區三分之一由烏山頭水庫供應，三分之二由德元埤供應。一九四七年以後加入曾文水庫營運，進水量豐沛，每年尚有餘水可排出，灌溉區已無缺水問題。

（六）青草湖水庫

汀浦圳、客雅溪、南圳、隘口圳等，是新竹香山地區早期依賴的灌溉水源，日治中期以後，由於客雅溪上游開墾日遽，導致客雅溪流量不穩定，造成下游六百多公頃的土地灌溉水源不足，引水糾紛時有傳出。住民為維持穩定水量，曾築有小攔河堰，但年久失修，不堪使用。新竹州廳曾

計畫在該地興建有青草湖水庫，但受二戰影響而作罷。戰後新竹縣政府決定要修建青草湖水庫，在省水利局及農復會的支持下，於一九五三年開工，歷三年餘而完工。

　　水庫興建在客雅溪中游，集水面積約三十平方公里，蓄水量約一百一十萬立方公尺，可灌溉約六百公頃的土地。主要設施有主壩、溢洪道、進水口等。青草湖水庫最初建造的目的是爲了灌溉及防洪，但由於地理環境幽雅，慢慢變成觀光據點，目前是新竹市八景之一。

（七）大埔水庫

　　新竹、苗栗相接寶山、香山、竹南及頭份一帶，土地大多爲看天田，日治時期，總督府曾派人至此地調查，並計畫在新竹北埔及苗栗頭份珊珠湖水流東附近擇一興建水利設施，因二戰而沒有實行。一九五三年，臺灣省水利局再至此地調查，一九五六年決定在峨眉溪中游興建大埔水庫，又稱峨眉湖，水庫設施主要有混凝土壩堤一座，被稱爲大埔壩，並設大埔圳幹線。水庫於一九五六年開始興建，於一九六〇年完工，初期目標是灌溉、給水及防洪功能之多目標水庫，目前由苗栗農田水利會管轄，灌田一千三百四十三公頃。

（八）石門水庫

　　一九二六年（大正十五），嘉南大圳設計者八田與一即著手研究桃園龍潭石門峽谷建壩蓄水之可行性；一九二九年（昭和四）即有興建石門水庫的計畫，此後便開始進行大嵙崁溪洪水期水文資料調查，及水庫庫址與壩址的地質研究，於一九三八年（昭和十三）鑽探壩址基礎達於岩床，並擬訂「昭和水利事業計畫」，擬興建石門水庫；但因工程浩大，需費甚鉅，且二戰發生，因此計畫並沒有實施。

　　戰後，臺灣省水利局仍繼續有從事石門水庫興建計畫之可能，並做壩址探測及基礎岩盤鑽探。一九五四年後，陸續成立「石門水庫設計委員會」及「石門水庫建設籌備委員會」，開始石門水庫興建計畫。歷經八年，石門水庫於一九六四年全部完工，除了可提供北部地區灌溉、公共給水外，亦兼具防洪與發電多目標效益。

　　石門水庫主壩原規劃爲混凝土拱壩，基於壩基承載力考量設計時修正爲土石壩。另水庫排洪設施原僅規劃建置有溢洪道，一九六三年由於葛樂禮颱風引發超大洪水，經重新檢討後於一九七九年在大壩右岸山脊增設排洪隧道，排洪能力由原設計之每秒一萬立方公尺提升到每秒一萬二千立方公尺。石門大壩爲我國第二座高度超過一百公尺的高壩，由美國提愛姆斯公司進行工程之基本設計。大壩原計畫爲拱形壩，後來由於地質關係改爲現在的土石堤岸型壩，壩身高達一百三十三公尺，爲目前全亞洲最大的土石壩。

　　石門水庫爲一多目標水庫，其能對下游廣大地區發揮灌溉、發電、防洪及給水四大功能。一是灌溉功能，石門水庫爲改善大嵙崁溪（大漢溪）灌溉地區原有水利灌溉設施，以及灌溉用水水源的不足，故建立一套完整周密且有效的灌溉系統，包括石門水利會、桃園水利會、新海水利會（現已併入桃園水利會）等灌區，俾使所有農田都能獲得充足的灌溉水源，提高生產能力。二是發電功能，爲因應臺灣工商業的日益發達及人口不斷成長，石門水庫必須分擔部分發電責任，故興建後即利用上、下游之水位落差進行發電，每年可得發電量爲二億一千四百萬度，占臺灣電力公司一九六三年年度總發電量的百分四‧三。三是防洪功能，大漢溪石門水庫上游集水區占整個淡水河流域面積的百分之二十八，故上游水庫如能兼具防洪功能，自能減輕洪水對下游地區造成的災害。因此，石門水庫的防洪功能主要在攔蓄調節大漢溪上游的洪水，延緩洪水到達臺北盆地的時間，同時降低洪峰流量，減輕臺北地區的水患。四是公共給水功能，臺北

縣板新一帶及桃園縣的鄉鎮大多缺少水源，及現代化的給水設施，石門水庫興建後則可自石門水庫引水，經處理後輸送至各鄉鎮，提供民生與工業用水，估計每日可供水八萬六千噸的水量，池堰之水一部分供桃園大圳灌溉區灌溉外，另一部分則取水到鳶山堰，提供板新自來水廠供應樹林、板橋、新莊等地區之民生用水。

（九）白河水庫

在白河水庫興建前，白河及東山地區的灌溉水源，主要來自於急水溪的支流白水溪及頭前溪，取這兩溪溪水興建了白水溪圳、頭前溪圳、詔安厝圳及馬稠後圳，灌溉本區約一千二百八十五公頃的耕地，因白水溪及頭前溪的溪水在豐枯雨期的差異甚大，四處水圳另引用林初埤等埤圳為補助水源，惟這些補助水源多為涸死埤，對於二期耕作的灌溉有限。而白河地區又位於嘉南大圳烏山頭北幹線以東位置較高的地區，嘉南大圳灌溉不到本區，故引取急水溪水源為解決本區缺水問題的惟一方法。

急水溪是由白水溪、六重溪及龜重溪匯流而成，集水區內降雨不平均，導致雨季經常氾濫成災，枯水期時本區的耕田幾無法耕作，而位於急水溪下游的新營糖廠、副產加工廠、臺灣紙廠，及烏樹林糖廠等，每年均因枯水期缺水而被迫停工，新營、鹽水聯合自來水廠更因水源枯竭，每年有斷水現象。此外，白河、東山地區尚無自來水設備，居民尚飲用河水及井水，為開拓急水溪流域灌溉，多目標的白河水庫計畫因此產生。

白河水庫由臺灣省水利局負責興建，總工程費二億五千萬元，由嘉南農田水利會負擔八千餘萬元，自來水公司、臺糖公司及新營紙廠負擔八千餘萬元，政府補助八千餘萬元。水庫於一九六一年開工，一九六五年完成，完成後由臺灣省水利局成立白河水庫管理所負責一切調配營運，至一九七一年後，移交嘉南農田水利會看管營運。

　　白河水庫的工程效益可以從灌溉、給水、防洪及觀光四方面來看：首先，水庫的灌溉效益，主要有白水溪圳灌溉區增加稻作面積九百〇八公頃，並改善原有稻田二期作面積九百七十四公頃，糞箕湖六百二十四公頃，及東山區近一千二百公頃，均由看天田改為單期作田，並可在冬春雜作時獲得灌溉；另頭前溪圳灌溉區約一千公頃的農地，亦獲得水庫補充灌溉，預計每年可增產糙米七千公噸。其次，在給水方面，主要是自來水及工業用水的供給，自來水供給白河及東山聯合水廠，並補助新營及鹽水兩地自來水廠水量。而工業用水則是補充烏樹林糖廠、新營糖廠、新營副產品工廠，及新營紙廠等之冷卻用水量。再者，因水庫的調節作用，減低急水溪下游各級洪水位，免除部分耕地受水害及洪災的損失。最後，由於水庫與關子嶺溫泉臨近，兩者合併為白河水庫風景區，每年可增加觀光客近四萬人。

（十）明德水庫

　　明德水庫原名後龍水庫，位於苗栗縣頭屋鄉明德村後龍溪支流老田寮溪上，主壩為土壩，壩高三十五‧五公尺，有效蓄水量為一千四百七十萬立方公尺。水庫從一九五二年成立明德水庫設計勘測隊開始，一九六六年開工到一九七〇年完工，均由臺灣省水利局辦理；目前由苗栗水利會管理，主要供應苗栗地區農業灌溉，灌溉後龍等地區一千一百七十八公頃的農地，其中補充灌溉區有三百一十六公頃，新增灌溉區有一千六百八十二公頃。另外，也提供工業用水及部分民生用水。

（十一）曾文水庫

　　曾文溪流域平均年流量為十六億立方公尺，烏山頭水庫的取水率僅百分之二十五而已，如能在曾文溪主流築壩攔蓄水流，使之與烏山頭水庫串

連運轉，如此可使已有灌溉的農地發揮更大的效能，且可增加新灌溉區，嘉南平原原來三年輪作可以變為二年輪作或三年二作，農業生產可以提高。且進一步若能透過水庫運轉，使供應用水及利用輸水落差以發電，則能提供嘉南平原更有利的經濟環境。一九三九年（昭和十四）時，八田與一曾建議在今曾文水庫壩址柳籐潭位置築重力式混凝土壩一座，壩高九十五公尺，蓄水量二億立方公尺，以改善本區供水狀況，後因戰事作罷。戰後，先後由嘉南農田水利會及臺灣省水利測量規劃，於一九六六年成立曾文水庫建設委員會暨工程局，計畫以八年的時間準備及興建曾文水庫。

曾文水庫的設計為多目標開發，具有灌溉、公共給水、發電及防洪等四部分的效益，計畫完成之後，可將曾文溪上游集水面積四百八十一平方公里的河川流量百分之八十，亦即曾文溪全流域河川流量百分之六十，年平均調節水量八億七千餘萬立方公尺，扣除烏山頭水庫原有引水量，為計畫地區淨增四億九千餘萬立方公尺的可靠水源。

曾文水庫的灌溉效益對嘉南大圳的影響最大，曾文水庫計畫以烏山頭水庫事業區為受益區，涵蓋農田面積為七萬九千公頃，包括已灌溉農田七萬六千公頃，新灌區近三千公頃，年可增加稻穀十一萬公噸、甘蔗三十一萬公噸，以及玉米、花生和大豆等雜作的增產。計畫前後本區耕作方式和面積變化如表9-4，從表中可以發現，曾文水庫興建後，對嘉南平原農業最大的影響為原三年一作的耕地，大多變為三年二作的耕地，並且增加近三千公頃的新灌溉區，可以有效解決烏山頭水庫灌溉用水不足的問題。

曾文水庫興建的第二個目的為供應公共給水，由於水庫興建當時，嘉南地區的給水普及率只有百分之三十六，有百分六十四的居民仍飲用地下水，及沿海一帶含砷過量的水，曾文水庫興建可使本區給水普及率到達百分之八十七；另供應工業用水，包括菸酒公賣局成功啤酒廠、隆田酒廠、臺糖新營副產加工廠、南靖糖廠、南光紙廠、新營紙廠，及統一公司新市廠等工廠用水。隨著本區人口增加及工業日趨發達，公用給水的比重有逐

表9-4　曾文水庫計畫前後耕作方式及灌溉面積變化表

項目	輪灌區	臺糖用地	併用灌區	新灌區	共計
計畫完成前 （公頃）	雙作田	—	—	3,070	—
	單作田	—	—	6,043	—
	三年一作田	58,566	—	—	—
	蔗田	—	8,303	—	—
	合計	58,566	8,303	9,113	—
計畫完成後 （公頃）	雙作田	8,667	—	3,070	—
	單作田	3,237	—	6,043	104
	三年二作田	46,662	—	—	2,875
	蔗田	—	8,303	—	—
	合計	58,566	8,303	9,113	—

漸取代農業灌溉用水的趨勢，曾文水庫當初所預定的目標亦逐漸改變。

　　曾文水庫興建的連帶效益為發電及防洪，就發電而言，當庫水下引時，先經過一次發電而至烏山頭水庫，發電每秒為五十六立方公尺，相當於烏山頭水庫東口隧道引水容量，所以在水庫正常運轉的情況下，烏山頭水庫不致發生溢流而浪費水源。而防洪的設計，則是考量原本嘉南平原各河岸堤防能通過每秒六千八百立方公尺的洪峰流量的功能，相當於十二年一次的洪水。而曾文水庫溢洪道的設計，具有攔蓄及延滯減低洪峰的功能，如每秒八千四百二十立方公尺，即相當於一百年一次的洪水，經水庫調節後，洩洪量將減低至每秒六千立方公尺，即可安全通過下游河床，即將曾文溪下游現有堤防原可防禦十二年一次頻率的洪水，提高至可防禦一百年一次頻率的洪水。

　　曾文水庫的工程從一九六七年開工到一九七三年完工蓄水，總共花費六年的時間，動員了美國的內政部墾務局及日本的工營株式會社等四個單位為工程顧問，臺灣方面則動員了包括曾文水庫建設委員會、退輔會榮工處、嘉南農田水利會等十一個單位共同辦理，耗資五十五億元。水庫的計

畫有效蓄水量為烏山頭水庫的五‧七倍，石門水庫的二‧四倍，水庫規模至今仍為全臺最大。水庫完工之後於次年一月一日成立臺灣省曾文水庫管理局，負責水庫營運管理、水土保持、債務償還、社區建設，及觀光發展等業務。

（十二）石岡壩

　　日治時期對大甲溪流域的開發即非常積極，戰後延續日本對大甲溪的開發政策，一九五四年由經濟部會同有關單位組成「大甲溪計畫委員會」，開始推動灌溉、發電、防洪等多目標開發。除在大甲溪中、上游興建谷關、青山等多座發電廠外，更在下游處興建水壩，以調節各發電廠尾水，石岡壩便是由前經濟部水資源統一規劃委員會在一九五九年提議要興建。

　　石岡壩於一九七四年開工，一九七七年完工，壩堤全長七百多公尺。完工後提供大肚山、車籠埔新灌區三千餘公頃，及八寶圳、葫蘆墩圳舊灌區一萬一千公頃的農業灌溉用水。

　　一九九九年九月二十一日大地震，石岡壩附近地形有隆起並偏移的情形，造成石岡壩的壩體、溢洪道閘門、輸水隧道等，受到嚴重不等的毀損，致使其原有的引水及調蓄功能嚴重受損，更直接使中部地區面臨嚴重的缺水窘境。後經水利署及中區水資源局的協力下，除以緊急搶修的方式，迅速解決臺中地區的供水問題，至二〇〇〇年底，全部修復工程完工恢復運作。

（十三）頭社水庫

　　頭社水庫位於南投魚池頭社村，過去本區缺乏穩定的灌溉系統，早期居民曾建頭社坪圳，但圳道低於兩岸農田，農民只能用傳統木造水車汲水灌溉，非常辛苦。一九六六年，臺灣省糧食局在該地開鑿二口深井，但鑿

不到有效水源而放棄；一九七〇年代改用抽水機抽水灌溉，但因地下水源有限，無法提供充足的灌溉用水。

　　為解決頭社灌溉水源問題，一九七五年，政府著手規劃興建蓄水庫工程、灌溉管路及抽水機工程，由臺灣省水利局壩工隊進行頭社水庫規劃設計，並於一九七八年正式動工興建。頭社水庫蓄積日月潭頭社土壤滲透水及大舌滿溪，為一座壩身最大高度十二公尺，壩長六十四公尺，集水面積〇・五五平方公里之近似均質土壩水庫，總蓄水量為三十萬立方公尺，有效蓄水量為二十三萬立方公尺，規模不大，但有效解決地區缺水灌溉的問題，目前由南投農田水利會管理。

（十四）寶山水庫

　　寶山水庫的地點新竹寶山山湖村，舊名「沙湖壢」，興建水庫之前，原為一片丘陵梯田，農民利用此地的天然沙地種植南瓜維生，長年下來忽略了水土保持，以致於每逢大雨過後，山谷裡小溪到處竄流，浮沙游動，「沙湖壢」之名由此而來。

　　寶山水庫興建於一九八一年，因應新竹科學園區開發及新竹地區工廠用水需要而興建，主要水源為頭前溪支流柴梳溪及上坪溪越域引水，蓄水量不大，僅五百萬立方公尺。在上坪溪興建數排攔河堰，除可將水送至寶山水庫調蓄外，並可供應新竹水利會竹東灌區用水，及臺電公司軟橋電廠發電用水，目前由新竹農田水利會及自來水公司共同成立管理小組管理。

（十五）鯉魚潭水庫

　　鯉魚潭水庫壩址位於苗栗縣三義鄉大安溪支流景山溪上游，庫區涵蓋三義、卓蘭及大湖三鄉鎮，水源除景山溪外，並由大安溪主流士林攔河堰越域引水。水庫大壩高九十六公尺，容量超過一億二千萬立方公尺，

一九九二年底完工後，除供應苗栗地區用水外，並與大甲溪的石岡壩同為
大臺中地區之主要水源，現由經濟部水利署中區水資源局管理。本水庫具
有臺灣地區唯一的鋸齒堰溢洪道，下游並設有景山溪攔河堰（後池堰），
調節水庫除公共給水外之其他放流水（含計畫中之景山電廠發電尾水），
以供灌溉引水利用。

第三節　水利開發對自然環境的衝擊

一、水利對自然環境的影響

　　清代時，由於漢人積極拓墾，臺灣西部平原的自然環境已出現變化，最顯著的現象即地力逐漸耗竭，必須靠施肥來維持，如黃叔璥在《臺海使槎錄》所言：「近年臺邑地畝水衝沙壓，土脈漸薄；亦間用糞培養。」而漢人的拓墾主要是指土地、水利的開發及聚落的形成。但清代時由於各地興建的埤圳規模均不大，最大的八堡圳灌溉面積也只有一萬二千餘甲，且有很多埤圳是順應自然環境而建，如涸死陂的挖掘，並非強力要改造自然，故對自然環境的衝擊並不明顯。但日治時期開始，臺灣總督府藉由殖民統治力量及引進現代化技術，桃園大圳、嘉南大圳及日月潭水力發電廠等鉅大的水利工程相繼建造。戰後，國民黨政府為養活更多的人口及發展經濟，帶著「人定勝天」的決心和規劃，大型水庫接踵而至，對自然環境的衝擊遠比過去顯著。

　　水利開發對自然環境的衝擊面向非常廣泛，茲在此擬以嘉南平原為對象，探討嘉南大圳、白河水庫及曾文水庫等大型水利設施興建後，嘉南平原的自然環境有哪些變化？經觀察發現在植物生態演替、渠道內面工與生態、舊埤圳及河道的變遷三方面的影響最明顯。

二、水庫周邊植物生態的演化

　　為防止水庫淤泥而降低水庫的品質及減少水庫的壽命，水庫及集水區的水土保持工作極為重要，加強造林、興建攔砂壩、設置保護區及更新超

齡老木，成爲維護水庫功能持續運作的重要方法。其中又以造林對水源的涵養成效最好，不但可以減少水土沖蝕，調節溪河流量及氣候。但水庫及集水區的造林活動，對於當地原有的植物生態或林相會產生演替的現象。

　　當嘉南大圳的營運開始步上軌道之後，如何維持烏山頭貯水池蓄水功能的正常是嘉南大圳組合當務之急。一九四〇年（昭和十五），嘉南大圳組合增設林務課，下設事務、砂防、造林三係，並轄烏山頭、大丘園、馬斗欄三駐在所，烏山頭貯水池的造林業務開始有專責單位，負責水庫防砂、水土保持、工程測設及施行、林野巡視、妨害水利案件處理等事務。一九四四年（昭和十九），林務課縮編，隸屬新設的治水課的林務係。一九五七年，造林業務移往水源管理處烏山頭區的造林股，下設造林工作站。一九八二年變爲烏山頭水庫管理所造林股，下設造林工作站。一九八六年又恢復成烏山頭區造林股，並取消造林工作站至今。

　　一九三六年（昭和十一）開始，烏山頭水庫開始植樹防砂，樹種多爲想思樹、柚木、印度黃檀及銀合歡，種植面積爲八百餘甲，而大壩周圍甚至爲了美觀而栽種櫻花、榕樹等植物。日治時期的造林防砂經費由臺灣總督府負擔百分之五十，臺南州負擔百分之十，嘉南大圳組合自籌百分之四十。初期銀合歡生長情況不錯，但銀合歡的側根較少，固結土壤能力差，其覆蓋雖密，蝕溝乃普遍形成，雨水滲入後，坡面土層與基岩間磨擦力減小而導致坡面滑落。戰後，除拔除違規種植的果樹外，並積極在集水區內栽植人造林，如一九七八年以前由嘉南農田水利會主導的造林計有想思樹、竹林、柚木、印度田青等樹種二千〇九十二公頃。據一九八八年的調查結果，烏山頭水庫及集水區的植物生態可分成天然次生林、人造林及特殊之天然植群三大類，茲將其植物種類及分布範圍分述如下：

（一）天然次生林

天然次生林的範圍甚小，局限於烏山嶺稜線西側相思林與龍眼林之間、橫路及南面電臺天線附近。以其重要性來看可稱爲龍眼、山黃麻及菜豆樹之中途群叢，以龍眼較占優勢，然隨果園的開闢，此一演替中的群落，受到很大的干擾，此乃人爲林相改變結果，故本林相範圍正迅速縮減中。

（二）人造林

集水區內除烏山嶺小塊天然次生林外，皆屬人造林，本區的人造林可概分爲八類：1.竹林，是本區最大的植物景觀，分布在烏山嶺以西、海拔五十至二百五十公尺之間，其主要組成種類有長枝竹、刺竹及麻竹；闊葉樹種的龍眼、土密樹、山柚則散生其間，隨果園的開闢，本林相亦有縮減的趨勢。2.果園，主要有龍眼林、柑橘類及其他三類，龍眼林主要分布於水庫東面、烏山嶺天然次生林以西至竹林接壤地帶，近年來受市場價格影響，農民已改種柳丁以取代原有之龍眼，故本林相亦正處於萎縮中；柑橘類由於市場價格好，種植面積已逐漸擴大中，集水區內到處可見；其他果類主要有木瓜、柚子，但純屬兼種性質。3.相思樹林，本林相主要分布在水庫西岸、西南岸、烏山嶺稜線附近的較乾燥地區。4.大葉桃花心木林，分布於水庫西南面大崎一帶，但因缺乏管理已被鄉土樹種大量入侵而被取代。5.木麻黃林，分布於西入水口附近及南九重橋馬斗欄一帶。6.檸檬桉林，分布於水庫西南小島上，除零星可見外，幾乎消失殆盡。7.柚木林，栽植於南勢坑東面、烏山嶺西側觀光道路以西之地海拔介於一百至二百五十公尺之間，已被龍眼入侵且有取代的趨勢。8.銀合歡及其他灌木叢陽性樹木群落，散布於集水區內陽光充足的道路及山徑兩旁。

（三）特殊之天然植群

　　集水區內的特殊天然植群，主要是以草生地為主，分布於北勢坑、西口、南九重橋一帶，多發生於各曲流之沖積扇，計有：五節芒群叢、白茅群叢、星毛蕨群叢、香蒲群叢、鋪地黍群叢、蘆葦群叢等。

　　各類樹種的分布面積如表9-5，在集水區內出現的植物計有一百十三科三百六十八屬五百二十種，其中包括雙子葉植物三百六十八種，單子葉植物一百十一種及蕨類四十一種。[1]

表9-5　烏山頭水庫集水區植物生態分布面積統計表（一九八八年）

植生種類	天然次生林	竹林	龍眼林	柑橘類	其他果園	相思樹林	木麻黃林
面積（公頃）	20.88	2859.2	650.72	404.38	12.58	187.22	11.23
百分比（％）	0.46	62.84	14.3	8.89	0.28	4.1	0.25
植生種類	桃花心木林	檸檬桉林	柚木林	草地生	旱作地	崩坍地	合計
面積（公頃）	19.5	2.92	90.96	164.65	3.97	121.79	4550
百分比（％）	0.43	0.06	2	3.62	0.09	2.68	100

　　根據烏山頭水庫的位置，集水區應屬於亞熱帶森林中的常綠闊葉樹林，然由於水庫興建後，嘉南農田水利會為了水庫的水土保持，對於集水區內所栽種的植物有所計劃，包括指定農民栽種植物的種類，及有計劃的造林，如時報文教基金會於一九九五年連續三年補助二百六十萬元，造林面積十公頃，植雞冠刺桐一萬六千株等造林活動，使全區除了烏山嶺稜線附近有天然次生闊葉樹林外，其餘地區均已演變為果園、草原及人造林，和烏山頭原來的林相已截然不同。目前烏山頭水庫為發展觀光，區內栽種許多的庭園植物，除了山柑和烏柑為原生樹種外，大多是引進栽種的外來樹種，如金龜樹、大葉合歡、洋紫荊、木棉等，至今本區的林相還不斷在

---

[1]　中華水土保持學會，《烏山頭水庫集水區水土保持措施調查研究報告》（臺南：臺灣省嘉南農田水利會，1988），頁46。

演替中。

曾文水庫集水區的植物生態演替過程和烏山頭水庫相似，但曾文水庫集水區並沒有全面的植物種類調查，且曾文水庫集水區的土地狀況較為複雜，包括國有林班地、公有山陂地及山地保留地等，造林的情況亦不相同，曾文水庫管理局能主導規劃的範圍有限，但從曾文水庫完工後近十年的造林伐林情形，大致可以了解曾文管理局在本區植物演替過程的角色。國有林班地的造林面積約五千五百一十二公頃，主要樹種有柳杉、樟樹、相思樹、紅檜、扁柏、麻竹、油桐、楓香、楠櫧類等，而伐林主要是柳杉、麻竹等；而公有山坡地和山地保留地則以柳杉、麻竹及想思樹三類的造林伐林面積較大；而曾文水庫管理局主要的栽植樹種是楓香、板栗及柿子。從集水區內的造林伐林情形，明顯的看到林相的選擇，雖是人為力量及組織在主導，但不是曾文水庫管理局，而是林務局，甚至是農民。所以本區的林相演替的因素，首要考量為林木的經濟價值，而非水土保持的功能。以區內的嘉義縣大埔鄉為例來說，位於水庫集水區內的大埔鄉，其最重要的農作物為麻竹，因為本鄉遠離市場消費市場，交通運輸不便，不能種植幼嫩易壞的農作物，只能選擇資本少，省工且易管理貯存的麻竹來種植。但麻竹對於水土保持的助益有限，然曾文水庫管理局對此亦無法強制大埔鄉民接受曾管局的規劃來種植作物。

白河水庫集水區原以天然生闊葉樹林地占多數，但因附近居民侵墾栽植竹類，致林相改變，目前以竹闊混淆林面積最多，占百分之六十八，人工竹類純林次之，占百分之十一。目前嘉南農田水利會對本區的林業經營是以涵養水源及防止砂土流入水庫以維護水庫壽命為經營方針，將區域內林地全部編列為保安林予以管理。

三、渠道內面工與生態

　　早期的圳路渠道都是以土方建造而成，日治時期雖引進混凝土技術，但經費成本較高，因此運用在灌溉渠道上並不多見。就臺灣的土壤性質來看，地質結構較疏鬆，導致土渠易漏水、崩塌而效率低，各渠道輸水時損失水量常高達百分之三十以上，嘉南大圳更高達百分之四十以上。

　　戰後，嘉南大圳渠道滲漏及烏山頭水庫淤泥的情形在本章第二節已有詳述，為了灌溉渠道能減少滲漏、加快流速、防止土壤糜爛，以及增加灌溉面積；也為了防止排水沖刷、崩堤及快速排水的需要，嘉南水利會從一九四九年開始，配合農復會補助及貸款，逐年辦理渠道內面工程，將各種圳路鋪設成鋼筋混凝土內面工，至一九六八年全部完成，各地的埤圳渠道也同時積極展開內面工鋪設工程。

　　渠道內面工的做法如以農業生產的單目標來說，是極為合理的省水、省工及方便的灌溉渠道系統，深受農民及水利會歡迎。但渠道內面工會使圳路單一化，對自然生態而言，會使生物的棲息空間逐漸縮小，造成生態環境失衡。渠道內面工會造成生態環境失衡的原因大致有四點：一是渠道材料由土渠變成混凝土，缺乏空隙提供植物成長或動物棲息。二是內面工程規劃的渠道多呈矩型、U型或梯型，坡度陡峭，造成動植物難以附著生存。三是混凝土內面工使坡岸與渠底平滑少變化，致使水流流速增大，流況單調，因此水中植物無法生長，魚類或水生昆蟲亦無法產卵或棲息。四是水路施工時多將土渠截彎取直，水流無法充分攪拌，溶氧量及作用都減少許多。

　　而渠道內面工後所產生的生態問題如表9-6，茲以螢火蟲為例來說明渠道內面工所衍生的生態問題，螢火蟲的產卵地點多在近水陰涼處，如樹根旁青苔處或水邊岩縫邊，經過一個月左右開始孵化，孵化後幼蟲立即尋找有水處，白天躲在石縫或砂堆中，晚上出來覓食，以昆蟲、蝸牛、螺螄

表9-6 渠道內面工對生態環境的影響分析表

		渠道材料	渠岸坡度	渠道流速及流況	渠道直化
水體物化特性	水體攪動、溶氧	△	—	●	●
	水體溫度	△	—	●	—
	水質淨化	△	—	●	—
	地下水補充	●	—	—	—
生物清況	植物 水生植物	●	—	●	—
	草本植物	●	—	—	—
	木本植物	●	—	—	—
	動物 魚類	●	—	●	●
	兩棲類	●	●	●	△
	昆蟲	●	●	●	●
	底棲生物	●	—	●	—
生態關係	食物鏈	●	△	●	—
	推移帶（生態交會）	●	●	—	●
	物種多樣性	●	△	●	●
	空間多變化	●	△	●	●

圖例：●表示造成主要影響　△表示造成次要影響　—表示無關連性

以及蚯蚓為食。原本以土渠為主的圳路是螢火蟲很重要的棲息地，但大量渠道內面工後，為避免雜物阻塞圳路而將兩旁的植物去除，使圳路兩旁缺乏遮蔽性；而渠底的混凝土化，水生植物無法生存，蝸牛、螺螄等昆蟲缺乏食物來源而無法依附在混凝土的渠道上；再加上灌溉期間，水位高水量大流速快，迫使螢火蟲被沖走，或在非灌溉期間，渠道乾涸見底，螢火蟲無法繁殖。水生植物、螢火蟲、蝸生、螺螄的生態被破壞，使外來的福壽螺沒有天敵，臺灣的稻田及水文生態面臨改變。[2]

---

[2] 吳銘塘、杜逸正、林獻川，〈農用排水路結合生態發展之研究〉，收錄於臺灣大學農業工程學系，《農工七十：水資源管理研討會論文集》（臺北：編者自印，1998），頁129-131。

　　目前臺灣圳路的工法有四種，各種工法對於生態的效益分析以土渠最佳，混凝土內面工最差，茲分述如下：

　　1.土渠：為原始渠道工法，各種動、植物均可生存。

　　2.乾砌塊石：因砌石間有空隙，土壤可填於空隙間，植物可在此生長，又因表面凹凸不平，各種生物幼蟲有其棲息處，在洪水來臨時亦免於被沖走，因石塊與石塊間有空隙，對地下水涵養，具有優良效果，故乾砌塊石在生態維護功能上為優良工法。

　　3.混凝土砌塊石：因石縫間以混凝土填充，表面粗糙，植物僅有苔類生長，表面凹凸不平可供昆蟲幼蟲棲息。

　　4.混凝土內面工：因表面平滑，微生物難附著，動植物更難存活。

　　近年來由於生態保育觀念及生活水準提升，要求灌排渠道要能兼顧生態保育工作，各農田水利會亦開始在圳路周遭種植花木造景，但渠道內面工的改善工程，猶以實用性的經濟效能為首要考量，仍以鋼筋混凝土工法施工，對於生態保育工作而言，仍有很大的努力空間。

四、舊埤圳及河道的變遷

　　當大規模的水利設施或各種水資源陸續開發之後，原先舊有的埤圳會有何改變？就嘉南平原的地景地貌變遷來看，一來會造成舊埤圳逐漸消失，二來會改變引水河道流路。

（一）舊埤圳的逐漸消失

　　在一九三○年（昭和五）嘉南大圳完工通水前，嘉南平原的埤圳數量至少超過二百處，但這些埤圳至一九三三年（昭和八）時，在嘉南大圳

水利組合的財產紀錄裡，只有登錄十九處，若再加上獨立引溪水灌溉的圳路二十處，則尚有一百六十處以上的埤圳資料不清楚，歸納這些埤圳的變遷，大部分是被合併或是逐漸廢棄而消失，更有因嘉南大圳的興建而迫使舊有埤圳被破壞而損害的事例。

首先，關於埤圳被合併而改名稱的問題，茲舉中興圳為例來說明，清代時嘉義縣牛稠溪堡、糠榔西堡及打貓東下堡等地在雍正以後有中興圳、六豐埤、宮口埤、雙環埤及海豐埤的修築，灌溉田園一千餘甲，一九○七年（明治四十）中興圳等五處些埤圳被合併改稱為中興圳並指定為公共埤圳，目前稱為中興圳幹線及九六甲埤支線，原來的宮口埤、雙環埤及海豐埤等，或更早以前的咬狗竹陂、番仔陂等稱呼逐漸為鄉民所淡忘。嘉南平原因為公共埤圳的認定而被合併而改名稱的埤圳約有六十餘處。

其次，關於埤圳消失的問題，由於清代嘉南平原所開發的埤圳最大的特色即是「埤多圳少」，且大多是「涸死陂」，而涸死陂只是「就地勢之卑下，築堤以積雨水，小旱亦資其利，外者涸矣。」簡單的水利設施，若遇大旱，則自然乾涸而廢棄；或遇大風雨，則被自然災害給沖毀而廢棄，如哆囉國大陂：

> 源由內山九重溪出，長二十餘里，灌本莊及龍船、埤仔頭、秀才等莊，大旱不涸。康熙五十四年各莊民同土番合築，五十五年大水衝決。

甚至因為廢耕，而導致埤圳功能喪失，也是舊埤圳消失的原因。戰後由於經濟環境快速轉變，農業衰退，許多埤圳被填平移作他用，舊有埤圳在自然及人為的因素下逐漸消失。

最後，舊埤圳消失較特殊的原因是大型水利設施的興建，一者是農民捨棄舊埤圳而選擇新建埤圳，如嘉南大圳的規模非先前的舊埤圳所能相

比，且能提供較穩定的水源，農民只要繳納水租即可得到配水，而舊埤圳除水源不穩定外，還要負責水利設施的維修，所負擔的成本不見得較嘉南大圳的水租低，相較之下，農民選擇嘉南大圳來灌溉，舊埤圳或成為養魚池或逐漸廢棄。

二是像嘉南大圳的工程或渠道破壞了舊有埤圳的水源，導致舊有埤圳功能的衰退，如位於朴子聚落南方的舊荷苞嶼大潭，因地勢低窪積水難退，嘉南大圳水利組合於日治末期興建荷苞嶼大排水，引導該潭潭水注入海中，目前本區的土地形態為水田、聚落及魚塭交錯，昔日大潭的影子已不復見。而位於東石郡鹿草莊（今嘉義鹿草）的下半天埤則是不同於荷苞嶼大潭的例子，下半天埤灌溉鹿草莊下半天、後堀等地約三百五十甲土地的兩期稻作，影響二百餘戶人家，一九二八年（昭和三）嘉南大圳下半天線及後寮線二給水分線從下半天埤的上下二頭通過，下半天埤的水自然流出，農民繳納了嘉南大圳的水租，接受三年輪作，但下半天埤水源流失，農民無法再維持一年兩期稻作。類似下半天埤的例在嘉南大圳工程時時有所聞，桃園台地的例子也很多，各地區因大規模水利設施興建而消失的埤圳自然不少。

（二）河道變遷

嘉南平原由北自南計有濁水溪、北港溪、朴子溪、八掌溪、急水溪、將軍溪、曾文溪、鹽水溪及二仁溪等重要河流，這些河流的特色是短而急，含沙率高，上游陡陡而流急，地質脆弱侵蝕旺盛，出谷口後陡度驟減，河流容易氾濫及堆積砂礫，造成下游河道屢屢改道及變遷。再加上本區從清代以來各類埤圳對河川水源不斷的吸取，見表9-7，特別是嘉南大圳及曾文水庫大量截取曾文溪上游的河水，必然會對水勢變化及河道變遷產生一定的影響。

表9-7　目前嘉南平原各水系水權登記一覽表

水系名稱	水源名稱*	引用埤圳
濁水溪**	濁水溪、清水溪	同源圳、八堡圳、莿仔埤圳、永基第一圳、永基第二圳、鹿場課圳、引西圳、嘉南大圳濁幹線
北港溪	北港溪、倒孔山溪、三疊溪	梅子坑圳、新港特殊區域、東石支線、六腳特殊區域、好收圳、柳子溝圳、雙溪溝圳、雙溪小圳、水尾圳、南勢坑圳、坑口圳、開元圳、外湖圳、抄芳圳、九芎坑圳、南靖圳、圳頭圳、麻園圳、柑田圳、灣圳、尾路圳、舊大林圳、北勢東湖圳、埤子頭埤圳、田頭埤圳、松興圳、柳子溝圳補助水源、新港支線第一、第二抽水站
朴子溪	朴子溪、牛稠溪、朴子尾溪、清水溪、獅子頭溪、濁水溪、麻其埔坑、坑子溝、下坑溝、番路溝、客莊溝	社溝圳、埤子頭圳、盧厝圳、溪底寮圳、豐加圳、灣橋圳、中興圳、羗子科圳、溪心圳、科底圳、竹崎圳、砂坑大圳、朴子埔圳、下坑圳、頂埔圳、番路大圳、瓦厝埔圳、鹿麻產下圳、內埔頂下圳、樟樹坪圳、大溪厝圳、樹林頭特殊區域、貴舍及鴨母寮補助水源、中興圳補助水源、內埔子圳、蒜頭支線補助水源、管事厝圳、龜子港分線貴舍補助水源、道將圳埤麻腳補助水源、烏山頭蓄水庫朴子支線補助水源、水虞厝圳打死人埤及補助水源、北鹿草特殊水源併用區、崁前分線補助水源、後寮區域特殊區域、中興圳朴子溪補助水源
八掌溪	八掌溪、流後坑溪、內外甕溝、石頭埔坑、赤蘭溪、後坑子溪、灣潭子溪、石磚溪、沄水溪、尖山溪、三界埔坑、頭前溪、牛稠埔溪	白水利別線及八掌溪支線補助水源、樹林頭別線、新圳、內外甕圳、內甕圳、後山圳、新竹山圳、竹山圳、轆子腳圳、新灣田圳、會埔大圳、瓦厝田圳、芭蕉林圳、白石硅圳、赤蘭埔圳、山朋腳圳、三界埔圳、石頭厝圳、雙合水圳、路腳圳、下莊子圳、雷公圳、草荒圳、番子坑圳、下坑圳、茄苳圳、林廓圳、棘挑林圳、石甲店圳、松子腳圳、灣潭子圳、後坑圳、石磚溪圳、山子腳圳、下埔圳、中埔坑圳、頂埔坑圳、橡子腳圳、溪底子圳、埤寮圳、尖山溪圳、獺祠圳、下崁腳圳、深抗子圳、竹頭崎圳、埔子圳、田寮圳、田寮溪圳、柚子宅圳、牛稠埔圳、頭前溪圳、三層崎圳、石敢東圳、鹽館圳、道將圳、隆恩圳、豐穰圳、竹圍後特殊區域、芳收圳、順興圳、水上排水圳、下半天特殊區域、深坑子溪圳、馬稠後圳、詔安厝圳、道將圳圳尾區補助水源、八掌支線補助水源、菁寮支線補助水源、竹圍後詴用區後鎮大排補助水源、詔安厝圳灌溉區域補助水源

（續下表）

急水溪	急水溪、白水溪、六重溪	太平圳、德元埤特殊區域、菁埔特殊區域、白河水庫、白河水庫東山灌溉補助水源
將軍溪	將軍溪	番子田特殊水源併用區域福助水源、山寮地方特殊區域、橋頭子區補助水源、西寮特殊區域補助水源、漚汪分線補助水源
曾文溪	曾文溪、官佃溪、大埔溪、灣丘溪、後崛溪	烏山頭水庫、曾文水庫、楠梓仙埤圳、番子田特殊區域、芒子芒區域補助水源、曾文溪分線海寮補助水源、西港分線補助水源
鹽水溪	鹽水溪、茄苓崁溪、虎頭溪、許縣溪	虎頭埤圳、舊社大埔埤圳、虎頭埤圳補助水源、烏山頭系統南幹支線補助水源
二仁溪	二仁溪、三爺宮溪、港尾溝、深坑子溪	依仁圳、沙崙圳、蓮埤潭埤內潭子埤補助水源、許縣圳土庫溝補助水源

*水源只取河川部分，餘水利的排水路及貯水埤池本處暫不列。

**由於引取濁水溪系的水利設施甚多，且大多屬彰化農田水利會的水權，在此僅舉列規模較大者。

　　臺灣河川變遷研究學者陳翰霖認為影響臺灣西南海岸平原地形變遷的因子，在自然方面有地盤的升降、河流輸沙、地形陂降、氣候特性；人文方面有聚落擴張、水庫興建、堤防修築、埤圳開鑿、海埔地圍墾、河道截彎取直、地層下陷等因子。而人文因子裡，每項因子都和水利開發有相關連，其中又以水庫的興建及埤圳開鑿二者關係最為密切。

　　首先，關於水庫的興建改變流域自然環境的問題，由於水庫一般都建在河流的上游，以貯存足夠的水量，雖然水壩只是一個點，但因侵蝕基準面的改變、水壩攔阻水流等因素，使河川水流營力改變，引起各種改變。如上游堆積物增加，特別是在截流蓄水的同時，也把水中挾帶的泥沙攔阻

於水庫內，造成河流下游及海岸供沙來源短缺。曾文水庫自一九七三年完工後的二十年，每年平均的淤砂量爲三百八十三萬立方公尺；烏山頭水庫至一九九二年止年平均的淤砂量爲一百五十六萬立方公尺，淤砂率百分之五十一，爲全臺所有水庫之冠；白河水庫至一九九二年止的年平均淤砂量爲三十四萬立方公尺，淤砂率百分三十六，僅次於烏山頭及阿公店水庫。原本興建水庫目的在蓄水灌漑、防洪及調節水流，但在截流蓄水的同時，也把水中挾帶的泥沙儲留在水庫中，對於下游河流及海岸環境的供沙平衡有明顯的影響。

其次，埤圳開鑿對自然環境的衝擊問題，埤圳開鑿除了改變地形地貌的原貌外，也會改變區域內的水文環境，前述因嘉南大圳的興建而造成舊埤圳的消失即是一例。另外，由於嘉南大圳是嘉南平原內最大規模的人工流路，輸水幹道地勢較高，因此常成爲本區河流下游的分水界，對於自然河川流路系統必會造一定的影響。另外，位於今臺南縣仁德鄉三爺宮溪下游的變化則是比較特殊的例子，三爺溪原河道在過五空橋後轉向北流，但在一九二〇年（大正九）年爲灌漑五空橋西方的稻田，便以人工方式挖開沙丘鑿出渠道，於灌漑季節堵住原北流河道，使河水流入人工渠道中灌漑農田，待灌漑完畢後再放河水往北流入原河道，此爲當地百姓爲適應自然環境，先以三爺溪排鯽魚潭區域內的積水，後再利用人工渠道取三爺溪的溪水來灌漑，改變了原有的地形及河川的流路。

就嘉南平原近三百年來的河道變遷，以濁水溪、曾文溪及八掌溪三溪的變遷規模最大，三溪的共同特點即上游水源都被大量截取來灌漑，導致下游水流量減少，再加上水庫及圳路的控制水流量及攔截淤砂，使得河道的變動不似過去頻繁及明顯。

1.濁水溪

就濁水溪而言，過去濁水溪給人最大的印象即是它有豐沛的水流量，

及主流經常擺動且幅度甚大，但在一九二五年（大正十四）濁水溪堤防竣
工後，濁水溪水流被壓束在西螺溪，西螺溪成爲濁水溪的主流至今，其變
遷的過程如地理學者陳正祥所言：

> 自有文字紀錄的二百六十年來，主流所趨已有好幾次變動。漫流此沖
> 積扇上的大溪，從南到北計有虎尾溪、舊虎尾溪、新虎尾溪、西螺溪
> 與東螺溪五條。經過人工的壓束，目前係以西螺溪爲主流；其餘皆因
> 水利工程的建設而成爲斷頭河了。

所謂人工的壓束係指堤防的修築，而水利工程即指引濁水溪水源的水圳。
八堡圳、同源圳及嘉南大圳濁幹線等埤圳在濁水溪上游設有許多取水口，
大量瓜分濁水溪水源，使得濁水溪的水流量被分散，而導致濁水溪的分支
萎縮，河面減小，原本清代以來因洪患而改道頻仍的主流西螺溪在日治時
期也因此而穩定，再加上防洪堤防壓束水流，終至成爲今日彰化、雲林交
界的濁水溪主流的水文情況。

2.曾文溪

　　而曾文溪從十七世紀以來，曾經發生四次重大的河道變遷，見表
9-8，第一期流路自蘇厝轉向西北，經佳里北方，由將軍溪出海；第二期
則因臺江內海甫經淤積，故分流甚多，其主流由西港大橋附近轉向西南，
經溪埔寮、學甲寮南側，由鹿耳門出海；第三期主流向西自國聖大橋轉入
鹿耳門溪出海；第四期自國聖大橋轉西北經三股溪出海；目前主流沖開河
口外沙洲，向西直流入海持續至今。河道變遷擺幅南北達二十五公里以
上，北從將軍溪，南至鹽水溪之間的範圍，無不受其影響。從曾文溪歷次
的改道紀錄來看，可以發現迫使曾文溪改道的原因主要是暴風雨造成河水
氾濫，導致曾文溪改道，而河道變遷的週期爲七十五年，但從一九〇〇年

表9-8 曾文溪水系歷次河道變遷表

期別	溪名	時間	經過地方	出口處	改道原因
一	漚汪溪	1820年以前	焦吧哖、石仔瀨、茄拔、蘇厝甲、出漚汪溪出海。	將軍鄉頂山仔腳	1823年暴風雨
二	灣裡溪	1820年代	蘇厝甲以上流路與前期同，下游主流改由菅寮，經溪埔寮、學甲寮南邊，入鹿耳門溪出海。另一分流向西經蠔壳港，於國聖大橋轉南，合主流入海。又另一分流由蘇厝甲向南，經三崁店西側，由安平出海。	鹿耳門	1871年暴風雨
三	曾文溪	1870年代	主流改爲原北分流，仍向西於國聖大橋轉南，入鹿耳門溪出海。	鹿耳門	1904年山洪暴發
四	曾文溪	1900年代	主流自國聖大橋轉西北由三股溪出海，舊流路縮小。	九塊厝北方	1911年暴風雨
五	曾文溪	1911年以後	主流由國聖大橋向西沖破沙洲出海，1930年代曾文溪河堤興建後舊流路被切斷，河道縮小。	青草崙	

（明治三十三）的第四期以後迄今，本區亦曾發生洪水氾濫的暴風雨十數次，但曾文溪尚未出現河道變遷的跡象，究其原因，應與嘉南大圳的興建，曾文溪上游陸續出現了烏山頭水庫及曾文水庫，兩大水庫有效調節曾文溪的水量，而廣布的灌排圳渠，在曾文溪河水暴漲時亦可分擔排水的功能，再加上堤防的修築，及各類埤圳的瓜分曾文溪水量，使曾文溪的流量更加穩定而變化較小。

3.八掌溪

　　源自阿里山的八掌溪，平均陂降達百分之一・八，是嘉南平原陂度最陡的河流，尤其山區河段與下游河段陂度差異甚大，所以下游泥沙淤積迅速，河道變遷頻繁，見表9-9。八掌溪自有文獻記載以來河道曾經改道五次，期間南北擺幅達二十公里，發生河道改道的週期爲六十年，造成改道

的原因都是因洪水事件所造成。由於八掌溪的河水含砂量偏高，主流快速淤塞後河水容易氾濫溢堤，洪水造成河道變遷。但自日治以後，有七十處的埤圳引取八掌溪水源，是嘉南平原被引水最多的河川，雖然沒有像曾文溪上游的曾文水庫及烏山頭水庫等大型水庫，但眾多水利設施多少可分散八掌溪的瞬時洪水流量及幫助輸砂，緩和八掌溪洪水氾濫及改道的頻率。

　　嘉南平原的河流除鹽水溪外，都有河道變遷的紀錄，且發生的頻率有短至六十年，但戰後至今，這些河道變遷有緩和的跡象，造成緩和的原因雖然很多，但大規模水利設施的興建及各種水資源的陸續開發無疑扮演著重要的角色。

表9-9　八掌溪水系歷次河道變遷表

期別	時間	經過地方	出口處	改道時間
一	1684年以前	嘉義經水上、龜佛山，由東石附近出海。	東石附近	康熙末年
二	18世紀	自龜佛山向西經多港，由龍宮溪入海。	新岑寮附近	乾隆16年以前
三	1751年以後	由井水港入倒風內海，經倒風內海出口入海。	好美寮南方	不確定
四	1890年代	由井水港向西南經義竹東，由好美寮西側分流出海。	好美寮北側	約19世紀末
五	1910年代	由井水港向西經義竹東方，由好美寮東西兩側分流出海。	好美寮北側	1934年
六	1934年以後	河口段自好美寮改向西入海，流路與第四期相當。	好美里漁港	

第十章　結論

　　二〇〇九年有兩件和臺灣水利史有關的事情「悄悄的」發生，所謂「悄悄的」，是因爲在臺灣，大多數人對兩件事裡主角的認識都相當模糊。一是「推動烏山頭水庫水利系統登錄世界文化遺產」開始連署，二是屏東縣政府在來義鄉喜樂發發吾公園幫日人鳥居信平立銅像紀念。二件事的主角分別是八田與一、鳥居信平。八田與一由於國、高中的歷史教科書有出現，大家或許還有聽過，但可能僅止於人名與名詞而已；那鳥居信平又是誰呢？鳥居信平在一九一四年（大正三）來到臺灣屏東的臺灣製糖株式會社服務，當時爲了汲水灌溉萬隆農場的蔗田，他以林邊溪及力力溪作爲水源，分別建造兩座二千三百多公尺長的地下堰堤灌溉大圳，並以當年株式會社社長山本悌二郎的雅號「山本二峰」命名爲「二峰圳」。

　　兩個曾在臺灣服務過的日本工程技師，紀念銅像先後在臺灣出現，在經歷「去日本化」的戰後臺灣歷史上，是一件不可思議的事。八田與一和鳥居信平共同的特點是，他們都是單純的技術官僚，都爲臺灣留下影響深遠的水利事蹟。

　　在八田與一和鳥居信平的事蹟開始被臺灣社會重視的同時，「埤圳」、「水利」這些和臺灣農業發展息息相關的設施，卻快速流失在「重工商不重農」和「重經濟不重文化」的洪流中，瑠公圳、七星圳早在臺北盆地的地景中「消失」，桃園台地的埤塘則是一口一口被填平。隨著臺灣經濟的轉型和急速的都市化，傳統農村景觀被公路、工廠給覆蓋，伴隨農業發展的水利設施也難抵此潮流，或消聲匿跡，或被迫改變功能，以期發揮最大的「經濟」效益。

　　早期水利開發最主要的功能就是灌溉，不論是清代的埤圳，日治時期的嘉南大圳，或是戰後的曾文水庫等，最初興建都是爲了灌溉。瑠公圳、八堡圳、曹公圳是清代臺灣三大埤圳，興建後分別解決了臺北盆地、彰化平原及鳳山平原的灌溉問題。水利的功能，清人劉家謀在〈海音詩〉中，以曹公圳爲例有很清楚的說明：

誰興水利齊瀛東，旱潦應資蓄洩功，溉遍陂田三萬畝，至今遺圳説曹
公。曹懷樸（謹）令鳳山時，開九曲塘，引淡水溪。壘石為五門，
以時啓閉，自東而西，入於海。計鑿圳道四萬三百六十丈，分築十四
壩，灌田三萬一千五百餘畝，歲可加收旱稻十五萬六千六百餘石。踰
一歲而功成，熊介臣（一本）觀察名以「曹公圳」。今則修築不時，
故道漸塞；而臺、嘉二邑旱田居多，無隄防溝渠之利，為政者宜亟籌
之！[1]

　　灌溉為水利開發的唯一目的到日治時期產生改變，導因於臺灣常因
颱風而有水災發生。一九二〇年（大正九），臺灣總督府開始進行灌溉排
水調查，一九二三年（大正十二）進行農田排水改善工程，讓耕地受水災
的衝擊減至最小。當時依農作物之耐浸情形而訂定「三日排水」標準，即
連續三日之最大降雨於三日內排除，此標準至戰後仍持續沿用，至近十年
才將標準改成「一日排水」。如蘭陽平原是臺灣地區最需要排水的區域，
一九二〇年（大正九）起，臺灣總督府在宜蘭郡、羅東郡及三星地方進行
一連串的排水調查，原訂於一九二三年（大正十一）進行的排水改善工
事，因受到關東大地震的影響，遲至一九二六年（昭和元），宜蘭水利組
合才開始在宜蘭郡壯圍、礁溪、頭圍等三莊進行低窪地排水工程。其工程
重點為：防止海潮侵入、防止河川氾濫及排水改善，其中排水改善工程興
建了公館、下埔、塭底、土圍等四條排水線。工程完成後，不但減少了區
域內水患的發生，耕地面積及作物產量更有所增加。
　　芝田三男及磯田謙雄在《臺灣農業土木誌》中，總結日治時期臺灣的
水利時，提及當時水利的根本問題有八項尚待解決，這八項根本問題並沒

---

[1] 劉家謀，〈海音詩〉，收錄於臺灣銀行研究室，《臺灣雜詠合刻》（臺北：臺灣銀行經濟研究室，
1958），頁29。

有灌溉的問題，但有二項與排水有關，可見排水在總督府心目中地位並不亞於灌溉。

　　水利的灌溉功能使得臺灣的耕地旱田水田化，但有很多土地土性不適合農業生產，特別是西部平原的看天田及沿海地區的鹽分地，只能當作魚塭或墓地。一九二〇年代，八田與一在規劃嘉南大圳的同時，想利用嘉南大圳的灌排體系從事嘉南平原的土地改良，土地改良的結果除直接影響農業生產外，同時也間接改變地方原來的人文生態。

　　埤圳原本就屬山川景觀的一環，清領時期的水利設施常常賦有風景名勝的意象，如位於高雄平原的蓮池潭，本是疏濬以爲灌溉，「蓮池之濬，始於顏氏。歲久淤泥壅塞，幾與地平。附近田園向資灌溉者，無利賴矣。居民謀疏通之，絀於力而止。四十八年，邑侯宋公隨郡憲周公巡行至此，見草奧其宅，耜懸於室，地互數里盡爲石田，目擊心傷；於是歷阡陌、相地勢而觀流泉，由茄多坑至半屏山麓，議築壩開圳，以便蓄洩。計費不貲，侯慨然出粟千二百石以貸民；鳩工興作，壩岸鑿渠，淤者瀹之、塞者通之，計長千三百丈，費金四百有奇·而蓮潭灌溉之利，遍興隆莊矣。」[2]但後來常變文人雅士觀賞遊憩的地點，且留下不少吟詠的文學作品，如陳文達的〈蓮潭夜月〉：

　　清波漾皓月，沉璧遠銜空。山影依稀翠，荷花隱現紅。潭心浮太極，
　　水底近蟾宮，莫被採菱女，攜歸繡幕中！[3]

宋永清的〈新建文廟恭記〉：

[2]　鄭應球，〈重濬蓮池潭碑記〉，收錄於陳文達，《鳳山縣志》（臺北：臺灣銀行經濟研究室，1961），頁141。
[3]　陳文達，《鳳山縣志》，頁153。

荷香十里地（廟前有蓮花潭，廣盈十畝），喜建聖人居。泮壁流天
際，圍橋架水渠。千秋陳俎豆，萬國共車書。巍煥今伊始，英才自蔚
如。[4]

蓮池潭不但有灌溉之利，且兼可攬勝，最後甚至是風水聖地，鳳山縣的孔
廟即建在蓮池潭旁，「蓮池潭周十里許，中有活泉，爲聖廟泮池。」時鳳
山縣學教諭吳玉麟認爲鳳山縣文風鼎盛，乃得之於蓮池潭的風水好，「臺
地自入版圖以後，沐聖朝雅化，鳳山文運之盛，甲於諸邑，雖士克樹立，
而山川鍾靈，文廟實得地焉。」除蓮池潭外，鯽魚潭、虎頭埤亦都是灌溉
兼具風景名勝功能。

　　水利設施被賦予名勝的功能，到日治時期更加興盛，位於嘉南平原的
虎頭埤及烏山頭貯水池即是很顯著的例子。一九二七年（昭和二），臺灣
日日新報社舉辦「臺灣八景」票選活動，其中加選的「十二勝」中，虎頭
埤就已名列其中。一九三五年（昭和十），在始政四十週年臺灣博覽會場
上的「烏山頭堰堤模型」，其文字解釋中已出現「設施附近的田園風景」
等字詞，而後出版的《臺灣案內》，嘉南大圳及珊瑚潭也被列入名勝舊蹟
了。事實上，早在一九二六年（昭和元），烏山頭貯水池尚未完工時，曾
文郡役所已將它列入郡內的名勝舊蹟了。

　　原本被設計爲貯水灌溉的烏山頭水庫，在日治末期就已成風景名勝，
現在更是嘉南農田水利會多元發展重要的指標之一。一九五八年，臺灣省
保安司令部同意將烏山頭水庫局部開放，並頒布「嘉南大圳水庫監護實施
細則」，其實施範圍由保警第一總隊負責監護，並受嘉南農田水利會烏山
頭區管理處指導，欲參觀監護區者，須先向水利局申請許可才可進入，其
他區域則開放自由參觀。一九七〇年，臺灣省政府核定烏山頭水庫爲本省

[4]　王瑛曾，《重修鳳山縣志》（臺北：臺灣銀行經濟研究室，1962），頁433。

二十個風景區之一，由臺南縣政府為主管，成立「烏山頭風景地區建設委員會」。嘉南農田水利會為配合觀光業務推展，特成立「烏山頭觀光事業計畫研究小組」，開始籌畫烏山頭水庫開放觀光事宜。是年，「縣定烏山頭風景區」正式成立，成立目的是期以觀光收入養護水利設施，開闢財源，進而減輕農民負擔，增進農民福利，促進地方經濟之繁榮。一九七九年，臺灣省政府公告，指定烏山頭水庫為省定風景特定區，並同時撤銷為縣定風景區，雖為省定風景特定區，但區域內的經營管理仍由嘉南農田水會辦理。

　　戰後臺南縣政府曾選定縣內新八景，分別是關嶺雲巖、珊瑚飛泉、虎埤泛月、鯤廟進香、曾橋晚照、菜溪漱石、青潭圳聲、綠汕帆影，其中珊瑚飛泉、虎埤泛月及青潭圳聲（烏山頭水庫東取入口）三處，即是虎頭埤和烏山頭水庫的水利設施，水利設施的觀光價值再次被提出。曾文水庫、石門水庫等的觀光功能遠比灌溉功能明顯，每年至曾文水庫的旅遊人數都超過三十五萬人以上，石門水庫每年的觀光人數更高達一百三十萬人以上。

　　戰後隨著臺灣經濟發展，觀光休閒活動興起，再加上農業經濟萎縮，迫使水利為轉型而趨於觀光化，各種水利設施無不全力發展觀光，觀光旅遊變成今日水庫五大功能之一。交通部觀光局還曾經在一九八七年出版《國民旅遊叢書──臺灣風景區主要河流、湖泊、瀑布景觀》一書，大力推銷各個水庫的觀光活動，「水利設施是很好的旅遊景點」的印象日漸深植人心。

　　隨著經濟環境的變遷，傳統水利除了面臨功能的轉變，及用水標的調整外，亦同時面臨日益惡化的環境問題，從農業社會的水利設施淤積、土渠崩塌、圳路阻塞，到工業化時期的水庫優養化、水質汙染問題，如處理不善，會加速水利設施的毀壞及消失。

　　水庫和各種的貯水池是水利最重要的設施，由於集水區的水土保工

作未盡完善，造成水庫淤積問題嚴重；再加上山坡地的過度開發、使用農藥及肥料，水庫開放觀光而增加水源的汙染等因素，造成水庫優養化（eutrophication），即水體中氮、磷營養鹽過剩導致藻類異常繁生，水質惡化。優養等級依其營養程度由低而高可分為：貧養、貧養到普養、普養、普養到優養、優養等五級。以臺灣南部幾個水庫來說：烏山頭、白河、曾文水庫及阿公店水庫等，經調查顯示，四個水庫在一九九○年以前都達優養的等級，水質有惡化的現象，阿公店水庫還是全臺水庫優養最嚴重的水庫，臺灣其他水庫的優養化問題亦相當嚴重。烏山頭水庫優養的原因是由於集水區的地質不良、水土保持不佳，及引水隧道出口河床坡降過大等原因，使水庫淤積嚴重。造成白河水庫優養的原因，主要是集水區內的家庭汙水，及每年數十萬遊客造成的汙染所致，再加上乾旱而導致優養加劇。而曾文水庫優養化是由於水土保持工作不良，水庫淤積嚴重，再加上水力停留時間長達一百六十天，水體平穩而無法流動自淨所致。阿公店水庫則是集水區內家庭廢汙水直接排放，以及養豬畜牧業汙水排放，造成汙染。

就水庫的功能來看，優養化不見得對其功能有所影響，甚至有所幫助，如烏山頭水庫是以灌溉為主要目的，水庫優養增加灌溉用水的肥沃度，有助於植物的生長；但長期而言，優養化會使水質惡化，水庫本體設施受損。為防止水庫水質繼續惡化，嘉南農田水利會從一九九○年起拆除箱網養魚，管制遊艇觀光，一九九一年水庫已降至優養與普養之間。至於白河水庫的優養化來自於集水區過度開發，導致水土保持不佳，嘉南水利會亦加強對集水區的水土保持工作，甚至對集水區內的違法開發案件，訴諸司法解決。而曾文水庫管理局亦從一九九○年起，禁駛觀光遊艇及拆除箱網養魚，近年來，已逐漸從嚴重優養化轉變成輕中度優養化。

水質汙染問題除上游水庫或蓄水池有優養化現象外，中、下游的圳路則因沿圳汙水排放，及上游水庫及攔砂壩建造使沙石無法沖刷至下游，再

加上對灌溉用水的控制，使圳路水流的自淨稀釋能力下降，水質汙染更加
嚴重。以嘉南大圳的灌排圳路而為例，據一九六七年的調查報告指出，該
區的圳路水質較臺灣其他地區而言，已有惡化的現象，雖在可用灌溉的標
準內，但化學成分含量已偏高，枯水期水質更加惡化，已不適合再灌溉。
圳路的水質汙染會對農作物產生損害，一九七五年，學者楊萬發曾對全省
十四個水利會灌溉水汙染情形做調查，發現全省灌溉用水汙染最嚴重的水
利會依次是桃園、臺中、雲林及彰化，受汙染的面積均超過一萬公頃，汙
染源主要是化學、纖維、食品、染整等工業及家庭廢水；而圳路汙染對農
作物的為害主要有作物減產、毒質累積、急性枯萎、圳道淤積等情形。

　　瑠公圳圳路在一九八〇年代從灌溉水路轉變到排水溝後，原本具強力
灌溉功能及親水性和生態意義；但在工業化及都市化之後，瑠公圳不再扮
演農田水利的角色，轉變成給人的印象可能只是一條惡臭的排水溝而已，
見表10-1。

表10-1　一九八〇年代前後瑠公圳功能變化表

名稱	水圳（1980年代以前）	排水溝（1980年代以後）
水源	溪水、青潭等自然水源	家庭及工廠排放之廢、汙水（人為的水源）、圳渠露天的部分也包含雨水
水質	乾淨清澈，人願意親近（有魚、蝦在裡面）	骯髒汙穢，人急欲加蓋（汙水排放）
水量	豐沛（新店溪及青潭的水）	不足（廢、汙水的排放，每年固定抽新店溪的溪水加以疏通）
用途	灌溉農田、排水、生活、生態	排放廢、汙水，家庭之排水管線直接將水排入圳渠
構成方式	由圳頭、圳路、圳尾、其他附屬之水利設施構築而成；材質主要是漿砌卵石	由PVC塑膠管或三面水泥路構成
形式	明渠	暗渠或水泥箱涵
環境意義	維持良好生態環境之功能，都市裡水空間的引進	只限於排放都市所產生之廢、汙水，圳路加蓋作為停車空間使用

　　「水利」其實就是「利水」，即是如何利用水的機能。漢人社會向
來將水利視爲一種事業，包括水運、灌漑、防洪、港埠、水力等，由於臺
灣的地理環境及歷史發展特殊，因此對於水利的觀念是建構在「需求」之
上。早期原住民取水容易及採游耕農作，對水的需求較低，因此對於水的
看法，象徵意義可能大過於實質功能，水圳可能是用來區分部落界線，不
一定要用來灌漑。到了十七世紀，荷蘭人初到臺灣，急需飮用水，井的遺
跡至今猶可見；後爲招募漢人來臺拓墾農業，灌漑用的陂陸續出現。到了
鄭氏時期，軍民需糧殷切，灌漑用的陂數量隨之增加，甚至軍屯也加入水
利開發的行列。

　　清代，漢人大量移墾臺灣，土地拓墾的成功與否，端視水利開發的
良窳，水利開發有利可圖，被視爲一種投資事業，八堡圳、瑠公圳等大規
模的水利設施出現。日治時期，在「農業臺灣」的發展政策下，臺灣總督
府承續前清水利灌漑的功能，且思更有效益的水利開發，所以，此時期不
但整理舊有埤圳，且積極開發更大規模的水利工程，興建桃園大圳和嘉南
大圳，以河川爲中心的觀念亦從日本引進臺灣，水利的觀念開始多元化，
灌漑、排水、土地改良、發電、給水等功能均被設法開發。戰後，水利開
發基本上是因循日治時期的基調，但隨著經濟發展快速，工業化及都市化
的衝擊，傳統的水利觀念逐漸被揚棄，功能亦被迫調整，灌漑不再是水利
最重要的功能，民生用水、工業用水的價值均高於農業用水，舊有埤圳逐
漸被遺棄及遺忘，然日益覺醒的環境意識，反大規模水利工程興建（反水
庫）的力量形成，對水的利用又回歸到舊有埤圳的最初功能，但觀念已轉
變到永續經營，功能則希望水圳能活化，並結合「生產、生活、生態」三
生用水。

　　水利文化該如何保存？有三個方向或許値得思考。首先，是大規模
或保存良好的水利設施，如烏山頭水庫、八堡圳、曹公圳等，爭取列入世
界文化遺產或許有實際的困難，但迅速登錄爲古蹟或文化資產應是立即可

行的辦法，如桃園縣在二○○六年即擬定「桃園縣埤塘水圳保存及獎勵新生利用自治條例」，設法保存舊有埤圳；另可在在教科書或鄉土教材上予以書寫，留下水利的歷史文化紀錄。其次，各地農田水利會和地方政府應合作全面普查轄下所有水利設施狀況，登錄水利設施的興建緣由、基本資料、現況等；另各農田水利會應全面清查各埤圳的文獻資料，迅速整理及保存；文獻中有所謂「活的文獻」，即水利從業人員，前輩的水利經驗一旦失去就永遠消失，水利會和地方文化單位應設法編列預算和組織工作團隊，對耆老或水利相關者進行口述訪談及文字紀錄。最後，應設法將水利融入社區居民的生命共同體，結合產業發展、聚落文化和自然生態等地方特有資源，凝聚社區意識，營造社區生命共同體的觀念。臺灣的水利或許原本的功能已經改變，但它卻是臺灣經濟發展的推手，先民共同記憶的一環，值得我們珍惜。

附錄一

臺灣公共埤圳規則

一九〇一年七月四日發布

第一條　本規則所稱公共埤圳，包括以田園灌溉爲目的所設之水路、溜池
　　　　及附屬物，而由行政官廳認爲對於公共有利害關係者。凡河川池
　　　　沼之堤防，對於前項水利有直接關係部分，亦爲埤圳之一部。

第二條　公共埤圳之區域，由行政官廳指定之。

第三條　公共埤圳之廢止及變更，應受行政官廳之認可；埤圳之新設亦
　　　　同。

第四條　公共埤圳之利害關係人，應依照臺灣總督之規定，經行政官廳之
　　　　認可，制定規約；變更之時亦同。

第四條之二　公共埤圳之利害關係人，得經行政官廳之認可，組織組合。

第四條之三　公共埤圳組合爲法人，以管理人代表之。

第四條之四　公共埤圳組合，依規約所定，得賦課徵收水租及費用。

第五條　行政官廳若認公共埤圳有發生危害或損害公益之虞時，得發出預
　　　　防上必要之命令或處分。

第六條　認爲必要時，公共埤圳之水租之費用，可由行政官廳徵收，再付
　　　　給權利人。

第七條　公共埤圳管理人，若不履行本規則，或根據本規則發布命令所規
　　　　定之義務，或履行不充分時，行政官廳得先以地方稅自行執行
　　　　後，向義務人追徵費用。

第八條　公共埤圳管理人或從事於埤圳事務者，若違背本規則或根據本規
　　　　則發布之命令時，行政官廳得懲戒處分之。其處分爲譴責，爲

三百圓以下之罰金或免職。

第九條　關于第四條之四，第六條乃至第十八條之徵收金，準用關於臺灣
　　　　國稅徵收規則中滯納處分之規定。

第十條　公共埤圳若有習慣者，在不違背本規則及根據本規則發布之命令
　　　　規定範圍內，依其習慣辦理。

第十一條　關於公共埤圳之一切水利爭議，由行政官廳裁決之。

第十二條　違背第三條第四條或第五條，以及根據各該條所發布命令之規
　　　　　定者，處三百圓以下之罰金，或二年以下有期徒刑。

第十三條　由於故意或重大之過失，破壞公共埤圳及官設埤圳，或損害水
　　　　　利，或盜用水者，處五百圓以下之罰金，或三年以下有期徒
　　　　　刑。

第十四條　本規則規定以外，關於公共埤圳及埤圳之必要規程，由臺灣總
　　　　　督定之。

附　則

第十五條　本規則第三條、第五條、及第七條之規定，適用於養魚池。

第十六條　本規則之施行期日，由臺灣總督定之。

附錄二

「農田水利會組織通則」節錄

一九六五年七月六日總統令公布制定全文41條
二〇〇一年六月二十日第七次修正公布

第一章　總則

第一條　農田水利會以秉承政府推行農田水利事業為宗旨。農田水利會為
　　　　公法人。

第二條　農田水利會之組織及其有關事宜，依本通則之規定；本通則未規
　　　　定者，適用其他有關法令之規定。

第三條　農田水利會一律冠以所在地區或其水系埤圳之名稱。

第四條　本通則所稱主管機關：在中央為行政院農業委員會；在直轄市為
　　　　直轄市政府。

第二章　區域及設立

第五條　農田水利會事業區域，在直轄市區域者，由直轄市主管機關，根
　　　　據地理環境及經濟利益擬訂，報請中央主管機關核定之；在直轄
　　　　市區域以外者，由中央主管機關定之。

第六條　農田水利會之設立，依下列各款之一辦理之：

　　　　一、經設立區域內，具有第十四條第一項各款會員資格五十人以
　　　　　　上之發起，在直轄市區域，層報直轄市主管機關核准者；在
　　　　　　直轄市區域以外，層報中央主管機關核准者。

　　　　二、中央或直轄市主管機關認為有設立之必要者。

第七條　農田水利會之籌備，其發起人組織籌備機構，在直轄市區域者，
　　　　由直轄市主管機關輔導之；在直轄市區域以外者，由中央主管機

關輔導之。

第八條　農田水利會籌備機構，須備具申請書、組織章程草案、事業區域圖、事業計畫書、概算書與事業區域內具有為會員資格者之全體名冊，及過半數之同意簽署，在直轄市區域者，層報直轄市主管機關核准設立；在直轄市區域以外者，層報中央主管機關核准設立。

第九條　農田水利會設立後，遇有自然環境變遷或水資源規劃變更時，在直轄市區域者，由直轄市主管機關依職權或經農田水利會之申請，報請中央主管機關核准後，得對各該農田水利會及其事業區域為合併、分立、變更或撤銷之決定；在直轄市區域以外者，由中央主管機關決定之。

農田水利會為前項之申請時，須經會務委員會之決議及會員過半數之同意簽署行之。

第三章　任務及權利

第十條　農田水利會之任務如左：

一、農田水利事業之興辦、改善、保養及管理事項。

二、農田水利事業災害之預防及搶救事項。

三、農田水利事業經費之籌措及基金設立事項。

四、農田水利事業效益之研究及發展事項。

五、農田水利事業配合政府推行土地、農業、工業政策及農村建設事項。

六、主管機關依法交辦事項。

第十一條　農田水利會因興建或改善水利設施而必須之工程用地，應先向土地所有權人或他項權利人協議承租或承購；如協議不成，得層請中央主管機關依法徵收。如為公有土地，得申請承租或承

購。原提供為水利使用之土地，應照舊使用，在使用期間，其土地稅捐全部豁免。

第十二條　農田水利會因辦理水利設施，施行測量調查，有拆除障礙物之必要時，應報請所在地縣（市）政府，通知土地所有權人或占有人辦理之。前項行為發生之損害，土地所有權人或占有人得要求補償，如有爭議，報請主管機關決定之。

第十三條　農田水利會為緊急搶救洪水災害，得報請水利主管機關依水利法第七十六條及相關規定辦理。

第四章　會員及組織

第十四條　凡在農田水利會事業區域內，合於下列各款之一之受益人，均為會員：

一、公有耕地之管理機關或使用機關之代表人。

二、私有耕地之所有權人或典權人。

三、公有或私有耕地之承租人或永佃權人。

四、其他受益人。

前項第二款、第三款、第四款之權利人，如為法人時，由其主管人員或代表人為會員。

第十五條　會員在各該農田水利會內，有享受水利設施及其他依法令或該會章程規定之權利，並負擔繳納會費及其他依法令或該會章程應盡之義務。會員不盡前項應盡之義務時，主管機關為直轄市主管機關者，各農田水利會應報請直轄市主管機關核准後，停止其權利之一部或全部；其他各農田水利會應報請中央主管機關核准後，停止其權利之一部或全部。農田水利會違背法令或該會章程或有其他不當之措施，而致會員蒙受損害時，會員得按實際所受損害，請求賠償。

第十六條　農田水利會設會務委員會，置會務委員十五人至三十三人，其
　　　　　名額由各農田水利會依事業區域內灌溉排水面積大小酌定之。

　　　　　前項會務委員須具備本通則第十四條所規定之會員資格，由全
　　　　　體會員分區選舉產生，均為無給職。但得酌支交通費、郵電
　　　　　費。

　　　　　會務委員會每六個月集會一次。如有會務委員三分之一以上之
　　　　　請求或會長認有必要時，得召開臨時會。會議均由會長召集
　　　　　之，並報請主管機關備查。

　　　　　會務委員會開會時，由出席委員互推一人為主席主持會議。會
　　　　　議規則，由農田水利會聯合會訂定，並報請中央主管機關備
　　　　　查。

　　　　　本通則修正施行後，原遴派之會務委員仍繼續擔任職務至任期
　　　　　屆滿時止。

第十七條　會員年滿廿三歲，具有會員資格一年以上，可登記為會務委員
　　　　　候選人。

　　　　　會務委員任期四年，連選得連任，其選舉罷免辦法，由農田水
　　　　　利會聯合會訂定，並報請中央主管機關備查。

第十八條　會務委員會之職權如下：

　　　　　一、審議組織章程及有關會員權利義務事項。

　　　　　二、議決工作計畫。

　　　　　三、審議會有不動產之處分、設定負擔或超過十年期間之租
　　　　　　　賃。

　　　　　四、審議借債及捐助事項。

　　　　　五、審議預算。

　　　　　六、議決會長及會務委員提議事項。

　　　　　七、審議決算。

八、議決會員請願事項。

九、其他依法令應行使之職權。（以下略）

會務委員會對於預算案，不得為增加支出之決議。

第十九條　農田水利會置會長一人，依法令及該會章程綜理業務，指揮監督所屬員工及事業機構，對外代表該會。

第十九條之一　農田水利會會長就年滿三十歲、具有會員資格一年以上，並具有下列資格之一者，由會員直接投票選舉之。

　　　　　　一、教育主管機關認可之高級中等學校畢業或普通考試及格，並具有政府機關、農田水利會十年以上行政、水利、土木、農業有關工作經驗而成績優良者。

　　　　　　二、曾任農田水利會會長、總幹事四年以上及一級主管六年以上成績優良者。

　　　　　　會長選舉罷免辦法，由農田水利會聯合會訂定，並報請中央主管機關備查。

　　　　　　本通則修正施行後，原遴派之會長仍繼續擔任職務至任期屆滿時止。

第十九條之二　會員有下列情事之一者，不得登記為會長、會務委員候選人：

　　　　　　一、受停止會員權利處分，尚未復權者。

　　　　　　二、褫奪公權，尚未復權者。

　　　　　　三、犯內亂、外患罪經判刑確定者。

　　　　　　四、犯詐欺、侵占、背信及貪污罪經判刑確定者。

　　　　　　五、受保安處分或感訓處分之裁判確定者。但因緩刑而付保護管束者，不在此限。

第二十條　農田水利會會長任期四年，連選得連任一次。

第二十一條　農田水利會會長因故出缺時，由該會總幹事代理，並應於代

理之日起六十日內重新補選；其任期以補足原任會長未滿之任期爲止，並以一任計算。但原任會長未滿之任期不及一年者，不補選。

第二十二條　農田水利會之組織、編制、各級職員之任用、待遇及管理等事項，除本通則已有規定外，主管機關爲直轄市者，由直轄市主管機關擬訂，報請中央主管機關核定之；其他各農田水利會，由中央主管機關定之。

第二十三條　農田水利會之會長及各級專任職員，視同刑法上之公務員，不得兼任其他公職。但國民大會代表不在此限。

第五章　經費

第二十四條　農田水利會之經費，以下列收入充之：

一、會費收入。

二、事業收入。

三、財務收入。

四、政府補助收入。

五、捐款及贈與收入。

六、其他依法令之收入。

前項各款收入免徵營業稅及所得稅。

第二十五條　農田水利會會費，應向享受灌漑或排水利益之會員徵收。

會員請求增加灌漑水量或抽水灌漑利益者，得按受益程度加收會費。

水利會會費，自應徵收之日起滿五年未經徵收者，不再徵收。但於五年期間屆滿前，已移送強制執行尚未結案者，不在此限。

前項水利會會費未恢復徵收前，由政府編列預算補助之。

第二十六條　農田水利會因實際需要，經主管機關核准或主管機關指定興
　　　　　　建之農田水利工程，得向直接受益會員徵收工程費，自各該
　　　　　　土地受益第二年起，分年徵收，以工程費總額爲限。

　　　　　　受益土地變更用途時，未繳清之工程費，應由土地所有權人
　　　　　　負擔之。受益土地所有權移轉時，應由承受人負擔之。

第二十七條　新會員入會或新建工程擴增受益之會員，應比例分擔工程
　　　　　　費，作爲特種基金，主管機關爲直轄市主管機關者，非經直
　　　　　　轄市主管機關核准，不得動支；其他各農田水利會，非經中
　　　　　　央主管機關核准，不得動支。

第二十八條　農田水利會得徵收建造物使用費、餘水使用費，列爲事業收
　　　　　　入。

第二十九條　農田水利會依前四條規定，徵收各費之標準及辦法，主管機
　　　　　　關爲直轄市主管機關者，由直轄市主管機關訂定，並報中央
　　　　　　主管機關核備；其他各農田水利會，由中央主管機關定之。

第三十條　　本通則規定之會費及工程費，繳納義務人逾期不繳納者，每逾
　　　　　　三日加收滯納金百分之一。但滯納金加收累計不得超過百分之
　　　　　　十。

　　　　　　前項會費及工程費逾三十日仍不繳納時，由各該農田水利會檢
　　　　　　具催收證明，併同滯納金聲請法院裁定強制執行。不服裁定
　　　　　　時，得提起抗告。但不得再抗告。法院之裁定，應於七日內爲
　　　　　　之。

第三十一條　農田水利會每年度之全部收入，除用人及管理上必需之費用
　　　　　　外，應全部用於水利設施之興建、養護及改善，並酌提公積
　　　　　　金、災害準備金及折舊準備金。

　　　　　　前項公積金、準備金，非經報主管機關核准，不得動用。

第三十二條　農田水利會之經費，主管機關爲直轄市主管機關者，得由直

　　　　　　　轄市主管機關，指定政府之水利、土地或農業金融機構代收
　　　　　　　經管；其他各農田水利會，得由中央主管機關指定之。其所
　　　　　　　得之盈餘，應酌提百分之二十，作爲農田水利會聯合機構之
　　　　　　　輔導費用。

第三十三條　農田水利會每年度收入及支出，均應編制預算及決算，其編
　　　　　　　制辦法，主管機關爲直轄市主管機關者，由直轄市主管機關
　　　　　　　定之；其他各農田水利會，由中央主管機關定之。

第三十四條　農田水利會會計制度及財務處理辦法，主管機關爲直轄市主
　　　　　　　管機關者，由直轄市主管機關訂定，並報中央主管機關核
　　　　　　　備；其他各農田水利會，由中央主管機關定之。

第六章　監督及輔導

第三十五條（略）

第三十六條　農田水利會如有違反法令或怠忽任務，妨害公益時，主管機
　　　　　　　關應予以必要之糾正或制止；其情節重大者，主管機關爲直
　　　　　　　轄市主管機關者，得由直轄市主管機關予以整頓或暫爲代
　　　　　　　管，重行組織，並報中央主管機關核備；其他各農田水利
　　　　　　　會，得由中央主管機關予以整頓或暫爲代管，重行組織。

第三十七條　農田水利會會長或會務委員於任期內有下列情事者應予撤
　　　　　　　職：

　　　一、犯內亂、外患罪經判刑確定者。

　　　二、犯詐欺、侵占、背信及貪汙罪，經判刑確定者。

　　　三、犯前二款以外之罪，受有期徒刑以上之判決確定，而未
　　　　　受緩刑之宣告或未執行易科罰金者。

　　　四、受保安處分或感訓處分之裁判確定者。但因緩刑而付保
　　　　　護管束者，不在此限。

五、褫奪公權尚未復權者。

六、受禁治產之宣告尚未撤銷者。

農田水利會會長、會務委員考核獎懲辦法，由中央主管機關定之。

第三十八條　農田水利會會長、會務委員及各級員工不得有下列行為：

一、直接或間接承包各該會工程或向各該會推銷器材物品。

二、利用職權或公款牟利。

三、洩漏公務上之秘密，使他人獲不法利益。

四、其他違反法令之行為。

第七章　附則（略）

附錄三

臺灣水利史大事年表

年代	水利大事紀
1684	・彰化福馬圳興建，灌田1000餘甲。
1684	・彰化快官圳興建，灌田1000餘甲。
1684	・豐原貓霧捒圳興建，灌田1000餘甲。
1684	・大肚中渡頭圳興建，灌田300餘甲。
1703	・大林打貓大潭陂興建，灌田200餘甲。
1705	・左營蓮池潭興建，灌田360甲。
1708	・民雄虎尾寮陂興建，灌田200甲。
1718	・新竹四百甲圳興建，灌田400甲。
1719	・二水施厝圳興建，灌田12000餘甲。
1721	・二水十五莊圳興建，灌田7000多甲。
1723	・彰化二八圳興建，灌田100餘甲。
1723	・豐原葫蘆墩圳興建，灌田4000餘甲。
1723	・大肚王田圳興建，灌田300餘甲。
1725	・新竹隆恩圳興建，灌田2000甲。
1735	・大肚大肚圳興建，灌田800餘甲。
1736	・霧峰萬斗六溪圳興建，灌田1000餘甲。
1736	・豐山規仔壽陂興建，灌田420甲。
1736	・竹山隆興陂興建，灌田440甲
1736	・士林磺溪圳興建，灌田200餘甲。
1736	・北投其里岸圳興建，灌田600餘甲。
1736	・鶯歌大安陂圳興建，灌田1000甲。
1736	・鶯歌隆恩陂興建，灌田300餘甲。
1736	・鶯歌福安陂興建，灌田300餘甲。
1736	・三重五莊埤興建，灌田300餘甲。
1736	・新屋三七北圳興建，灌田300甲。
1740	・林內林內清、濁二圳興建，灌田200餘甲。
1741	・大溪大興圳興建，灌田近600甲。

（續下表）

1743	・埔鹽埔鹽陂興建，灌田數100甲。
1746	・新屋三七圳興建，灌田700甲。
1749	・竹北舊港圳興建，灌田300餘甲。
1750	・竹北新社圳興建，灌田400餘甲。
1755	・苗栗貓裏三汴圳興建，灌田800餘甲。
1756	・竹山東埔蚋圳興建，灌田200甲。
1761	・新莊萬安陂大圳興建，灌田1300甲。
1763	・八德霧裡圳、紅圳、東圳、中圳、西圳興建，灌田400餘甲。
1765	・文山霧裡薛圳興建，灌田500餘甲。
1765	・新店瑠公圳興建，灌田1200甲。
1766	・新埔枋寮圳興建，灌田200甲。
1769	・苗栗貓裏莊圳興建，灌田400餘甲。
1772	・鶯歌永安圳興建，灌田600甲。
1773	・新店大坪林圳興建，灌田400餘甲。
1787	・公館蛤仔市圳興建，灌田600餘甲。
1789	・枋寮漏圳興建，灌田300餘甲。
1796	・湖內崎口圳興建，灌田400餘甲。
1796	・淡水大屯圳興建，灌田300餘甲。
1796	・淡水龍泉圳興建，灌田280甲。
1807	・五結金大成圳興建，灌田1000餘甲。
1808	・員山金結安圳興建，灌田380甲。
1810	・蘇澳林寶春圳興建，灌田500餘甲。
1811	・三星萬長春圳興建，灌田1100甲。
1813	・宜蘭金同春圳興建，灌田270甲。
1814	・冬山八寶圳興建，灌田320甲。
1814	・蘇澳馬賽圳興建，灌田300餘甲。
1816	・宜蘭金慶安圳興建，灌田220甲。
1817	・冬山順安莊圳興建，灌田300餘甲。
1821	・芎林九芎林下山圳興建，灌田400甲。
1821	・芎林芎林圳興建，灌田300餘甲。
1821	・宜蘭四圍二結圳，灌田200餘甲。
1821	・礁溪四圍圳興建，灌田250甲。

（續下表）

1821	・壯圍金和安圳興建，灌田220甲。
1821	・員山員山圳興建，灌田二200餘甲。
1821	・羅東羅東北門圳興建，灌田200餘甲。
1826	・神岡下溪洲圳興建，灌田200甲。
1826	・三星金長順圳興建，灌田270甲。
1832	・西螺鹿場圳興建，灌田4000餘甲。
1838	・大樹曹公舊圳興建，灌田300餘甲。
1838	・鳳山曹公舊圳分支：逮港圳興建，灌田200餘甲。
1846	・多山沙仔港陸門圳興建，灌田300餘甲。
1862	・大安大安溪圳，灌田30餘甲。
1862	・獅潭獅潭圳興建，灌田300餘甲。
1870	・石門成渠圳興建，灌田500餘甲。
1873	・虎尾通濟圳分南、北、中圳興建，灌田800餘甲。
1875	・玉里玉里圳興建，灌田500餘甲。
1875	・鳥松公爺陂興建，灌田200餘甲。
1875	・萬巒萬巒陂興建，灌田200甲。
1875	・民雄十四甲圳興建，灌田300餘甲。
1875	・大林湖仔陂興建，灌田300餘甲。
1875	・大林鹿堀溝陂興建，灌田200餘甲。
1875	・公館蛤仔市圳興建，灌田900餘甲。
1875	・竹北東興圳興建，灌田五500餘甲。
1875	・觀音紅塘陂興建，灌田400餘甲。
1875	・池上大陂圳興建，灌田200餘甲。
1880	・萬丹甘棠門陂興建，灌田400餘甲。
1880	・內埔新陂圳興建，灌田1300餘甲。
1880	・麟洛玲珞陂興建，灌田二200甲。
1886	・鹽埔漏陂圳興建，灌田500甲。
1886	・鹽埔大道關圳興建，灌田500甲。
1886	・鹽埔杜君英圳興建，灌田200甲。
1890	・后里四成陂興建，灌田500甲。
1893	・恆春網紗圳陂興建，灌田近600甲。
1894	・恆春龍鑾大溝興建，灌田200甲。

（續下表）

1896	・設臨時土地調查局，繪製全島二萬分之一的臺灣堡圖。
1899	・8月大水，臺北全市街均浸水，開始調查本島諸河川狀態，性質及洪水災害狀況。
1900	・6月淡水河設護岸工程。 ・9月暴風雨襲臺北市街，淹進家屋甚多。
1901	・7月頒布臺灣公共埤圳規則，開始埤圳調查。最先列入公共埤圳者有瑠公圳、霧裏薛圳、後村圳等。是年暴風雨成災。
1902	・虎尾築新鹿場課圳，羅東築大州林維新圳。
1903	・8月暴風雨襲臺北，損害甚多。
1904	・2月頒布臺灣公共埤圳規則施行規則。
1905	・大安溪上縱貫鐵路橋下始建木工沉床。
1906	・臺東新設知本圳，長3.62公里。宜蘭統一原有圳路，改用鋼骨水泥建築，是為本島用鋼骨水泥之始。
1907	・修改臺中葫子埤圳，因公費難籌，改為官設埤圳，由臺灣總督府出資建造，三年後完工。又新竹建後龍圳，亦於三年後完工。 ・總督府轄下設水利委員會。 ・龜山水力發電廠完工，為本島最早的水力發電廠。
1908	・2月頒布臺灣官設埤圳規則。於旗山建獅子頭社埤圳，四年後完工。
1909	・3月頒布臺灣官設埤圳規則施行細則及官設埤圳補償審查委員會規則。 ・興建后里官設埤圳於臺中，四年後完成。中壢建大興圳。 ・開始在臺北林口，臺南大目降二處試驗米與甘蔗的灌溉率。
1910	・3月頒布官設埤圳組合規則。 ・葫子圳埤圳排水工程完成，全圳竣工。
1911	・花蓮吉野圳新建工程開始。 ・8月全省大水災，濁水溪洪水達22,000秒／立方公尺，堤岸流失及土砂掩埋之地約一千八百甲，新虎尾溪約流失埋沒約一千甲，土地浸水三千三百甲。
1912	・頒布臺灣總督府河川調查委員會規則。 ・訂五年繼續事業調查本島淡水河等九大河川，年預算十萬圓。做河川地形測量集水位流量測量。
1913	・設臺灣總督府河川調查委員會，並頒布臺灣河川取締規則。 ・7月18至20日，奮起湖雨量達2,071公釐，為世界最高紀錄之一，各地傳出水災。

（續下表）

1915	・5月全島第一回水利事務協議會在臺北召開。
1916	・官設埤圳八塊厝中壢附近埤圳工程（俗稱桃園大圳）開工。
1917	・5月花蓮豐田圳竣工。
1918	・1月荖濃溪土壠灣發電廠完成，發電2,880瓩。
1919	・8月全臺暴風雨成災。公共埤圳官佃溪埤圳組合（俗稱嘉南大圳）成立。 ・新竹糖廠發電廠成立，發電200瓩。
1920	・官佃溪埤圳工程開工。 ・8月砂婆礑（花蓮）發電廠成立，發電200瓩。
1921	・公共埤圳官佃溪埤圳組合改名為公共埤圳嘉南大圳組合。 ・臺灣製糖會社闢萬隆農場，引用林邊溪支流伏流之水。
1922	・5月頒布臺灣水利組合施行細則。 ・在嘉南大圳組合開始試驗三年輪作制，其間為五年。
1923	・臺中於草港溪建攔水壩與排水門，及頭汴埤。 ・臺灣製糖會社於大響營農場建伏流引水工程。
1924	・開始實行水利小組合，以改良水利組合之組織。
1925	・開始土地改良，利用機械耕墾黏土地帶。 ・5月桃園大圳舉行通水典禮，6月新店溪護岸堤防落成。
1926	・宜蘭北部平原排水工程及竹東圳興工。
1927	・灌溉排水調查開始，三年後完成，共二十萬甲。 ・萬丹設二百馬力抽水機三座。
1928	・1月砂婆礑第二水電廠電發400瓩。
1929	・1月頒布河川法，2月頒布河川法施行細則。 ・下淡水溪治水工事舉行典禮。
1930	・3月第十一回全島水利事務協議會議決創立臺灣水利協會，以各水利團體為正會員，計一百單位，贊助水利事業人員為贊助人，計697人。 ・開始洪水流量調查，歷十四年而止。
1931	・3月臺灣水利協會主辦第一回全島事務協議會在新竹召開。 ・12月烏溪治水工程及曾文溪治水工程興工。
1934	・花蓮建溪口「蕃」人圳，宜蘭金同春圳地下及水岸渠興工。 ・7月日月潭發電廠舉行通水典禮，發電10萬瓩；9月又在臺北舉行落成典禮。又天送埤增設2千瓩發電設施。
1935	・臺東建北絲鬮圳。

（續下表）

1936	・鹽水港製糖株式會社新營糖廠建尖山埤於新營之柳營莊。 ・宜蘭濁水溪治水工事竣工。
1937	・明治製糖株式會社南靖糖廠於鹿寮溪建鹿寮水庫。 ・發電水利普查開始。
1938	・花蓮建坪林圳，取水於知亞干溪（今壽豐溪）。 ・七股及南寮線排水工程開始，為曾文溪堤防之配合工程。
1939	・花蓮興泉圳改為白川水利組合，臺東及花蓮另成立水利組合七單位。 ・9月新高港（梧棲）築港興工典禮，烏溪治水工事竣工。
1940	・宜蘭、羅東、屏東、高樹、及鳳山五區各組水害預防組合。
1941	・4月頒布臺灣農業水利臨時調整令及施行細則。
1942	・中華民國頒布水利法，翌年4月1日起施行，戰後，臺灣省水利局即依此法辦理。 ・3月總督府為配合米穀增產水利設施計畫，通過公共埤圳組合預算。 ・阿公店水庫工程及烏山頭防砂工程興工。 ・12月全島水利組合等四十八個單位設聯合會。 ・臺灣土地改良法頒布。
1943	・公共埤圳嘉南大圳組合改組為嘉南大圳組合，合併新豐、新化、新營、斗六、嘉義、虎尾各組合單位為一團體。
1944	・高雄、旗山、枋寮、屏潮、東港、恆春等水利組合併為高雄州水利組合。 ・1月大甲溪及曾文溪設水害預防組合。 ・嘉義蘭潭水庫完工。
1945	・受戰爭破壞，全臺堤防毀壞四十七餘里，灌溉工程受害者數百處，發電廠損壞者十六廠。是年復隄四公里餘，修復灌溉小型工程四十九處，完成米穀增產工程二十二區，受益面積約六千甲，旱田改良工程八十五區，受益面積約千餘甲。 ・戰後接收，水利組合業務由臺灣省行政長官公署農林處接辦。
1946	・6月政府為確保三年輪灌式灌溉制度與加強盜水取締，公布有關水利妨害案件的處理禁令，以增進員工法律常識及法令之統一處理程序之了解，此禁令頒布於各分會工作站，作為執行業務的參考。 ・11月全臺三十五個水利組合及十五個水害預防組合易名為農田水利協會與防汛協會。
1947	・1月行政長官公署成立「農林處農田水利局」，辦理農田水利協會與防汛協會業務。

（續下表）

1947	・7月臺灣省水利局正式成立，屬於建設廳管轄，其任務爲：負責辦理全省防洪及灌漑排水業務。
1948	・1月臺灣省政府公布「臺灣省各地水利委員會設置辦法暨臺灣省水‧利委員會組織規程」，將三十六個水利協會更名爲水利委員會。 ・成立「臺灣省農田水利委員會聯合會」。
1949	・4月中央撤水利部改爲經濟部水利署。 ・8月撤水利署爲經濟部水利司。
1950	・11月臺灣省政府頒發「臺灣省各地水利委員會徵收會費辦法」。 ・花蓮光復圳完工。
1951	・6月中央政府公布「臺灣省放領公有耕地扶植自耕農實施辦法」。 ・政府公布實施「耕地三七五減租條例」。 ・臺灣省政府頒布「臺灣省農田水利評議委員會組織規程」。 ・8月臺灣省政府頒布「臺灣省地下水水權登記補充辦法」。 ・苗栗縣西河水庫完工。 ・高雄縣曹公圳改善工程完工。 ・宜蘭縣三星灌漑工程完工。
1952	・7月臺灣省政府頒訂「臺灣省合作農場實施增產競賽，暨臺灣省合‧作農場實施農田水利建設及墾殖工作競賽等辦法」。 ・11月臺灣省政府頒布「臺灣省各地水利委員會改進辦法」。 ・臺中縣天輪調整池完工。 ・高雄縣阿公店水庫完工。
1953	・1月臺灣省政府公布「各縣市堤防搶救辦法及河川土地畫分原則」。 ・政府公布施行「耕者有其田」政策。 ・4月臺灣省政府頒布「臺灣省森林與水利業務聯繫辦法」，以加強全省水土保持事業。 ・5月臺灣省政府頒布關於「實施耕者有其田條例實施後有關水利會各項問題處理辦法」，各地水利委員會自有或使用他人土地之水路照舊使用。 ・7月臺灣省政府頒訂「如何完成防汛準備並加強汛期搶險具體辦法」。 ・臺灣省政府通過並頒布「臺灣各地水利整理委員會業務接管辦法」。 ・臺灣省政府頒布「實施耕者有其田後清理各地水利委員會會員欠繳會費注意事項」。 ・9月臺灣省政府頒布「臺灣省各地水利委員會工程督導辦法」。 ・12月臺灣省政府頒令「本省各地水利委員會徵收會費食物之稻穀，應由糧食局收購」。

（續下表）

1953	·花蓮太平渠完工。 ·萬長春灌溉工程完工。 ·阿公店水庫竣工。
1954	·6月臺灣省政府通過建設廳水利局案呈之「建設徵收全省各主、次要河川區域內私有土地以資統一管理」一案。 ·臺南縣鹽水埤水庫開工。 ·花蓮北埔灌溉工程完工。
1955	·2月經濟部公布修正各省小型農田水利會督導興修辦法。 ·4月行政院頒布修正水利法施行細則。 ·9月行政院公布「臺灣各地區農田水利會組織規程」。 ·11月「臺灣省農田水利會組織規程」公布實施。 ·經濟部併大甲溪開發計畫委員會，成立經濟部水資源統一規劃委員會。 ·12月臺灣省政府成立「臺灣省改進各地水利委員會」。 ·臺南縣鹽水埤水庫完工。 ·苗栗縣扒子岡水庫完工。 ·花蓮水簾壩完工。
1956	·3月臺灣省議會通過「臺灣省農田水利會會費徵收辦法」。 ·5月臺灣省政府頒布「臺灣農田水利會會計制度」。 ·「臺灣省政府建設廳水利局」修正為「臺灣省水利局」。 ·雲林縣斗六大圳完工。 ·新竹青草湖水庫完工。 ·臺南縣德元埤水庫完工。 ·辦理臺東縣池上圳改善工程。
1957	·6月「臺灣省水利委員會聯合會」改為「臺灣省農田水利協進會」。 ·苗栗縣劍潭水庫完工。
1958	·6月臺灣省政府頒布修訂「臺灣省輪流灌溉推進委員會組織規程」及「臺灣省輪流灌溉推進委員會推行小組設置辦法」。 ·臺東縣關山大圳完工。 ·屏東縣龍鑾潭水庫完工。
1959	·3月中央水利實驗處業務併入經濟部水資源統一規劃委員會，成立水工試驗室於中和外窟子。 ·7月臺灣省政府頒訂「各地農田水利會第二屆改選實施計畫」。 ·南投霧社水庫完工。

（續下表）

1960	・1月臺灣省政府公布臺灣省農田水利會聯合基金設置辦法。 ・臺灣省政府頒布修訂後之「臺灣省各地農田水利會會議規則」，並將前頒臺灣省各地農田水利會會議規則廢止。 ・4月臺灣省政府修正臺灣省農田水利會會費徵收辦法。 ・10月臺灣省政府頒布修定本省河川名稱一覽表。 ・嘉南大圳內面工改善工程開工。 ・新竹縣大埔水庫完工。 ・花蓮龍溪壩完工。
1961	・臺中縣谷關水庫興建完工。
1962	・11月修正「臺灣省農田水利會組織規程」。 ・臺東縣鹿野大圳完工。
1963	・11公布「臺灣地區地下水管制辦法」。
1964	・7月總統公布經濟部水資源統一規劃委員會組織條例。修正「臺灣省農田水利會組織規程」。 ・桃園縣石門水庫完工（含石門後池堰）。 ・高雄縣土龍堰堤完工。
1965	・7月公布「農田水利會組織通則」。 ・12月公布「臺灣省河川管理規則」。 ・臺南縣白河水庫完工。 ・花蓮溪畔壩（立霧壩）完工。
1966	・8月建設廳地下水工程處改隸臺灣省水利局。 ・9月修正「臺灣省農田水利會組織規程」。
1967	・12月臺北市改為院轄市，瑠公、七星農田水利會改隸北市，臺灣省農田水利會，成為二十四個。 ・花蓮新城圳灌溉程完工。 ・臺北縣阿玉水庫改建。 ・金門縣太湖水庫興建完工。
1968	・3月水利局成立河川治理規劃總隊。 ・金門縣蘭湖水庫完工。
1969	・8月行政院修正公布「水利法施行細則」。 ・彰化縣八堡圳內面工改善工程完工。 ・金門縣擎天水庫完工。
1970	・1月農田水利會第五屆改選，新港及新海農田水利會分別併入臺東及桃園農田水利會，全省二十四個水利會併為二十二個。

（續下表）

1970	・修正「臺灣省農田水利會組織規程」。 ・2月修正公布「農田水利會組織通則」。 ・8月臺灣省政府頒布「臺灣省治山防洪工程養護辦法」。 ・桃園大圳改善工程。 ・苗栗縣明德水庫完工。 ・金門縣慈湖（鹹水湖）完工。 ・金門縣西湖完工。 ・金縣縣蓮湖完工。 ・金門縣菱湖完工。
1971	・5月臺灣省政府頒布「鑿井管理規則」暨「鑿井技工考驗辦法」。 ・7月頒訂「使用農田水利會水利建造物架設橋或建築道路申請要點」。 ・12月舉行臺灣地區綜合開發計畫水資源部門長期計畫討論會。 ・金門縣陵水湖（鹹水湖）完工。
1972	・7月設置各縣市河川巡防員，巡防河川。
1973	・2月公布「臺灣地區地下水管制辦法」。 ・7月臺灣省政府公布施行「農業發展條例」。 ・嘉義縣曾文水庫完成蓄水運轉。 ・澎湖成功水庫完工。 ・青山調整池水庫完工。 ・馬祖珠螺水庫規劃開工。
1974	・1月臺灣省自來水公司成立。 ・2月臺灣省政府頒布修正之水利法條文。 ・4月臺灣省政府公告「臺灣省水庫集水區治理辦法」。 ・臺灣省政府頒訂「臺灣省水利局水庫維護管理檢查要點」。 ・7月總統公布「水汙染防治法」。 ・8月臺灣省政府頒布修正後之「河川管理規則」。 ・11月臺灣省政府頒布「臺灣省實施耕者有其田保護自耕農辦法」。 ・臺中縣德基水庫完工。 ・金門縣榮湖水庫興建完工。
1975	・9月臺灣省政府頒訂「臺灣省各地農田水利會加強渠道管理實施計畫」。 ・臺東長濱大圳完工。
1976	・3月臺灣省政府頒布「臺灣省河防基金設置及管理運用辦法」。 ・4月公布「臺灣省水庫集水區治理辦法」。

（續下表）

1976	・8月公布「臺灣海堤管理規則」。 ・9月完成水汙染防治之水質檢驗項目說明。 ・10月頒布「臺灣省工廠、礦場放流水標準」。
1977	・1月頒訂「臺灣省辦理土石採取管理注意事項」。 ・臺灣省政府頒布「臺灣省各地農田水利會預算執行要點」。 ・臺中縣大甲溪石岡壩工程完成。 ・金門縣金沙水庫興建完工。
1978	・4月臺灣省政府頒布「臺灣省地下水開發基金設置管理辦法」，修正為「臺灣省地下水開發基金設置及管理運用辦法」，本基金由水利局在臺灣銀行設立專戶，並委託辦理收支貸放。 ・7月臺灣省政府頒訂「臺灣省灌溉用水水質標準」。 ・十二項建設第八項「加速改善重要農田排水系統計畫」開始實施。 ・8月臺灣省政府頒訂「臺灣省水利局區域排水維護工程督導要點」。 ・頒訂「工廠、礦場、畜牧場廢水擅自排放農田灌溉系統限制事項」。
1979	・7月十二項建設第九項「臺灣西岸海堤及重要河堤工程」計畫開始實施。 ・9月臺灣省政府公布「臺灣省排水設施維護管理辦法」。 ・澎湖興仁水庫完工。 ・南投縣頭社水庫完工。
1980	・2月修正「臺灣省灌溉事業管理規則」。 ・12月修正公布「農田水利會組織規程」。 ・澎湖東衛水庫完成。 ・臺南縣鏡面水庫完工。 ・臺北縣新山水庫完工。 ・馬祖勝利水庫完工。
1981	・3月臺灣省政府公告廢止「臺灣省農田水利會各項費用徵收辦法」。 ・5月臺灣省政府頒訂水利局所訂「臺灣省各地農田水利會灌溉蓄水池管理要點」。 ・7月修正「臺灣省水庫集水區治理辦法」。 ・10月臺灣省政府頒布「臺灣省政府督導七十年災害復建工程實施要點」，規定工程主辦單位，包括農田水利會。 ・12月農田水利會健全方案結束，籌辦農田水利會第六屆選舉，並將新苗農田水利會畫分為新竹及苗栗二水利會。 ・金門縣田浦水庫完工。

（續下表）

1982	・1月臺灣省政府修正「臺灣省河川管理規則」。 ・3月臺灣省政府修正「臺灣省農田水利會組織規則」。 ・5月辦理臺灣省農田水利會第六屆會員代表及會長選舉。 ・7月臺灣省政府修正「臺灣農田水利會財務處理辦法」。 ・臺灣省政府頒訂「臺灣省水利局國家賠償事件處理小組設置要點」。 ・9月臺灣省政府頒布廢止「臺灣省農田水利會會費徵收辦法」。 ・10月臺灣省政府公告農田水利會會長不得兼任國民大會代表。 ・10月臺灣省政府頒布修正「臺灣省農田水利會會議規則」爲「臺灣省農田水利會會員代表大會議事規則」。 ・行政院經建會水資源研究計畫小組成立。 ・金門縣瓊林水庫興建完工。
1983	・1月臺灣省政府頒訂「臺灣省各農田水利會事業區域內土地灌漑、排水受益變更處理要點」。 ・4月臺灣省政府頒布修正「臺灣省防救天然災害及善後處理辦法」。 ・9月臺灣省政府廢止「臺灣省地下水水權登記辦法」。 ・桃園縣榮華壩完工。
1984	・2月推行河道治理計畫。 ・6月水利局訂定「臺灣省農田水利會員工獎懲基準」。 ・苗栗縣永和山水庫完工。 ・高雄縣鳳山水庫完工。 ・馬祖津砂水庫完工。 ・馬祖儲水沃下壩完工。
1985	・3月臺灣省政府公布「農田水利會聯合會組織規程」。 ・6月成立「臺灣農田水利會聯合會」。 ・十二項建設第九項「臺灣西岸海堤及重要河堤工程」計畫工程竣工。 ・7月十四項重要建設第九項九一二「繼續河海堤工程計畫」開工。 ・十四項重要建設第九項九一三「繼續區域排水工程計畫」開工。 ・12月臺灣省政府頒布「臺灣省農地重劃區農路、水路管理維護執行要點」。 ・新竹縣寶山水庫完工。 ・臺北縣鳶山堰興建完工。 ・南投縣明湖下池水庫完工。

（續下表）

1986	・1月臺灣省政府修正「臺灣省農田水利會組織規程」。 ・2月臺灣省政府頒布「臺灣省各農田水利會長暨會員代表選舉防止舞弊實施要點」。 ・3月臺灣省政府頒布修正「臺灣省政府辦理農田水利會會長遴選作業要點」。 ・澎湖赤崁地下水庫完工。
1987	・臺北翡翠水庫完工。 ・嘉義縣仁義潭水庫完工。 ・南投縣明潭電廠下池水庫。 ・澎湖西安水庫完工。 ・馬祖秋桂山水庫完工。
1989	・3月臺灣省政府頒布修正「臺灣省各農田水利會預算執行要點」。 ・臺灣省政府頒布修正「臺灣省各縣農地重畫委員會設置辦法」。 ・4月臺灣省政府將「臺灣省農地重畫區農路、水路管理維護執行要點」修訂為「臺灣省農地重畫區農水路管理維護要點」。 ・5月召開全國水利會議。
1990	・8月臺灣省政府修正「臺灣省河川管理規則」。 ・南投縣北山堰堤改建完工。 ・澎湖小池水庫完工。
1991	・6月十四項重要建設第九項「繼續河海堤工程」工程竣工。 ・十四項重要建設第九項「繼續區域排水工程」工程竣工。 ・7月國家建設六年計畫「繼續河海堤工程計畫」開始實施。 ・國家建設六年計畫「繼續區域排水工程計畫」開始實施。 ・國家建設六年計畫「西部地區治山防洪計畫」開始實施。 ・澎湖七美水庫完工。 ・馬祖津砂一號水庫完工。 ・馬祖儲水沃上壩完工。
1992	・7月臺灣地區地下水觀測網整體計畫第一期工程實施。 ・苗栗縣鯉魚潭水庫完工。
1993	・2月臺灣省政府修正「農田水利會組織規則」。 ・臺南縣南化水庫完工。 ・金門縣陽明上湖水庫興建完工。
1994	・3月召開全國水利會議。

（續下表）

1995	・5月臺灣省政府修正「臺灣省農田水利會組織規程」。 ・7月經濟部推動節約用水措施實施計畫。 ・9月經濟部完成現階段工業用水政策綱領計畫。
1996	・1月行政院核定「加強河川管理方案」。 ・2月公告「廢水及汙水排入農田灌排系統限制事項」。 ・5月公布「臺灣省地下水管制辦法」。 ・6月行政院核定「杜絕河川砂石盜（濫）採行為改進方案」。 ・8月臺灣省政府核定成立「水利處籌備處」。 ・11月經濟部合水利司與經濟部統一規劃委員會為「經濟部水資源局」。 ・12月經濟部發表水資源政策綱領白皮書。 ・臺東縣綠島鄉酬勤水庫完工。
1997	・5月臺灣省水利局與臺灣建設廳第六科合併成立「臺灣省水利處」。 ・6月國家建設計畫六年計畫「繼續河海堤工程計畫」實施完成。 ・國家建設計畫六年計畫「繼續區域排水計畫」實施完成。 ・國家建設計畫六年計畫「西部地區治山防洪計畫」實施完成。 ・高雄縣阿公店水庫辦理更新（至2005年）。 ・金門縣山西水庫興建完工。
1998	・臺中縣馬鞍水庫完工。 ・屏東縣牡丹水庫完工。
1999	・臺南縣南化水庫第二期工程完工。 ・高屏溪攔河堰完工。
2000	・苗栗縣鯉魚潭水庫第二期工程完工。 ・南投、彰化、雲林－集集共同引水計畫完成。

參考書目

一、檔案、史料、目錄、資料庫

八田與一網
　　網址，http://seed.agron.ntu.edu.tw/hatta/activity/activity.htm
中央研究院，《水利署典藏地圖數位化影像》
　　網址，http://webgis.sinica.edu.tw/map_wra/
中央研究院，《臺灣地圖檢索系統》
　　網址，http://webgis.sinica.edu.tw/website/htwn/viewer.htm
中央圖書館臺灣分館，《日治時期期刊全文影像系統》（《臺灣の水利》期刊）
　　網址，http://webgis.sinica.edu.tw/website/htwn/viewer.htm
中華民國臺灣地區水庫水壩資料
　　網址，http://wrm.hre.ntou.edu.tw/wrm/dss/resr/wk.htm
行政院農業事務委員會農田水利入口網
　　網址，http://www.coa.gov.tw/show_index.php
淡江大學、經濟部水利署水資源管理與政策研究中心
　　網址，http://www.water.tku.edu.tw/index.asp
國史館臺灣文獻館藏，《臺灣總督府檔案》
　　網址，https://sotokufu.sinica.edu.tw/sotokufu/query.php（中研院）
　　　　　https://db1n.th.gov.tw/sotokufu/（臺灣文獻館）
國史館藏，《中國農村復興聯合委員會檔案》、《臺灣省政府所屬各單位檔案》
　　（含建設廳、石門水庫管理局、水利局及所屬、嘉南農田水利會等）
　　網址，http://web.drnh.gov.tw/websearch/search.asp
國家圖書館，《臺灣鄉土文獻影像資料庫》
　　網址，http://twinfo.ncl.edu.tw/local/
農田水利聯合會，《農田水利雜誌全文檢索系統》
　　網址，http://server.tjia.gov.tw/fim/
農田水利聯合會，《臺灣水利雜誌全文檢索系統》
　　網址，http://server.tjia.gov.tw/ebook/
經濟部水利署水庫水情
　　網址，http://www.wra.gov.tw/lp.asp?CtNode=3746&CtUnit=744&BaseDSD=2
臺灣銀行經濟研究室編，《臺灣文獻叢刊》
　　網址，http://www.ith.sinica.edu.tw/data.htm

二、中文專書

川野重任著，林英彥譯

　　1969，《日據時代臺灣米穀經濟論》。臺北：臺灣銀行經濟研究室。

不著撰者

　　1958，《臺灣雜詠合刻》。臺北：臺灣銀行經濟研究室。

中央設計局臺灣調查委員會編

　　1945，《日本統治下的臺灣水利》。重慶：中央訓練團。

中興工程顧問社

　　1986，《烏山頭水庫送水管增設實施計畫暨配合發電可行性研究——發電計畫可行性研究報告》。臺北：編者自印。

井出季和太著，郭輝譯

　　1977，《日據下之臺政》。臺中：臺灣省文獻委員會。

日本工營株式會社編，曾文水庫工程局譯

　　1971，《曾文水庫定案報告》。臺南：編者自印。

王世慶

　　1994，《清代臺灣社會經濟》。臺北：聯經出版事業公司。

王柏山等

　　2000，《臺灣地區水資源史・第三篇》。南投：臺灣省文獻委員會。

王瑛曾

　　1962（原1764），《重修鳳山縣志》。臺灣文獻叢刊第146種。

王榮春等

　　2000，《臺灣地區水資源史・第四篇》。南投：臺灣省文獻委員會。

王瑞德等

　　2001，《臺灣地區水資源史・第五篇》。南投：臺灣省文獻委員會。

　　2001，《臺灣地區水資源史・第六篇》。南投：臺灣省文獻委員會。

矢內原忠雄著，周憲文譯

　　1985，《日本帝國主義下之臺灣》。臺北：帕米爾書店。

平野久美子著，楊鴻儒譯

　　2009，《台日水的牽絆：似水柔情—鳥居信平的故事》。屏東：屏東縣政府。

吳田泉

　　1993，《臺灣農業史》。臺北：自立晚報。

吳建民等

　　2000，《臺灣地區水資源史・第一篇》。南投：臺灣省文獻會。

沈百先、章光彩

　　1979，《中華水利史》。臺北：臺灣商務。

周憲文

　　1980，《臺灣經濟史》。臺北：開明書店。

周鍾瑄

　　1962，《諸羅縣志》。臺北：臺灣銀行經濟研究室。

周璽

　　1961，《彰化縣志》。臺北：臺灣銀行經濟研究室。

東嘉生著，周憲文譯

　　1985，《臺灣經濟史概說》。臺北：帕米爾書店。

林美雪等

　　2000，《臺灣地區水資源史・第二篇》。南投：省文獻會。

林朝棨

　　1957，《臺灣地形》。臺北：臺灣省文獻委員會。

林滿紅主編

　　1995，《臺灣所藏中華民國經濟檔案》。臺北：中央研究院近代史研究所。

邱秀堂編著

　　1986，《臺灣北部碑文集成》。臺北：臺北市文獻委員會。

施雅軒

　　2007，《區域、空間、社會脈絡：一個臺灣歷史地理學的展演》。高雄：麗文
　　文化。

洪慶峰

　　1989，《臺中縣大甲溪流域開發史》。豐原：臺中縣立文化中心。

胡傳

　　1960，《臺東州采訪冊》。臺北：臺灣銀行經濟研究室。

倪贊元

　　1959，《雲林縣采訪冊》。臺北：臺灣銀行經濟研究室。

徐世大編纂

　　1955，《臺灣省通志稿・卷四經濟志・水利篇》。臺北：臺灣省文獻委員會。

徐玉標

　　1967，《臺灣灌溉水質之研究》。臺北：臺灣大學農業工程學系、中國農村復
　　興聯合委員會。

徐享崑

　　2000，《水資源永續發展導論》。臺北：經濟部水資源局。

桃園廳

　　1906，《桃園廳志》。桃園：編者自印（成文出版社1985年排印本）。

高拱乾
　　1960，《臺灣府志》。臺北：臺灣銀行經濟研究室。
涂照彥著，李明俊譯
　　1992，《日本帝國主義下的臺灣》。臺北：人間出版社。
國史館
　　1996，《國史館現藏國家檔案概述》。臺北：國史館。
張素玢
　　2002，《臺灣的日本農業移民（1905-1945）──以官營移民為中心》。新
　　　店：國史館。
張勤編纂
　　1992，《重修臺灣省通志・卷四經濟志・水利篇》。南投：臺灣省文獻委員
　　　會。
惜遺
　　1950，《臺灣之水利問題》。臺北：臺灣銀行金融研究室。
曹永和
　　1979，《臺灣早期歷史研究》。臺北：聯經。
許秦蓁
　　1997，《桃園陂塘：興盛與垂危》。桃園：桃園縣立文化中心。
許雪姬
　　2004，《臺灣歷史辭典》。臺北：遠流。
許雪姬主持，賴志彰撰稿
　　1997，《臺中縣街市發展：豐原、大甲、內埔、大里》。豐原：中縣文化。
郭水潭、莊松林、賴建銘纂修
　　1980，《臺南縣志・卷六文化志》。新營：臺南縣政府。
郭勳風主修
　　1962，《桃園縣志・卷一土地志・地理篇》。桃園：桃園縣文獻委員會。
　　1966，《桃園縣志・卷四經濟志・水利篇》。桃園：桃園縣文獻委員會。
陳文達
　　1961，《臺灣縣志》。臺北：臺灣銀行經濟研究室編。
　　1961，《鳳山縣志》。臺北：臺灣銀行經濟研究室編。
陳正祥
　　1993，《臺灣地誌》。臺北：南天書局。
陳炎正
　　1988，《臺中縣岸里社開發史》。臺中：臺中縣立文化中心。
　　2000，《葫蘆墩圳開發史》。豐原：臺中縣葫蘆墩文教協會。

陳炎正主編

　　1986，《豐原市志》。豐原：豐原市公所。

陳秋坤

　　１９９４，《清代土著地權——官僚、漢佃與岸裡社人的土地變遷，1700-1895》。臺北：中研院近史所。

陳培桂

　　1963，《淡水廳志》。臺北：臺灣銀行經濟研究室。

陳淑均

　　1963，《噶瑪蘭廳志》。臺北：臺灣銀行經濟研究室。

陳夢林

　　1962，《諸羅縣志》。臺灣文獻叢刊第141種，臺北：臺灣銀行經濟研究室。

陳錦榮編譯

　　1978，《日本據臺初期重要檔案》。臺中：臺灣省文獻委員會。

陳鴻圖

　　1996，《水利開發與清代嘉南平原的發展》。新店：國史館。

　　2005，《活水利生—臺灣水利與區域環境的互動歷程》。臺北：文英堂。

陳鎮東、王冰潔

　　1997，《臺灣的湖泊與水庫》。臺北：渤海堂。

黃兆慧

　　2002，《臺灣的水庫》。新店：遠足文化。

黃典權

　　1966，《臺灣南部碑文集成》。臺北：臺灣銀行經濟研究室編。

黃雯娟

　　1997，《宜蘭縣水利發展史》。宜蘭：宜蘭縣政府。

黃耀能

　　1978，《中國古代農業水利史研究》。臺北：六國出版社。

森田明著，鄭樑生譯

　　1996，《清代水利社會史研究》。臺北：國立編譯館。

傅寶玉

　　2007，《古圳：南桃園水圳空間與文化》。竹北：客委會臺灣客家文化中心籌備處。

楊秉煌等

　　2008，《南投農田水利會志》。南投：臺灣省南投農田水利會。

楊彥杰

　　2000，《荷據時代臺灣史》。臺北：聯經。

楊萬全

　　1982，《水文學》。臺北：臺灣師範大學地理學系。

　　2000，《臺灣水文論文集》。臺北：師大地理系。

楊萬發

　　1976，《工業汙染影響農業環境調查報告》。臺北：中國農村復興聯合會。

溫振華、戴寶村

　　1999，《淡水河流域變遷史》。板橋：臺北縣立文化中心。

經濟部水利處

　　2001，《臺灣水之源：臺澎金馬水庫壩堰簡介》。臺中：編者自印。

經濟部水資源局

　　1999，《水庫對河流環境影響》。臺北：編者自印。

經濟部水資源統一規劃委員會

　　1993，《臺灣地區重要水庫水質暨優養化之研究》。臺北：編者自印。

廖風德

　　1982，《清代之噶瑪蘭》。臺北：里仁書局。

熊中果

　　1984，《農業發展策略》。臺北：聯經。

臺中縣政府

　　1997，《中縣文獻第五期：臺中水資源專輯》。豐原：編者自印。

臺北瑠公農田水利會

　　1993，《臺北瑠公農田水利會會史》。新店：編者自印。

臺灣省文獻委員會編

　　1971，《臺灣省通誌・經濟志・水利篇》。臺北：臺灣省文獻委員會。

臺灣省水利局

　　1997，《臺灣水利五十年》。臺中：編者自印。

臺灣省行政長官公署

　　1946，《臺灣省五十一年統計提要》。臺北：編者自印。

臺灣省政府水利處

　　1998，《水利法規彙編》。臺中：編者自印。

臺灣省桃園農田水利會

　　1984，《臺灣省桃園農田水利會創立六十五週年紀念會誌》。桃園：編者自印。

臺灣省曾文水庫建設委員會暨工程局

　　1974，《曾文水庫建設誌》。臺南：編者自印。

臺灣省農田水利會聯合會
　　1997，《農田水利會圳路史（一）》。臺中：編者自印。
臺灣省農田水利會聯合會
　　1998，《農田水利會圳路史（二）》。臺中：編者自印。
臺灣省嘉南農田水利會
　　1992，《嘉南農田水利會七十年史》。臺南：編者自印。
臺灣農田水利協進會
　　1959，《進步中的臺灣農田水利》。臺中：編者自印。
臺灣銀行經濟研究室
　　1962，《臺灣中部碑文集成》。臺北：臺灣銀行經濟研究室。
　　1963，《臺灣私法物權編》。臺灣文獻叢刊第150種，臺北：臺灣銀行經濟研
　　究室。
趙雅書
　　1989，《臺中縣志·卷四經濟志·第二篇水利》。豐原：臺中縣志編纂委員
　　會。
劉枝萬
　　1962，《臺灣中部碑文集成》。臺北：臺灣銀行經濟研究室。
劉翠溶、伊懋可主編
　　1995，《積漸所至：中國環境史論文集》。臺北：中央研究院經濟研究所。
蔡志展
　　1980，《清代臺灣水利開發研究》。臺中：昇朝出版社。
　　1999，《明清臺灣水利開發研究》。南投：臺灣省文獻委員會。
蔡明華
　　1989，《灌溉與排水》。臺北：中國土木水利工程學會。
賴福順
　　2007，《鳥瞰清代臺灣的開拓》。臺北：日創社。
鄭全玄
　　1995，《臺東平原的移民拓墾與聚落》。臺東：東臺灣研究會。
盧德嘉
　　1960，《鳳山縣采訪冊》。臺北：臺灣銀行經濟研究室。
謝東哲、馬陳興
　　1997，《西莊報告》。新港：新港文教基金會。
羅運治
　　1994，《續修花蓮縣志·卷十七農業·糧政》。花蓮：花蓮縣文獻委員會。

　　　1934，《各圳灌溉面積關係綴》（手抄本，南投農田水利會藏）。

三、外文專書

1972, *Kinship & Community in Two Chinese Villages*. Stanford: Stanford University
　　Press.

八堡圳水利組合
　　　1939，《八堡圳水利組合概要》。彰化：八堡圳水利組合。

大谷光瑞
　　　1985，《臺灣島之現在》。臺北：成文出版社據1935年排印本影印。

大甲水利組合編
　　　1939，《大甲水利組合概況》。臺北：編者自印。

井東憲
　　　1985，《臺灣案內》。臺北：成文出版社據1935年排印本影印。

公共埤圳嘉南大圳組合
　　　1927，《嘉南大圳事業講話要領》。臺北：編者自印。
　　　1939，《臺灣嘉南大圳組合事業概要》。嘉義：編者自印。

古川勝三
　　　1988，《臺灣を愛して日本人》。日本松山：青葉圖書。

玉城哲、旗手勳、今村奈良臣等
　　　1984，《水利の社會構造》。東京：國際連合大學。

矢內原忠雄
　　　1943，《新渡戶博士殖民政策講義及論文集》。東京：岩波書店。

臺北州
　　　1934，《臺北州水利梗概》。臺北：山科商店印刷。

吉野莊役場
　　　1939，《吉野莊管內概況書》。花蓮：編者自印（成文出版社1985年排印
　　　本）。

枝德二
　　　1930，《嘉南大圳新設事業概要》。嘉義：公共埤圳嘉南大圳組合。

牧隆泰
　　　1944，《半世紀間臺灣農業水利大觀》。臺北：臺灣水利組合聯合會。

花蓮港廳
　　　1928，《三移民村》。花蓮：編者自印。

宜蘭廳第一公共埤圳組合編

　　1908，《宜蘭廳第一公共埤圳改修工事報告書》。臺北：編者自印。

岩崎敬太郎

　　1911，《埤圳用語》。臺北：編者自印。

拓殖情報社臺灣支社編

　　1939，《統制された臺中州の水利事業》。臺北：編者自印。

高雄州編

　　1930，《水利關係例規集》。臺北：編者自印。

　　1930，《高雄州水利梗概》。臺北：編者自印。

桃園水利組合編

　　1937，《〔桃園水利組合〕事業概要》。臺北：編者自印。

鹿子木小五郎

　　1985，《臺東廳管內視察復命書》。臺北：成文出版社（1912年稿本）。

森田明

　　1974，《清代水利史研究》。東京：亞紀書房。

筒井白楊

　　1985，《東部臺灣案內》。（昭和7年排印本）臺北：東部臺灣協會，成文出
　　版社影印。

喜多末吉

　　1941，《臺灣農業水利臨時調整令釋義》。臺北：編者自印。

新田定雄

　　1937，《臺灣水利法令の研究》。臺北：編者自印。

新竹州編

　　1922-1940，《新竹州統計書》。新竹：編者自印。

　　1924，《桃園大圳》。新竹：編者自印。

新竹水利組合編

　　1941，《〔新竹水利組合〕要覽》。臺北：編者自印。

新莊水利組合編

　　1941，《新莊水利組合例規集》。臺北：編者自印。

高雄州水利協會編

　　1938，《屏東潮州水利組合會設置經過に就て》，南會資料第3輯。臺北：編
　　者自印。

葫蘆墩公學校

　　1931，《豐原鄉土誌》。豐原：編者自印。

彰化水利組合編

　　1939，《〔彰化水利組合〕水利概況》。臺北：編者自印。

瑠公水利組合編

　　1940，《瑠公水利組合例規集》。臺北：編者自印。

嘉南大圳組合編

　　1921，《嘉南大圳》。臺北：編者自印。

　　1921，《嘉南大圳組合事業概要》。臺北：編者自印。

　　1928，《嘉南大圳組合事業概要》。臺北：編者自印。

　　1930，《嘉南大圳新設事業概要》。臺北：編者自印。

　　《嘉南大圳工事寫真帖》。臺北：編者自印。

臺中州編

　　1918-1942，《臺中州水利梗概》。臺北：編者自印。

臺中州水利協會編

　　1939，《臺中州水利協會概要》。臺北：編者自印。

臺中州役所

　　1985，《臺中州管內概況及事務概要（昭和14年）》。臺北：成文出版社。

臺中廳公共埤圳聯合會

　　1918，《臺中廳水利梗概》。臺北：編者自印。

臺北州

　　1928，《臺北州水利梗概》。臺北：編者自印。

　　1934，《臺北州水利梗概》。臺北：編者自印。

臺北米穀事務所編

　　1936，《嘉南大圳》。臺北：編者自印。

臺北廳公共埤圳聯合會編

　　1917，《臺北廳公共埤圳例規》。臺北：編者自印。

臺東廳

　　1936，《卑南圳改修工事概要》。臺東：編者自印。

臺東廳編

　　1985，《臺東廳要覽》。（昭和6年排印本）臺北：成文出版社影印。

臺南州

　　1923，《臺南州概況》。臺南：臺南州。

臺南州役所編

　　1932，《臺南州水利概況》。臺南：臺南州役所。

臺灣公共埤圳嘉南大圳組合編

　　1929-1939，《〔嘉南大圳〕事業概要》。臺北：編者自印。

臺灣水利協會編

　　1931，《臺灣水利法規集》。臺北：編者自印。

　　1931-1941，《全島水利事務協議會要錄》，第1、3-9回。臺北：編者自印。

臺灣河川水利問題研究會編

　　1939，《臺中州の水利事業と中心人物（附烏溪治水工事の竣工）》。臺
　　北：編者自印。

臺灣總督府

　　1911，《臺灣總督府事務成績提要》。臺北：編者自印。

　　1919，《臺灣總督府官營移民事業報告書》。臺北：編者自印。

臺灣總督府內務局編

　　1930，《土地改良促進ニ關ケル產業調查書》。臺北：編者自印。

　　1930，《臺灣河川關係法規類集》。臺北：編者自印。

　　1934，《河川ニ關スル法令並ニ例規類集》。臺北：編者自印。

　　1936-1941，《臺灣ニ於ケル治水工事概要說明書》。臺北：編者自印。

　　1938，《下淡水溪治水事業概要》。臺北：編者自印。

　　1939，《烏溪治水事業概要》。臺北：編者自印。

臺灣總督府內務局土木課

　　1934，《臺灣河川法》。臺北：編者自印。

　　1936，《臺灣水利關係法規集》。臺北：編者自印。

　　1938，《土本事業概要》。臺北：編者自印。

　　1942，《臺灣水利關係法令類纂》。臺北：臺灣水利協會。

臺灣總督府民政部土木局

　　1911，《公共埤圳歲入出決算》（日、明治40、42、43年度）。臺北：編者自
　　印。

　　1913，《臺灣埤圳統計（明治44年度）》。臺北：編者自印。

　　1913、1916，《臺灣埤圳統計》〈日、明治44—大正3年度〉。臺北：編者自
　　印。

臺灣總督府殖產局

　　1919-1943，《臺灣農業年報》。臺北：編者自印。

臺灣總督府殖產局農務課

　　1938，《臺灣の農業移民》。臺北：編者自印。

臺灣總督府臨時臺灣土地調查局原圖調製

　　1996，《臺灣堡圖》。臺北：遠流。

錦織虎吉

　　1933，《吉野圳改修事業概要》。花蓮：花蓮港廳庶務課。

臨時臺灣土地調查局

　　1905，《宜蘭廳管內埤圳調查書（上）、（下）》。臺北：臺灣日日新新報
　　社。

豐榮水利組合編

　　1939，《豐榮水利組合概要》。臺北：編者自印。

　　1941，《大社支線並知高本線水利事業概要》。臺北：編者自印。

四、中文期刊、論文、學位論文（《農田水利》、《臺灣水利》請參考兩雜誌的全文檢索系統）

丘逸民

　　2001.11，〈大臺北地區水利開發的歷程與河岸地利用問題的研究〉。《師大
　　地理研究報告》，第35期，頁21-64。

江信成

　　2002，〈臺灣省高雄農田水利會組織與功能變遷之分析：水的政治學〉。國立
　　中山大學政治學研究所碩士論文。

何鎮宇

　　1997，〈嘉南大圳的成本收益分析〉。國立臺灣大學經濟學研究所碩士論
　　文。

吳文星

　　2000，〈八田與一對臺灣土地改良之看法〉。《師大歷史學報》，第28期，頁
　　159-170。

吳昀雲

　　2005，〈論臺灣農田水利事業與政府的關係〉，國立臺灣大學經濟學研究所碩
　　士論文。

吳進錩

　　1993，〈臺灣農田水利事業演化之研究〉。臺北：中國文化大學實業計劃研究
　　所博士論文。

李次珊

　　1954.03，〈大科崁溪的分水問題〉，《臺灣水利》，第2卷第1期，頁9-16。

李彥霖

　　2004，〈陂塘到大圳—桃園台地水利變遷（1683-1945）〉。東吳大學歷史學
　　系碩士論文。

李軒志

　　2002，〈臺灣北部水利開發與經濟發展關係之研究〉。國立成功大學歷史研究

所碩士論文。

李源泉

1987,〈臺灣農田水利會基層灌排體系之研究〉。中國文化大學實業計畫研究
所博士論文。

林文驊

1966,〈桃園台地的水文與水利〉。臺北:中國文化大學地學研究所碩士論
文。

林玉茹

1997,〈由魚鱗圖冊看清末後山的清賦事業與地權分配形態〉。《東臺灣研
究》,第2期,頁131-168。

林怡君

2000,〈環境意識與景觀生態學理論於灌溉埤塘之研究——以桃園縣蘆竹鄉為
例〉。文化大學地學研究所地理組碩士論文。

林益發

1996,〈臺灣地區水權制度與管理現狀之探討〉。國立臺灣大學新聞研究所碩
士論文。

林素純

2001,〈以經濟史觀點探討農田水利會之演變〉。實踐大學企業管理研究所碩
士論文。

林聖欽

1998,〈日治時期花東縱谷中段地區的土地開發〉。收錄於聯合報系文化基金
會編,《守望東臺灣研討會論文集》(臺北:編者自印)。

林禮恭

1975,〈臺灣省農田水利會組織與職權之研究〉。國立政治大學公共行政研究
所碩士論文。

林蘭芳

2003,〈工業化的推手——日治時期臺灣的電力事業〉,國立政治大學歷史學
系博士論文。

邱淑娟

1995,〈戰後臺灣農田水利組織變遷歷程之研究(1945-1995)〉。臺灣大學
政治學研究所碩士論文。

施添福

1998.11.25-26,〈臺灣東部的區域性:一個歷史地理學的觀點〉。東臺灣研
究會等主辦「族群、歷史與空間—東臺灣社會與文化的區域研究研討會」論
文。

施鈺著、楊緒賢訂

　　1977.06，〈臺灣別錄〉。《臺灣文獻》，第28卷第2期。

柯志明

　　1989，〈日據臺灣農村之商品化與小農經濟之形成〉。《中央研究院民族學研究所集刊》，第68期，頁1-40。

洪英聖

　　2000，〈草屯「龍泉圳」的開發〉。臺中：東海大學歷史研究所碩士論文。

洪俐真

　　2003，〈臺灣水利會的政治角色──彰化農田水利會個案〉。國立中山大學政治學研究所碩士論文。

張添福

　　1978，〈嘉南水利會組織與營運分析〉。國立中興大學農業經濟研究所碩士論文。

張寒青

　　2006，〈臺灣農田水利會組織運作之研究〉。國立中山大學中山學術研究所博士論文。

張熙蕙

　　1982，〈合理水利會費──嘉南農田會個案研究〉。國立臺灣大學農業經濟學研究所碩士論文。

馬鉅強

　　2007.03，〈烏溪治水事業之研究──以《灌園先生日記》為中心〉。《臺灣文獻》，58卷1期，頁245-288。

莊媛婷

　　2001，〈都市內農業灌溉渠道發展歷程之調查及其再利用之研究──以新店市瑠公圳為例〉。淡江大學建築系碩士論文。

郭雲萍

　　1994，〈國家與社會之間的嘉南大圳──以日據時期為中心〉。國立中正大學歷史研究所碩士論文，未出版。

陳世榮

　　1999，〈清代北桃園的開發與地方社會建構（1683-1895）〉。桃園：國立中央大學歷史研究所碩士論文。

陳佳貞

　　1997，〈嘉南大圳之經濟效益分析〉。國立臺灣大學經濟學研究所碩士論文。

陳芳惠

　　1979，〈桃園台地的水利開發與空間組織的變遷〉。《師大地理研究報

告》，第5期，頁49-77。

陳美鈴

　　1999，〈嘉義平原的聚落發展——1945年以前〉。國立臺灣師範大學地理研究
　　所博士論文。

陳哲三

　　2004.5，〈清代草屯地區的水利〉。《逢甲人文社會學報》，第8期，頁
　　149-181。

　　2006.12，〈清代臺灣烏溪流域的移墾與水圳修築〉。《逢甲人文社會學
　　報》，第13期，頁205-223。

　　2007.12，〈清代南投縣境的水圳開鑿官府與民間所扮演的角色〉。《逢甲人
　　文社會學報》，第15期，頁105-141。

陳燕釗

　　2007.6，〈日據時期水利設施開發與糖業發展關連性研究〉。《工商學報》，
　　12期，頁58-71。

陳國棟、陳鴻圖

　　2004.06.21-23，〈臺灣水利史研究回顧與趨勢〉。法國遠東學院主辦，「華北
　　水利與社會國際學術研討會」論文，法國巴黎。

陳鴻圖

　　2001，〈嘉南大圳研究（1901-1993）——水利、組織與環境的互動歷程〉，
　　國立政治大學歷史研究所博士論文。

　　2001.06，〈日治時期臺灣水利事業的建立與運作——以嘉南大圳為例〉。
　　《輔仁歷史學報》，第12期，頁117-152。

　　2001.12，〈嘉南大圳對土地改良及農作方式之影響（1924-1945）〉。《國史
　　館學術集刊》，第1期，頁187-223。

　　2002.12，〈官營移民村與東臺灣的水利開發（1909-1946）〉。《東臺灣研
　　究》，第7期，頁135-164。

黃雯娟

　　1990，〈清代蘭陽平原的水利開發與聚落的發展〉。國立臺灣師範大學地理研
　　究所碩士論文。

黃繁光

　　2007.9，〈霧峰地區的水圳發展與農作生產〉。《淡江史學》，18期，頁
　　151-192。

楊淑玲

　　1994，〈桃園台地之水利社會空間組織的演化〉，國立臺灣師範大學地理研究
　　所碩士論文。

溫振華
　　1978，〈清代臺北盆地經濟社會的演變〉。國立臺灣師範大學歷史研究所碩士論文。
　　1981，〈清代漢人的企業精神〉，《臺灣師範大學歷史學報》，第9期，頁111-139。
葉春榮
　　1994.08，〈桃園台地的水利開發〉。國科會計畫：NSC-80-0301-H-001-42-N。
廖風德
　　1985.03，〈清代臺灣農村埤圳制度──清代臺灣農村制度之一〉。《國立政治大學歷史學報》，第3期，頁147-191。
劉育嘉
　　1997，〈清代臺灣水利開發研究〉，國立中興大學歷史研究所碩士論文。
劉長齡
　　1998，〈荷據、明鄭時代大陸、荷蘭對水資源開發技術之影響與交流〉。收錄於臺灣文獻會，《臺灣地區水資源史學術研討會論文集》，南投：編者自印，頁189-219。
劉俊龍
　　1993，〈水圳建設與彰化平原的開發〉。國立成功大學歷史語言研究所碩士論文，未出版。
劉素芬
　　1999.03.19-20，〈清代臺灣農田水利研究──政府介入的契機〉。中央研究院臺灣史研究所籌備處舉辦「契約文書與社會生活：臺灣與華南社會（1600-1900）研討會」會議論文。
　　2003.05.08-09，〈日治時期水利組織與地域社會的演變──豐原和霧峰的比較研究〉。中央研究院臺灣史研究所籌備處舉辦，「臺灣社會經濟史國際學術研討會」論文。
　　2007.7，〈日治時期霧峰水利組織與地域社會的演變〉。《國立中央大學人文學報》，31期，頁145-180。
蔡幸芳
　　1994，〈曹公與曹公圳〉。國立成功大學歷史語言研究所碩士論文。
蔡玟芬
　　1996，〈我國農田水利的制度與組織研究〉。國立政治大學公共行政學系碩士論文。

蔡采秀

1998，〈臺中地區的拓墾組織與產業發展〉。收錄於呂英俊，《中縣文獻第六期》，豐原：臺中縣政府，頁52-57。

蔡泰榮

2001，〈曹公圳及相關水利設施對鳳山平原社會，經濟之影響〉。國立臺南師院鄉土文化研究所碩士論文。

蔡淵絜

1985，〈合股經營與清代臺灣的土地開發〉。《臺灣師範大學歷史學報》，第13期，頁275-302。

蔡登南

1998，〈我國水利法中之水權研究〉。國立中興大學法律學研究所碩士論文。

鄭雅芳

2002，〈臺灣南部農田水利事業經營之研究〉。國立成功大學歷史研究所碩士論文。

鄭學遠

2001，〈臺北市七星農田水利會埤圳現況調查及其再利用之研究〉。淡江大學建築系碩士論文。

謝繼昌

1973，〈水利和社會文化之適應：藍城村的例子〉。《中央研究院民族學研究所集刊》，第36期，頁57-78。

蘇容立

2000，〈水利開發對臺灣中部經濟發展之影響〉，國立成功大學歷史研究所碩士論文。

顧雅文

2000，〈八堡圳與彰化平原人文、自然環境變遷之互動歷程〉。國立臺灣大學歷史系碩士論文。

賴奇廷

2007，〈新屋鄉埤圳空間、水利社群與祭祀圈變遷之研究〉。東海大學建築學系碩士論文。

嚴啟龍

1997，〈組織生命週期之研究——以桃園農田水利會為例〉。東吳大學政治學系碩士論文。

顏素麗

2003，〈臺南市安南區農田水利與聚落發展之研究〉。國立台南師範學院臺灣文化研究所碩士論文。

五、外文期刊、論文

Chang Han-yu

　　1983, "Development of Irrigation Infrastructure and Management in Taiwan,1900-1940: It's Implications for Asian Irrigation Development", Economic Development and Income Distribution in Taiwan, pp.37-41.

Donald Worster

　　1988, "Doing Environmental History," in *The Ends of the Earth*. D. Worster ed., Cambridge: Cambridge University Press, pp.289-307.

　　1912，〈臺灣東部移民成績〉，《臺灣時報》，33號。

　　1940.09，〈豐榮水利の碑除幕式〉，《水利協會會報》（臺中州水利協會），第3卷第3號，頁101。

八田與一

　　1940.09，〈臺灣に於ける農耕地と水〉，《臺灣新報》，頁2-7。

丸山利輔

　　2000.05.04，〈嘉南大圳における農業水利開發の技術的特徵は何か〉。「八田與一技師研究會」論文。

內田勳

　　1938，〈臺南附近に於ける土地隆起と沉降に就いて〉，《科學の臺灣》，第6卷第1號，頁40-42。

永山止米郎

　　1931，〈嘉南大圳組合事業の現況〉。《臺灣新報》，1月號，頁23-28。

吉武昌男

　　1972，〈臺灣に於ける母國人民農業移民〉。《臺灣經濟年報》，頁545-597。

東海林稔、財津亮藏

　　1934，〈嘉南大圳の通水後に於ける土地利用狀況に關する考察〉。《臺灣農事報》，326號，頁28-42。

枝德二

　　1924.01，〈嘉南大圳と水利試驗〉。《臺灣新報》，頁123-130。

松田吉郎

　　1996.03，〈嘉南大圳事業について〉。大阪臺灣史研究會編，《臺灣史研究》，第12號，頁33-46。

　　1998.02，〈嘉南大圳事業をめぐって─中島力男さんより聞き取り資料をもとに─〉，《兵庫教育大學研究紀要》，第18卷第2分冊，頁97-110。

後藤北面
　　1936，〈卑南大圳の經濟價值〉。《臺灣時報》，7月號，頁85-87。
相賀照鄉
　　1920，〈臺灣の産業と土木事業〉。收錄於久保島留吉編：《臺灣經濟政策
　　論》，臺北：臺灣之經濟社，頁89-91。
陳鴻圖（著）、湊照宏（訳）
　　2007.9，〈「農業振興」と「營利主義」の狹間──終戰後臺灣における嘉南
　　農田水利會の發展〉。《社會システム研究》，15號，頁131-156。
富田芳郎
　　1934，〈臺灣の聚落の研究〉。《臺灣新報》，1月號，頁18-25。
嘉義廳農會
　　1916，〈農作物輪作調查〉。《嘉義廳農會會報》，頁15-17。
橋本白水
　　1931，〈臺東の三大事業に就いて〉。《東臺灣》第86編，臺北：東臺灣研究
　　會，頁1-10。
澀谷紀三郎
　　1916，〈看天田に關する研究〉。《臺灣農事報》，第119號，頁19-28。

國家圖書館出版品預行編目資料

臺灣水利史 / 陳鴻圖著. — 二版. — 臺北
市：五南, 2020.09
　　　面；　　公分

ISBN 978-957-763-989-9(平裝)

1.農業水利 2.水利工程 3.歷史 4.臺灣

434.2570933　　　　　　　　109004952

1WE2　臺灣史研究叢書

臺灣水利史

作　　者 ― 陳鴻圖

發 行 人 ― 楊榮川

總 經 理 ― 楊士清

總 編 輯 ― 楊秀麗

副總編輯 ― 黃惠娟

責任編輯 ― 高雅婷

封面設計 ― 王麗娟

出 版 者 ― 五南圖書出版股份有限公司

地　　址：106台北市大安區和平東路二段339號4樓

電　　話：(02)2705-5066　　傳　　真：(02)2706-6100

網　　址：http://www.wunan.com.tw

電子郵件：wunan@wunan.com.tw

劃撥帳號：01068953

戶　　名：五南圖書出版股份有限公司

法律顧問　林勝安律師事務所　林勝安律師

出版日期　2009年11月初版一刷
　　　　　2020年 9 月二版一刷

定　　價　新臺幣520元

經典永恆・名著常在

五十週年的獻禮 —— 經典名著文庫

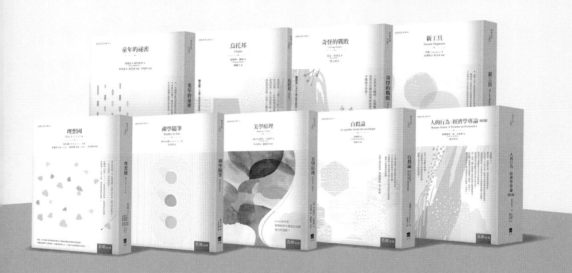

五南，五十年了，半個世紀，人生旅程的一大半，走過來了。

思索著，邁向百年的未來歷程，能為知識界、文化學術界作些什麼？

在速食文化的生態下，有什麼值得讓人雋永品味的？

歷代經典・當今名著，經過時間的洗禮，千錘百鍊，流傳至今，光芒耀人；

不僅使我們能領悟前人的智慧，同時也增深加廣我們思考的深度與視野。

我們決心投入巨資，有計畫的系統梳選，成立「經典名著文庫」，

希望收入古今中外思想性的、充滿睿智與獨見的經典、名著。

這是一項理想性的、永續性的巨大出版工程。

不在意讀者的眾寡，只考慮它的學術價值，力求完整展現先哲思想的軌跡；

為知識界開啟一片智慧之窗，營造一座百花綻放的世界文明公園，

任君遨遊、取菁吸蜜、嘉惠學子！